Seidel/Noack
Der Kältemonteur

Rolf Seidel/Hugo Noack

Der Kältemonteur

Handbuch für die Praxis

8., überarbeitete Auflage

C. F. Müller Verlag, Heidelberg

Alle in diesem Buch enthaltenen Angaben, Daten, Ergebnisse usw. wurden von den Autoren nach bestem Wissen erstellt und von ihnen und dem Verlag mit größtmöglicher Sorgfalt überprüft. Dennoch sind inhaltliche Fehler nicht völlig auszuschließen. Daher erfolgen die Angaben usw. ohne jegliche Verpflichtung oder Garantie des Verlages oder der Autoren. Sie übernehmen deshalb keinerlei Verantwortung und Haftung für etwa vorhandene inhaltliche Unrichtigkeiten.

Die Deutsche Bibliothek — CIP-Einheitsaufnahme

Seidel, Rolf:
Der Kältemonteur: Handbuch für die Praxis / Rolf Seidel; Hugo Noack. —
8., überarb. Aufl. — Heidelberg: Müller, 1998
ISBN 3-7880-7612-7

1. Auflage 1979
8. Auflage 1998

Satz: Roman Leipe GmbH, Hagenbach
Druck und Verarbeitung: Greiserdruck, Rastatt
Printed in Germany

ISBN 3-7880-7612-7

Vorwort zur 8. Auflage

Die siebte Auflage des **Kältemonteurs** vom Juni 1992 konnte auf eine Reihe von heute vorliegenden Erkenntnissen zu den neuen Kältemitteln und den dazu erforderlichen Schmiermitteln und Anlagenkomponenten noch nicht eingehen. Zum einen war die Gesetzeslage noch unklar, zum anderen waren die Eigenschaften der neuen Kältemittel – sowohl die thermodynamischen als auch die der Giftigkeit, der Krebserregung bzw. des Zellveränderungspotentials – nicht veröffentlicht. Auch Erfahrungen mit geeigneten Schmiermitteln lagen noch nicht in ausreichendem Maße vor.

Inzwischen stehen den Kälteanlagenbauern eine beachtliche Anzahl neuer, chlorfreier Kältemittel bzw. Kältemittelgemische zur Verfügung. Schmiermittel und Anlagenkomponenten sind im Handel und Betriebserfahrungen damit liegen vor.

Dieses Wissen ist in die achte Auflage des Kältemonteurs weitgehend eingeflossen. Um den Umfang des Buches in Grenzen zu halten, wurde auf Dampftafeln einzelner Kältemittel verzichtet, die heute in ausreichendem Maße von den Anbietern zur Verfügung gestellt werden.

Köln, im Juli 1998 ROLF SEIDEL

Vorwort zur ersten Auflage

Das im Herbst 1975 im gleichen Verlag von Dr. Dipl.-Ing. *H. L. von Cube* herausgegebene „Lehrbuch für Kältetechnik“ bringt eine umfassende Darstellung der heute bekannten Kältetechnik und vermittelt sowohl dem wissenschaftlich interessierten Mitarbeiter als auch den Praktikern dieses Fachgebietes eine breite Palette erforderlichen Wissens.

Es gilt also nicht etwa eine Lücke zu schließen und ein weiteres Lehrbuch über „Kälte“ zu schreiben, sondern die in vielen Berufsjahren gesammelten Erfahrungen in der Unterweisung von Montagepersonal veranlassen mich vielmehr, ein besonderes Kapitel für den praktischen Kältemonteur zu schreiben und dabei theoretisch nur dasjenige zu bringen, was für das Verständnis des Kältekreislaufs unbedingt notwendig ist. Die Praxis des Alltags soll hauptsächlich zu Wort kommen und die „Fehlersuche“ an Anlagen in einfacher, jedem Monteur verständlicher Form besprochen werden. Die Amerikaner haben für diese Art der Überprüfung von Anlagen und der Aufsuche von Fehlern den Begriff „Trouble shooting“ geprägt, was nur sinngemäß, keinesfalls aber wörtlich übersetzt werden kann. Ein in einer Anlage nach deren Ausfall zu suchender Fehler kann einem Monteur aber dann schon „trouble“ also Kummer bereiten, wenn er infolge ungenügender Ausbildung bei der Fehlersuche nicht systematisch vorgeht, sondern den Erfolg seiner Arbeit dem Zufall überlassen muß.

Es sollen Arbeitsabläufe beschrieben und dabei mögliche Fehler erörtert werden. Wenn in der Praxis dennoch Fehler unterlaufen, so dienen diese nur zur Basis gesammelter Erfahrungen, die ihrerseits wieder in Verbindung mit solidem Fachwissen den in seinem Beruf begehrten Fachmann prägen, der sich um seinen beruflichen Aufstieg mit entsprechenden wirtschaftlichen Vorteilen keine Sorge zu machen braucht.

Sürth, im Juli 1979

Hugo Noack

Inhaltsverzeichnis

CECOMAF-Terminologie 1

1 Physikalisches Fachwissen 11

1.1 Temperatur 11
1.1.1 Wärmeempfinden 11
1.1.2 Temperaturskalen 11
1.1.3 Absoluter Nullpunkt, SI-System 12
1.1.4 Thermometer 13
1.1.4.1 Glasthermometer 13
1.1.4.2 Flüssigkeits-Federthermometer 14
1.1.4.3 Bimetallthermometer 15
1.1.4.4 Thermoelemente 15
1.1.4.5 Widerstandsthermometer 17
1.1.5 Messen von Temperaturen 18
1.1.6 Thermograph 19

1.2 Kraft und Druck 20
1.2.1 SI-Einheiten 20
1.2.2 Druckmeßgeräte 20
1.2.2.1 Flüssigkeitsdruckmesser 21
1.2.2.2 Druckmesser mit Rohrfeder 21
1.2.2.3 Druckmessung durch Ausnutzung elektrischer Effekte 22

1.3 Ausdehnung 23
1.3.1 Ausdehnung fester Körper 23
1.3.2 Ausdehnung von Flüssigkeiten 24
1.3.3 Ausdehnung von Gasen 25

1.4 Die Aggregatszustände 28
1.4.1 Enthalpie 28
1.4.2 Schmelzpunkt 29
1.4.3 Schmelzenthalpie 30
1.4.4 Siedepunkt 31
1.4.5 Verdampfungsenthalpie 32
1.4.6 Verhalten der Dämpfe 33

1.5 Arbeit, Energie, Wärme 34
1.5.1 Das mechanische Wärmeäquivalent, 1. Hauptsatz der Thermodynamik 35
1.5.2 Der 2. Hauptsatz der Thermodynamik 36
1.5.3 Wärmeübertragung 37

1.6 Der Luftdruck, die Umgebungsluft 38
1.6.1 Das Barometer 38
1.6.2 Luftfeuchte 41
1.6.2.1 Das Gesetz von Dalton 42

1.6.2.2 Maximale, absolute und relative Feuchte der Luft ... 42
1.6.2.3 Messung der Luftfeuchte ... 43
1.6.2.4 Der Taupunkt ... 46

1.7 *Zustandsänderungen der Luft* ... 46
1.7.1 Die spezifische Wärmekapazität der Luft ... 46
1.7.2 Das Mollier h,x-Diagramm ... 47
1.7.2.1 Erwärmung ... 50
1.7.2.2 Abkühlung ... 50
1.7.2.3 Mischung ... 54
1.7.2.4 Psychrometerauswertung ... 56

1.8 *Kältemittel* ... 57
1.8.1 Zusammenhang zwischen Druck und Temperatur bei Kältemitteln ... 59
1.8.2 Enthalpie von Kältemitteln ... 60
1.8.3 Gegenwärtig eingesetzte Kältemittel ... 62
1.8.4 Umgang mit FKW (H-FCKW)-Kältemitteln ... 65
1.8.5 FCKW-Kältemittel in der Atmosphäre ... 66
1.8.6 Ammoniak ... 74

1.9 *Der Kreisprozeß* ... 77
1.9.1 R22 im Kreisprozeß (Beispiel) ... 79
1.9.1.1 Leistungsaufnahme des Verdichters ... 81
1.9.2 Das Mollier lg p,h-Diagramm ... 82
1.9.3 Das Druckverhältnis ... 89
1.9.4 Das Druck-Volumen-Diagramm ... 91
1.9.5 Normtemperaturen ... 93

2 **Die Hauptteile der Kälteanlage** ... 94

2.1 *Verdichter* ... 94
2.1.1 Hubkolbenverdichter ... 94
2.1.2 Schraubenverdichter ... 98
2.1.3 Turboverdichter ... 102
2.1.4 Gleitringdichtung ... 104
2.1.5 Praktische Hinweise ... 106
2.1.6 Das Öl im Kältemittelverdichter ... 107
2.1.7 Ölwechsel ... 110

2.2 *Verflüssiger* ... 111
2.2.1 Luftgekühlte Verflüssiger ... 111
2.2.1.1 Regelung des Verflüssigungsdruckes bei luftgekühlten Verflüssigern . 113
2.2.2 Wassergekühlte Verflüssiger ... 115
2.2.3 Kühltürme ... 119
2.2.3.1 Bauarten der Kühltürme ... 119
2.2.3.2 Bauelemente und Baumaterialien der Kühltürme ... 120
2.2.3.3 Zur Theorie der Abkühlung ... 120
2.2.3.4 Zusatzwassermenge und was dabei zu beachten ist ... 122

2.2.3.5 Wasseraufbereitung 124
2.2.3.6 Schwadenbildung, Geräusche und Wartung bei Kühltürmen 126
2.3 Kältemittelstromregler 128
2.3.1 Das Kapillardrosselrohr 128
2.3.1.1 Kapillardrosselrohr-Einspritzung bei Kältesätzen in Fensterklimageräten 130
2.3.1.2 Dampfzustand in der Saugleitung hermetischer Motorverdichter 131
2.3.2 Thermostatische Expansionsventile (TEV) 131
2.3.2.1 Aufgabe und Arbeitsweise 131
2.3.2.2 Innerer und äußerer Druckausgleich 133
2.3.2.3 Steuerfüllungen der TEV-Fühler 135
2.3.2.4 TEV mit Druckbegrenzung (MOP) 136
2.3.2.5 Flüssigkeitsverteiler für Mehrfacheinspritzung 137
2.3.2.6 Einbauhinweise 139
2.3.2.7 Einstellung von TEV 143
2.3.2.8 Beispiel 144
2.3.3 Elektronische Expansionsventile (EEV) 144
2.3.4 Kältemittelstromregler für überflutete Verdampfer 146
2.3.4.1 Schwimmerschalter/Magnetventil 146
2.3.4.2 Schwimmerventile 147
2.4 Verdampfer 150
2.4.1 Verdampfer zur Luftkühlung 150
2.4.1.1 Entwicklung der Lamellenverdampfer zur Luftkühlung 150
2.4.1.2 Funktion eines Luftkühlers mit Lamellenverdampfer 152
2.4.1.3 Abtauen durch elektrische Heizung 154
2.4.1.4 Heißgasabtauung 157
2.4.2 Verdampfer für Flüssigkeitskühlung 161

3 Rohrleitungen 165
3.1 Druckleitung 167
3.2 Kondensatleitung 168
3.3 Flüssigkeitsleitung 170
3.4 Einspritzleitung 171
3.5 Saugleitung 171

4 Inbetriebnahme und Betriebshinweise 175
4.1 Prüfungen vor der Inbetriebnahme 175
4.1.1 Durchführung der Prüfungen 175
4.1.2 Warum Evakuieren? 178
4.1.3 Evakuierungsmethoden 182
4.1.4 Evakuierung und Trocknung kleinerer Anlagen mit Motorverdichter 187
4.1.5 Dauer der Evakuierung und Trocknung 188
4.2 Die Kältemittelfüllung 189
4.2.1 Das Füllen der Anlage mit Kältemittel 189
4.2.1.1 Füllen von Neuanlagen 190

4.2.1.2 Füllen im Servicefall ... 193
4.2.2 Überwachen der Kältemittelfüllung ... 196
4.2.2.1 Feuchtigkeit im FCKW-Kältemittel ... 196
4.2.2.2 Schaugläser und Feuchtigkeits-Indikatoren ... 199
4.2.2.3 Filtertrockner ... 200
4.2.2.4 Schutzmaßnahmen gegen Kältemittelverlust ... 202

4.3 Das Öl im Kältemittelkreislauf ... 204
4.3.1 Erläuterung schmiertechnischer Begriffe ... 204
4.3.2 Einfluß des Kältemittels auf das Öl ... 208
4.3.3 Ölrückführung ... 213
4.3.4 Kupferplattierung ... 218

4.4 Luft im Kältemittelkreislauf ... 218
4.4.1 Die Folgen eingedrungener Luft ... 219
4.4.2 Erkennen von Luft im Kreislauf ... 220
4.4.3 Entlüften ... 220
4.4.4 Beispiel ... 222

5 Verbundkälteanlagen ... 224

5.1 Erläuterung des Begriffes und Einsatzgebiet ... 224

5.2 Beschreibung des Kreislaufes der Verbundanlagen ... 225

5.3 Regelung von Verbundkälteanlagen ... 229
5.3.1 Regelung der Verdichter ... 229
5.3.2 Regelung der Kühlstellen ... 230
5.3.3 Regelung der Verflüssiger ... 231

6 Wärmepumpen ... 233

6.1 Erläuterung des Begriffes ... 233

6.2 Leistungszahl und Heizzahl ... 235

6.3 Wärmepumpensysteme ... 237

6.4 Entwicklung und Aussichten ... 239

6.5 Service an Wärmepumpen ... 240

7 Instandhaltung ... 242

7.1 Meßgeräte und Werkzeuge ... 243

7.2 Inspektion, Wartung ... 253

7.3 Um- und Abfüllen von Kältemittel ... 255
7.3.1 Verlagern der Füllung ... 255
7.3.2 Füllen von Montageflaschen ... 257

Literaturverzeichnis ... 263

Register ... 265

Terminologie

Zum Zwecke der einheitlichen Sprachregelung auf dem Gebiet der Kälte- und Klimatechnik erstellte die CECOMAF eine Terminologie (Fachsprache), die Ausdrücke festlegt und einen großen Teil davon auch definiert.

Diese Ausdrücke wurden im vorliegenden Buch konsequent angewandt.

Ein Auszug der gebräuchlichsten Ausdrücke wird deshalb zum guten Verständnis an den Anfang des Buches gestellt.

CECOMAF: Europäisches Komitee der Hersteller von kältetechnischen Erzeugnissen

C 10 **Kältemaschinen und Kälteanlagen**

C 10—00 **Kältemaschine**
Gattungsbegriff für thermische Maschinen, die bei niederer Temperatur einen Wärmestrom aufnehmen und mittels eines zugeführten Energiestromes bei höherer Temperatur wieder abgeben.

C 10—01 **Kühlmaschine**
Kältemaschine, die zur Nutzung des bei niederer Temperatur aufgenommenen Wärmestromes betrieben wird.

C 10—02 **Wärmepumpe**
Kältemaschine, die zur Nutzung des bei höherer Temperatur abgegebenen Wärmestromes betrieben wird.

C 10—03 **Kältemaschine für Kühl- und Heizbetrieb**
Kältemaschine, die entweder zur Nutzung des bei niederer Temperatur aufgenommenen Wärmestroms oder, nach Umschalten des Kreislaufs, zur Nutzung des bei höherer Temperatur abgegebenen Wärmestroms betrieben wird.

C 11—10 **Dampfkältemaschine**
Kältemaschine, in der das Kältemittel bei der Wärmeaufnahme verdampft und sich bei der Wärmeabgabe verflüssigt.

C 11—11 **Verdichter-Kältemaschine**
Dampfkältemaschine, in der der Kältemitteldampf durch Verdrängungsverdichter oder Turboverdichter auf den Verflüssigungsdruck gebracht wird.

C 11—12 **Absorptionskältemaschine**
Dampfkältemaschine, in der der Kältemitteldampf von einem festen oder flüssigen Stoff absorbiert und aus diesem durch Wärmezufuhr bei höherem Partialdruck wieder ausgetrieben wird.

C 12—00 **Kälteanlage**
Anlage, bestehend aus einer oder mehreren Kältemaschinen und allen zu deren Betrieb, zur Kälteverteilung und Kälteanwendung notwendigen Maschinen, Apparaten, Geräten, Stoffen und Leitungen.

C 13—00 **Kältesatz**

Kältemaschine mit Antrieb oder Heizung und Zubehör, mit eingebautem oder getrennt aufstellbarem Verflüssiger, fabrikmäßig zusammengebaut, transportfähig und anschlußfertig.

C 14—00 **Verflüssigungssatz**

Maschinensatz zur Umwandlung von Kältemittel-Niederdruckdampf in Kältemittel-Flüssigkeit, bestehend aus Kältemittelverdichter, Antriebsmotor, Verflüssiger und Zubehör, fabrikmäßig zusammengebaut.

C 15—00 **Verdichtersatz**

Kältemittelverdichter mit Antriebsmotor und Zubehör, fabrikmäßig auf gemeinsamem Grundgestellt zusammengebaut.

C 20 **Verdichter**

C 20—00 **Kältemittelverdichter**

Maschine zur mechanischen Verdichtung und Förderung von dampfförmigem und gasförmigem Kältemittel.

C 20—01 **Verdrängungsverdichter**

Verdichter, in dem das Kältemittel durch Vergrößerung des Verdichtungsraumes angesaugt und durch Verkleinerung dieses Raumes verdichtet und in die Druckleitung gefördert wird.

C 21—00 **Hubkolbenverdichter**

Verdrängungsverdichter mit einem oder mehreren Kolben, die sich in Zylindern geradlinig hin- und herbewegen.

C 21—11 **Tauchkolbenverdichter**

Hubkolbenverdichter, in dem das Pleuel im Kolben angelenkt wird.

C 21—12 **Kreuzkopfverdichter**

Hubkolbenverdichter, in dem der Kolben durch eine mit ihm fest verbundene Kolbenstange bewegt wird, an deren anderen Ende, im Kreuzkopf, das Pleuel angelenkt wird.

C 21—17 **Trockenlaufverdichter**

Hubkolbenverdichter, in dem der Kolben im allgemeinen durch Trockenlauf-Kolbenringe oder durch Labyrinth angedichtet wird, so daß im Zylinder kein Schmieröl gebraucht wird.

C 21—50 **offener Verdichter**

Kältemittelverdichter, dessen kältemitteldichtes Gehäuse eine Durchführung für bewegliche Antriebsteile aufweist.

C 21—60 **Motorverdichter**

Kältemittelverdichter mit einem in gemeinsamen Gehäuse eingebauten oder am Verdichtergehäuse angeflanschten Elektromotor.

C 21—61 **hermetischer Motorverdichter (Kapselmotorverdichter)**

Motorverdichter mit einem kältemitteldichten, nicht demontierbaren, Rotor und Wicklungen des Elektromotors einschließenden Gehäuse ohne Durchführung beweglicher Teile.

C 21—62 halbhermetischer Motorverdichter (Deckelmotorverdichter)

Motorverdichter mit einem kältemitteldichten, mit verschraubten Montageöffnungen ausgestatteten, Motorwicklung und Rotor einschließenden Gehäuse ohne Durchführung bewegbarer Teile.

C 21—71 einstufiger Verdichter

Verdichter, in dem das Kältemittel in allen Zylindern vom Ansaugdruck auf den gleichen Enddruck verdichtet wird.

C 21—72 Verbundverdichter

Hubkolbenverdichter, in dem das Kältemittel zweistufig in einem oder mehreren Zylindern je Stufe verdichtet wird.

C 21—73 mehrstufiger Verdichter

Verdichter, in dem die Verdichtung des Kältemittels vom Saugdruck auf den Förderdruck in mehreren Stufen ausgeführt wird, wobei der Enddruck der Zylinder der vorhergehenden Stufe etwa gleich dem Anfangsdruck der nachfolgenden Stufe ist.

C 21—93 Vorschaltverdichter

Kältemittelverdichter, der Kältemittel niedrigen Druckes auf den Saugdruck eines anderen Verdichters verdichtet.

C 22—21 Schraubenverdichter

Drehkolbenverdichter mit zwei schraubenförmigen ineinandergreifenden Kolben mit feststehenden Achsen.

C 23—00 Turboverdichter

Verdichter, in dem das Kältemittel durch strömungsmechanische Energieumwandlung in sich drehenden Laufrädern und feststehenden Leitapparaten stetig gefördert und verdichtet wird.

C 23—11 Radialverdichter

Turboverdichter, dessen Laufräder im wesentlichen in radialer Richtung durchströmt werden.

C 23—12 Axialverdichter

Turboverdichter, dessen Laufräder im wesentlichen in axialer Richtung durchströmt werden.

C 30 Wärmeaustauscher und Apparate

C 31—00 Verflüssiger

Wärmeaustauscher, in dem der Kältemitteldampf durch Wärmeabfuhr an ein Kühlmittel verflüssigt wird.

C 31—10 luftgekühlter Verflüssiger

Verflüssiger, in dem Luft als Kühlmittel benutzt wird.

C 31—21 wassergekühlter Verflüssiger

Verflüssiger, in dem Wasser als Kühlmittel verwendet wird.

C 31—22 **Berieselungsverflüssiger**

Verflüssiger, in dem das Kühlwasser frei über die kältemittelführenden Rohre herabrieselt.

C 31—23 **Verdunstungsverflüssiger**

Verflüssiger, der mit Wasser berieselt und zwangsbelüftet wird, so daß die Wärme hauptsächlich durch Wasserverdunstung abgeführt wird.

C 31—30 **Rohrbündel-Verflüssiger**

Verflüssiger aus mehreren, als Bündel innerhalb eines Mantels angeordneten Rohren, die an ihren beiden Enden in einem Rohrboden münden; die eine Flüssigkeit strömt durch die Rohre, die andere innerhalb des Mantels um die Rohre.

C 32—00 **Verdampfer**

Wärmeaustauscher, in dem flüssiges Kältemittel durch Wärmezufuhr aus dem zu kühlenden Stoff verdampft.

C 32—10 **Luftkühler**

Wärmeaustauscher zur Kühlung eines Luftstromes durch verdampfendes Kältemittel oder einen Kälteträger.

C 32—30 **Rohrbündel-Verdampfer**

Verdampfer aus mehreren, als Bündel innerhalb eines Mantels angeordneten Rohren, die an ihren beiden Enden in einem Rohrboden münden; die eine Flüssigkeit strömt durch die Rohre, die andere innerhalb des Mantels um die Rohre.

C 32—80 **Platten-Verdampfer**

Verdampfer, bestehend entweder aus zwei Platten, zwischen denen die Kältemittelkanäle verlaufen, oder aus einer Platte mit aufgelöteter Rohrschlange oder aus zwei Platten mit dazwischenliegender Rohrschlange.

C 32—91 **trockener Verdampfer**

Verdampfer, in dem der Kältemittelstrom in einer Richtung vom Verdampfereintritt zum Verdampferaustritt fließt und dabei vollständig verdampft.

C 32—92 **überfluteter Verdampfer**

Verdampfer, in dem nur ein Teil des über die Wärmeübertragungsfläche zirkulierenden Kältemittels verdampft; die restliche Flüssigkeit wird vom Dampf getrennt und verbleibt im Verdampfer.

C 34—00 **Flüssigkeits-Saugdampf-Wärmeaustauscher**

Wärmeaustauscher, in dem das flüssige Kältemittel durch den aus dem Verdampfer kommenden Dampf unterkühlt wird.

C 35—00 **Sekundärkühler**

Wärmeaustauscher zur Kühlung mit einem Kälteträger.

C 37—00 **Wasserrückkühl-Einrichtung**

Apparat zum Abkühlen des im Verflüssiger erwärmten Kühlwassers.

C 37—10 **Kühlturm**
Wasserrückkühl-Einrichtung zur Kühlung eines Wasserstromes durch teilweise Verdunstung.

C 38—00 **Apparate für Absorptionskältemaschinen**
Apparate als Bestandteil von Absorptionskältemaschinen.

C 38—10 **Absorber**
Apparat in der Niederdruckseite von Absorptionskältemaschinen, in dem der Kältemitteldampf von der armen Lösung unter Wärmeabfuhr absorbiert wird.

C 38—20 **Austreiber**
Apparat in der Hochdruckseite von Absorptionskältemaschinen, in dem das Kältemittel aus der reichen Lösung durch Wärmezufuhr dampfförmig ausgetrieben wird.

C 38—31 **Rektifikator**
Apparat in einer Absorptionskältemaschine, in dem der vom Austreiber kommende Kältemitteldampf von mitgeführtem Lösungsmittel gereinigt wird.

C 38—32 **Dephlegmator**
Kleine Trennsäule in Absorptionskältemaschinen zwischen Austreiber und Verflüssiger.

C 40 **Regel- und Sicherheits-Einrichtungen**

C 41—00 **Kältemittelstromregler**
Gerät für Kältemaschinen zur Regelung des Kältemittelstromes.

C 41—10 **Expansionsventil**
Kältemittelstromregler in einer Dampfkältemaschine zur Regelung und Entspannung des flüssigen Kältemittelstromes.

C 41—11 **Konstantdruck-Expansionsventil (automatisches Expansionsventil)**
Expansionsventil, das den Kältemittelstrom selbsttätig so regelt, daß der Druck des Kältemittels hinter dem Ventil nahezu konstant bleibt.

C 41—12 **thermostatisches Expansionsventil**
Expansionsventil, das den Zustrom flüssigen Kältemittels zum Verdampfer in Abhängigkeit von der Überhitzung des Sauggases am Verdampferaustritt regelt.

C 41—13 **druckbegrenztes thermostatisches Expansionsventil**
Thermostatisches Expansionsventil, dessen Öffnungsdruck begrenzt ist, um zu verhindern, daß der Saugdruck einen eingestellten Wert überschreitet.

C 41—21 **Kapillardrosselrohr**
Rohr mit kleinem kalibriertem Querschnitt als Kältemittelstromregler für Dampfkältemaschinen.

C 41—22 **Niederdruck-Schwimmerventil**
Kältemittelstromregler, der den Flüssigkeitsstand auf der Niederdruckseite des Ventils konstant hält.

C 41—23 **Hochdruck-Schwimmerventil**
Kältemittelstromregler, gesteuert vom Flüssigkeitsstand auf der Hochdruckseite des Reglers, der das kondensierte Kältemittel zur Niederdruckseite abfließen läßt und das Nachströmen von Kältemitteldampf verhindert.

C 41—24 **Handexpansionsventil**
Von Hand zu steuerndes Expansionsventil.

C 41—31 **Saugdruckregler**
Selbsttätiger Kältemittelstromregler in der Saugleitung von Dampfkältemaschinen, der verhindert, daß der Saugdruck über einen eingestellten Wert steigt.

C 41—32 **Verdampfungsdruckregler**
Selbsttätiger Kältemittelstromregler in der Saugleitung von Dampfkältemaschinen, der verhindert, daß der Verdampfungsdruck unter einen eingestellten Wert absinkt.

C 41—33 **Verflüssigungsdruckregler**
Selbstätiger Kältemittelstromregler in Dampfkältemaschinen, der verhindert, daß der Verflüssigungsdruck unter einen eingestellten Wert absinkt.

C 41—61 **Überdruck-Sicherheitsventil**
Druckgesteuertes Sicherheitsventil, das sich öffnet, wenn der Druck auf einer Seite des Ventils einen eingestellten Wert überschreitet.

C 41—62 **Überströmventil**
Druckgesteuertes Ventil, das sich öffnet, wenn die Druckdifferenz am Ventil einen eingestellten Wert überschreitet.

C 41—63 **Abblasventil**
Ventil, das sich zur Atmosphäre hin öffnet, wenn der Druck vor dem Ventil einen eingestellten Wert überschreitet.

C 42—10 **Temperaturschalter**
Temperaturgesteuertes Schaltgerät.

C 42—21 **Druckschalter**
Druckgesteuertes Schaltgerät.

C 42—25 **Druckdifferenzschalter**
Von einer Druckdifferenz gesteuertes Schaltgerät.

C 42—31 **Druckwächter**
Druckschalter, der den Verdichterantrieb abschaltet, wenn der eingestellte Druck überschritten wird, und selbsttätig wieder einschaltet, wenn der Druck unter einen eingestellten Wert gefallen ist.

C 42—32 Saugdruckwächter

Druckschalter, der den Verdichterantrieb abschaltet, wenn der eingestellte Wert des Saugdruckes unterschritten wird, und selbsttätig wieder einschaltet, wenn der Saugdruck auf den eingestellten Wert gestiegen ist.

C 42—41 Druckbegrenzer

Druckschalter, der öffnet oder schließt, sobald der eingestellte Druck überschritten wird und der nur dann von Hand geschlossen oder geöffnet werden kann, wenn der Druck wieder unter einen eingestellten Wert gesunken ist.

C 42—42 Saugdruckbegrenzer

Druckschalter, der den Verdichterantrieb abschaltet, wenn der eingestellte Wert des Saugdruckes unterschritten wird, und der von Hand wieder eingeschaltet werden kann, wenn der Druck auf den eingestellten Wert gestiegen ist.

C 42—51 Sicherheitsdruckbegrenzer

Druckbegrenzer, der öffnet oder schließt, sobald der eingestellte Druck überschritten wird und der nur mit einem Werkzeug und nur dann wieder geschlossen oder geöffnet werden kann, wenn der Druck unter einen eingestellten Wert gesunken ist.

C 42—70 Kühlwasserregler

Regler, der den durch den Verflüssiger fließenden Kühlwasserstrom entsprechend dem Kondensationsdruck oder der Wassertemperatur einstellt.

C 42—80 Feuchteschalter

Durch Änderung der Luftfeuchte betätigtes Schaltgerät.

C 50 Einrichtungen für Kühllagerung und Kühltransport

C 51—00 Kühlhaus

Gebäude mit mehreren Kühlräumen oder einem großen Kühlraum und den dazugehörenden Betriebseinrichtungen.

C 52—00 Kühlraum

Raum, dessen Temperatur unterhalb der Temperatur seiner Umgebung gehalten wird.

C 52—11 Kaltlagerraum

Kühlraum für Lagertemperaturen oberhalb von 0 °C zur Aufnahme und Lagerung von Kühlgut, das bereits nahezu auf Lagertemperatur abgekühlt ist.

C 52—12 Schnellabkühlraum

Kühlraum zur schnellen Abkühlung des Kühlgutes vor dem Transport oder dem Einlagern.

C 52—30 Tiefkühllagerraum

Kühlraum zur Lagerung von bereits eingefrorenem Kühlgut bei Temperaturen unterhalb des Gefrierpunktes des Kühlguts.

C 52—40 **Kühlzelle**

Kühlraum, der fabrikmäßig hergestellt wird, als Ganzes oder in wenigen Teilen angeliefert, an Ort und Stelle aufgebaut und wiederverwendbar abgebaut werden kann.

C 52—70 **CA-Lagerraum (Lagerraum mit kontrollierter Atmosphäre)**

Kühlraum zur Lagerung in einer Atmosphäre von anderer Zusammensetzung als der der Luft.

C 60 **Kühlschränke und Kühlmöbel**

C 60—01 **Kühlschrank**

Isolierter Behälter in Schrankform mit kühlbarem Innenraum und der dazugehörenden Kältemaschine, mit einem oder mehreren Fächern, von denen mindestens eines bei einer Temperatur über 0°C betrieben werden kann.

C 60—02 **Kühlmöbel**

Behälter, geschlossen oder offen, beweglich, zur Kühllagerung oder Tiefkühllagerung oder zum Gefrieren von Produkten, eingerichtet zur Kühlung durch eine ganz oder teilweise eingebaute Kältemaschine.

C 62—00 **Gewerbekühlschrank**

Kühlschrank, nach Ausstattung und Rauminhalt der Verwendung in gewerblichen Betrieben angepaßt, mit eingebautem Kältesatz oder mit getrennt aufgestelltem Verflüssigungssatz.

C 63—00 **Tiefkühlmöbel**

Isolierter Behälter mit kühlbarem Innenraum und der dazugehörenden Kältemaschine, mit einem oder mehreren Fächern, von denen mindestens eines mit einer Temperatur von – 18 °C oder tiefer betrieben werden kann, um Tiefkühlkost aufzubewahren.

C 64—00 **Gefriermöbel**

Isolierter Behälter mit kühlbarem Innenraum und der dazugehörenden Kältemaschine, mit einem oder mehreren Fächern, von denen mindestens eines zum Gefrieren von Lebensmitteln geeignet ist.

C 64—80 **Gewerbegefriermöbel mit Sprühfroster**

Gewerbe-Gefriermöbel mit zusätzlicher Einrichtung zum Sprühfrosten mit einem verflüssigten tiefsiedenden Gas.

C 65—00 **Verkaufskühl- und -tiefkühlmöbel**

Kühlmöbel zum Verkaufen und Ausstellen zu kühlender oder tiefzukühlender Waren.

C 65—10 **Verkaufskühlmöbel**

Kühlmöbel zum Verkauf zu kühlender Ware.

C 65—11 **Verkaufskühltruhe**

Oben offenes Verkaufskühlmöbel, in dem die Waren im wesentlichen auf einer horizontalen Ebene gelagert werden.

C 65—12 **Kühltheke**
Verkaufskühlmöbel, gegen den Käufer durch Glasscheiben abgedeckt, so daß die Ware nur von der Verkäuferseite zugänglich ist.

C 65—13 **Kühlinsel**
Verkaufskühltruhe, in der die Ware für den Käufer von allen Seiten her zugänglich gelagert ist.

C 65—14 **Kühlregal**
Verkaufskühlmöbel, von vorn zugänglich mit mehreren übereinanderliegenden Böden zur Kühllagerung von Waren.

C 65—16 **Schaukühlschrank**
Gewerbekühlschrank mit mindestens einer verglasten Wand.

C 70 **Spezielle Kühl- und Gefriereinrichtungen**

C 71—10 **Flüssigkeitskühlsatz**
Kältesatz bestimmt und ausgerüstet zur Kühlung einer Flüssigkeit.

C 71—11 **Wasserkühlsatz**
Flüssigkeitskühlsatz zur Abkühlung eines Wasserstromes.

C 73—00 **Gefrieranlage**
Anlage zum Einfrieren von Produkten.

C 74—10 **Froster**
Gerät, in dem leicht verderbliche Produkte eingefroren werden.

C 74—11 **Plattenfroster**
Froster, in dem das Kühlgut in unmittelbarer Berührung mit gekühlten ebenen Metallplatten eingefroren wird.

C 74—13 **Etagenfroster**
Froster in Form eines aus Kühlflächen gebildeten Regals.

C 80 **Verschiedenes**

C 81—10 **Kältemittel**
Arbeitsmittel, das in einer Kältemaschine umläuft, um den Wärmestrom bei niedriger Temperatur aufzunehmen und bei höherer Temperatur wieder abzugeben.

C 81—20 **Kälteträger**
Fluid, das zum Wärmetransport zwischen den zu kühlenden Gegenständen oder Stellen und der Kältemaschine benutzt wird.

C 81—21 **Sole**
Als Kälteträger benutzte Salzlösung.

C 82—00 **kältetechnische Hilfsstoffe**
Flüssige und feste Werkstoffe, die zur Errichtung, zum Betrieb und zur Verwendung von Kältemaschinen und Kälteanlagen notwendig sind.

C 82—50 Isolierstoff
Material mit geringer Wärmeleitfähigkeit, verwendet zum Aufbau von Wärmedämmschichten.

C 82—60 Dampfsperrmittel
Werkstoff zur Herstellung einer wasserdampfdichten Schicht an oder in den Wänden isolierter Räume.

C 83—11 (Kältemittel-)Trockner
Apparat in Dampfkältemaschinen zur Abscheidung von Feuchtigkeit aus dem Kältemittelstrom.

C 83—12 (Kältemittel-)Filter
Bauteil von Kältemaschinen zur Abscheidung fester Verunreinigungen aus dem Kältemittelstrom.

C 83—14 Ölabscheider
Apparat in Verdichterkältemaschinen zur Abscheidung von Schmieröl aus dem Kältemitteldampf.

C 83—21 Flüssigkeitssammler
Behälter auf der Hochdruckseite von Dampfkältemaschinen zur Speicherung flüssigen Kältemittels.

C 83—22 Flüssigkeitsabscheider
Behälter, eingebaut in die Saugleitung von Dampfkältemaschinen, um das Ansaugen von flüssigem Kältemittel durch den Verdichter zu vermeiden.

C 83—41 Kältemittelpumpe
Pumpe zur Förderung flüssigen Kältemittels.

Literaturhinweis:

Terminologie für kältetechnische Erzeugnisse in 5 Sprachen mit Definitionen — CECOMAF-Terminologie, Verlag C. F. Müller, Karlsruhe, 2. Auflage 1987

1. Physikalisches Fachwissen

1.1 Temperatur

1.1.1 Wärmeempfinden

Durch das Gefühl lassen sich verschiedene Abstufungen von *warm* und *kalt* unterscheiden. Dabei ist unser Urteil über die Temperatur aber recht unzuverlässig. Stellen wir uns drei Töpfe mit Wasser vor: im Topf A befindet sich kaltes Wasser, in Topf B lauwarmes und in Topf C heißes. Die Temperatur des Wassers im Topf B wird als kalt empfunden, wenn man die Hand erst in den mit heißem Wasser gefüllten Topf C taucht. Dagegen empfindet man das Wasser in Topf B als warm, wenn die Hand erst in den kalten Topf A gehalten wurde.

Zweifel in der Beurteilung des Wärmeempfinden werden durch das *Messen* der Temperatur beseitigt.

1.1.2 Temperaturskalen

Die bekanntesten Temperaturmeßverfahren beruhen auf Körper- und Stoffeigenschaften, die sich mit der Temperatur ändern:
— der Ausdehnung fester, flüssiger und gasförmiger Stoffe (z. B. Bimetall- oder Quecksilberthermometer),
— der Thermospannung von Metallpaaren,
— der elektrischen Widerständsänderung (Widerstandsthermometer, NTC-Widerstände).

Diese Eigenschaften erlauben es, *Temperaturskalen* aufzustellen, nach denen die jeweilige Temperatur definiert werden kann. Seit 1924 gilt in Deutschland als gesetzliche Temperaturskala die Skaleneinteilung nach *Celsius* (Schwede, 1701—1744). Diese ist durch zwei Fixpunkte festgelegt: dem *Eispunkt* (Schmelzpunkt) bei 0 °C und dem *Siedepunkt* des Wassers unter Atmosphärendruck 1013 mbar bei 100 °C. Die Teilung zwischen diesen beiden Fixpunkten beträgt 100, ein Teil ist gleich ein Grad Celsius (°C).

Im englischsprachigen Raum ist die Temperaturskala nach *Fahrenheit* (°F) (Deutscher, 1686—1736) noch üblich, wird aber nach und nach durch die Celsiusskala abgelöst.

Fahrenheit legte den Nullpunkt seiner Skala bei einer von ihm in Amerika gemessenen, sehr niedrigen Umgebungstemperatur fest, die er mit 32 °F unter dem Gefrierpunkt des

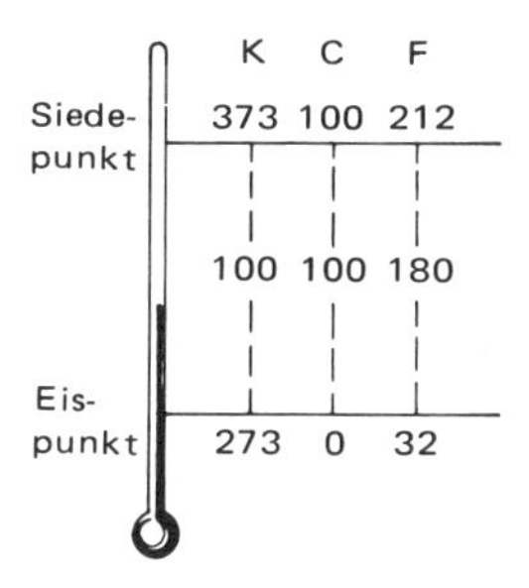

Bild 1 Thermometer-Teilungen

Wassers ermittelte. Zwischen dem Gefrierpunkt und dem Siedepunkt des Wassers legte er eine Skala von 180 Teilen. So liegt auf der Fahrenheitskala der Gefrierpunkt des Wassers bei 32°F und der Siedepunkt bei 180 + 32 = 212°F. auf 5 Celsiusgrade entfallen 9 Fahrheitgrade.

Daraus ergibt sich:
°C = 5/9 · (°F − 32 °)
°F = 9/5 · °C + 32 °
1 Grad *Fahrenheit* entspricht 0,55 °C
1 Grad *Celsius* entspricht 1,8 °F

Dazu ein Beispiel:
Das ablaufende Kühlwasser eines Verflüssigers wird mittels eines Thermometers gemessen, das 95 °F anzeigt. Wieviel °C sind dies?

$$°C = (°F - 32) \cdot \frac{5}{9}$$

$$°C = (95 - 32) \cdot \frac{5}{9}$$

$$= \underline{35{,}0\ °C}$$

1.1.3 Absoluter Nullpunkt, SI-System

Die tiefste denkbare, doch unerreichbare Temperatur, liegt bei −273,15 °C gleich 0 *Kelvin* (Engländer, 1826—1907), früher als absoluter Nullpunkt bezeichnet. Im weiteren Verlauf dieser Ausführungen werden wir nur von −273 °C sprechen und die Dezimalstellen fortlassen.

Nach Einführung der gesetzlichen SI-Einheiten (internationales Einheitssystem) ist auch in der Bundesrepublik Deutschland ab 1. 1. 1978 als Grund- oder Basiseinheit für die Temperatur das Kelvin (K) verbindlich anzuwenden.

Merke: Die Temperatur ist eine Basisgröße des SI mit der Basiseinheit Kelvin (K). Grad Celsius (°C) ist bei der Angabe von Celsius-Temperaturen ein besonderer Name für Kelvin.

Die Einheit Kelvin ist nicht als Skala, sondern als Größe zu verstehen. Deshalb gibt es das früher übliche *Grad* Kelvin (°K) nicht mehr.

Celsius dagegen bleibt Skala! Deshalb der Einheitenname Grad Celsius. Die Zahlenwerte oberhalb 0 °C werden mit + und unterhalb 0 °C mit − gekennzeichnet. Temperaturdiffernezen werden *stets* in Kelvin angegeben. Nicht mehr zulässig ist die Verwendung des Zeichens *grd* (Kurzzeichen für Grad) für Temperaturdifferenzen, Temperaturbereiche usw.

Die Einheiten temperaturbezogener Größen führen somit die Einheit Kelvin anstelle von grd (oder °C). Im Bereich der Klima- und Kältetechnik sind das die folgenden Größen mit ihren Einheiten:

spezifische Wärmekapazität c $\frac{kJ}{kg\,K}$

Wärmeleitkoeffizient λ $\frac{W}{m\,K}$

Wärmeübergangskoeffizient δ
Wärmedurchgangszahl $\frac{W}{m^2\,K}$

Temperaturangaben in °C oder Kelvin werden folgendermaßen umgerechnet:
°C = K − 273, K = °C + 273

Bei thermodynamischen Berechnungen werden Temperaturen immer in Kelvin mit dem Formelzeichen T eingesetzt, während sich das Formelzeichen t stets auf Celsiusgrade bezieht.

Bei Laborversuchen wurden bisher 0,001 K erreicht. Beim absoluten Nullpunkt würde jede Bewegung der Atome aufhören. Es macht Schwierigkeiten, sich den absoluten Nullpunkt vorzustellen. Wie soll das Volumen eines Stoffes gleich Null werden? Eine vereinfachte Erklärung: Alle bekannten Gase werden vor Erreichen des absoluten Nullpunktes flüssig und im absoluten Nullpunkt auch fest. Man stelle sich vor, ein Kubikmeter Gas schrumpft bei tiefsten Temperaturen auf wenige Tropfen zusammen. Dann hat das Gas wirklich kaum noch ein Volumen. [2]

1.1.4 Thermometer

Erwähnt werden sollen hier die in der Klima- und Kältetechnik gebräuchlichen Berührungsthermometer.

1.1.4.1 Glasthermometer

Flüssigkeits-Glasthermometer sind Thermometer, bei denen die thermische Ausdehnung einer Flüssigkeit für die Temperaturmessung verwendet und die Temperatur aus dem Stand der Flüssigkeit in einer Glaskapillare ermittelt wird. Ihr Verwendungsbereich liegt zwischen −200 °C und +630 °C. Flüssigkeitsgefüllte Glasthermometer sind immer nur in gewissen Temperaturgrenzen einsetzbar. Z. B.:

Quecksilberthermometer	**− 38,9**	**... + 280 °C**
Pentanthermometer	**− 200**	**... + 20 °C**
Äthylalkoholthermometer	**− 110**	**... + 50 °C**
Toluolthermometer	**− 90**	**... + 100 °C**

Die Fehlergrenzen sind von der Skaleneinteilung und dem Temperaturbereich abhängig. Für Glasthermometer der Klima- und Kältetechnik nennt *VDE/VDI 3511* folgende Eichfehlergrenzen in %:

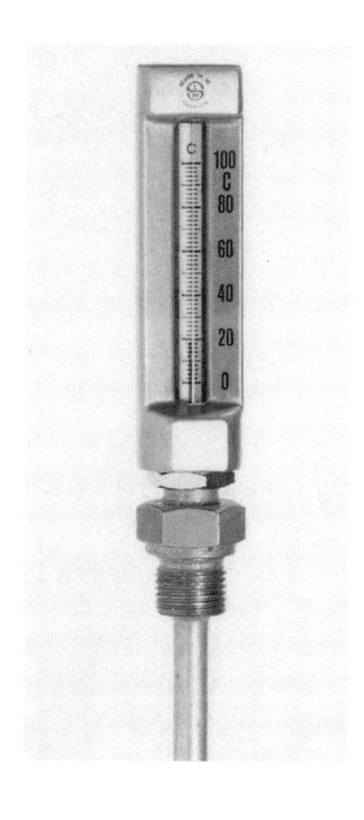

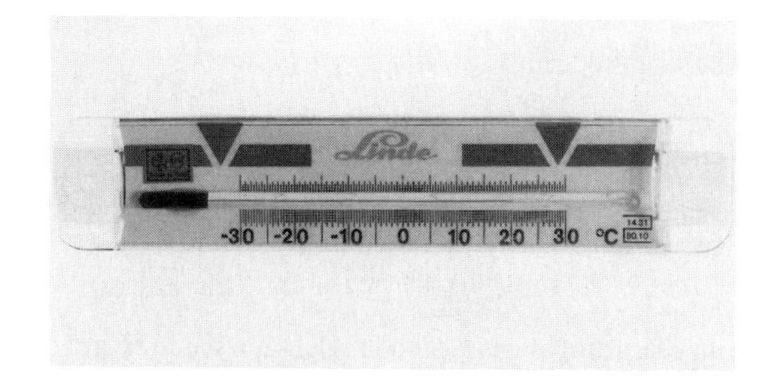

Bild 2 und 3 Flüssigkeitsthermometer

Temperaturbereich (°C)	Skaleneinteilung (K)			
	0,2	0,5	1	2
– 58 bis – 5	0,4	0,7	1	2
oberhalb – 5 bis 60	0,2	0,5	0,7	1
oberhalb 60 bis 110	0,3	0,5	1	1,5
oberhalb 110 bis 210	0,5	1	1,5	2

1.1.4.2 Flüssigkeits-Federthermometer

Flüssigkeits-Federthermometer (Kapillarrohrthermometer) bestehen aus dem als Tauchrohr ausgebildeten Temperaturfühler und einem Meßglied (Rohr- oder Schneckenfeder) einschließlich einem Anzeigeteil, die durch ein Kapillarrohr miteinander verbunden sind. Das ganze System ist mit einer Füllflüssigkeit gefüllt. Durch das auf Volumenänderung ansprechende Meßglied wird die Ausdehnung der Flüssigkeit im Temperaturfühler zur Anzeige gebracht.

Als Füllflüssigkeit dient z. B. Quecksilber unter dem Druck von 100 bis 150 bar. Damit wird eine fast gleichmäßige Skalenteilung zwischen – 35 und 500 °C erreicht.

Einfach aufgebaute Flüssigkeits-Federthermometer werden bei einer Umgebungstemperatur der Kapillare von 20 °C geeicht. Weicht diese hiervon ab, entstehen Anzeigefehler. Bei Thermometern mit Ausgleich im Anzeigeteil wird dieser Fehler weitgehend kompensiert. Die Fehlergrenzen betragen:

Geräte der Güteklasse 1	**1 % vom Skalenendwert**
Geräte der Güteklasse 2	**2 % vom Skalenendwert**

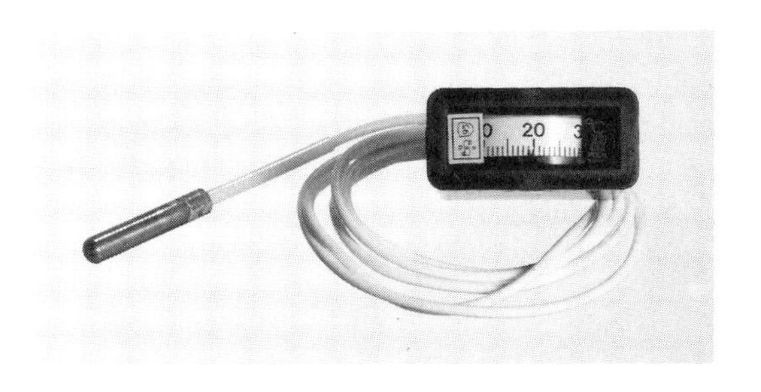

Bild 4
Flüssigkeits-Federthermometer

1.1.4.3 Bimetallthermometer

Bimetallthermometer bestehen aus zwei fest miteinander verbundenen Metallstreifen, die unterschiedliche thermische Ausdehnungskoeffizienten besitzen. Bei Temperaturänderung krümmen sie sich nach der Seite des Metalls mit dem geringeren Ausdehnungskoeffizienten (DIN 1715). Hierdurch wird ein Anzeigegerät betätigt.

Bei gut gealterten Bimetallthermometern kann mit einer Fehlergrenze von ± 1 % bis ± 1,5 % bei höheren Temperaturen bis ± 3 %, gerechnet werden.

1.1.4.4 Thermoelemente

Wird ein Metalldraht an einem Ende erhitzt, so wird der wärmere Teil positiv und der kältere Teil negativ aufgeladen. Diesen Effekt macht man sich im Thermoelement zunutze. Es werden zwei Drähte aus unterschiedlichen Metallen, ein sogenanntes Thermopaar, an einer Stelle miteinander verbunden. Diese elektrische Verbindungsstelle nennen wir die *Meßstelle.* Setzt man diese Meßstelle einer anderen Temperatur aus als

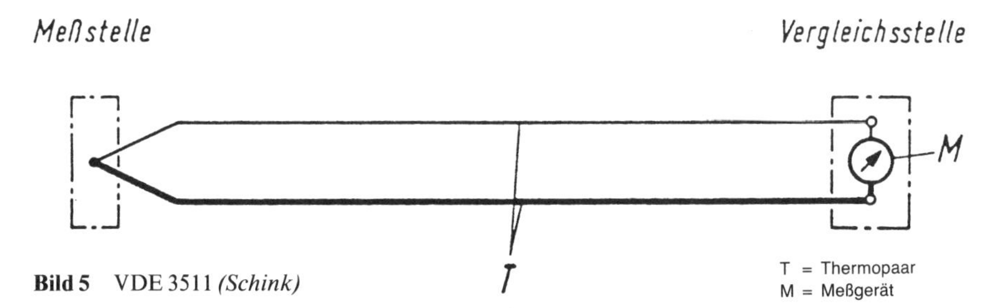

Bild 5 VDE 3511 *(Schink)*

die beiden offenen Enden der Drähte, wird zwischen diesen eine Spannung, die *Thermospannung,* meßbar. Die Höhe der Thermospannung hängt von den Werkstoffen der beiden Drähte sowie dem Temperaturunterschied zwischen der Meßstelle und der Umgebungstemperatur der beiden offenen Drahtenden, *der Vergleichsstelle,* ab [3].

Zur Temperaturmessung wird die Meßstelle der zu messenden Temperatur ausgesetzt und die Vergleichsstelle auf einer bekannten, möglichst konstanten Temperatur gehalten. Das Meßgerät wird an einer nicht im Temperaturgefälle, sonst aber beliebigen Stelle des Stromkreises eingeschaltet.

Die verschiedenen Thermopaare sind nach DIN 43710 genormt. In dieser Norm sind die *Grundwertreihen* der Thermopaare, d. h. die Spannung (mV) bei verschiedenen Temperaturen, aufgeführt. Diese beziehen sich auf 0 °C (an der Vergleichsstelle).

Es lassen sich Temperaturen von – 200 °C bis + 1.600 °C recht genau messen.

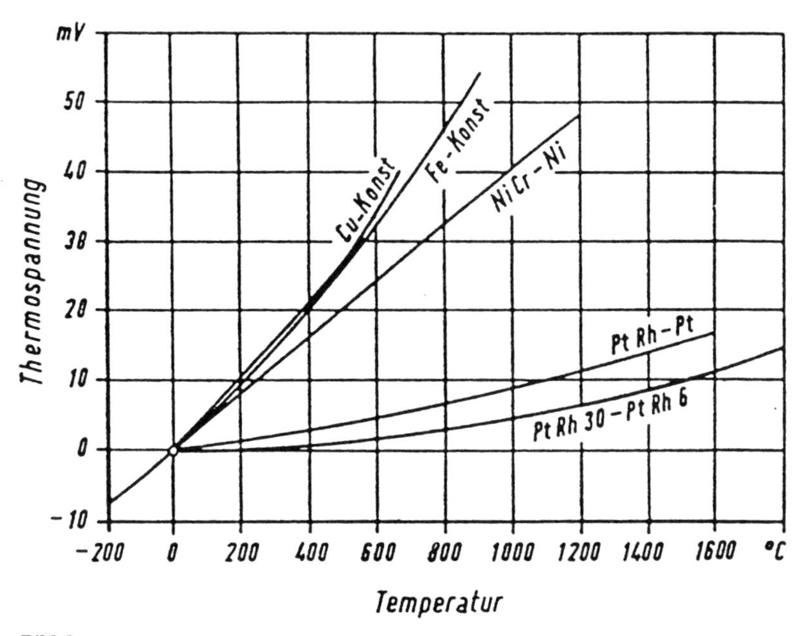

Bild 6
Grundwertreihen (Thermospannungskurven) handelsüblicher Thermopaare

Der Kältemonteur wird in der Regel Anzeigegeräte mit Temperaturteilung benutzen. Bei solchen Geräten kann die gesuchte Temperatur ohne Rücksicht auf die Vergleichstemperatur unmittelbar abgelesen werden, wenn man den Zeiger im stromlosen Zustand durch Drehen der Nullpunktschraube auf die Vergleichstemperatur einstellt. Diese kann z. B. mit einem Glasthermometer bestimmt werden.

Moderne tragbare Temperatur-Meßgeräte für den Service, z. B. digitalanzeigende Sekundenthermometer, besitzen eine eingebaute, automatische Kompensation zur Berücksichtigung der Vergleichsstellentemperatur.

Eine Meßgenauigkeit bis 0,3 % ist erreichbar.

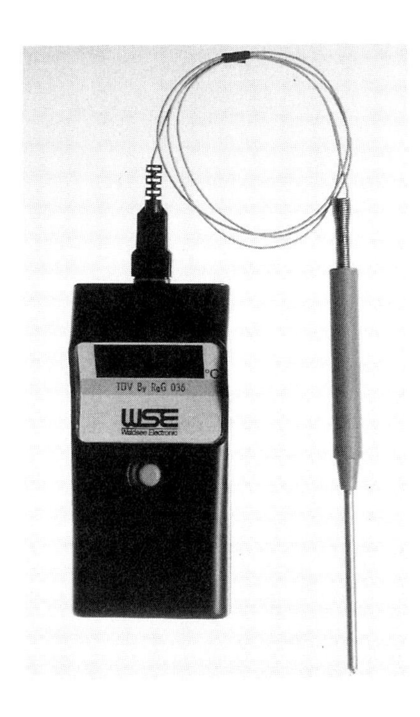

Bild 7 Sekundenthermometer
Digital anzeigendes Berührungsthermometer *(Waldsee-Electronic)*

1.1.4.5 Widerstandsthermometer

Die Wirkungsweise von Widerstandsthermometern beruht darauf, daß Metalle ihren elektrischen Widerstand mit zunehmender Temperatur vergrößern. Zur Ausnutzung dieser Temperaturabhängigkeit von metallischen Widerständen für die Temperaturmessung wird beim Widerstandsthermometer ein genormter Meßwiderstand der Meßtemperatur ausgesetzt. Die Widerstandsänderung des Meßwiderstandes wird dann als Änderung eines Stromes, der durch den Widerstand hindurchgeleitet wird, an einem Meßgerät angezeigt. Als Bestandteile einer Meßanlage ergeben sich demnach folgende Einzelgeräte:

— Der Temperaturfühler mit *Meßwiderstand,*
— *die Übertragungseinrichtung* und
— das *Meßgerät.*

Die Beziehung zwischen Temperatur und Widerstand wird in Grundwertreihen angegeben. Diese sind in DIN 43760 festgelegt. Der Verwendungsbereich liegt zwischen − 220 °C und + 1000 °C.

Die Leitungen zwischen Meßfühler und Anzeigegerät müssen bei einigen Schaltungsarten abgeglichen werden. Wie dies durchzuführen ist, muß der Fachliteratur entnommen werden. Auch die Meßfühler tragbarer Temperaturmeßgeräte sind für einige Meßbereiche als Widerstände, meist Pt 100, ausgeführt.

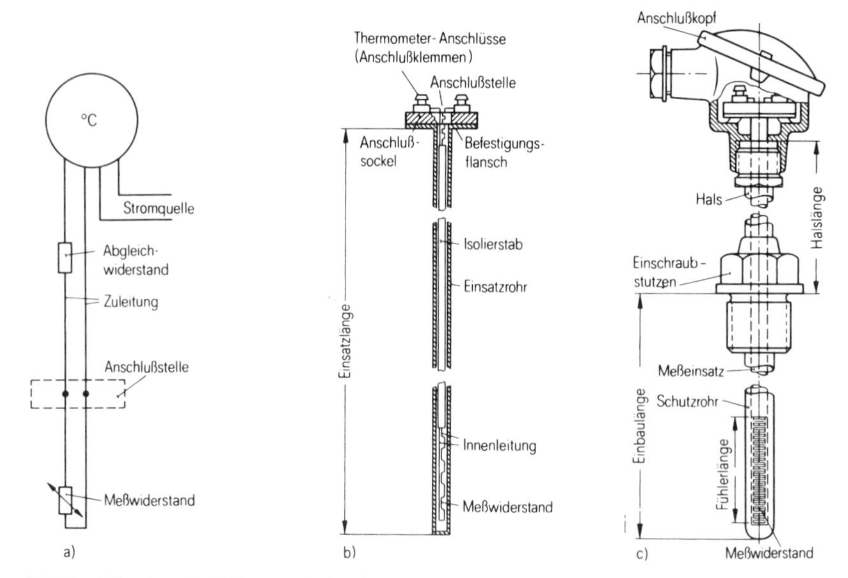

Bild 8 Einschraub-Widerstandsthermometer
Schnittbild des vollständigen Widerstandsthermometers aus „Messen in der Prozeßtechnik“ Herausgeber u. Verlag: Siemens Aktiengesellschaft Berlin u. München

1.1.5 Messen von Temperaturen

Beim Messen mit Berührungsthermometer kommt das Thermometer mit dem Stoff in Kontakt, dessen Temperatur gemessen werden soll. Das Thermometer ist ein Fremdkörper im Temperaturfeld. Es entzieht dem Stoff Wärme oder führt ihm welche zu, bis es dessen Temperatur angenommen hat. Durch Wärmeleitung und -strahlung steht das Thermometer in Wärmeaustausch mit der Umgebung. Es wird deshalb nicht die *wirkliche,* sondern eine *geänderte* Temperatur gemessen. Mit einem im Service üblichen elektrischen Berührungsthermometer kann auf der Oberfläche eines Rohres z. B. die Temperatur des strömenden Mediums im Rohr nur annähernd genau gemessen werden. Der Meßfehler wird umso größer, je größer der Temperaturunterschied zwischen dem zu messenden Medium und der Umgebungstemperatur ist.

Bei stationär angeordneten Thermometern können diese Meßfehler durch geeignete Auswahl, richtige Anordnung und normgerechten Einbau meist so weit verringert werden, daß sie praktisch bedeutungslos werden.

Beim Messen mit tragbaren Geräten (Sekundenthermometern) sind einige Regeln einzuhalten:

Bei den am häufigsten durchzuführenden Oberflächenmessungen ist zu berücksichtigen, daß der thermische Kontakt nur an einer sehr kleinen Berührungsfläche stattfindet. Über diese Berührungsfläche kann nur ein geringer Wärmestrom fließen. Deshalb sollten isolierende Schichten zwischen der Oberfläche (z. B. Farbe) und dem Meßfühler von der Meßstelle entfernt werden.

Ferner ist zu verhindern, daß Wärmeabfuhr von der Meßstelle und dem Meßfühler an die Umgebungsluft das Ergebnis zu stark verfälschen. Die benachbarten Flächen der Meßstelle müssen provisorisch isoliert und Luftbewegung ferngehalten werden. Bei den meisten Oberflächen-Meßfühlern sind unvermeidbare Temperaturabweichungen einkalibriert. Zwischen *Oberflächen-* und *Tauchfühlern* ist deshalb zu unterscheiden.

Die vorgenannten Thermometer sind eichfähig. Das ist besonders zu betonen, da nach der Dritten Verordnung über die Eichpflicht von Meßgeräten vom 26. 7. 1978 seit dem 1. 1. 1980 Temperaturmeßgeräte, die zur Bestimmung von Lebensmitteltemperaturen eingesetzt sind, eichamtlich bestätigt sein müssen.

1.1.6 Thermograph

Neben elektrischen Punkt- und Linienschreibern zum Aufzeichnen von Temperaturabläufen sei noch der einfach und zuverlässig arbeitende Thermograph erwähnt. Bei diesem Gerät werden die Temperaturen auf einem von einem Uhrwerk langsam gedrehten Schreibstreifen durch eine mit Tinte gefüllte, mit einem Thermometer in Verbindung stehende Schreibfeder aufgezeichnet werden.

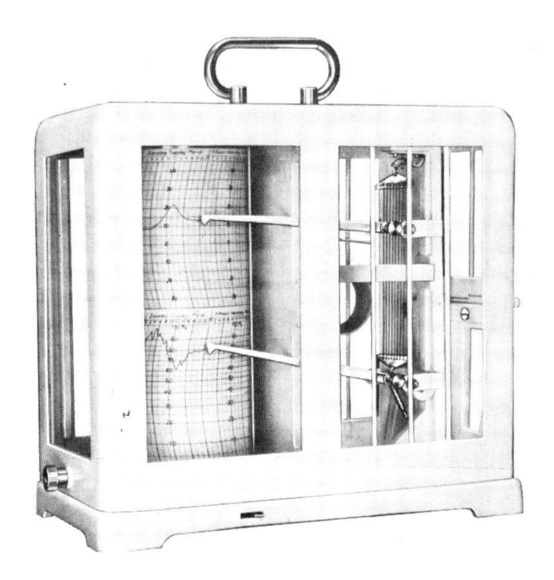

Bild 9
Thermograph
(Wilh. Lambrecht GmbH., Göttingen)

1.2 Kraft und Druck

1.2.1 SI-Einheiten

Seit dem Inkrafttreten des Gesetzes über die SI-Einheiten tritt anstelle der bisherigen technischen Krafteinheit *Kilopond* (kp) die neue gesetzliche Einheit, das *Newton* (N) (Engländer, 1642—1727). Zwischen diesen beiden Einheiten besteht der Zusammenhang:

1 kp	**=**	**9,81 N**	**ca. 10 N**
1 N	**=**	**0,102 kp**	**ca. 0,1 kp**

Für den Druck als flächenbezogene Kraft wurde die Druckeinheit *Pascal* (Pa) eingeführt und als besonderer Name für 10^5 Pascal das Bar (bar).

1 Pa = 1 N/m²
1 bar = 100.000 Pa

Druckhöhen wie mmWS und mmQS (Torr) sind entfallen. Vielfache und Teile der Einheiten werden durch Vorsilben bezeichnet. Von dieser Möglichkeit wird in der Klima- und Kältetechnik Gebrauch gemacht, und zwar mit

Megapascal (MPa) = 1.000.000 Pa und
Millibar (mbar) = 1/1000 bar

Besonders zu beachten ist, daß die Einheit für Druck und für Druckdifferenzen die gleiche ist. Es gibt auch keine zusätzliche Kennzeichnung mehr für Absolut-, Über- oder Unterdruck. Hier muß durch entsprechende Benennung eine Unterscheidung erreicht werden, z. B.

Betriebsüberdruck 16 bar oder
Betriebsdruck 16 bar.

Mit Betriebsdruck ist immer der Druck über dem Atmosphärendruck, d. h. Überdruck gemeint. Andererseits bedeutet die Angabe 16 bar ohne Zusatz immer, daß Absolutdruck gemeint ist.

Druckdifferenzen werden beispielsweise geschrieben:

Δp = 0,1 bar oder 100 mbar oder 10.000 Pa
[5]

1.2.2 Druckmeßgeräte

Die Methoden zur Druckmessung sind sehr vielseitig. Hier können nur die erwähnt werden, die von dem Kälte- und Klimamonteur benutzt werden müssen.

1.2.2.1 Flüssigkeitsdruckmesser

Als die Urform der Flüssigkeitsdruckmesser kann das U-Rohrmanometer mit seinen beiden senkrecht stehenden und zu einer U-Form verbundenen Glasrohrschenkeln angesehen werden. Die Schenkel sind entweder selbst mit einer Skala versehen oder an eine mit einer Skala versehenen Tafel montiert. Im Inneren des U-Rohres befindet sich eine Flüssigkeit, die *Sperrflüssigkeit*. Deren Höhe steht bei drucklosen Schenkeln beidseitig auf gleichem Niveau. Werden die U-Rohranschlüsse unterschiedlichen Drücken ausgesetzt, so werden die Flüssigkeitsstände in den Schenkeln verschoben, bis die Druckdifferenz der Differenz der Flüssigkeitsspiegel, multipliziert mit der Dichte der Sperrflüssigkeit, entspricht. Da das U-Rohrmanometer eine Druckdifferenz mißt, lassen sich nach diesem Meßprinzip Über- und Unterdruckmessungen durchführen. Die Druckdifferenz ermittelt sich:

$$p_1 - p_2 = h \cdot (\rho_1 - \rho_2) \cdot 10 \, (\text{mbar})$$

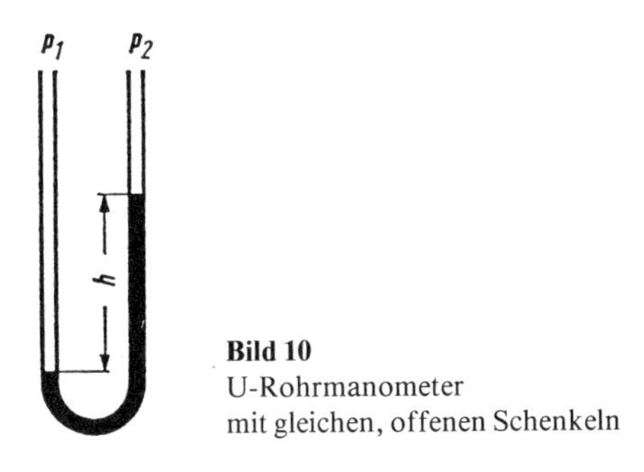

Bild 10
U-Rohrmanometer
mit gleichen, offenen Schenkeln

Im Schrägrohrmanometer wird eine Spreizung der Ableseskala durch Schräglegen des einen — schmalen — Schenkel des U-Rohrmanometers mit ungleichen Schenkelweiten und damit eine höhere Ablesegenauigkeit erreicht [6].

1.2.2.2 Druckmesser mit Rohrfeder

Hierbei handelt es sich um die am meisten verwendeten Manometer, z. B. die in der *Monteurhilfe*.

Ein flachgewalztes Rohr aus Messing, Neusilber, Edelstahl o. ä., das an einem Ende geschlossen und zu einem Kreisbogen von etwa 270° gekrümmt wird, stellt das Meßwerk dieser Druckmeßgeräte dar. Wird der Innenraum des Rohres unter Druck gesetzt, so strebt sein ovaler Querschnitt der Kreisform zu und biegt dabei den Kreisbogen zu einem vergrößerten Krümmungsradius auf. In den Druckmeßgeräten ist die Rohrfeder mit dem offenen Ende fest in ein Tragstück mit Druckdurchführung eingespannt. Veränderungen im Krümmungsradius der Rohrfeder bewirken deshalb Lageverschiebungen des geschlossenen Rohrendes, die schließlich durch Hebel- und Zahnradübersetzungen auf einen Zeiger übertragen werden. Die Anzeige erfolgt nahezu linear. Überlastsicherung ist nur mit Anschlägen zu erreichen, die die Meßfeder bei Drücken über den Skalenendwert hinaus abstützen.

Für Anzeigebereiche ≤ 60 bar Für Anzeigebereiche ≥ 100 bar

Bild 11 Rohrfedermeßwerk *(Haenni)*

Bild 12 Druckmesser *(Haenni)*

Rohrfederdruckmesser sind in verschiedene Güteklassen eingeteilt. Geräte der Güteklasse 0,6 und darunter werden auch als *Feinmeßmanometer* bezeichnet.

1.2.2.3 Druckmessung durch Ausnutzung elektrischer Effekte

Bei der Betriebsführung von Kälteanlagen werden in zunehmendem Maße Sensoren zur Druckmessung eingesetzt. Dabei handelt es sich meist um *Kristalle.*

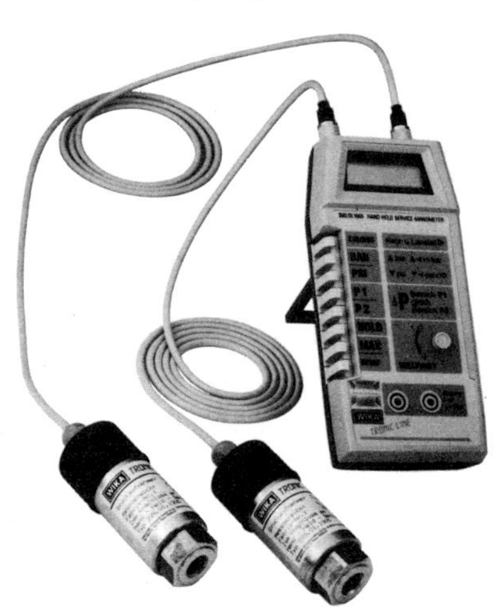

Bild 13 Druckmeßgerät mit piezoresistiven Sensoren

Hierbei wird der *piezoelektrische* Effekt genutzt, wodurch sich schnell veränderliche Drücke messen lassen. Kristalle wie Quarz, Turmalin, Rochellesalz u. a. haben die Eigenart, ihre Oberfläche dem Druck proportional elektrisch aufzuladen, was praktisch trägheitsfrei geschieht.

Die Meßbereiche liegen zwischen 0 bis 20 mbar und 0 bis 1000 bar.

Handliche Service-Manometer sind im Handel.

1.3 Ausdehnung

1.3.1 Ausdehnung fester Körper

Die Zeitungen berichteten im heißen Sommer 1976 von einer Zugentgleisung, weil sich die Schienen infolge ungewöhnlicher Erwärmung gelängt und aus ihrer Verankerung herausgerissen hatten. Wenn angenommen wird, daß sich die Schienen von 25 °C auf ca. 85 °C, also um 60 K erwärmt hätten, so würden sie sich nach folgender Formel für die Längenausdehnung gelängt haben:

Ausdehnung $\Delta\ell = \ell_o \cdot \alpha \cdot (t_2 - t_1)$ mit:

$\Delta\ell$ = die Längenausdehnung der Schiene

ℓ_o = die Länge der Schiene (angen. 15 m)

α = der Ausdehnungskoeffizient = $0{,}000011 \ \frac{1}{K}$

t_2 = die Temperatur der erwärmten Schiene (85 °C)

t_1 = die ursprüngliche Temperatur der Schiene (25 °C)

dann wird: $\Delta\ell = 15 \cdot \alpha \cdot (85 - 25)$

$\Delta\ell = 15 \cdot 0{,}000011 \cdot 60\ \text{m}$

$\Delta\ell = 9{,}9\ \text{mm}$

Diese beträchtliche Ausdehnung führte zu einer folgenschweren Verformung der Schiene und zur Zugentgleisung.

Beim Überfahren einer stählernen Brücke bemerkt man, daß zwischen Festland und Brücke eine Schürze aus Stahlblech vorhanden ist, die die Trennfuge überdeckt. Diese Trennfuge wird im Winter größer sein als im Sommer, da dann die Brücke infolge Erwärmung der Stahlträger länger geworden ist.

Um bei großen Rohrleitungsnetzen eine Verspannung und damit eine evtl. eintretende Undichte zu verhindern, werden Bogenstücke oder Kompensatoren eingebaut.

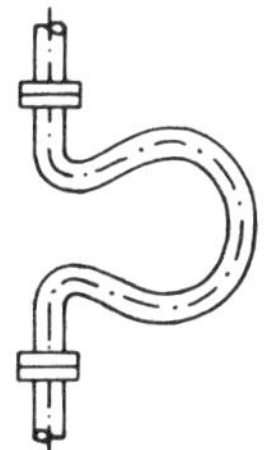

Bild 14 Bogenstück

Die Ausdehnung der meisten Körper ist zwischen 0 und 100 °C gleichmäßig. Die in Zahlentafeln enthaltenen Werte über *Ausdehnungs-Koeffizienten* α gelten deshalb für diesen Temperaturbereich. Einige lineare Ausdehnungskoeffizienten:

Invar	**0,000001**	**1/K**	**Messing**	**0,000019**	**1/K**
Glas	**0,000008**	**1/k**	**Zink**	**0,000030**	**1/K**
Stahl	**0,000011**	**1/k**	**Kupfer**	**0,000016**	**1/K**

Bei der Herstellung von Präzisionsuhren wird Invar zur Fertigung des Pendels benutzt, dessen geringe Ausdehnung durch Messingröhrchen im Innern der Linse ausgeglichen wird.

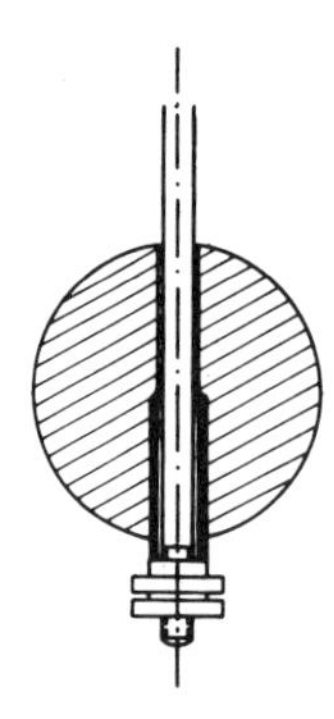

Bild 15 Kompensationspendel

Die temperaturbedingte Ausdehnung verschiedener Metalle führte zur Herstellung von *Bi-Metall-Thermometern* und Temperaturbegrenzern (Klixon).

Die räumliche Ausdehnung von Körpern erfolgt nach demselben Gesetz wie die von Stäben; da die Ausdehnung dabei aber dreidimensional vor sich geht, ist die *Raumausdehnungszahl* dreimal zu groß, wie die Längenausdehnungszahl $\gamma = 3 \cdot \alpha$.

Beispiel: Eine Messingkugel mit einem Durchmesser $d_o = 50$ mm wird um 80 K erwärmt. Wie groß ist dann der Durchmesser d_2?

Gegeben:	**Es ist:**
$d_1 = 50\,\text{mm}$	$d_2 = d_1 + (d_1 \times \alpha \times \Delta T)$
$\Delta T = 80\,\text{K}$	$d_2 = 50 + (50 \times 0{,}000019 \times 80)$
$\alpha = 0{,}000019\,1/\text{K}$	$= 50{,}076\,\text{mm}$

Man kann das auch über das Volumen rechnen, das Ergebnis ist in beiden Fällen dasselbe:

$\gamma = 3 \times \alpha$	$V_1 = 65\,450\,\text{mm}^3$
$\gamma = 0{,}000057\,1/\text{K}$	$V_2 = V_1 + (V_1 \times \gamma \times \Delta T)$
$V_1 = \frac{4}{3} \pi r^3$	$V_2 = 65\,450 + (65\,450 \times 0{,}000057 \times 80)$
	$= 65\,748\,\text{mm}^3$
daraus ergibt sich derselbe Durchmesser d_2 zu:	$d_2 = 50{,}076\,\text{mm}$

1.3.2 Ausdehnung von Flüssigkeiten

Auch Flüssigkeiten dehnen sich wie Stäbe und feste Körper bei Erwärmung aus und ziehen sich bei Abkühlung zusammen.

Das Wasser bildet dabei insofern eine Ausnahme, weil es sich zunächst von 0 °C bis 4 °C zusammenzieht und dann erst von 4 °C an ausdehnt. Erst bei 8 °C besitzt es bei weiterer Erwärmung wieder das gleiche Volumen wie bei 0 °C. Die Raumausdehnungszahl des Wassers γ steigt mit höherer Temperatur und beträgt bei 18 °C = 0,00018 1/K und bei 100 °C 0,00078 1/K. Das Wasser hat also bei 4 °C seine größte Dichte; daraus resultiert, daß ein See oder Teich immer von der Oberfläche her einfriert.

Streicht über einen See ein kalter Wind, so kühlt sich zunächst die obere Wasserschicht ab, wird spezifisch schwerer und sinkt zu Boden, während das wärmere Wasser emporsteigt. Es tritt also eine Strömung ein. Diese dauert so lange an, bis der See an allen Stellen die Temperatur von 4 °C angenommen hat. Kühlt sich die nun die oberste Schicht von 4 °C auf 3 °C usw. ab, so wird sie spezifisch leichter und bleibt oben. Es tritt Schichtbildung ein. Die untere Temperatur bleibt 4 °C. Das ist für das Überleben der Fische wichtig, da der See von oben zufriert.

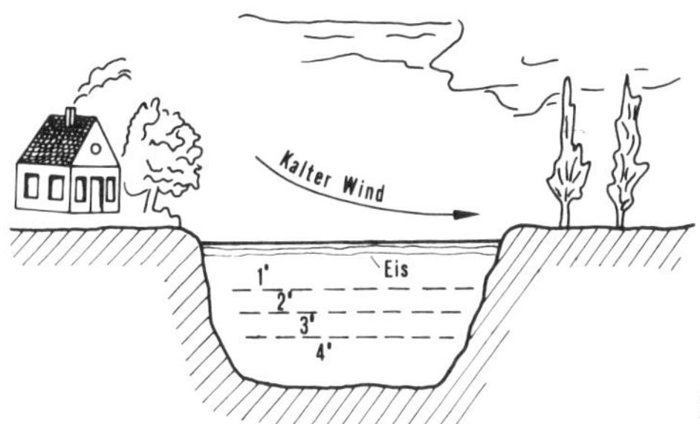

Bild 16 Gefrieren eines Sees von oben

Hier einige Raumausdehnungskoeffizienten für Flüssigkeiten

Quecksilber	**=**	**0,000181 1/K**	**Glycerin**	**=**	**0,00050 1/K**
Alkohol	**=**	**0,00111 1/K**	**Aether**	**=**	**0,00160 1/K**

1.3.3 Ausdehnung von Gasen

Der Zustand eines Gases wird nicht nur von der Temperatur bestimmt, sondern auch von den Größen Volumen und Druck.

Die Größen Volumen (V), Druck (p) und Temperatur (T) werden daher als Zustandsgrößen bezeichnet.

Was ist ein Gas? Das muß vorrangig definiert werden, da zwischen verschiedenen *gasförmigen* Stoffen unterschieden werden muß:
— *Gase,*
— *überhitzte Dämpfe* und
— *gesättigte Dämpfe.*

Als *Gase* im engeren Sinne bezeichnet man gasförmige Stoffe, die nur bei Temperaturen weit unterhalb 0 °C verflüssigt werden können, die in der Natur als Flüssigkeit nicht vorkommen: z. B. Sauerstoff, Stickstoff, Wasserstoff usw.

Überhitzte Dämpfe sind gasförmige Stoffe, die durch verhältnismäßig geringe Änderung von Temperatur oder Druck verflüssigt werden können: z. B. überhitzter Wasserdampf und Kältemitteldämpfe.

Gesättigte Dämpfe sind gasförmige Stoffe im Siedezustand, die bereits durch unendlich kleine Änderung von Temperatur und Druck in den flüssigen Zustand übergeführt werden können.

Die nachstehenden Gleichungen und Formeln gelten nur genau für ideale oder vollkommene Gase. Das Verhalten der Dämpfe weicht, je nach Größe der Überhitzung, von dem eines idealen Gases ab.

Der Physiker Gay-Lussac (Franzose, 1778—1840) fand bei Versuchen im Jahre 1802 folgendes heraus:

Wird ein Gas bei gleichbleibendem Druck erwärmt, so dehnt es sich um das 1/273,15 fache seines Volumens pro Kelvin aus.

Der Raumausdehnungskoeffizient ist also für *alle* Gase (fast) gleich, nämlich $\gamma = 1/273{,}15 = 0{,}00366\ 1/K$

Bei gleichbleibendem Druck verhalten sich demnach die Gasvolumina wie ihre absoluten Temperaturen

oder in einer Formel ausgedrückt:

$$\frac{V_1}{V_2} = \frac{T_1}{T_2}$$ und, da die Masse der Luft im Ballon gleich bleibt,

$$v = \frac{V}{m},$$ auch

$$\frac{v_1}{v_2} = \frac{T_1}{T_2}$$

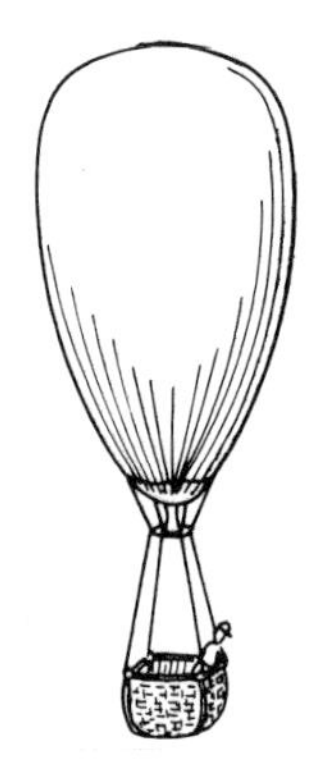

Bild 17 Luftballon

Dazu folgendes Beispiel: Ein nur wenig gefüllter Luftballon fasse bei 7 °C (280 K) 560 m^3 Gas. Wie groß wird das Volumen des Ballons, wenn die darauf scheinende Sonne das Gas auf 37 °C (310 K) erwärmt?

Es ist $V_1 = 560\,m^3$, $T_1 = 280\,K$,
$T_2 = 310\,K$, $V_2 = ?$

da die Masse m konstant bleibt, kann man schreiben:

$$v_2 = \frac{560 \times 310}{280} = 620\,m^3$$

Das Volumen des Ballons vergrößert sich um $60\,m^3$.

Wird aber der Druck eines idealen Gases bei gleichbleibender Temperatur verändert, so wird das Volumen bei Druckminderung größer und bei Druckerhöhung kleiner. *R. Boyle* (Engländer 1627—1691) und *E. Mariotte* (Franzose 1627—1684) haben auf diese Tatsache zum erstenmal hingewiesen. Das nach diesen Forschern bezeichnete Naturgesetz in Worten:

Wird der Druck des idealen Gases bei konstanter Temperatur geändert, verhalten sich die Volumina umgekehrt wie die Drücke,

oder als Gleichung ausgedrückt

$$\frac{v_1}{v_2} = \frac{p_2}{p_1} \text{ oder } p \times v = \text{konst.} \qquad \text{(bei konstanter Temperatur!)}$$

Wird nun zunächst die Temperatur des idealen Gases bei konstantem Druck p_1 von T_1 auf T_2 erhöht, so nimmt das spezifische Volumen v_1 zu auf

$$v'_2 = v_1 \frac{T_2}{T_1}$$

Wird anschließend der Druck dieses Gases von p_1 auf p_2 bei konstanter Temperatur erhöht, so wird am Ende sein spezifisches Volumen

$$v_2 = v'_2 \cdot \frac{p_1}{p_2} = v_1 \cdot \frac{T_2}{T_1} \cdot \frac{p_1}{p_2} \left[\frac{m^3}{kg}\right]$$

Mit diesen Gleichungen kann man von einem Zustand 1 (p_1, v_1, T_1) auf einen Zustand 2 (p_2, v_2, T_2) umrechnen. Dabei müssen 5 von 6 Größen gegeben sein.

Dafür folgendes Beispiel:
Ein Verdichter (Bild 18) enthalte einen Kolben von der Fläche $1\,m^2$, der vom Zylinderdeckel den Abstand $a_1 = 1{,}5$ m hat, während das Manometer den Druck von 5 bar bei 7 °C anzeigt.

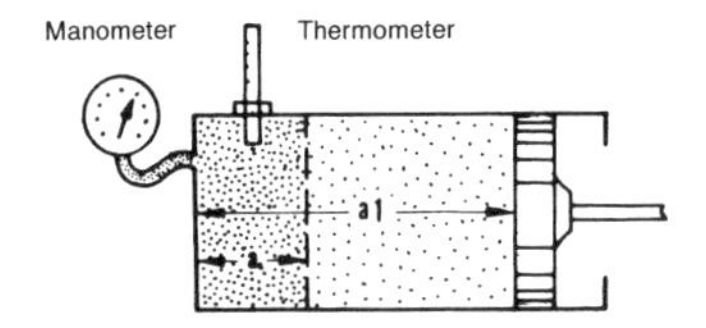

Bild 18 Verdichter

Wie groß ist der absolute Druck, wenn der Kolben bis auf $a = 0{,}5$ m zum Zylinderdeckel hin verschoben wird und die Temperatur dabei auf $t = 15$ °C ansteigt?

Antwort:

Zustand 1: $V_1 = 1{,}5\,m^3$ $p_1 = 5\,bar$ $T_1 = 273 + 7 = 280\,K$

Zustand 2: $V_2 = 0{,}5\,m^3$ $p_2 = ?$ $T_2 = 273 + 15 = 288\,K$

Wir wenden die letzte Zustandsgleichung an:

da die Masse konstant bleibt ist auch bei $v_1 = \frac{V_1}{m}$ *und* $v_2 = \frac{V_2}{m}$ die Schreibweise zulässig:

$$\frac{V_2 \cdot p_2}{T_2} = \frac{V_1 \cdot p_1}{T_1} \quad \text{woraus}$$

$$p_2 = \frac{V_1 \cdot p_1 \cdot T_2}{V_2 \cdot T_1} \quad \text{wird}$$

$$p_2 = \frac{1{,}5 \cdot 5 \cdot 288}{0{,}5 \cdot 280} = \underline{15{,}4\,bar}$$

Diese Gleichung nennt man die allgemeine Zustandsgleichung der Gase.

1.4 Die Aggregatzustände

Flüssigkeiten und Dämpfe sind zwei Stoffzustände, mit denen wir uns im nachfolgenden eingehender beschäftigen müssen. Dabei ist der Stoff Wasser als Demonstrationsobjekt infolge des täglichen Umgangs und der dadurch gewonnenen Erfahrung bestens geeignet. Wasser in flüssiger Form wird zu Eis, sobald dessen Temperatur unter 0 °C absinkt. Es erstarrt wird ein fester Körper. Erwärmt man Wasser über 100 °C, so verwandelt es sich in Dampf, der oberhalb der kritischen Temperatur zum unkondensierbaren Gas wird, auch wenn man den Druck noch so weit steigert.

Die drei *Aggregatzustände* sind nachfolgend aufgezählt und deren Umwandlungspunkte eingezeichnet.

feste Form **flüssige Form** **Dampf** ——> **(Gas)**
Schmelzpunkt **Siedepunkt** **krit. Temp.**

1.4.1 Enthalpie

Zum weiteren Verständnis der physikalischen Vorgänge ist die Erläuterung der Begriffe *Enthalpie* und *spezifische Wärmekapazität* erforderlich.

Die *Enthalpie* (Wärmemenge) ist eine Größe zur Beschreibung eines Energiezustandes.

In technischen Aufgabenstellungen ist stets die *Enthalpieänderung* (nicht ihr absoluter Wert) zu berechnen. Der Enthalpie-Nullpunkt kann deshalb beliebig festgelegt werden. Im allgemeinen wird die Enthalpie bei 0 °C gleich Null gesetzt. Bei beliebigen Temperaturen können dann die Enthalpiewerte aus Tabellen und Diagrammen entnommen werden.

Gerechnet wird in der Technik ausschließlich mit der *spezifischen Enthalpie h,* das ist die auf die Masse bezogene Enthalpie. Sie hat die Einheit kJ/kg.

Die Einheitsbezeichnung *J* steht im SI-System für Arbeit, Energie und Wärme, benannt nach dem Physiker *J. Joule* (Engländer, 1818—1889).

1 J = 1 Nm

Die *spezifische Wärmekapazität,* spezifische Wärme, ist diejenige Wärmeenergie, mit der die Temperatur eines Stoffes mit der Masse 1 kg um 1 K geändert werden kann.

Die spezifische Wärmekapazität von Wasser beträgt c = 4,19 kJ/kg K.

Einige weitere Werte für c von:

Platin	**0,17 kJ/kg K**	**Blei**	**0,13 kJ/kg K**
Eisen	**0,47 kJ/kg K**	**Zinn**	**0,23 kJ/kg K**
Kupfer	**0,39 kJ/kg K**	**Wachs**	**3,4 kJ/kg K**
Messing	**0,385 kJ/kg K**	**KM-Öl (50 °C)**	**2 kJ/kg K**

Zum besseren Verständnis folgendes Rechenbeispiel:

100 kg Wasser sind von 20 °C auf 90 °C, also um 70 K zu erwärmen. Welche Wärmeenergie ist dazu erforderlich?

H = Wärmeenergie (kJ)
m = Masse des zu erwärmenden Wassers (kg)

$H = m \cdot c \cdot \Delta T = 100 \cdot 4{,}19 \cdot 70 = 29.330\ kJ$

Ein weiteres Beispiel:
Über einem Bunsenbrenner wird 1 kg Wasser von 20 auf 80 °C erhitzt. Die dazu erforderliche Zeit wird mit einer Stoppuhr festgehalten.

Bei gleicher Brennerstellung, d. h. Wärmezufuhr, und über den gleichen Zeitraum wird anschließend 1 kg Kältemaschinenöl VG 46 über den Bunsenbrenner gestellt. Die Temperatur des Öles steigt hierbei auf ca. 145 °C.

Grund für die höhere Temperatur ist die geringere spezifische Wärmekapazität des Kältemaschinenöles. Bei gleicher Zufuhr an Wärmeenergie ergibt sich entsprechend der Formel:
$H = m \cdot \Delta T \cdot c$
für 1 kg Wasser $H = (80 - 20) \cdot 4{,}19 = 2514\ kJ$
für 1 kg Kältemaschinenöl (bei mittlerem c_m für $(20 + 80) : 2 = 50$ °C)
$H = (145 - 20) \cdot 2{,}01 = 2513\ kJ$

1.4.2 Der Schmelzpunkt

Führt man einem festen Körper Wärme zu, so steigt dessen Temperatur bis zu einem bestimmten Punkt. Danach geht er vom festen in den flüssigen Zustand über.

Im *Schmelzpunkt* ändert also ein Körper seinen Aggregatzustand. Kühlt man den verflüssigten Körper wieder ab, so erstarrt er bei der gleichen Temperatur.

Beim Silvester-Bleigießen werden beide Aggregatzustände, zuerst durch Erwärmen, dann durch schnelles Abkühlen, durchgespielt.

Bild 19 Bleigießen

Einige Schmelz- (u. Erstarrungs-)Temperaturen.

Platin	**1774 °C**	**(2047 K)**	**Zinn**	**232 °C**	**(505 K)**
Eisen	**1530 °C**	**(1803 K)**	**Wachs**	**64 °C**	**(337 K)**
Kupfer	**1083 °C**	**(1356 K)**	**Wasser**	**0 °C**	**(273 K)**
Messing	**950 °C**	**(1223 K)**	**Quecksilber**	**– 39 °C**	**(234 K)**
Blei	**327 °C**	**(600 K)**	**Alkohol**	**– 114 °C**	**(139 K)**

1.4.3 Die Schmelzenthalpie (Schmelzwärme)

Beim Schmelzen nimmt ein Körper Wärme auf, ohne daß sich dabei seine Temperatur ändert. Die zugeführte Wärmemenge dient allein zur Umwandlung. Man nennt diese Wärme *latente Wärme.* Ebenso verschieden wie die Schmelztemperaturen ist auch die zum Schmelzen notwendige Wärmeenergie. Mit Wasser läßt sich leicht folgender Versuch machen:

Ein Topf enthalte 1 kg Eis, dessen Temperatur 0 °C beträgt. Das Gefäß wird so lange erhitzt, bis alles Eis geschmolzen und zu Wasser von 0 °C geworden ist. Die Schmelzzeit betrug 10 Minuten. Erhitzt man das Eiswasser nun weitere 10 Minuten, so steigt seine Temperatur auf 80 °C und hat dabei 80 · 4,19 = ca. 335 kJ aufgenommen. Daraus folgt: 1 kg Eis verbraucht beim Schmelzen 334,9 kJ.

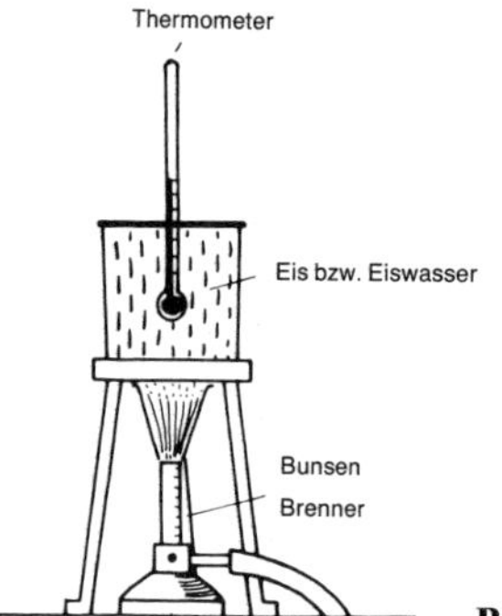

Bild 20 Schmelzenthalpie

Schmelzenthalpie = Wärmeenergie, die erforderlich ist, um 1 kg eines festen Stoffes, dessen Schmelztemperatur gerade erreicht ist, vollständig zu schmelzen, d. h. in den flüssigen Zustand zu versetzen.

Platin	**113,9 kJ/kg**	**Blei**	**22,6 kJ/kg**
Eisen	**205 kJ/kg**	**Zinn**	**59 kJ/kg**
Kupfer	**172 kJ/kg**	**Wachs**	**140 kJ/kg**
Messing	**167 kJ/kg**	**Wasser**	**334,9 kJ/kg**

1.4.4 Der Siedepunkt

Wird einer einheitlichen Flüssigkeit unter konstantem Druck Wärmeenergie zugeführt, so nimmt ihre Temperatur nur bis zu einem stoffabhängigen Wert zu. Bei weiterer Wärmezufuhr setzt ohne Änderung der Temperatur das Sieden ein.

Dieser Vorgang ist für den Kältefachmann von besonderer Bedeutung, darauf beruht die Wirkungsweise jedes Verdampfers einer Kälteanlage. Aber bleiben wir vorerst bei dem Beispiel Wasser.

Der Siedepunkt des Wassers bei einem Luftdruck von 1013 mbar liegt bei 100 °C.

Auf den Bergen ist der Luftdruck niedriger als auf Meeresspiegelhöhe. Auf dem Mont Blanc siedet Wasser beispielsweise schon bei 84 °C, da in 4.800 m Höhe nur noch ein Luftdruck von 555 mbar herrscht.

Der Siedepunkt ändert sich demnach nicht nur stoffabhängig, sondern er wird außerdem vom Druck bestimmt. Daraus kann folgende Gesetzmäßigkeit abgeleitet werden:

Je höher der Druck über einer Flüssigkeit ist, desto höher muß man sie erhitzen bis sie siedet; je geringer der Druck, desto niedriger liegt ihr Siedepunkt.

Durch Einstellen eines höheren oder niedrigeren Druckes kann eine Flüssigkeit innerhalb gewisser Grenzen bei *gewünschter Temperatur* zum Sieden gebracht werden.

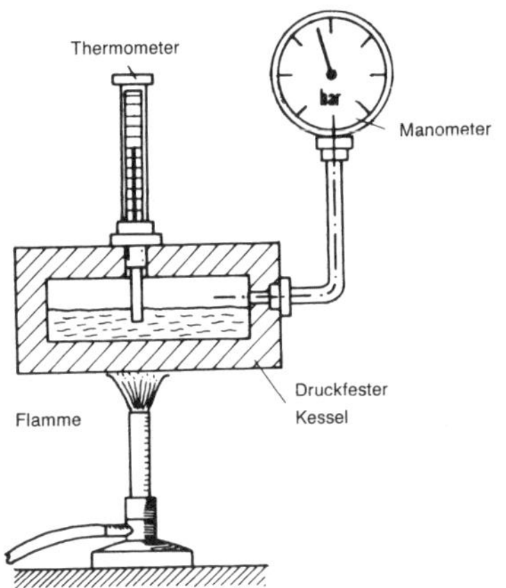

Bild 21
Siedepunkt des Wassers bei unterschiedlichen Drücken

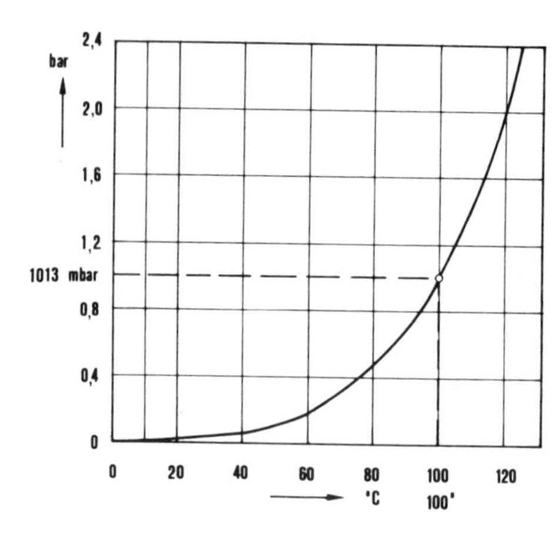

Bild 22
Zusammenhang zwischen Siedepunkt des Wassers und Luftdruck

Wie sehr die Siedetemperatur vom Druck abhängt, läßt sich an Versuchen mit Wasser leicht zeigen. In Bild 22 steigt die Siedetemperatur mit wachsendem Druck bei fortlaufender Wärmezufuhr auf die im Bild dargestellten Werte.

Beispiel: Die beim Militär übliche Gulaschkanone (Papin'scher Topf) läßt Wasser unter höherem Druck z. B. 1,96 bar bei 119 °C sieden, damit die Erbsensuppe schneller gar wird (Dampfkochtopf).

1.4.5 Die Verdampfungsenthalpie

Führen wir einem mit siedendem Wasser gefüllten Topf auf dem Herd weiter Wärmeenergie zu, so beobachten wir, daß das Wasser bei gleichbleibender Temperatur langsam abnimmt. Das Wasser verdampft.

Diese Erscheinung veranlaßte 1760 den Physiker *Black* einen Versuch zu unternehmen, um die Verdampfungsenthalpie des Wassers zu ermitteln.

Braucht man bei konstanter Wärmezufuhr 3 Minuten, um Wasser in einem Gefäß von 0 °C auf 100 °C, also um 100 K zu erwärmen, so sind zum restlosen Verdampfen des Wassers bei gleicher Wärmezufuhr 16 Minuten erforderlich.

Die Verdampfungswärme ist demnach 16/3 = 5,33 mal größer als die zum Erwärmen von 0 °C auf 100 °C benötigte Wärme.

Um 1 kg Wasser von 0 °C um 100 K zu erwärmen, sind 100 · 4,19 kJ/kg = 419 kJ/kg erforderlich; zum restlosen Verdampfen demnach:
5,333 × 419 kJ/kg = 2235 kJ/kg tatsächlich lt. Tabelle 2256,9 kJ/kg

Nach dieser Erkenntnis merken wir uns den folgenden Satz:

Die Verdampfungsenthalpie entspricht der Wärmemenge in kJ, die man braucht, um 1 kg Flüssigkeit bei der Siedetemperatur in Dampf von gleicher Temperatur umzuwandeln.

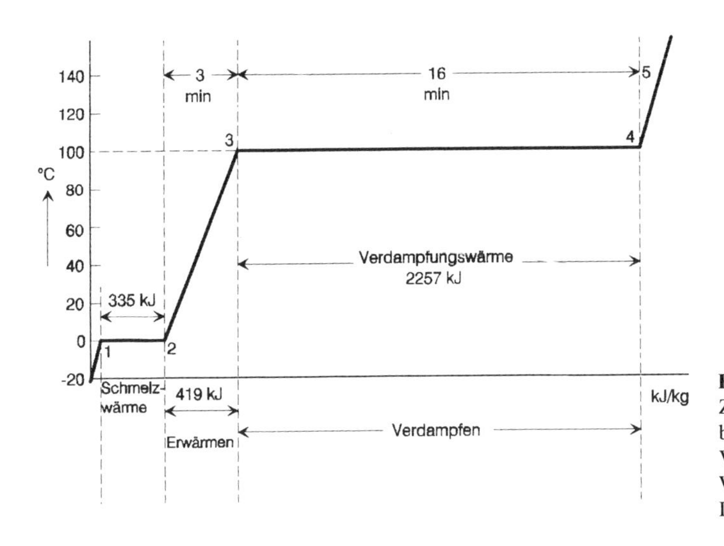

Bild 22 a
Zustandsänderung beim Erwärmen und Verdampfen von Wasser unter konst. Druck

Die Verdampfungsenthalpie des Wassers beträgt 2257 kJ/kg bei 100 °C und einem Luftdruck von 1013 mbar.

1.4.6 Verhalten der Dämpfe

Ein Übergang vom flüssigen in den gasförmigen Zustand ist auch schon bei Temperaturen unter dem Siedepunkt möglich. In einem Gefäß mit Wasser von Zimmertemperatur gehen an der Oberfläche Wassermoleküle aus der Flüssigkeit in die Luft über. Dieser Vorgang hält so lange an, bis die über dem Wasser befindliche Luftschicht mit Wasserdampf gesättigt ist.

Verdunstung ist der langsame Übergang von der Oberfläche einer Flüssigkeit in den gasförmigen Zustand unterhalb des Siedepunktes.

Bei gleichen Druckverhältnissen ist die spezifische Verdunstungsenthalpie gleich der spezifischen Verdampfungsenthalpie.

Beispiele aus dem *Alltag:*
Wasserpfützen auf der Straße trocknen,
Wäsche trocknet auf der Leine.

Beispiele aus der *Technik:*
Im Verdunstungsverflüssiger und im Kühlturm wird im Gegenstrom zum herabrieselnden Wasser Luft geleitet, die durch Verdunstung eines Teiles des Wassers mit Wasserdampf gesättigt wird. Die beim Verdunsten entzogene Wärme kühlt das restliche Wasser ab.

Dampfbildung tritt unter bestimmten Bedingungen auch aus der festen Phase eines Stoffes auf. Diese Art der Verdunstung nennt man *Sublimation*.

Die Sublimationsenthalpie ist gleich der Summe von Schmelzenthalpie und Verdampfungsenthalpie.

Bekannte Beispiele sind das Verdunsten von Eis in der Natur bei entsprechenden Wetterlagen sowie die gute Kühlwirkung und lange Haltbarkeit von Trockeneis (fester Kohlensäure).

Bei der Dampfbildung vergrößert sich das Volumen der Flüssigkeit V' auf das Volumen des gesättigten Dampfes V''. Aus der Dampftafel für gesättigten Wasserdampf kann man entnehmen:

Aus 1 kg Wasser entwickelt sich bei einer Siedetemperatur von 100 °C und einem Druck von 1.013 mbar ein Dampfvolumen von 1,67 m^3.

Denken wir an unser Beispiel zurück, „Verdampfen von Wasser auf dem Mont Blanc“, so finden wir:

Bei einem Luftdruck von 555 mbar beträgt die Siedetemperatur des Wassers etwa 84 °C und aus 1 kg Wasser entstehen 2,99 m^3 Dampf. Bei dem stark verminderten Luftdruck entsteht aus der gleichen Masse Flüssigkeit nahezu das doppelte Dampfvolumen.

In der Gulaschkanone kann sich beim Sieden bei 120 °C der unter Druck von etwa 2 bar stehende Dampf nicht ausdehnen und nimmt nur ein Volumen von 0,9 m^3/kg ein, also bei fast doppeltem Druck das etwa halbe Volumen.

Das spezifische Volumen des Dampfes v'' ist der Raum, den 1 kg gesättigter Dampf einnimmt.

Für den Fortgang unserer Betrachtungen ist es wichtig, sich die bisher beschriebenen Zustände richtig vorzustellen und die Abhängigkeit von Druck, Temperatur und Volumen zu erkennen. Das Verdampfen und Verflüssigen von Kältemittel sind wesentliche Faktoren im Kältemittelkreislauf.

1.5 Arbeit, Energie, Wärme

Arbeit = Kraft × Weg

Energie ist gespeicherte Arbeit oder Arbeitsfähigkeit. Somit wird die Energie auch in den gleichen Einheiten gemessen wie die Arbeit, und zwar im Technischen Einheitensystem in kpm:

$1\ \text{kpm} = 9{,}81\ \text{kgm}^2/\text{s}^2$

Wärme ist ebenfalls Energie, nämlich Bewegungsenergie der Moleküle. Hier wurde bisher eine besondere Einheit verwendet, die Kilokalorie (kcal). Definitionsgemäß ist das die Wärmemenge, die erforderlich ist zur Erwärmung von 1 kg Wasser von 14,5 auf 15,5 °C.

1.5.1 Das mechanische Wärmeäquivalent, 1. Hauptsatz der Thermodynamik

R. Mayer (Deutscher, 1814—1878) entdeckte 1840 das Gesetz von der Erhaltung der Energie. 1842 bestimmte er das Mechanische Wärmeäquivalent. Damit wurde der Zusammenhang zwischen Wärmeeinheit kcal und Arbeit kpm hergestellt.

A = 426,8 kpm/kcal

Man bezeichnet das Gesetz von der Gleichwertigkeit von Wärme und Arbeit als den 1. Hauptsatz der Thermodynamik. Diese Gleichwertigkeit bedeutet jedoch auf keinen Fall, daß die eine Energieform in die andere verlustfrei umgewandelt werden kann! Arbeit läßt sich zwar verlustfrei in Wärme umwandeln aber nicht umgekehrt.

Da Arbeit, Energie und Wärme als Größen gleicher Art zu betrachten sind, erhielten sie im *SI-System* die gleiche Einheit. Die gesetzliche Einheit für Arbeit, Energie und Wärme ist das *Joule* (J).

1 J = 1 Nm

In bestimmten technischen Bereichen (insbesondere in der Elektrotechnik) wird als Energieeinheit neben dem Joule die *Wattsekunde* (Ws) oder die *Kilowattstunde* (kWh) verwendet (Tabelle 1).

$$1\ \text{J} = 1\ \text{Ws} = \frac{1}{3{,}6} \times 10^{-6}\ \text{kWh}$$

Während die Einheit Wattsekunde nur eine andere Bezeichnung für Joule darstellt (denn: 1 W = 1 J/s), ist die Kilowattstunde eine neue Einheit, die nicht durch einen dezimalen Faktor mit der Einheit Joule verbunden ist. Das kommt daher, weil die Stunde kein *dezimales* Vielfaches der Sekunde darstellt.

Die neue gesetzliche Regelung erlaubt die Verwendung von *zwei Energie- bzw. Wärmeeinheiten,* und zwar

Joule (oder Wattsekunde) mit dementsprechenden dezimalen Vielfachen z. B. Kilojoule (kJ), Megajoule (MJ) und Gigajoule (GJ) und daneben Kilowattstunde bzw. dezimale Vielfache davon.

Gas und Fernwärme werden z. B. in der Einheit *Megajoule* bzw. *Gigajoule* angeboten und verkauft. Dabei sind folgende Umrechnungen zu beachten:

1 kWh = 3,6 MJ
1 MJ = 0,278 kWh
1 GJ = 278 kWh wobei

1 kJ = 10^3 fache der Einheit J
= 1000 J und
1 MJ = das 10^6 fache der Einheit J
= 1 000 000 J
1 GJ = das 10^9 fache der Einheit J
= 1 000 000 000 J bedeutet.

Durch die folgende Tabelle soll die Umrechnung der Einheiten für Wärme, Energie und Arbeit erleichtert werden [5].

Tabelle 1: Umrechnungstabelle für Einheiten von Energie, Arbeit, Wärme

$$1\,\mathrm{N\,m} = \frac{1}{9{,}81}\,\mathrm{kp\,m} = 0{,}102\,\mathrm{kp\,m}$$

	J	kJ	kWh	kcal	kp m
1 J (1 N m = 1 W s) =	1	0,001	$2{,}78 \cdot 10^{-7}$	$2{,}39 \cdot 10^{-4}$	0,102
1 kJ -	1000	1	$2{,}78 \cdot 10^{-4}$	0,239	102
1 kWh =	3 600 000	3600	1	860	367 000
1 kcal =	4190	4,19	0,00116	1	427
1 kp m =	9,81	0,00981	$2{,}72 \cdot 10^{-6}$	0,00234	1

1.5.2 Der 2. Hauptsatz der Thermodynamik

Die Abkühlung einer warmen Flasche, gleich welchen Inhalts, ist nur in kälterem Wasser möglich, während zum Aufwärmen wärmeres Wasser benötigt wird.

Wenden wir diese uns bekannten, naturbedingten Tatsachen für unseren weiteren Betrachtungen an, so kommen wir zum *2. Hauptsatz der Thermodynamik:*

Wärme kann nicht von einem niedrigen Temperaturniveau auf ein höheres übergeführt werden, ohne Energie aufzuwenden und
Wärme kann nur in Arbeit umgewandelt werden, wenn ein Temperaturgefälle vorhanden ist.
Das heißt auch, Wärme fließt immer nur von einem Körper oder Stoff mit höherer Temperatur zu einem mit niedrigerer Temperatur.

Dieser 2. Hauptsatz wurde 1867 von dem Physiker *Clausius* (Deutscher, 1822—1888) aufgestellt.

Wenn also Wärme stets nur auf Stoffe mit niedrigerer Temperatur überströmt, dann ist die Aufgabe der Kältetechnik, diese niedrigeren Temperaturen zu schaffen, bzw. sie zu

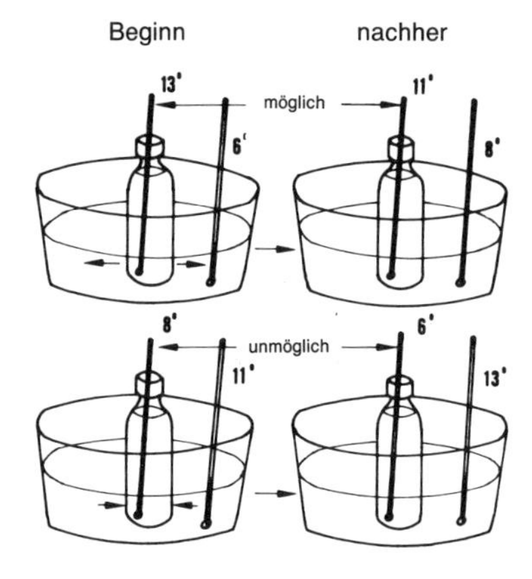

Bild 23 Wärmeübertragung

halten, klar definiert. Das geschieht schließlich in Kühlschränken, Kühlräumen, Klimageräten, Kühlmöbeln, Tiefkühltruhen etc.

Hier wollen wir gleich auf eine nicht richtige Ausdrucksweise hinweisen:

Es sollte nicht heißen, der Verdampfer macht den Kühlraum kalt, sondern der Verdampfer entzieht dem Kühlraum die Wärme. Die im Kühlraum vorhandene Wärme fließt zum kältesten Punkt, also zum Verdampfer.

1.5.3 Wärmeübertragung

Beschäftigt man sich mit der Tatsache, daß Wärme gemäß dem 2. Hauptsatz immer nur von einem Körper höherer Temperatur zu einem anderen mit niedrigerer Temperatur überströmen kann, dann muß man zwischen 3 Möglichkeiten für Wärmeübertragungsvorgänge unterscheiden:

1. *Strahlung*
2. *Konvektion* (Strömung)
3. *Leitung*

Zu 1: Die Sonne, ein glühender Ball von 1,4 Mill. km Durchmesser mit über 6.000 K Temperatur an der Oberfläche, ist ungefähr 150 Mill. km von uns entfernt und nur ein winziger Bruchteil ihrer Strahlen trifft die Erde. Diese „*Strahlung*" bedeutet für uns Erdenbewohner aber das Leben.

Sonnenstrahlung ist umgewandelte Energie; sie entsteht aus einem nuklearen Verschmelzungsprozeß.

Das Licht der Sonne stellt eine intensive Strahlungsquelle dar.

Die Strahlung gelangt über die riesige Entfernung von der Sonne zur Erde ohne jede *Leitung* und erst beim Auftreffen wandelt sich ihre Strahlungsenergie wieder in Wärme um.

Gegen Wärmestrahlen kann man sich durch Vorsetzen geeigneter Gegenstände schützen. (Markisen — Ofenschirme.)

Zu 2: Einen stark vereisten Verdampfer (Störfall) kann man mit einer elektrischen Heizsonne *oder* mit einem Heizlüfter auftauen, wobei eine Heizsonne allein durch *Strahlung* wirkt, während ein Heizlüfter neben Strahlung auch durch *Konvektion,* d. h., Strömung der vom Heizlüfter fortgeblasenen Warmluft, das dem Verdampfer anhaftende Eis zum Schmelzen bringt.

Zu 3: Ein Beispiel für die dritte Form der Wärmeübertragung, die *Leitung,* jedem Monteur gut bekannt, ist das Heißwerden eines Hartlötstabes. Während er auf der einen Seite beim Löten abschmilzt, wird die zum anderen Ende des Stabes hingeleitete Wärme u. U. unangenehm fühlbar.

Die drei Möglichkeiten der Wärmeübertragung wirken in der Praxis in vielen Fällen zusammen. Will man sich gegen Strahlung schützen, so verwendet man weiße Flächen, wie z. B. bei Kühlfahrzeugen, die dadurch weniger Strahlungswärme aufnehmen (adsorbieren).

Berührt ein flüssiger oder gasförmiger Stoff eine kältere oder wärmere Fläche, dann erfolgt an den berührten Flächen ein Wärmeaustausch, der bei Abkühlung zu einer Verringerung bzw. bei Erwärmung zu einer Vergrößerung des spezifischen Volumens führt. Verändert sich aber die Dichte, so kommt es zwangsläufig zu einer Strömung durch Auftriebskräfte bzw. durch Abtriebskräfte.

Die durch einen statischen Heizkörper streichende Luft wird sowohl durch Strahlung als auch durch Konvektion erwärmt und steigt infolge Verringerung der Dichte nach oben, während kalte Luft von unten nachströmt.

Die in einem Kühlraum über einen Verdampfer (stille Kühlung) streichende Luft erhält durch Strahlung und Konvektion eine Dichtevergrößerung, die sie nach unten fallen läßt. (Dabei spielt auch noch die in der Luft enthaltene Feuchtigkeit eine Rolle, siehe 1.6.3.)

1.6 Der Luftdruck, die Umgebungsluft

1.6.1 Das Barometer

Unsere Erde ist von einer Lufthülle umgeben, der Atmosphäre, die unter einem gewissen Druck steht. Um diesen Druck näher zu bestimmen, machte der Italiener *Torricelli* 1643 einen Versuch, den man als die Erfindung des *Quecksilber-Barometers* bezeichnet.

Dabei verwendete er eine etwa 1 m lange einseitig zugeschmolzene Glasröhre, die mit Quecksilber gefüllt worden war. Nachdem die freie Öffnung mit dem Finger verschlossen gehalten wurde, stülpte er die umgekehrte Röhre so tief in ein mit Quecksilber gefülltes Gefäß, daß Finger und zugehaltene Röhre im Quecksilber eintauchen. Nach Entfernen des Fingers sinkt das Quecksilber im Rohr etwas ab, steht aber schließlich ca. 76 cm höher als die Oberfläche der Quecksilberflüssigkeit im Gefäß.

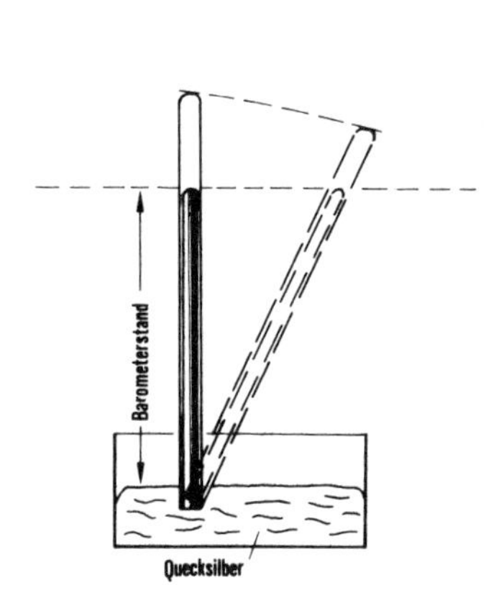

Bild 24 Quecksilber-Barometer

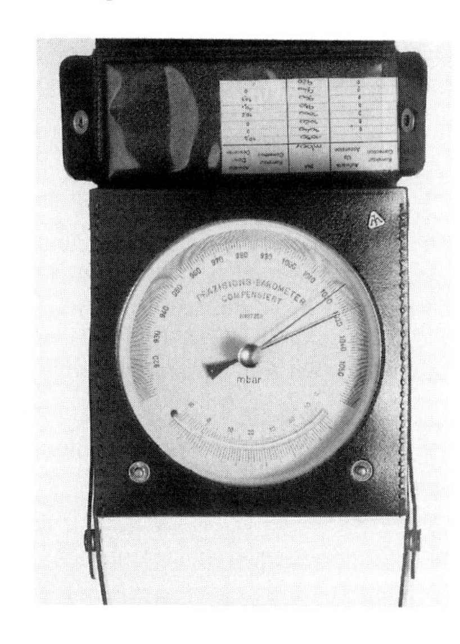

Bild 25 Barometer *(Linde)*

Torricelli schloß daraus, daß auf die Oberfläche des Quecksilbers eine Kraft einwirkt, die das Quecksilber in der Röhre am Ausfließen hindert. Dies aber ist nichts anderes als der Druck der Luft, der gleich dem Druck einer 76 cm hohen Quecksilbersäule ist.

Die Höhe der Quecksilbersäule markiert den Barometerstand. Die Meß-Vorrichtung wird *Barometer* genannt. Bei 1 cm^2 Querschnitt der Glasröhre würden sich darin 76 cm^3 Quecksilber befinden. Da die Dichte des Quecksilbers 13,596 g/cm^3 ist, wiegt die Säule

$76 \cdot 13{,}596 = 1033\,g = 1{,}033\,kg/cm^2$.

Diesen Druck nannte man früher *Atmosphäre* (Atm) und den Druck von *1 mm Quecksilbersäule 1 Torr* — zu Ehren des Erfinders.

Dazu ein Beispiel:

Herrscht an einem Ort ein Barometerstand von 720 mm Quecksilbersäule, so heißt dies, daß die Luft dort auf 1 cm^2 wie eine Quecksilbersäule von 72 cm drückt, also mit einem Gewicht von $72 \cdot 13{,}59 = 978{,}5$ g oder 0,9785 kg/cm^2.

Quecksilber-Barometer liefern die exaktesten Luftdruckwerte; sie sind aber wegen ihrer Länge (ca. 1 m), der Zerbrechlichkeit des Glases und der Giftigkeit des Quecksilbers mit großer Vorsicht zu behandeln! Daher haben Metallbarometer weite Verbreitung gefunden.

Bild 26 zeigt einen *Barographen,* der selbsttätig den atmosphärischen Luftdruck registriert. Bei Änderung des Luftdruckes bewegt sich die mit Tinte gefüllte Schreibfeder in einem vertikalen Kreisbogen auf dem Zylindermantel der mit ihrer Achse senkrecht ste-

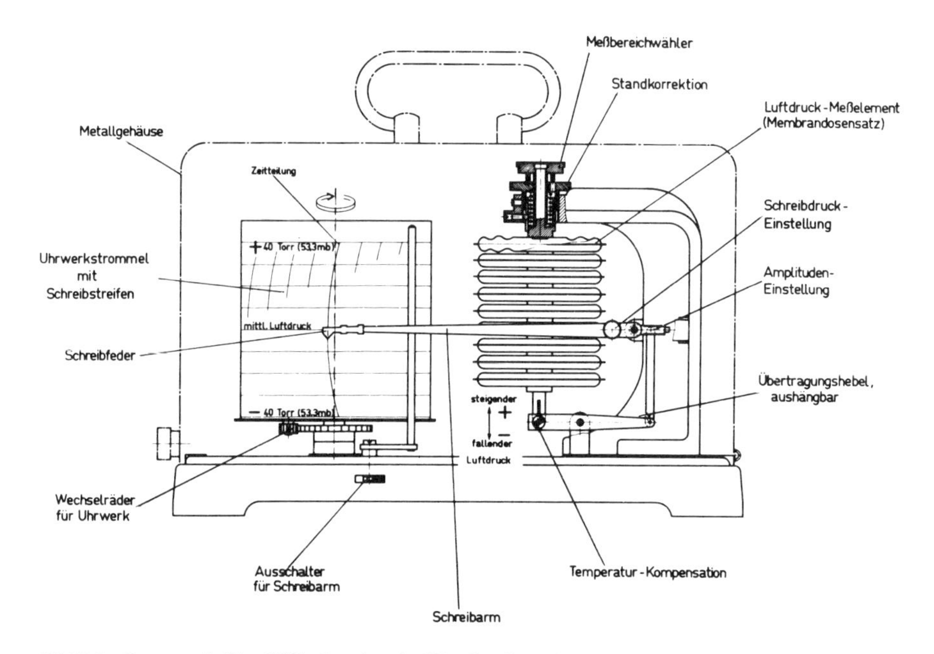

Bild 26 Barograph *(Fa. Wilh. Lambrecht KG, Göttingen)*

henden Schreibtrommel. Die mit einem 7-Tage-Laufwerk versehenen Geräte müssen für die Höhe des Einsatzortes vom Hersteller entsprechend justiert werden. (Meereshöhe 1013 mbar; 4000 m Höhe 616 mbar.)

Druckeinheiten auf der Basis Torr oder at sind inzwischen unzulässig, ab Januar 1978 gilt das *Pascal* Pa (franz. Philosoph und Mathematiker 1623—62), sowie das Bar (bar) als besonderer Name für 10^5 *Pascal* (siehe 1.2.1).

1 Pa = 1 N/m²
1 bar = 100 000 Pa

Damit wird es in Zukunft auch keine Druckangaben in Form von Druckhöhen (= Höhe einer Flüssigkeitssäule, die am Fuß der Säule einen bestimmten Druck ausübt) mehr geben. Der Millimeter *Wassersäule* (mm WS) wird damit genau so verschwinden, wie der Millimeter *Quecksilbersäule* mm QS — mm Hg — Torr.

Tabelle 2: Umrechnung von Druckeinheiten

	Pa = N/m²	bar	at	atm	kp/m²	Torr
1 Pa = 1 N/m²	1	10^{-5}	$0{,}102 \cdot 10^{-4}$	$0{,}987 \cdot 10^{-5}$	0,102	0,0075
1 bar = 0,1 MPa	100 000 = 10^5	1 = 1000 mbar	1,02	0,987	10 200	750
1 at = 1 kp/cm²	98 100	0,981	1	0,968	10 000	736
1 kp/m²	9,81	$9{,}81 \cdot 10^{-5}$	10^{-4}	$0{,}968 \cdot 10^{-4}$	1	0,0736
1 atm = 760 Torr	101 325	1,013 = 1013 mbar	1,033	1	10 330	760
1 Torr = $\frac{1}{760}$ atm	133	0,001 33	0,001 36	0,001 32	13,6	1

$$1\ \text{Pa} = 1\ \text{N/m}^2 \approx \frac{1}{9{,}81}\ \text{kp/m}^2 = 0{,}102\ \text{kp/m}^2$$

Für den barometrischen Luftdruck gilt:

750 Torr = 1 bar = 1000 Millibar (mbar) = 1,018 at = 1,018 kp/cm² = 100 000 Pa
735 Torr = 0,98 bar = 980 mbar = 98 000 Pa
720 Torr (aus unserem Beispiel werden) = 960 mbar = 96 000 Pa
1 mbar = 0,75006 Torr ≈ 0,75 Torr = 100 Pa

Druckangaben im Heizungsbau, im Bereich der Verdichterkältemaschinen (Wasserdruck, Dampfdruck, Druckangabe in Dampftafeln) in bar — nicht mehr in kp/cm².

Tabelle 3: Umrechnung von Druckhöhen (Flüssigkeitssäulen) und Druck (teilweise nur angenähert)

	µbar	mbar	bar	Pa = N/m²
1 mm WS = 1 kp/m² ≈ 1 daN/m²	100	0,1	0,0001	10
1 m WS = 0,1 at = 0,1 kp/cm² ≈ 0,1 daN/cm²	100000	100	0,1	10000
10 m WS = 1 at 1 kp/cm² ≈ 1 daN/cm²	1000000	1000	1	100000
1 mm Hg (mm QS) = 1 Torr	1330	1,33	0,00133	133

1.6.2 Luftfeuchte

Die Luft enthält normalerweise immer Wasserdampf. In diesem Fall wird von *feuchter Luft* gesprochen. Je nach Druck und Temperatur ist die Aufnahmefähigkeit der Luft für den Wasserdampf verschieden. Wenn die maximal mögliche Wasserdampfmenge enthalten ist, so spricht man von gesättigter Luft. Eine weitere Zufuhr von Wasserdampf würde zum Kondensieren des Wassers führen, ein Vorgang, den wir z. B. beim *Schwitzen* von Rohrleitungen beobachten können, wo die Aufnahmefähigkeit der Luft für den Wasserdampf herabgesetzt wurde durch die Abkühlung der feuchten Luft.

Tabelle 4: Auszug aus der Dampftabelle für feuchte Luft [7]
Dichte und Wassergehalt der Luft bei 1013 mbar

Temp. °C	Dichte der trockenen Luft kg/m³	Wassergehalt der gesättigten Luft g/kg tr. L.	g/m³	Sättigungsdruck des Wasserdampfes mbar
– 20	1,396	0,63	0,882	1,026
– 10	1,342	1,60	2,134	2,59
0	1,293	3,78	4,91	6,10
+ 10	1,248	7,63	9,51	12,2
+ 20	1,205	14,7	17,70	23,3
+ 30	1,165	27,2	31,7	42,4
+ 40	1,128	48,8	55,0	73,8
+ 50	1,093	86,2	94,4	123,3
+ 60	1,060	152	161	199,1

1.6.2.1 Das Gesetz von Dalton

Nach dem *Daltonschen Gesetz* (*I. Dalton,* engl. Physiker 1766—1844) setzt sich der Druck der atmosphärischen Luft p aus den Teildrücken der Luft p_L und des Wasserdampfes p_W zusammen. Der Teildruck (Partialdruck) des Wasserdampfes kann bei einer bestimmten Temperatur nicht größer sein, als derjenige des gesättigten Dampfes bei dieser Temperatur, wie er sich aus den Tabellen für gesättigten Wasserdampf ergibt.

$p = p_L + p_W$

Die Teildrücke p_L und p_W sind voneinander unabhängig und so groß, als würde der Stoff — hier L oder W — den Raum allein ausfüllen. Der Gesamtdruck der Mischung ist gleich der Summe der Partialdrücke.

Betrachtet man beispielsweise Luft mit einer Temperatur von 20 °C bei einem Druck von 1013 mbar, so ergibt sich aus der Dampftafel ein Sättigungsdruck des Wasserdampfes in der Luft p_W von 23,3 mbar. Nach dem *Daltonschen* Gesetz ergäbe sich für diese Luft das folgende Bild:

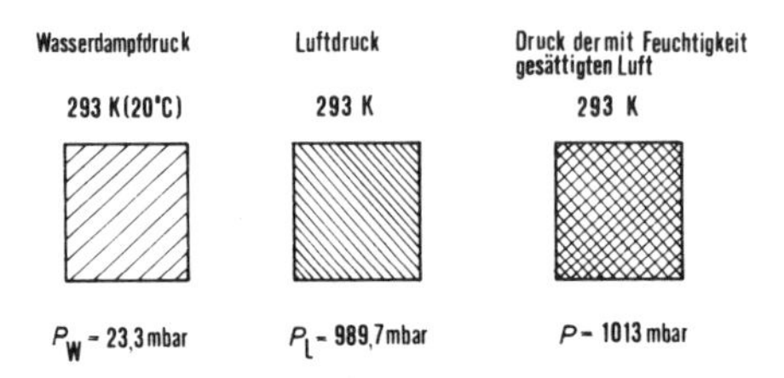

Was ist nun unter Sättigungsdruck der Luft mit Wasserdampf zu verstehen? Die damit im Zusammenhang stehenden Begriffe sind in der Klima- und Kältetechnik sehr wichtig und man muß sie sich unbedingt einprägen.

1.6.2.2 Maximale, absolute und relative Feuchte der Luft

Luft, die mit der Maximalmenge Wasserdampf (p_W = 23,3 mbar bei 20 °C) gemischt ist, heißt *gesättigt.* Ist die Wasserdampfmenge geringer, enthält also die Luft je kg weniger Wasserdampf, als sie äußersten Falls aufnehmen könnte, so heißt sie *ungesättigt.* Ungesättigte Luft kann noch Wasserdampf aufnehmen, also *feuchter* werden.

Die Gewichtsmenge Wasserdampf x in g, die in 1 kg Luft tatsächlich enthalten ist, heißt deren *absoluter Feuchtigkeitsgehalt.*

Die Gewichtsmenge Wasserdampf x' in g, die 1 kg Luft bei dem maximalen Dampfdruck (Sättigungsdruck) aufnehmen könnte, heißt *maximaler Feuchtigkeitsgehalt.* Das Verhältnis des *absoluten* zum *maximalen Feuchtigkeitsgehalt* heißt *relative Feuchte.*

x in g/kg trockene Luft

$\frac{x}{x'} = \varphi,$ $\qquad \varphi \times 100\,\% =$ relative Feuchte in %

D. h., die rel. Feuchte gibt an, welchen Prozentsatz der in der Luft enthaltene Wasserdampf von der Sättigungsmenge ausmacht, die die Luft bei gleicher Temperatur enthalten könnte.

Wie läßt sich nun die absolute Feuchte ermitteln? Wir zeigen dafür 3 Meßmethoden bzw. Meßgeräte.

1.6.2.3 Messung der Luftfeuchte

Hygrometer sind Instrumente, in denen sich z. B. ein Haar oder ein Haarbündel bei feuchter Luft ausdehnt oder bei trockener Luft zusammenzieht und die Feuchtigkeit an einer Skala anzeigt. (Z. B. *Lambrecht Polymeter* Bild 27.) Mit diesem Gerät ist es möglich, eine Vielzahl von Meßgrößen zu bestimmen, nämlich die relative Feuchte in Prozent; die Temperatur und den Taupunkt in °C; den Sättigungsdruck, den Dampfdruck und das Sättigungsdefizit sowie die absolute Feuchte in g/kg tr. L. (trockene Luft). Als einfaches Kontrollgerät ist das *Polymeter* deshalb in allen klimatisierten Räumen unentbehrlich.

Bild 28 zeigt einen *Hygrograph,* der die Luftfeuchte auf einen Schreibstreifen mit Hilfe eines 24-Stunden oder 7 Tage-Uhrwerkes registriert.

Haar-Hygrometer müssen geeicht und auch häufiger nachgeeicht werden!

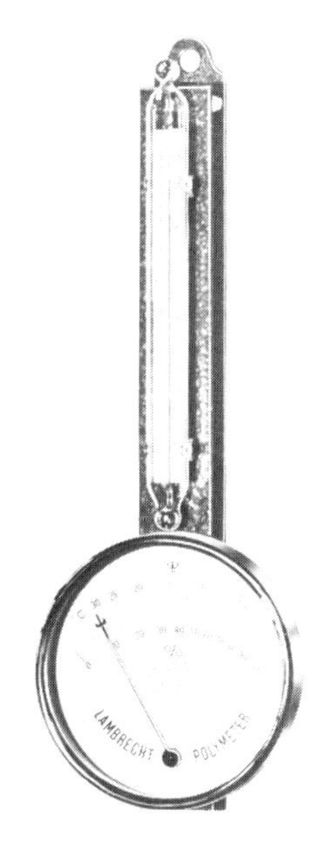

Bild 27 Polymeter
(Fa. Wilh. Lambrecht KG, Göttingen)

Bild 28 Hygrograph
(Fa. Wilh. Lambrecht KG, Göttingen)

Genauer ist die Messung mit dem *Psychrometer,* das aus einem trockenen und einem durch einen Baumwollstrumpf feucht gehaltenen Thermometer mit 1/10 Grad Einteilung besteht. Die relative Feuchte wird aus der Differenz der Ablesungen mit Hilfe der Psychrometertafeln ermittelt. (Pohlmann, Taschenbuch der Kältetechnik)

Wegen des nachfolgenden Beispiels bringen wir einen Auszug aus der erwähnten Psychrometer-Tafel [7].

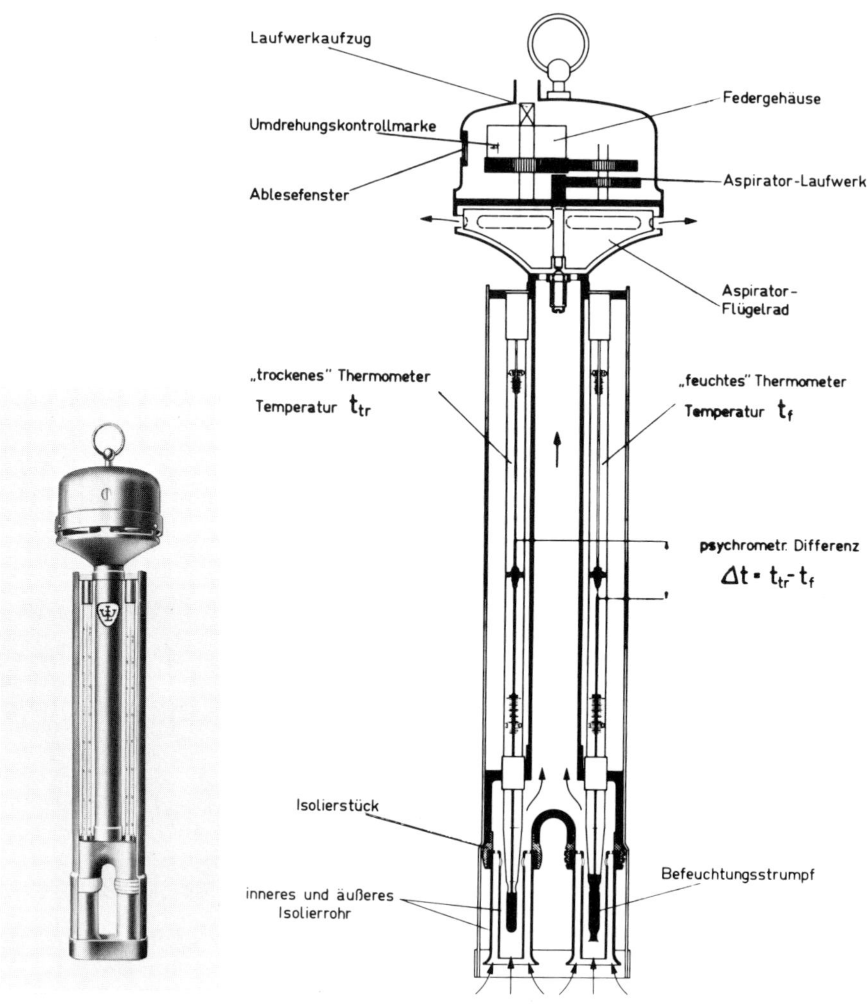

Bild 29 *Assmann-* Aspirationspsychrometer *(Fa. Wilh. Lambrecht KG; Göttingen)*

Bild 30 Schnitt des Aspirationspsychrometers

Tabelle 5: Psychrometer-Tafel (Auszug) relative Luftfeuchte in %

Trocken temperatur °C	Psychrometrische Differenz K											
	0,5	1	1,5	2	2,5	3	3,5	4	4,5	5	5,5	6
0	91	82	73	64	56	47	39	31				
5	93	86	79	72	65	58	51	45	38	32	26	19
10	94	88	82	77	71	65	60	55	49	44	39	34
15	95	90	85	80	75	71	66	61	57	53	48	44
20	96	91	87	83	78	74	70	66	63	59	55	51
25	96	92	88	85	81	77	74	70	67	63	60	57

Messungen mit dem trockenen und feuchten Thermometer müssen bei pendelnder Bewegung des Psychrometers ausgeführt werden.

Beispiel: Liest man am trockenen Thermometer 20 °C und am feuchten Thermometer 16,5 °C ab, so beträgt die *psychrometrische Differenz* 3,5 K.

Aus der Psychrometer-Tafel liest man ab: $\varphi = 70\ \%$.

Die Luft ist also bei einer Temperatur von 20 °C noch nicht mit Wasserdampf gesättigt, sondern nur zu 70 %, könnte also noch 30 % Wasserdampf aufnehmen bis zur Maximal-Sättigung.

Um bei diesem Beispiel zu bleiben, entnimmt man der Dampftafel, daß der Wert für den Wassergehalt der gesättigten Luft bei 20 °C = 14,7 g/kg ist. Am Tage der Messung betrug die relative Feuchte $\varphi = 70\ \%$.

d. h. $\frac{14\ \% \times 14{,}7\ \text{g/kg}}{100\ \%} = 10{,}29\ \text{g/kg}.$

Die absolute Feuchte betrug also 10,20 g/kg. Diese Luft hätte bis zur Sättigung noch 14,7 – 10,29 = 4,41 g/kg Wasserdampf aufnehmen können, um gesättigt zu werden.

Am zuverlässigsten sind die Messungen mit dem *Assmannschen-Aspirations-Psychrometer,* bei dem ein Luftstrom an den gegen Strahlungswärme geschützten Thermometerkugeln vorbeigeführt wird.

Der *Aspirations-Psychrometer* nach *Assmann* ist das allein anerkannte Normalgerät zur Messung der Luftfeuchtigkeit bei Messungen an Klimaanlagen. Die jedem Gerät mitgegebene Gebrauchsanweisung ist sehr sorgfältig zu beachten. Bild 29 zeigt den *Aspirations-Psychrometer* in der Ansicht, Bild 30 das gleiche Gerät im Schnitt, das keiner besonderen Erläuterung bedarf.

Das Gerät enthält im Kopf einen Federkraft-Aspirator, der die Luft unten in die Hüllrohre der Thermometer mit einer Geschwindigkeit von mehr als 2 m/s einsaugt. Statt des Handaufzugs kann man auch ein Gerät mit einem Elektro-Aspirator und Antrieb durch einen 220 V Induktionsmotor erhalten.

1.6.2.4 Der Taupunkt

Bestellen wir uns in einer Gaststätte ein Bier, so können wir beobachten, daß sich außen am Glas eine Feuchtigkeitsschicht bildet, die das Glas wie mit feinsten Perlen überzieht. Dieser Feuchtigkeits-Überzug rührt daher, daß die Luftfeuchtigkeit der Umgebungsluft sich am kalten Bierglas niederschlägt. Die Luft wurde dabei bis unter ihren Taupunkt abgekühlt und der Wasserdampf der Luft kondensierte an der kältesten Stelle, dem Bierglas.

Wir schließen daraus:

Die Temperatur, auf welche die Luft abgekühlt werden muß, damit der absolute Feuchtegehalt zum maximalen werden, heißt Taupunkt. Bei Unterschreitung des Taupunktes beginnt der Dampf zu kondensieren.

Betrachten wir noch einmal unser Beispiel zur relativen Feuchte der Luft:

Die Temperatur betrug 20 °C, die absolute Feuchte 10,29 g/kg, die relative Feuchte = 70 %, d. h., die Luft hätte noch 4,41 g Wasserdampf pro kg aufnehmen können, um gesättigt zu werden.

Nun fragen wir aber nach dem Taupunkt der Luft, die 10,29 g/kg Feuchtigkeit enthält.

Laut Dampftabelle hat die gesättigte Luft

$$\begin{array}{rrl} \text{bei } +20\,°\text{C} & \chi = & 14{,}70\ \text{g/kg} \\ \text{und bei } +10\,°\text{C} & \chi = & \underline{\ 7{,}63\ \text{g/kg}} \\ & \Delta\chi = & 7{,}07\ \text{g/kg für } 10\ \text{K} \end{array}$$

$$\frac{10\ \text{K} \times 4{,}41\ \text{g/kg}}{7{,}07\ \text{g/kg}} = 6{,}23\ \text{K} \qquad 20 - 6{,}23 = 13{,}77\ °\text{C}$$

Der Taupunkt liegt bei ~ 14 °C. Wenn die 20 °C warme Luft um ~ 6 K abgekühlt wird, ist sie im Taupunkt angelangt.

Der in der feuchten Luft enthaltene Wasserdampf wird an den Flächen kondensiert, d. h. niedergeschlagen, wenn die Oberflächentemperatur niedriger ist als der Taupunkt. Bei Verdampfern von Klimaanlagen wird auf die Weise die Luft entfeuchtet; der Wasserdampf bildet auf Verdampferflächen von Verdampfern für Tiefkühlung Reif, so daß von Zeit zu Zeit abgetaut werden muß.

1.7 Zustandsänderungen der Luft

1.7.1 Die spezifische Wärmekapazität der Luft

Nachdem die Grundbegriffe zum Thema *Luftfeuchtigkeit* erläutert worden sind, müssen weitere physikalische Regeln besprochen werden, die mit der Erwärmung oder Abkühlung der Luft zusammenhängen und die Enthalpie betreffen.

In der 1.4.1 wurde der Begriff spezifische Wärmekapazität erläutert und soll hier für das Beispiel Luft noch einmal wiederholt werden.

Die spezifische Wärmekapazität ist die Wärmeenergie, mit der die Temperatur eines Stoffes mit der Masse 1 kg um 1 K erhöht oder abgesenkt werden kann.

Während aber das Beispiel der Wassererwärmung ohne Schwierigkeiten durchgerechnet werden konnte, ist dies bei Gasen, wozu auch die Luft gerechnet wird, etwas anders. Die feuchte Luft, mit der wir es bei Kälte- und Klimaanlagen immer zu tun haben, folgt des Gasgesetzen. Während es in unserem Wasser-Erwärmungsbeispiel für Wasser nur *eine* spezifische Wärmekapazität c = 4,19 kJ/kg K gibt, müssen bei den Gasen zwei verschiedene Wärmekapazitäten unterschieden werden:

— die spezif. Wärmekapazität c_v bei gleichem Rauminhalt
— die spezif. Wärmekapazität c_p bei gleichem Druck.

Es ist bereits aus 1.3.3 bekannt, daß sich Gase bei Erwärmung ausdehnen bzw. bei Abkühlung zusammenziehen. Dies würde sich bei konstantem Druck abspielen (c_p). Würde aber ein Gas in einem geschlossenen Behälter erwärmt, so steigt sein Druck; das Volumen bliebe dabei konstant (c_v).

Da sich normale Abkühlungs- oder Erwärmungs-Vorgänge der Luft in der Kälte- und Klimatechnik unter konstantem Druck abspielen, interessiert daher hauptsächlich die spezifische Wärmekapazität c_p.

Diese ist für Luft c_p = 1,0056 kJ/kg K bei 20 °C
und für Wasserdampf c_p = 1,94 kJ/kg K bei 100 °C und 1 bar

Soll Luft, wie in einer Klimaanlage üblich, abgekühlt und dabei entfeuchtet werden, so muß nicht nur der Luft Wärme entzogen, sondern auch der Wasserdampf oder ein Teil desselben aus der Luft herausgeholt werden. Es muß die Enthalpie ermittelt werden, welche

— der Kühlung als auch
— der Entfeuchtung dient.

Diese *Enthalpie für feuchte Luft,* die aus trockener Luft und Wasserdampf besteht, führt zu einer Gleichung, die dem von *Mollier* (1863/1935 Prof. T. H. in Dresden) vorgeschlagenen Enthalpie — Wassergehaltsdiagramm (*h, x-Diagramm*) der feuchten Luft zu Grunde liegt. Dieses Diagramm wird in der Klimatechnik zur Berechnung und übersichtlichen Darstellung beliebiger Zustandsänderungen benutzt.

In diesen Bereichen ist es zweckmäßig, die Temperaturen in °C anzugeben. Diese Einheit ist nach § 36 der Ausführungsbestimmungen als besonderer Name für Kelvin (K) zugelassen.

Damit sich auch der Praktiker über Zustandsänderungen eine bessere Vorstellung erarbeiten kann, sei das Wesentliche des Diagramms nachfolgend erläutert.

1.7.2 Das Mollier h, x-Diagramm

Das rechteckige Diagramm hat schiefwinklige Koordinaten. Die Ordinate nimmt die Lufttemperatur-Skala in °C auf, deren Scharen aber nicht parallel zur Abszisse verlaufen. Auf ihr sind auch die Dichten ρ der Luft (kg/m^3) aufgetragen. Die Abszisse zeigt den Wassergehalt x (g/kg) und den Wasserdampfpartialdruck p, der nur in besonderen

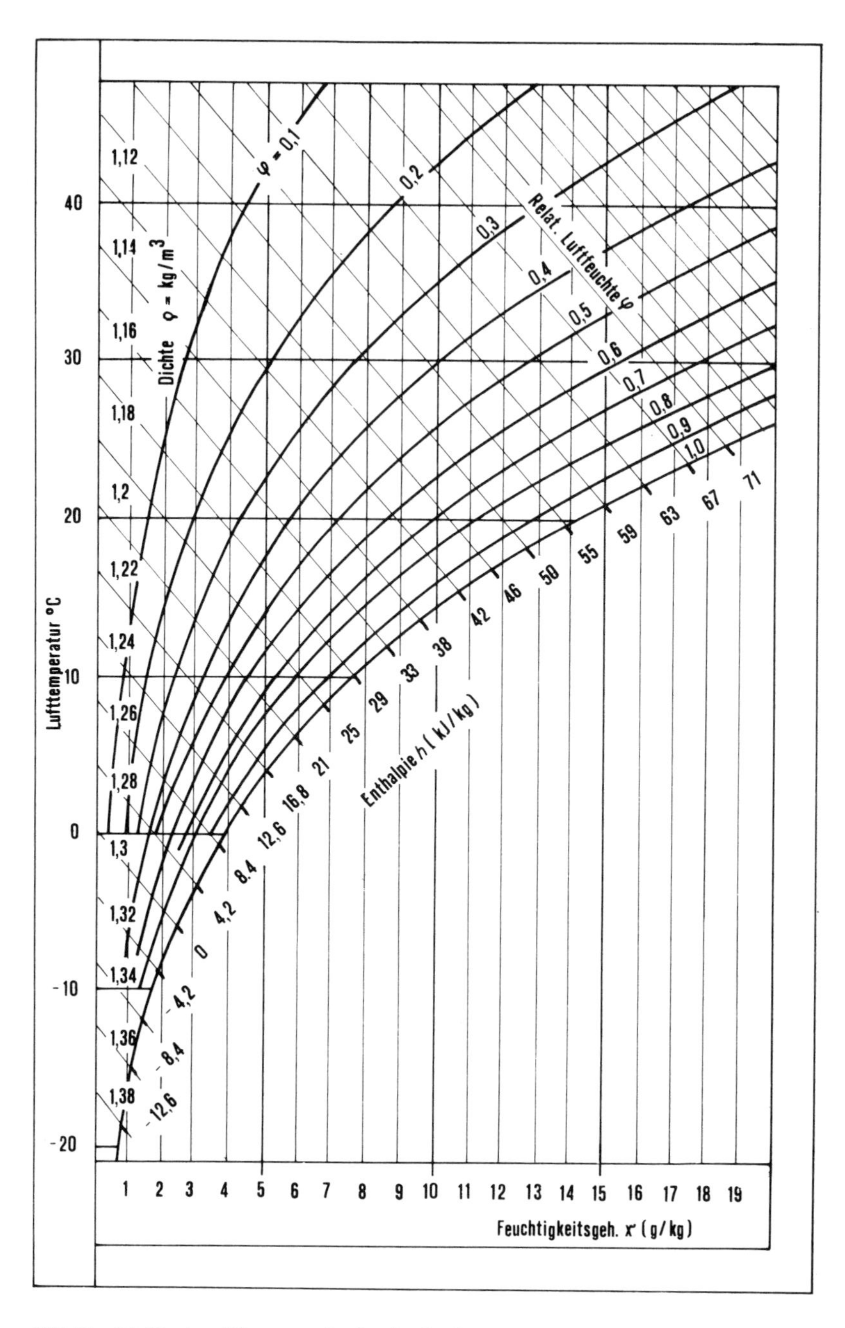

Bild 31 *Mollier h, x*-Diagramm für feuchte Luft

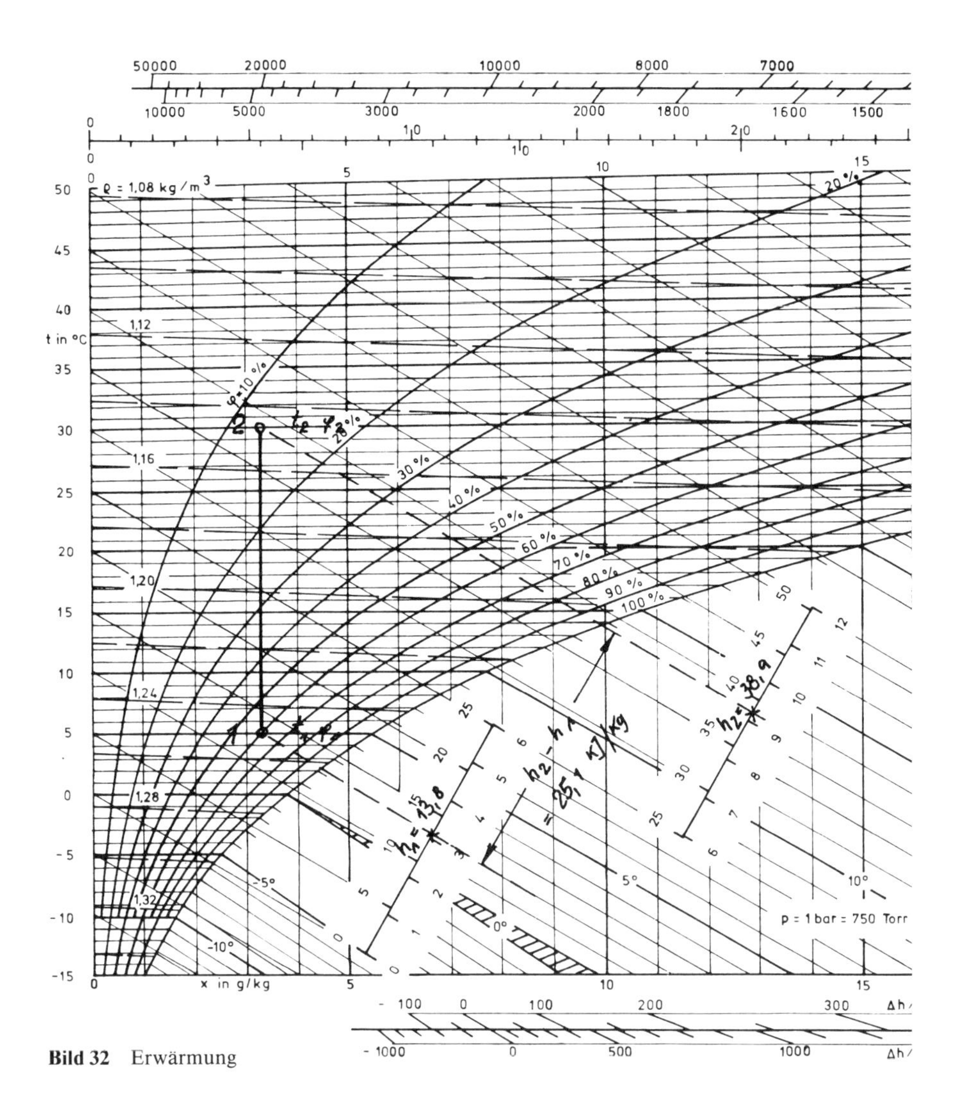

Bild 32 Erwärmung

Rechnungen eine Rolle spielt. Die von links oben unter einem Winkel von ~ 45° nach rechts unten verlaufenden Linien stellen die Enthalpiewerte h in kJ/kg dar. Weitere wichtige Kurvenscharen sind die von links unten ins Diagramm hinein nach rechts oben gezogenen Linien der relativen Feuchte φ, von 0,1 bis 1,0, d. h. also von 10 bis 100 % rel. Feuchte gekennzeichnet. $\varphi = 1$ stellt die Sättigungskurve dar, links dieser Linie ist die Luft ungesättigt, rechts von ihr enthält die Luft Nebel (Wasserdampfüberschuß). Der Randmaßstab $dh/dx = 0$ ist für Berechnungen von Zustandsänderungen vorgesehen, die über den von uns gesteckten Rahmen hinausgehen.

Aber was kann der Praktiker nun alles aus dem Diagramm entnehmen? Das soll in den nachfolgenden Abschnitten erläutert werden, s. Bild 31.

1.7.2.1 Erwärmung

Bei reiner Wärmezufuhr ohne Änderung des Wassergehaltes (x = konstant) stellt sich der Vorgang im h, x-Diagramm als eine Gerade dar, die vom Anfangszustand 1 aus senkrecht nach oben — also parallel zu den x-Linien — bis zum Schnittpunkt mit der Temperatur-Linie 2, die erreicht werden soll, verläuft.

Beispiel:
1 kg Luft mit $t_1 = 5$ °C und $\varphi_1 = 0{,}6$ rel. Feuchte wird auf $t_2 = 30$ °C aufgeheizt.

a) Welche Energie muß der Luft zugeführt werden?
b) Welche rel. Feuchte hat die Luft nach Erwärmung?

Zustandsänderung Erwärmung, s. Bild 32

Lösung:
zu a) $h_1 = 13{,}8$ kJ/kg
$h_2 = 38{,}9$ kJ/kg
$h_2 - h_1 = 38{,}9 - 13{,}8 = \underline{25{,}1 \text{ kJ/kg}}$
zu b) $\varphi_2 = 0{,}13 = \underline{13\ \%}$

1.7.2.2 Abkühlung

Beim Kühlen in Oberflächenkühlern sind 2 Fälle zu unterscheiden:

Die *Kühlflächentemperatur* liegt *oberhalb* der Temperatur des physikalischen Taupunktes. Eine Kondensation des Wasserdampfes an den Kühlflächen kann nicht auftreten.

Die *Kühlflächentemperatur* liegt *unterhalb* der Temperatur des physikalischen Taupunktes. Mit der Kühlung erfolgt gleichzeitig eine Wasserausscheidung der zu kühlenden Luft.

Da Abkühlung der gegenteilige Vorgang von Erwärmung ist, geht der Vorgang dabei senkrecht von oben nach unten wiederum parallel zu den x Linien, weil der Dampfgehalt der Luft gleichbleibt. Der Luft wird Wärme entzogen; die absolute Feuchte bleibt, die rel. Feuchte nimmt zu, Bild 33.

Beispiel:
Luft von $t_1 = 35$ °C und $\varphi_1 = 25$ % rel. Feuchte wird durch einen Oberflächenkühler mit einer mittleren Kühlflächentemperatur von 15 °C auf $t_2 = 22$ °C abgekühlt.

1. Um wieviel K liegt die Kühlflächentemperatur über der Temperatur des Taupunktes?
2. Welche Wärmemenge q in kJ/kg wird der Luft entzogen?
3. Mit welcher rel Feuchte φ_2 verläßt die Luft den Kühler?

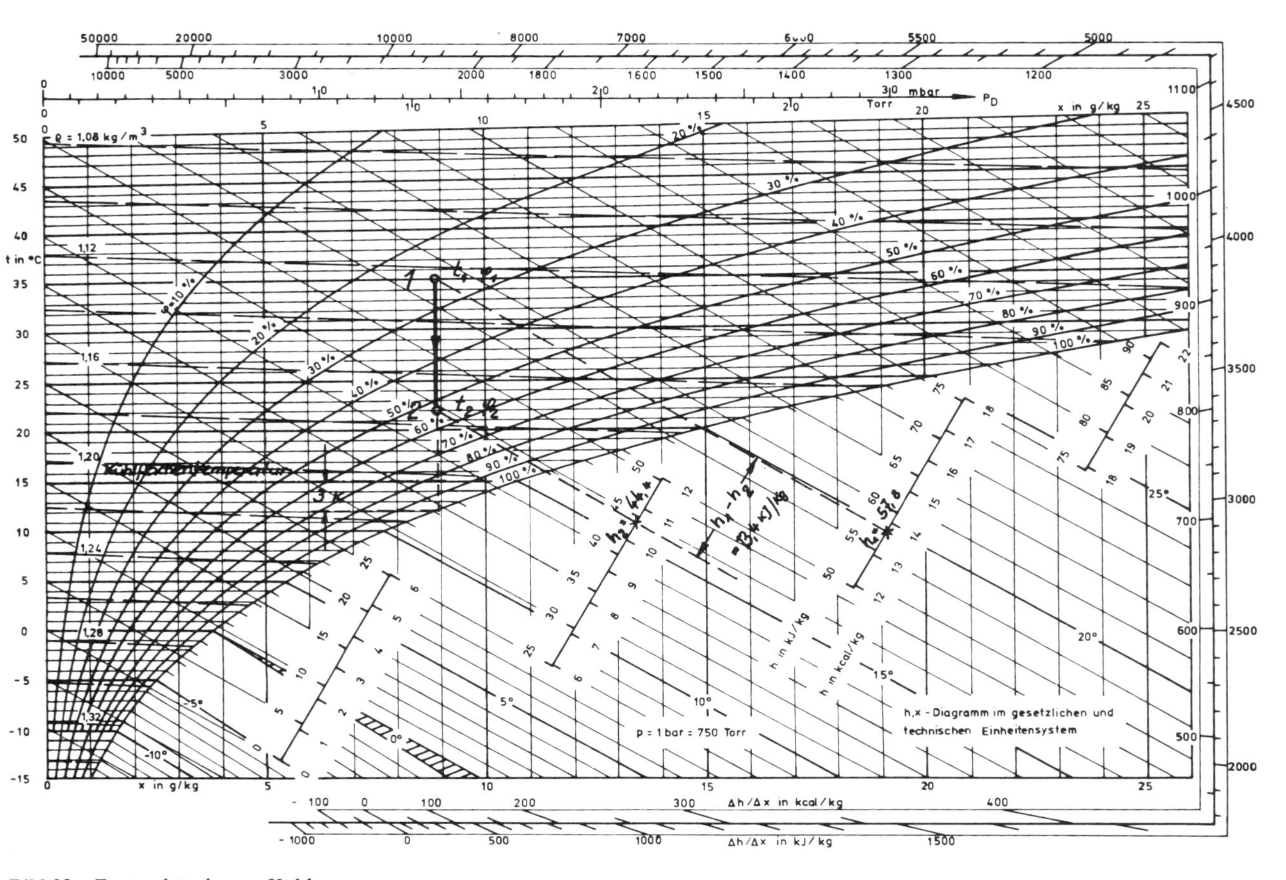

Bild 33 Zustandsänderung Kühlen

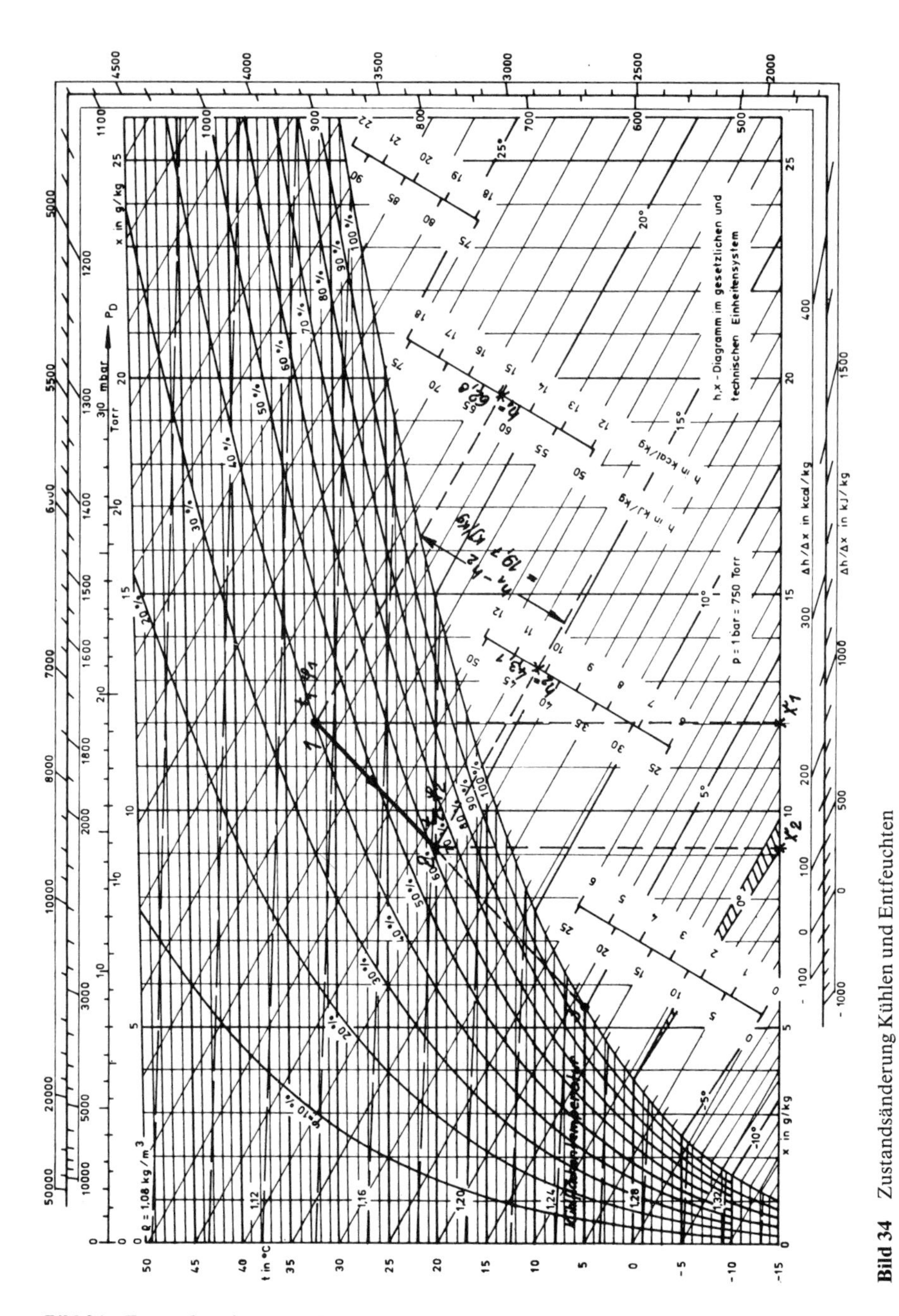

Bild 34 Zustandsänderung Kühlen und Entfeuchten

Bild 34 Zustandsänderung Kühlen und Entfeuchten

Lösung:

zu 1. Den Zustandspunkt 1 im Diagramm einzeichnen, und zwar im Schnittpunkt von t_1 und φ_1 und weiterhin eine Linie senkrecht nach unten bis zum Schnittpunkt mit der Taupunktlinie ($\varphi = 1{,}0$) ziehen. Die Kühlflächentemperatur liegt 3 K über der Taupunktlinie, die bei 12 °C für die 35 °C warme Luft mit $\varphi = 25\ \%$ liegt.

zu 2. $q = h_1 - h_2 = 57{,}8 - 44{,}4 = \underline{13{,}4\ \text{kJ/kg}}$

zu 3. $\varphi_2 = 0{,}53 = \underline{53\ \%}$

Kühlflächentemperatur liegt unter der Taupunkttemperatur

Die meisten unmittelbar an die Kühlfläche gelangenden Luftteilchen nehmen die Temperatur der Kühlfläche an und scheiden daher wegen Unterschreitung der Taupunkttemperatur Wasser ab. Ein Teil der Luft, nämlich derjenige, der nicht direkt mit den Flächen in Kontakt kommt, erfährt zunächst kaum eine Veränderung. Beide Teile mischen sich und verlassen den Kühler im Zustand 2 des Diagramms. Wasserausscheidung ist im Diagramm immer dann erkenntlich, wenn vom Zustandspunkt 1 der Linie zum Zustandspunkt 2 nach links unten verläuft, d. h. in das Gebiet niedrigeren Feuchtigkeitsgehaltes, s. Bild 34.

Beispiel:

Luft von $t_1 = 32$ °C und $\varphi_1 = 0{,}4$ (Punkt 1) wird auf $t_2 = 20$ °C abgekühlt, wobei die mittlere Kühlflächentemperatur bei $t_3 = 5$ °C liegt.

1. Wieviel Wärme q in kJ/kg wird je kg Feuchtluft entzogen?
2. Wie groß sind *fühlbare* und *latente* Wärme?
3. Welche Wassermenge wird ausgeschieden?

Lösung:

zu 1. Im Diagramm ist zuerst der Punkt 1 auf der 32 °C Isotherme mit dem Schnittpunkt der $\varphi_1 = 0{,}4$ Linie zu markieren. Der Punkt 3 liegt im Schnittpunkt der Kühlflächentemperaturlinie $t_3 = 5$ °C mit der Sattdampflinie $\varphi = 1{,}0$. Eine gerade Verbindungslinie zwischen den Punkten 1 und 3 trifft die $t_2 = 20$ °C Isotherme im Punkt 2, dem Zustandspunkt des Luftaustritts aus dem Kühler. Die Enthalpie für den Zustandspunkt 1 ist $h_1 = 62{,}8$ kJ/kg und für Punkt 2 $h_2 = 43{,}1$ kJ/kg.

$q = h_1 - h_2 = 62{,}8 - 43{,}1 = \underline{19{,}7\ \text{kJ/kg}}$

zu 2. Die Enthalpie h setzt sich zusammen aus 2 Wärmeanteilen, dem *fühlbaren* h_f und dem *latenten* h_l.

Abkühlung der Luft = fühlbar
Wasserdampfentzug = latent
Die fühlbare Wärme wird berechnet
h_f = spez. Wärmekapazität c_p mal Temperaturdifferenz
$h_f = 1\ \text{kJ/kg} \cdot (32 - 20)\ \text{K}$
$h_f = 1 \cdot 12 = \underline{12\ \text{kJ/kg}}$

und der latente Anteil wird:
$h_l = q - h_f = 19{,}7 - 12 = \underline{7{,}7\ \text{kJ/kg}}$

zu 3. $x = x_1 - x_2$
$x = 12 - 9 = \underline{3\ \text{g/kg}}$ Wasser werden ausgeschieden.

1.7.2.3 Mischung

Werden 2 Luftmengen z. B. Außenluftmenge G_1 in kg vom Zustand t_1 und φ_1 oder x_1 und h_1 mit einer Umluftmenge G_2 in kg vom Zustand t_2 und φ_2 oder x_2 und h_2 gemischt, ohne daß eine Zu- oder Abfuhr von Wärme oder Feuchtigkeit erfolgt, so daß der Mischungspunkt G_M entsteht, dann können die Zustandspunkte für G_1 und G_2 im Diagramm eingezeichnet werden. Der Mischungspunkt G_M liegt auf der Geraden G_1—G_2 und hängt von dem Anteil der beiden zu mischenden Luftmengen ab. Wäre dabei $G_1 = G_2$, so läge der Punkt G_M in der Mitte der Verbindungslinie G_1—G_2. Die kältere Luftmenge vom Zustand G_1 ermäßigt den wärmeren Zustand G_2 nach G_M hin und umgekehrt! Doch die Festlegung des Punktes G_M soll an einem Beispiel erläutert werden, s. Bild 35.

Beispiel:
3000 m^3/h Umluft (G_2) von $t_2 = 21$ °C und $\varphi_2 = 63$ % werden mit 1000 m^3/h Außenluft (G_1) von $t_1 = -10$ °C und $\varphi_1 = 50$ % gemischt und sollen anschließend auf $t_3 = 18$ °C erwärmt werden.

Welche Werte φ_3, x_3 und h_3 hat die Luft als Zuluft?

Erläuterung: Es sind m^3 gegeben. Da das *h, x*-Diagramm auf kg/m^3 aufgebaut ist, muß zuerst eine Umrechnung von m^3 in kg erfolgen.

G_2 – Luft von $t_2 = 21$ °C hat $\rho_2 = 1{,}18\ kg/m^3$
G_1 – Luft von $t_1 = -10$ °C hat $\rho_1 = 1{,}33\ kg/m^3$

Damit wird
$G_2\,(3000\ m^3/h) = 3000 \cdot 1{,}18 = 3540\ kg/h$
$G_1\,(1000\ m^3/h) = 1000 \cdot 1{,}33 = 1330\ kg/h$

In das Diagramm werden die Luftzustände für G_2 und G_1 eingetragen:

$G_2 : t_2 = 21$ °C $\varphi_2 = 63$ % und
$G_1 : t_1 = -10$ °C $\varphi_1 = 50$ %.

Dann wird folgende Wärmebilanz aufgestellt, um den Mischungspunkt M festzulegen:

$$G_1 \cdot h_1 + G_2 \cdot h_2 = (G_1 + G_2) \cdot h_M$$

$$h_M = \frac{G_1 \times h_1 + G_2 \times h_2}{(G_1 + G_2)} \text{ in kJ/kg}$$

M liegt auf einer Geraden, die 1 mit 2 verbindet und vom errechneten Wert für h_M unterteilt wird. Das Diagramm folgt:

Lösung: Aus dem *h, x*-Diagramm werden jetzt die *h*-Werte für die beiden Punkte 2 und 1 abgelesen

$h_2 = 47\ kJ/kg$
$h_1 = -7{,}9\ kJ/kg$

In die obige Gleichung der Wärmebilanz werden jetzt die Werte eingesetzt und h_M errechnet

$$h_M = \frac{(1330 \times -7{,}9) + 3540 \times 47}{1330 + 3540} = 32\ kJ/kg$$

Die dem Punkt M eigenen Zustandsgrößen können jetzt nach Einzeichnen der h_M Linie aus dem Diagramm abgelesen werden.

$t_M = 13\ °C \quad \varphi_M = 0{,}82 \quad x_M = 7{,}6\ g/kg$

Die im Punkt M zusammengefaßten Luftmengen G_2 und G_1 (4000 m^3 bzw. 4940 kg), sollen nun auf 18 °C erwärmt werden.

Der Punkt 3 hat folgende Werte:

$x_3 = x_M = 7{,}6\ g/kg \quad \varphi_3 = 58\ \% \quad h_3 = 37{,}0\ kJ/kg$

Die Erhitzerleistung $\dot{Q}$ ist dann:

$$
\begin{aligned}
h_3 - h_M &= 37{,}0\ kJ/kg - 32{,}0\ kJ/kg = 5{,}0\ kJ/kg \\
\dot{Q} &= (G_1 + G_2) \times 5{,}0\ kJ/h \\
&= (1330\ kg/h + 3540\ kg/h) \times 5{,}0\ kJ/kg \\
&= 4870 \times 5{,}0 \\
&= 24350\ kJ/h
\end{aligned}
$$

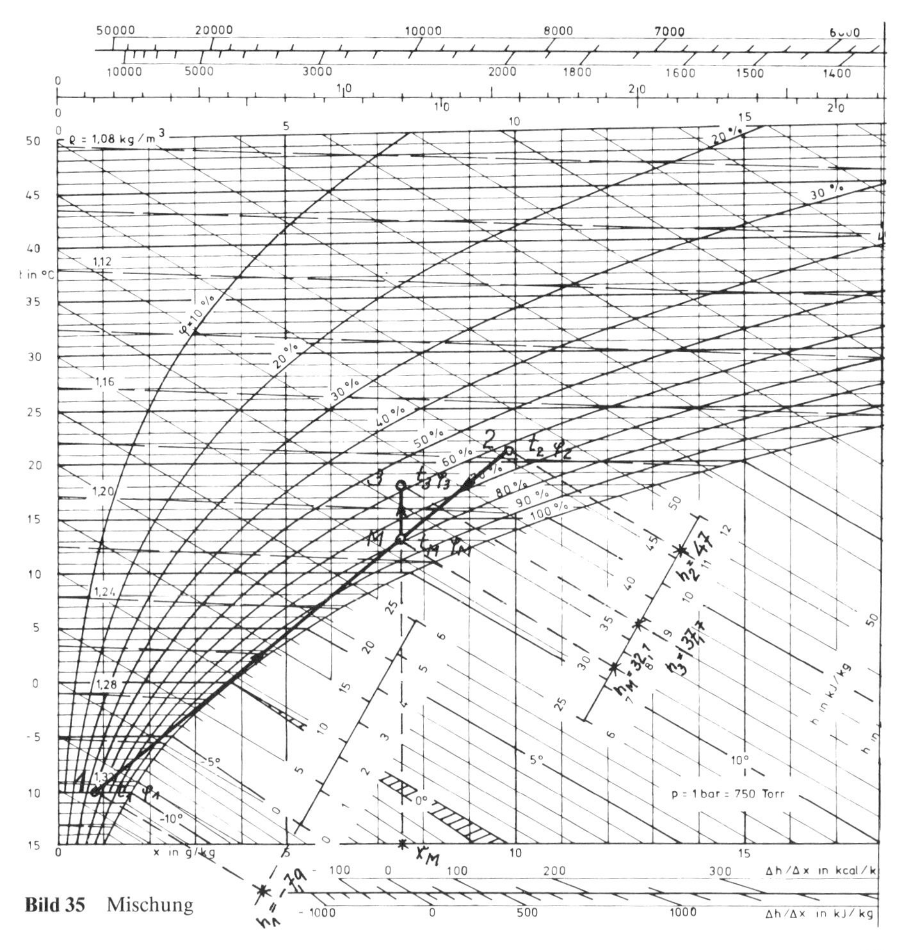

Bild 35 Mischung

Da 3600 kJ/h = 1 kW sind, wird die Heizleistung

$$\dot{Q} = \frac{24350}{3600} = 6{,}76 \text{ kW}$$

1.7.2.4 Psychrometer-Auswertung

Der Praktiker braucht das *h, x*-Diagramm auch für die Messung der Luftfeuchtigkeit nach Gebrauch des *Assmann*'schen Aspirations-Psychrometers gemäß 1.6.3.3.

Wir wollen das an einem Beispiel zeigen (s. Bild 36):

Das feuchte Thermometer zeigt eine
Temperatur von $t_f = 15{,}5$ °C
das trockene $t_{tr} = 22{,}0$ °C

Die Feuchtkugeltemperatur zeigt immer den Luftzustand bei maximaler Luftfeuchte, d. h.
$\varphi = 1$.

Wir tragen eine Linie für t_f in das Diagramm ein (geneigte Achse), ebenso tragen wir — am linken Randmaßstab abzulesen — eine Linie für t_{tr} ein. Der Schnittpunkt der beiden gezeichneten Linien ist nun geeignet, sowohl die relative Feuchte, den absoluten Wassergehalt und die Enthalpie der feuchten Luft abzulesen — ganz wie wir es bestimmen wollen.

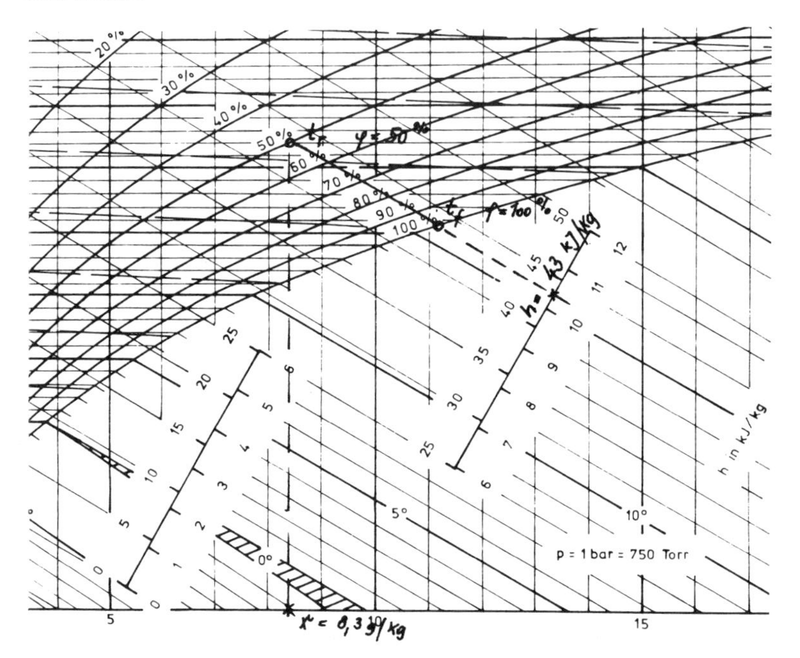

Bild 36 *Mollier h, x*-Psychrometer

Es ist aber sehr darauf zu achten, daß das *h, x*-Diagramm nur für den *auf dem Diagramm angegebenen Luftdruck* gilt! Falls andere Luftdruckzustände herrschen, ist ein geeignetes Diagramm für diesen Druck zu verwenden!

Die bei diesem Versuch gemessene Luftfeuchtigkeit ist $\varphi = 50\,\%$.

Der Wassergehalt der Luft ist $x = 8{,}3$ g/kg Luft. Die Enthalpie beträgt $h = 43$ kJ/kg Luft.

Neben den dargestellten Fällen von Zustandsänderungen der Luft lassen sich im *h, x*-Diagramm noch weitere Vorgänge zeigen, wie z. B. Befeuchten der Luft, was weitgehend von den technischen Einrichtungen der Klimaanlagen abhängt. Hier soll nur kurz darauf verwiesen werden, daß es Vorrichtungen zum Einblasen von Wasserdampf und Zerstäuben von Wasser etc. gibt, über deren Funktion und Einwirkung auf die Luft im *h, x*-Diagramm Spezialliteratur herangezogen werden sollte [8, 9].

1.8 Kältemittel

Kälteanlagen haben die Aufgabe, einem Medium bei niedriger Temperatur Wärme zu entziehen und es dabei abzukühlen oder kalt zu halten und diese Wärme an die Umgebung, d. h. an die Luft oder an Wasser abzugeben. Außer den dazu erforderlichen Anlagenkomponenten — Verdichtern, Apparaten, Rohrleitungen und Regelgeräten, auf die im nachfolgenden noch eingegangen wird — ist hierzu ein *Kältemittel* nötig, das diesen Wärmetransport übernimmt.

Als Kältemittel werden chemische Stoffe verwendet, deren Siedepunkte bei technisch sinnvollen Drücken (1 bis 4 bar) in dem in der Kühltechnik benötigten Temperaturbereich von -50 °C bis $+10$ °C liegen. In der Verfahrenstechnik sind in besonderen Anwendungsfällen noch niedrigere Temperaturen erforderlich.

In einem Verdampfer siedet flüssiges Kältemittel unter niedrigem Druck bei niedriger Temperatur und entzieht die zum Sieden erforderliche Wärme Kühlgütern oder Kälteträgern (Luft, Wasser, Sole usw.), die sich dabei abkühlen. Der entstehende Kältemitteldampf wird in einem Verdichter auf einen Druck (und damit auf eine Verflüssigungstemperatur) gebracht, bei dem die Verflüssigungswärme durch Luft oder Kühlwasser entzogen werden kann. Die jetzt unter hohem Druck stehende Kältemittelflüssigkeit wird in einem Drosselorgan entspannt und dem Verdampfer wieder zugeführt.

Das Kältemittel muß demnach ein Stoff sein, der bei technisch gut beherrschbaren Drücken bei niedrigen Temperaturen verdampft und bei Umgebungstemperaturen verflüssigt werden kann.

Prüfen wir einmal, inwieweit z. B. Wasser als Kältemittel geeignet wäre. Es sei hier kurz wiederholt: Wasser geht unter Zufuhr von Wärme bei normalem Luftdruck von 1013 mbar und einer Temperatur von 100 °C vom flüssigen in den dampfförmigen Zustand über. Dem Wasser muß zur Änderung des Aggregatzustandes die beträchtliche Verdampfungsenthalpie von 2257 kJ/kg zugeführt werden. Dabei entwickeln sich jedoch aus einem kg Wasser 1,65 m^3 Wasserdampf. Wasser hat von allen Stoffen die höchste Verdampfungsenthalpie und wäre, wenn wir nur diese Eignschaft betrachten, bestens als Kältemittel geeignet. Da in Kälteanlagen eine Verdampfungstemperatur von

100 °C ungeeignet ist, müßte bei einem Verdampfungsdruck erheblich unter dem Atmosphärendruck verdampft werden. Nachteilig ist neben den beträchtlichen Dampfvolumina, die sich beim Verdampfen von Wasser bei niedrigen Temperaturen und niedrigen Drücken ergeben (siehe Tabelle 6), die technische Schwierigkeit, den erforderlichen niedrigen Druck oder anders ausgedrückt, das entsprechende Vakuum, zu erzeugen.

Tabelle 6: Verdampfen von 1 kg Wasser bei niedrigem Druck und niedrigen Temperaturen

Druck [mbar]	1,27	2,87	6,0	8,69	12,2
Siedepunkt [°C]	– 20	– 10	0	5	10
Wasserdampfvolumen [m^3]	995	451	204	146	106

In Verdichterkälteanlagen scheidet Wasser als Kältemittel demnach aus, da die Verdampfungsdrücke zu niedrig und die Dampfvolumina zu groß sind.

Es gibt dennoch Wasserdampfkälteanlagen, die als Dampfstrahlkälteanlagen arbeiten und wirtschaftlich dort eingesetzt werden, wo Abdampf in größeren Mengen zur Verfügung steht, z. B. in der chemischen Industrie.

Kältemittel in den von uns zu betreuenden Kältesätzen und -anlagen (Kühlmöbel, Anlagen für Verbrauchermärkte, Kühlhäuser und industrielle Anwendungen, einschließlich Wärmepumpen) müssen folgende physikalische und thermodynamische Eigenschaften aufweisen:

1. Je nach Einsatzbestimmung sollen die gewünschten Verdampfungstemperaturen mit einem Sättigungsdruck erreicht werden können, der zumindest geringfügig über dem Atmosphärendruck liegt, um bei Undichtigkeiten keine Luft in den Kreislauf einzusaugen.
2. Um die Verflüssigungsenthalpie an Kühlwasser oder Umgebungsluft abgeben zu können, sind in der Regel Verflüssigungstemperaturen von 30 °C bis 50 °C (in tropischen Regionen bis 65 °C) erforderlich. Bei diesen Temperaturen soll der Verflüssigungsdruck möglichst niedrig sein. Je niedriger der Verflüssigungsdruck, desto kleiner wird das sogenannte *Druckverhältnis* (Verflüssigungsdruck dividiert durch Verdampfungsdruck), um so besser der Liefergrad der Verdichter und desto niedriger der Auslegungsdruck der Apparate, Rohrleitungen und Armaturen. Darüber hinaus bedeutet ein kleines Druckverhältnis geringeren spezifischen Energiebedarf.
3. Die sich im Verdichter einstellende Verdichtungsendtemperatur — abhängig vom Druckverhältnis und von dem Isentropenexponenten des Kältemittels — soll möglichst niedrig sein, um einen großen Anwendungsbereich zu erzielen und um das Öl im Verdichter thermisch so gering wie möglich zu belasten.
4. Die Kälteleistungszahl (COP), d. h. das Verhältnis der Kälteleistung zur zugeführten Antriebsleistung sowie die volumetrische Kälteleistung, d. h. die je 1 m^3 vom Verdichter angesaugten Kältemitteldampfes erzeugte Kälteleistung, sollen günstig sein.

Daneben sind noch eine Reihe chemischer Eigenschaften der Kältemittel von Bedeutung, z. B. thermische Stabilität, Verhalten gegenüber Werkstoffen, Öl und Wasser sowie Toxität und Brennbarkeit, auf die im Abschnitt 1.8.4 des Buches eingegangen wird.

1.8.1 Zusammenhang zwischen Druck und Temperatur bei Kältemitteln

Nehmen wir als Beispiel unserer Betrachtungen das Kältemittel R 134a, chemisch ein fluorierter Kohlenwasserstoff der Ethanreihe. Seine chemische Formel lautet: CF_3-CH_2 F, Tetrafluorethan. R 134a ist bei Atmosphärendruck, genauer bei 1013 mbar, und einer Temperatur von – 26,1 °C eine Flüssigkeit. Mit dieser soll jetzt ein Versuch durchgeführt werden.

In eine offene Schale wird Kältemittel R 134a gefüllt, das vorsichtig aus einer Stahlflasche, mit dem Ventil nach unten gehalten, abgelassen wird. Steht die Flasche mit dem Ventil nach oben, so entströmt bei nur wenig geöffnetem Ventil nur Dampf, weil in der Flasche bei Raumtemperatur Überdruck herrscht (beim Umgang mit Kältemitteln immer persönliche Schutzbekleidung benutzen).

Bei t = 20 °C beträgt p = 5,72 bar. In die siedende Flüssigkeit, die wie kochendes Wasser aussieht, taucht man ein Thermometer. Dessen Quecksilberfaden wird schnell auf etwa – 26 °C absinken. Beobachtet man das Sieden des Kältemittels bis zum restlosen Verdampfen, dann erkennt man, daß die Temperatur gleich bleibt. Erst wenn die Kugel des Thermometers nicht mehr allseitig vom siedenden R 134a umspült wird, läßt der Temperatureinfluß der Umgebung den Quecksilberfaden etwas ansteigen.

Die zum Sieden und restlosen Verdampfen des Kältemittels in der offenen Schale erforderliche Wärme (hier handelt es sich also allein um die *latente* Wärme), wurde aber nicht etwa durch eine Flamme oder eine andere spezielle Wärmequelle erzeugt, sondern dazu genügte allein die Wärme der Umgebungsluft, die mit 20 °C gemessen wurde und demnach um 46 K höher lag als die Verdampfungstemperatur des Kältemittels R 134a. Würde man den gleichen Versuch mit R 22 durchführen, so ließe sich dabei eine Temperatur von – 40,8 ° C am Thermometer ablesen.

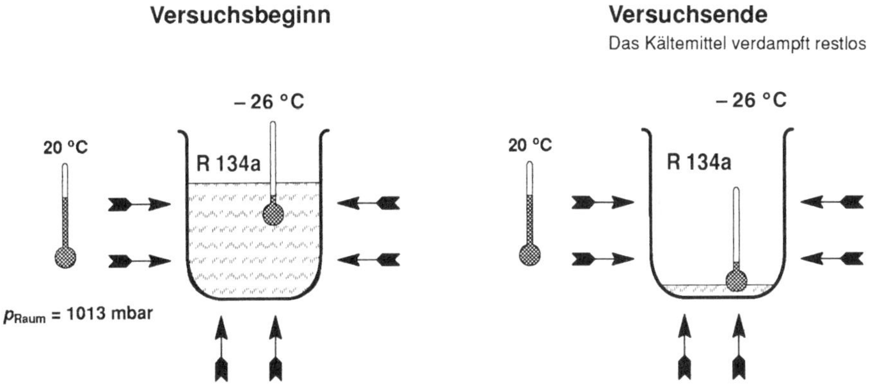

Versuchsbeginn

Versuchsende
Das Kältemittel verdampft restlos

– 26 °C
20 °C
R 134a
p_{Raum} = 1013 mbar

– 26 °C
20 °C
R 134a

Bild 37 Versuch mit R 134a

Stellen wir weitere Druck/Temperatur-Beobachtungen an: Schließen wir an eine mit R 134a gefüllte Kältemittelflasche ein Manometer an und plazieren diese in einen Kühlraum, in dem eine Temperatur von exakt 0 °C herrscht. Nach einiger Zeit wird das Manometer einen Überdruck von 1,93 bar anzeigen. In einem noch kälteren Kühlaum, in dem beispielsweise – 10 °C herrschen, wird das Manometer weiter sinken und schließlich nur noch einen Überdruck von 1,01 bar anzeigen.

Nehmen wir nun die Kältemittelflasche wieder aus dem Kühlraum heraus und warten, bis diese Umgebungstemperatur von angenommen 20 °C erreicht hat. Das Manometer ist dabei auf einen Überdruck von 4,72 bar angestiegen.

Öffnen wir jetzt das Ventil der senkrecht stehenden Flasche, so daß der im Inneren der Flasche befindliche Kältemitteldampf entweichen kann, so fällt der am Manometer ablesbare Druck rasch auf den Luftdruck der Umgebung ab. Bei längerem Ausströmen bereift die Außenfläche der Flasche, und zwar da, wo sich im Inneren flüssiges, siedendes Kältemittel befindet. Es wird ein *Flüssigkeitsstand* sichtbar. Die zum Sieden erforderliche Wärmemenge wird der Umgebungsluft entzogen, die zur kalten Flasche hinströmt (zweiter Hauptsatz). An der Flaschenwand wird die Umgebungsluft unter ihren Taupunkt abgekühlt, der in der Luft enthaltene Wasserdampf schlägt sich nieder. Bei siedendem R 134a sinkt die Temperatur der Flasche auf etwa – 26 °C.

Das Beispiel lehrt uns folgende Erkenntnis:

Bei jedem Kältemittel besteht ein eigener, unabänderlicher Zusammenhang zwischen Druck und Temperatur. Ändert sich der Druck, so ändert sich zwangsläufig die Temperatur und umgekehrt.

Diese unabänderliche Zusammengehörigkeit von Stoffwerten, u. a. von Druck und Temperatur, machte die Aufstellung von *Diagrammen und Dampftafeln* möglich, mit denen wir uns noch beschäftigen wollen.

Eine Zusammenstellung der Diagramme und Dampftafeln einer Reihe der in der Kältetechnik üblichen Kältemittel finden wir in den *Kältemaschinenregeln* des Deutschen Kälte- und Klimatechnichen Vereins. Entsprechende Unterlagen neuer Kältemittel geben die Hersteller dieser Stoffe heraus.

1.8.2 Enthalpie von Kältemitteln

Eine weitere wichtige Zustandsgröße für das Verstehen von thermodynamischen Vorgängen und das einfache Berechnen derselben ist die Enthalpie H in kJ bzw. die spezifische Enthalpie h in kJ/kg eines Kältemittels bei gegebenen Verhältnissen.

Greifen wir einmal diese Werte aus der Dampftafel für R 134a heraus, die für t = – 10 °C gelten: Es betragen die
spezifische Enthalpie der Flüssigkeit $h' = 186{,}7$ kJ/kg und die
spezifische Enthalpie des Dampfes $h'' = 392{,}9$ kJ/kg.
Für die spezifische Verdampfungsenthalpie finden wir den Wert
$\Delta h_d = 206{,}2$ kJ/kg, also

$$h''—h' = \Delta h_d$$

$$392{,}98 - 186{,}7 = 206{,}2 \text{ kJ/kg}$$

Nach Absatz 1.4.5 ist die *spezifische Verdampfungsenthalpie* die Anzahl von kJ, die man benötigt, um 1 kg Flüssigkeit bei Siedetemperatur völlig in Dampf von gleicher Temperatur überzuführen *(latente Wärme)*.

Es sei noch einmal besonders auf den Begriff *Verdampfungsenthalpie* hingewiesen! Die Verdampfungsenthalpie ist ganz klar nur diejenige Wärmemenge, welche der bei Siedetemperatur befindlichen (und nicht etwa unterkühlten) Flüssigkeit zugeführt werden muß, um sie vom flüssigen in den dampfförmigen Zustand umzuwandeln. In den Dampftafeln ist dies der Wert Δh_d, während h' den Wert für die spez. Enthalpie der Flüssigkeit und h'' den Wert für die spezifische Enthalpie des Dampfes darstellt, wobei im Dampf also beide Enthalpien, nämlich die der Flüssigkeit und die der Verdampfung enthalten sind.

$$h'' = h' + \Delta h_d$$

Im Verdampfer einer Kälteanlage spielt sich der Siedevorgang des Kältemittels zwischen der Enthalpie des Dampfes und der Enthalpie der Flüssigkeit ab. Es interessieren uns also besonders die *Enthalpiedifferenzen* und natürlich auch die in einer Zeiteinheit umlaufende Kältemittelmasse sowie die Temperatur, bei welcher der Siedevorgang stattfindet.

Dazu ein Beispiel:
In einem Verdampfer (Luftkühler) sollen 100 kg R134a bei einer Temperatur von $t = -10$ °C vom flüssigen in den dampfförmigen Zustand überführt werden.

- Bei welchem Druck findet dieser Vorgang statt?
- Welche Wärmeenergie wird dabei der Umgebungsluft entzogen?

Lösung:
Der Dampftafel für R134a entnehmen wir den zu $t = -10$ °C gehörenden Druck
$p = 2{,}01$ bar.

Ebenfalls finden wir dort die Werte der spezifischen Enthalpien.
$h'' = 392{,}9$ kJ/kg
$h' = 186{,}7$ kJ/kg
$\Delta h_d = 206{,}2$ kJ/kg

daraus ergibt sich eine zur Verdampfung erforderliche Enthalpie
$H_o = 100 \text{ kg} \times \Delta h_d$
$H_o = 100 \times 206{,}2 = 20.620$ kJ.

Der Umgebungsluft werden demnach 20.620 kJ entzogen.

Dieses Beispiel war rein theoretisch und wir haben dabei eine Kleinigkeit außer acht gelassen. Es ist nämlich nicht berücksichtigt worden, daß es praktisch nicht möglich ist, Kältemittel mit einer Temperatur von -10 °C in einen Verdampfer hineinzubekommen. Es sei denn, das flüssige Kältemittel wäre bereits auf -10 °C vorgekühlt

In einem geschlossenen System, einem Kältemittelkreislauf, gehört zum Verdampfer ein Expansionsventil, in dem Druck abgebaut werden kann, da das Kältemittel aus dem Verflüssiger unter hohem Druck steht. Nehmen wir an, vor diesem Expansionsventil hat das Kältemittel durch Unterkühlung (siehe Abschnitt 1.9.2) eine Temperatur von

+20 °C. Erst im Expansionsventil kühlt es sich durch Entspannung auf Verdampfungsdruck (bei teilweiser Verdampfung) auf −10 °C ab.

Die Kältemittelflüssigkeit vor dem Expansionsventil ist also 30 K wärmer als die im Verdampfer und hat in diesem Zustand eine höhere Enthalpie. Die Flüssigkeit muß noch um 30 K abgekühlt werden, bis sie Siedetemperatur erreicht hat. Der Verdampfungsvorgang in unserem Verdampfer (einschließlich Expansionsventil) wird sich also folgendermaßen abspielen:

Spezifische Enthalpie der Flüssigkeit bei +20 °C	$h' = 227{,}5$ kJ/kg
spezifische Enthalpie der Flüssigkeit bei −10 °C	$h' = 186{,}7$ kJ/kg
Differenz	$\Delta h' = 40{,}8$ kJ/kg
spezifische Verdampfungsenthalpie bei −10 °C	$\Delta h_d = 206{,}2$ kJ/kg

Von der spezifischen Verdampfungsenthalpie muß folglich die Differenz der spezifischen Enthalpie der Flüssigkeit abgezogen werden, um den wirklichen Wert der spezifischen Enthalpiedifferenz des Verdampfers zu erhalten.

$\Delta h_d - \Delta h' = 206{,}2 - 40{,}8 = 165{,}4$ kJ/kg

Sollen ebenfalls 100 kg R134a verdampft werden, so ist eine Enthalpie von
$H_o = 100\,\text{kg} \times 165{,}4 = 16.540$ kJ

erforderlich oder wenn je Stunde 100 kg R134a verdampft werden, beträgt die Kälteleistung:

$\dot{Q}_o = H_o/3.600 = 16.540/3.600 = 4{,}59$ kW

Sinngemäß wird auch der Verflüssigungsvorgang berechnet.

1.8.3 Gegenwärtig eingesetzte Kältemittel

Die Geschichte der Kältemittel reicht zurück in das Jahr 1834; damals meldete Jakob Perkins eine Verdichterkältemaschine zum Patent an, die mit *Ethyläther* als Kältemittel arbeiten sollte. Die leichte Entzündbarkeit des Ethyläthers hemmte jedoch diese Entwicklung.

Erst Carl von Linde verhalf mit dem Einsatz von *Ammoniak* als Kältemittel (1876) der Verdichterkältemaschine zum Durchbruch.

Die Einführung von *Kohlendioxid* ermöglichte (um 1880) den Bau von Kälteanlagen für die Schiffahrt und die Verwendung von *Schwefeldioxid* und *Methylchlorid* (um 1920) in Kleinkältemaschinen leitete die Entwicklung der Haushalts- und Gewerbekältetechnik ein.

Fluorierte, chlorierte Kohlenwasserstoffe (FCKW) wurden erstmals 1930 als Kältemittel vorgeschlagen. Wegen ihrer günstigen thermodynamischen und toxikologischen Eigenschaften sowie einer hohen thermischen und chemischen Stabilität führte ihr Einsatz zu einer wesentlichen Verbesserung der Zuverlässigkeit und Betriebssicherheit von Verdichterkälteanlagen. Im Gegensatz zu Ammoniak und Methylchlorid werden sie als **Sicherheitskältemittel** bezeichnet.

Die Definition der Kältemittel und deren Kurzzeichen sind in der DIN 8962 festgelegt. Diese sind der ASHREA-Nomenklatur entnommen. Das Kurzzeichen setzt sich aus dem Buchstaben *R* (für **Refrigerant**, englisches Wort für Kältemittel) und der Kältemittelnummer zusammen, z. B. R404A.

Als Kältemittel werden Reinstoffe, azeotrope und zeotrope Gemische verwendet. Azeotrope Gemische sind dadurch gekennzeichnet, daß die Zusammensetzung der Massenanteile in der Flüssigkeitsphase und der Dampfphase gleich sind (korrekterweise nur bei einer Temperatur). Bei zeotropen Gemischen ist das nicht der Fall. D. h. bei einem Wechsel des Aggregatzustandes ist die Zusammensetzung der Massenanteile in Flüssigkeit und Dampf unterschiedlich. Das bedeutet auch, daß in einem Trockenexpansions-Verdampfer bei gleichem Druck die Temperatur am Kältemitteleintritt eine andere ist als am Kältemittelaustritt. Auf diesen Effekt wird später noch eingegangen.

Die Nummern für Reinstoffe sind aus deren chemischer Formel hergeleitet, die für Kältemittel-Gemische sind Zählnummern. Zeotrope Kältemittelgemische sind der Reihe 400 (z. B. R404A) zugeordnet, azeotrope der Reihe 500 (z. B. R502, R507). Die Nummer 404 steht für bestimmte Gemischkomponenten, und zwar für R143a, R125 und R134a. Die Zusammensetzung aus 52 % R143a, 44 % R125 und 4% R134a erhält hinter das R404 ein **A**. Gemische aus den gleichen Komponenten, aber anderer Zusammensetzung, würden mit B, C usw. gekennzeichnet.

Verbreitet sind auch die Verbindung von einer Handelsbezeichnung mit der Kältemittelnummer oder herstellerinternen Bezeichnungen, z. B. Suva HP62 (R404A) von DuPont, Klea 61 (R407B) von ICI, AZ50 (R507) von Allied Signal und Solvay.

Anwendungsfälle für Kälteanlagen gibt es für Temperaturen von + 10 °C bis − 80 °C und in Ausnahmefällen darüber hinaus.

Das ist verständlicherweise mit nur einem Kältemittel nicht zu bewältigen. Es stehen für die unterschiedlichen Anwendungsfälle eine Vielzahl von Kältemitteln zur Verfügung.

Bis Ende der achtziger Jahre wurde neben dem Kältemittelklassiker Ammoniak die gesamte Anwendungspalette durch FCKW- und H-FCKW-Kältemittel abgedeckt.

Ausgelöst durch das Montreal-Abkommen zum Schutze der Erdatmosphäre sowie nationaler und europäischer Gesetzgebung (s. 1.8.4) hat Anfang der neunziger Jahre ein Substitutionsprozeß für die FCKW-Kältemittel eingesetzt. Mehr und mehr wurden FCKW gegen FKW (**chlorfreie**, fluorierte Kohlenwasserstoffe) ersetzt.

Die Auswahl des geeigneten Kältemittels obliegt den Konstrukteuren und Planern der Kälteanlagen und -sätze.

Für den Kältemonteur ist es wichtig zu wissen, welches Kältemittel die von ihm betreute Anlage enthält. Dies kann am Typenschild der Anlage abgelesen werden, das gemäß Unfallverhütungsvorschrift VBG 20, § 5, an jeder Kälteanlage abgebracht sein muß.

Bei eventuell erforderlichem Nachfüllen darf keinesfalls ein anderes Kältemittel verwandt werden [11].

Die Vermischung von Kältemitteln ist grundsätzlich nicht statthaft. Aus Gründen der Wiederverwertbarkeit von Stoffen verbietet in Deutschland das Kreislaufwirtschafts- und Abfallgesetz u. a. das Vermischen von Kältemitteln. Verwertbare Abfälle müssen getrennt gehalten werden.

Tabelle 7 Auswahl häufig eingesetzter Kältemittel

Bisheriges Kältemittel	Chlorfreie Kältemittel	Service-Kältemittel	Handelsname	Einsatztemperatur	Anwendung
R11	R123			± 0 bis +20 °C	Kälteanlagen mit Turboverdichtern in der Klimatechnik, auch als Kälteträger
R114				−20 bis +20 °C	Kälteanlagen mit hoher Verflüssigungstemperatur, Kranklimaanlagen, Wärmepumpen
R12	R134a	R401A R401B R409A	MP 39 MP 66 FX 56	−40 bis +10 °C	Kälteerzeugung im Haushalt, gewerbliche Kälteanlagen, Raum- und Kfz-Klimaanlagen, Wärmepumpen, industrielle Großkälteanlagen
R22	R404A R507		HP 62 Isceon 59	−45 bis +10 °C	Gewerbliche Kälteanlagen, Supermärkte, industrielle Kälteanlagen, Schiffskälteanlagen, Fenster- und Raumklimaanlagen, Wärmepumpen
R502	R404A R507	R402A R402B	HP 62 HP 80 HP 81	−50 bis −20 °C	Tiefkühl-Kälteanlagen in Supermärkten und Kühlhäusern bei einstufiger Verdichtung und luftgekühlten Verflüssigern, Tiefkühltruhen. Große Kälteleistung bei niedriger Verdampfungstemperatur
R13	R 23			−80 bis −60 °C	Tieftemperatur-Kälteanlagen in Kaskadenschaltung für Spezialanwendungen, z. B. Gaszerlegung
R13 B1	R410A			−60 bis −40 °C	Ein- und zweistufige industrielle Kälteanlagen für Anwendungen der chemischen und petrochemischen Industrie, Gefrieranlagen
R717			Ammoniak	−50 bis ±0 °C	Industrielle Kälteanlagen für Kühlhäuser, Brauereien, Schlachthöfe
R290			Propan	−50 bis ±0 °C	Flüssigkeitskühlsätze
R1270			Propen	−50 bis ±0 °C	Flüssigkeitskühlsätze

Aus der Sicht des Kältemonteurs gibt es hierfür mindestens zwei weitere Gründe:

Erstens können bei Vermischung von Kältemitteln (gedacht ist hier an FKW-Kältemittel) unzulässig erhöhte Drücke auftreten, die in keiner Weise mehr der Temperaturskala auf dem Manometer entsprechen. In jedem Fall müßte die gesamte Füllung entnommen und entsorgt werden.

Zweitens würden z. B. bei Vermischung von Ammoniak mit H-FCKW- bzw. FKW-Kältemitteln chemische Reaktionen stattfinden, deren Folgen (Verstopfungen) im Einzelfall nicht zu übersehen sind.

Gegenwärtig werden zwei künftig grundsätzlich unterschiedliche Arten von Kältemitteln verwendet:

- **Fluorkohlenwasserstoffe,** sogenannte Derivate der Kohlenwasserstoff-Verbindungen Methan und Ethan, z. B. R134a und eine Vielzahl von Gemischen (englisch: Blends), auf die im folgenden noch eingegangen wird.
- **Natürliche Kältemittel,** z. B.
  Ammoniak, R717
  Propan, R290
  Propen, R1270
  Butan, R600
  Isobutan, R600a
  Kohlendioxid,R744.

Die Anforderungen an ungebrauchte, zur Verwendung in Kältemaschinen bestimmte Kältemittel, regelt die DIN 8960. Die EN378 spezifiziert darüber hinaus Mindestanforderungen an gebrauchte Kältemittel.

1.8.4 Umgang mit FKW, H-FCKW (und FCKW)-Kältemitteln

Diese Kältemittel haben folgende Eigenschaften:

- **FKW (H-FKW, FCKW) haben meist niedrige Siedepunkte und sind daher leicht flüchtig.**
- **Als Handelsmarken gekennzeichnete FKW, Reinstoff oder Gemische (Blends), sind nicht brennbar und bilden auch mit Luft keine explosionsfähigen Gemische. Die Gemischkomponenten können sehr wohl brennbar sein.**
- **Sie sind bei sachgemäßer Anwendung nicht giftig, MAK-Wert 1.000.**
- **Sie sind nicht krebserregend.**
- **Achtung, sie sind praktisch geruchlos. Erst bei höheren Konzentrationen in der Atemluft (20 Vol.-% in der Luft) lassen sie sich mit dem Geruchssinn wahrnehmen.**
- **In gegenwart offener Flammen, heißer oder glühender Oberflächen, UV-Licht, Lichtbogen (Elektroschweißen) werden die FKW ebenso wie andere Halogen-Kohlenwasserstoffe zersetzt. Die dabei entstehenden Zersetzungsprodukte sind giftig.**

Für die sichere und sachgemäße Anwendung gelten bestimmte Regeln (s. ZH1/409 des Hauptverbandes der Berufsgenossenschaft).

Werden FKW-Kältemittelbehälter geöffnet, kann der Inhalt je nach Ausführung flüssig oder dampfförmig austreten. Dieser Vorgang verläuft um so heftiger, je höher der Druck im Behälter ist. Das hängt außer vom speziellen Kältemittel von der Umgebungstemperatur ab.

Beim Umgang mit Kältemitteln ist deshalb stets **persönliche Schutzausrüstung** erforderlich.

Schutzbrille aufsetzen. Sie verhindert, daß Kältemittel in die Augen gelangt und schwere Erfrierungsschäden verursacht.

FKW (H-FCKW, FCKW) lösen Öle und Fette recht gut. Im Kontakt mit der Haut entfernt es daher den schützenden Fettfilm. Entfettete Haut ist empfindlich gegen Kälte und Krankheitskeime. Geeignete Handschuhe schützen wirksam vor Hautentfettung.

Kältemittel soll kühlen. Dazu muß es verdampfen. Flüssiges Kältemittel entzieht die dazu erforderliche Wärme der Umgebung, auch der menschlichen Haut. Dabei können sehr niedrige Temperaturen auftreten. Die Folge sind örtliche Erfrierungen (Frostbeulen).

Sämtliche FKW-Kältemittel — auch diejenigen, die bei Raumtemperatur flüssig sind — verdampfen oder verdunsten, wenn ein Behälter geöffnet wird. Die Dämpfe vermischen sich mit der Umgebungsluft. Werden sie in hoher Konzentration eingeatmet, können sie gesundheitsschädigende Wirkung auf den menschlichen Organismus haben.

FKW (H-FCKW, FCKW)-Kältemittel zersetzen sich bei Löt- oder Schweißarbeiten sowie in Zigarettenglut. Die dabei entstehenden Substanzen sind giftig und dürfen nicht eingeatmet werden.

Um das Auftreten höherer Konzentrationen zu vermeiden, sind Arbeitsplätze gut zu belüften. Ggf. muß eine Absaugeinrichtung in Bodennähe eingesetzt werden. Die Verwendung von *Filterschutzmasken* zum persönlichen Schutz gegen hohe FKW-Konzentration sind unzulässig. Es dürfen nur Atemschutzgeräte verwendet werden, die unabhängig von der Umgebungsluft wirken [11a].

1.8.5 FCKW-Kältemittel in der Atmosphäre

Ab etwa 1950 begann ein verstärkter Einsatz von FCKW-Kältemitteln in Kälteanlagen für die Klimatechnik sowie in Gewerbe- und Haushaltskälteanlagen. Schnell kamen den Bedarfsfällen immer besser angepaßte FCKW auf den Markt. Diese Kältemittel, gemeinhin *Sicherheitskältemittel* genannt, ermöglichten eine stürmische Entwicklung der Kältetechnik auf allen ihren Arbeitsgebieten.

Seit den 70er Jahren erheben nun Wissenschaftler den Vorwurf, daß diese Kältemittel am globalen Abbau der die Erde umgebenden Ozonschicht maßgebenden Anteil haben.

Die Ozonschicht befindet sich in der Stratosphäre in 15 bis 50 km Höhe. Die dort verteilten Ozonanteile adsorbieren etwa 99 % der energiereichen UV-Strahlung der Sonne und bewirken durch diese Abschirmung den Schutz des Lebens auf der Erde. In die Atmosphäre gelangte FCKW werden in der Troposphäre (Höhe bis etwa 15 km) weder chemisch noch photolytisch nennenswert abgebaut. Erst nach Erreichen der Stratosphäre werden die FCKW-Moleküle durch die immer stärker werdende energiereiche UV-

Strahlung der Sonne photolytisch aufgebrochen. Dadurch wird das Chlor aus den FCKW freigesetzt. Dieses Chlor baut in komplexen Reaktionsprozessen das dreiatomige Sauerstoffmolekül Ozon zum zweiatomigen Sauerstoff ab. Dabei kann ein Chloratom theoretisch bis zu 10.000 Ozonmoleküle abbauen, bis es selber durch chemische Prozesse gebunden wird. Dies erklärt auch seine lange Verweilzeit von mehreren Jahren.

FCKW werden als maßgebliche Mitverursacher des sogenannten *Ozonlochs* über der Antarktis genannt, das jährlich am Ende des arktischen Winters mit zunehmender Ozonausdünnung und räumlicher Ausdehnung beobachtet wird.

Daß durch die geschilderten Vorgänge ein globaler Abbau der Ozonschicht erfolgt, muß nach vorliegenden Erkenntnissen angenommen werden. Die Existenz des Ozonlochs ist meßtechnisch nachgewiesen.

Gesetzgeberische Maßnahmen

Schon wenige Jahre nach der Veröffentlichung der *FCKW-Ozon-Theorie* im Jahre 1974 wurde der Einsatz der FCKW-Kältemittel in Spraydosen in einigen Ländern stark eingeschränkt, teilweise sogar verboten.

Erst die in den 80er Jahren nachgewiesene Ausdünnung der Ozonschicht über der Antarktis hat Entscheidungen beschleunigt. So wurde am 16. 9. 1987 in Montreal auf der Grundlage einer am 22. 3. 1985 in Wien vereinbarten *Konvention zum Schutze der Ozonschicht* ein Vertragswerk von 47 Staaten unterzeichnet.

Über Inhalte und Termine dieses *Montrealer Abkommens* hinausgehend, wurde in der Bundesrepublik Deutschland die Verordnung zum Verbot von bestimmten die Ozonschicht abbauenden Halogenkohlenwasserstoffen (FCKW-Halon-Verbots-Verordnung) am 1. 8. 1991 in Kraft gesetzt.

Diese Verordnung greift entscheidend in den Arbeitsbereich des Kältemonteurs ein.

Die nachstehenden Erörterungen beschränken sich auf die für die Kältetechnik relevanten Substanzen (Kältemittel), und zwar sind dies:

R11 (auch als Treibmittel für Isolierschäume oder als Kälteträger verwendet), R12, R13, R13B1, R114, R500, und auch R22.

1. Verboten ist
   — das in Verkehr bringen und die Verwendung dieser Kältemittel sowie
   — die Herstellung und das in Verkehr bringen von Erzeugnissen, die diese Kältemittel enthalten.
2. Erzeugisse, die diese Kältemittel enthalten, müssen mit dem Hinweis *„Enthält ozonabbauenden FCKW“* **gekennzeichnet** sein (gilt nicht für Dämmstoffe mit R22 als Treibmittel).
3. Es ist **verboten,** beim Betrieb, bei Instandsetzungen und bei Außerbetriebnahmen Kältemittel entgegen dem *Stand der Technik* in die Atmosphäre entweichen zu lassen. Wenn also bei den genannten Arbeiten ein Anlagenteil drucklos gemacht werden muß, ist die Verwendung eines Absauggerätes zwingend erforderlich.

4. Über die Einsatzmengen an Kältemittel bei Betrieb und Instandsetzungsarbeiten sind **Aufzeichnungen,** zu führen. Dem Anlagenbetreiber sind diese Mengen in geeigneter Form mitzuteilen.
5. Es besteht die **Verpflichtung,** gebrauchte Kältemittel zurückzunehmen oder die Rücknahme über einen Dritten sicherzustellen.
6. Instandhaltungsarbeiten und Außerbetriebnahme von Anlagen, die o. g. Kältemittel enthalten, dürfen nur von Personen ausgeführt werden, die über die hierzu erforderliche **Sachkunde** und **technische Ausstattung** verfügen.
7. Über Art und Menge der zurückgenommenen Kältemittel sowie über deren Verbleib sind vom Hersteller oder Vertreiber ebenfalls **Aufzeichnungen** zu führen.
8. **Altanlagen**
   Kältemittel gemäß dieser Verordnung dürfen auch nach deren Inkrafttreten zur Verwendung in Anlagen, die vor dem 1. 1. 1992 hergestellt worden sind, bis zur Außerbetriebnahme in Verkehr gebracht und verwendet werden.
9. **Straftaten** sind Verstöße gegen 1.,
   Ordnungswidrigkeiten sind Verstöße gegen 2,. 3., 4., 5., 7.
10. **Inkrafttreten, Termine**

Abweichend vom 1. 8. 1991:

1. 11. 1991 Rücknahmeverpflichtung für gebrauchte Kältemittel.

1. 1. 1992 Verbot der Kältemittel R11, R12, R13, R13B1, R114, R500, R502, (nicht R22) in allen neuen Kälteanlagen mit einem Füllgewicht von > 5 kg.

1. 1. 1994 Verbot der Kältemittel R11, R12, R13, R13B1, R114, R500, R502 in mobilen neuen Kälteanlagen mit einem Füllgewicht von > 5 kg.

1. 1. 1995 Verbot der Kältemittel R11, R12, R13, R13B1, R114, R500, R502 in **sämtlichen** neuen Kälteanlagen, auch mit Füllmengen von < 5 kg, sowie alle Treibmittel für Schaumstoffe.

1. 1. 2000 Verbot von R22 für alle neuen Kälteanlagen und andere Verwendungen.

In § 10, Abs. 2 der FCKW-Halon-Verbots-Verordnung ist festgelegt, daß vorgenannte Kältemittel nicht mehr in Verkehr gebracht und verwendet werden dürfen, wenn andere mit geringerem Ozonabbaupotential nach dem Stand der Technik eingesetzt werden können. Derartige Kältemittel sind vom Umweltbundesamt (UBA) bekanntzugeben.

Eine derartige Bekanntmachung von Ersatzkältemitteln für R12-haltige Erzeugnisse wurde am 21. 12. 1995 vom UBA vorgenommen. Danach ist mit einer Übergangsfrist von 30 Monaten die Verwendung von R12 verboten. Ausgenommen sind steckerfertige Geräte, vorausgesetzt die Kältemittelmenge beträgt weniger als 1 kg und das Kältemittel wird in einem dauerhaft geschlossenen Kreislauf geführt. Diese Geräte können bis zu ihrer Außerbetriebnahme weiter verwendet werden.

Vom UBA wurden **R134a** und **R22** als Ersatzkältemittel benannt.

Verhaltenskodex

Im Jahre 1984 wurde von der Kommission der EG eine Anleitung (Verhaltenskodex) zur Verringerung von Emissionen der FCKW R11 und R12 aus Kälte- und Klimaanlagen herausgegeben. Dieser Verhaltenskodex trifft selbstverständlich auch für alle anderen FCKW zu. Neben Hinweisen für die Konstruktion von Kälteanlagen, Verdichtern und anderen Komponenten werden im Hinblick auf die Verringerung von FCKW-Emissionen auch solche für den Betrieb, die Montage und den Service gegeben. Eine Reihe der darin aufgeführten Hinweise bleiben richtungsweisend und aktuell, auch wenn die Anzahl der Kälteanlagen mit R11 und R12 (und anderen FCKW) drastisch zurückgegangen ist.

Nachfolgend die wesentlichen Punkte für Montage und Service:

- **Saubere Montage; Schmutz oder Metallspäne dürfen nicht in die Anlage gelangen, um Beschädigungen von Motorwicklungen, Wellenabdichtungen u. ä. zu vermeiden.**
- **Löten mit Schutzgas (Formiergas, Stickstoff, Spiritus) ist zur Vermeidung von Zunder dringend geboten.**
- **Sorgfältige Durchführung von Dichtheitsprüfungen vermeidet Entweichen von Kältemittel in die Atmosphäre.**
- **Evakuieren der fertigen Anlage mit nachfolgender Standprüfung (Trockenheit, Dichtheit) bei tiefem Vakuum (1 mbar) gibt Hinweis auf Undichtigkeiten (speziell an schwerzugänglichen Stellen).**
- **Verwendung von Absauggeräten (Entsorgungsgeräten) bei Wartungsarbeiten, z. B. Ölwechsel, Trocknerwechsel usw. reduziert Kältemittel-Emission.**
- **Regelmäßige Dichtheitsprüfungen der in Betrieb befindlichen Kälteanlagen beugen Kältemittelverlusten vor und vermindern den Energiebedarf.**
- **Benutzung der Kappen von Absperrventilen reduzieren Kältemittel-Emission.**
- **Kritische Beurteilung des Schwingverhaltens der in Betrieb befindlichen Anlage, speziell der Rohrleitungen, helfen Brüchen durch Dauerwechselbelastung an Rohrleitungen und Verbindungen vorzubeugen.**

Auf einzelne Punkte wird im folgenden noch näher eingegangen.

Im Jahre 1988 erschienen mit der gleichen Zielsetzung, jedoch mit überarbeiteten Inhalten, die *VDMA-Einheitsblätter 24.243, Teil 1 bis 5,* unter dem Titel *Emissionsminderung von Kältemitteln, insbesondere FCKW, aus Kälteanlagen.* Neu aufgenommen wurde im Teil 5 das Thema *Fachausbildung, Fachbetriebsausrüstung und Betriebsanleitung* (Beuth Verlag, Berlin).

Umweltkriterien von Kältemitteln

Im vorstehenden wurde bereits auf den schädigenden Einfluß der FCKW-Kältemittel, präziser gesagt auf den Chloranteil in den FCKW auf die Ozonschicht der Atmosphäre, eingegangen.

Neben der Ozonschichtschädigung sind jedoch auch der sogenannte Treibhauseffekt in der Betrachtung.

Zur Bewertung der Schädigungspotentiale wurden folgende Größen eingeführt:

ODP → Ozone Depletion Potential

auf deutsch: *Ozon Gefährdungspotential*

ODP sagt aus, in welchem Maße ein Stoff die Ozonschicht der Atmosphäre mehr oder weniger schädigt als R11 (ODP von R11 = 1).

Da die Ozonschichtschädigung durch Kältemittel ausschließlich von deren Chloratomen hervorgerufen wird, haben chlorfreie Kältemittel (FKW) ein ODP = 0.

GWP → Global Warming Potential
HGWP → Halocarbon Global Warming Potential

auf deutsch: *Erderwärmungs-Potential oder Treibhauseffekt*

GWP sagt aus, in welchem Maße ein Stoff zum Treibhauseffekt mehr beiträgt als Kohlendioxid (CO_2).

HGWP sagt aus, in welchem Maße ein Stoff zum Treibhauseffekt mehr beiträgt als R11 (HGWP von R11 = 1).

Das Verhältnis von **GWP** (CO_2-bezogen) zu **HGWP** (R11-bezogen) beträgt etwa 4.000, d. h. 1 kg R11 trägt etwa 4.000mal mehr zum Treibhauseffekt bei als 1 kg CO_2.

Da CO_2 in der Atmosphäre eine sehr lange Verweilzeit besitzt (ca. 500 Jahre), die betrachteten Kältemittel (FCKW, H-FCKW, FKW) jedoch geringere Verweilzeiten, ist der Vergleich schwierig. In der Regel wird eine zeitliche Betrachtung, ein sogenannter **Zeithorizont**, von 100 Jahren zugrunde gelegt.

Auch die neuen, chlorfreien Kältemittel haben leider einen GWP > 0. Nur bei den natürlichen Kältemitteln (Ammoniak, Kohlenwasserstoffe) ist sowohl das ODP als auch das GWP = 0. Bei dieser Gelegenheit sei jedoch erwähnt, daß ein natürlicher Treibhauseffekt auf der Erde lebensnotwendig ist. Erst durch die Treibhausgase Kohlendioxid, Methan, Wasserdampf, Ozon u. a. m. erfolgt eine Erwärmung der Erdatmosphäre von durchschnittlich −15 °C (kein Leben möglich) auf +15 °C.

Wissen wir nun, daß CO_2 und andere Treibhausgase maßgebend für die Erwärmung der Erdatmospäre sind, so stellt sich die Frage nach der Aussagekraft der GWP-Betrachtung bei der Bewertung einer Kälteanlage im Hinblick auf den Treibhauseffekt. Entweicht beispielsweise einem dichten Kreislauf kein Kältemittel und gelangt somit auch aus der Anlage kein Kältemittel in die Atmosphäre, dann kann es auch nicht schädigend wirksam werden.

Zum anderen wird bei der Erzeugung der erforderlichen elektrischen Energie unweigerlich ein CO_2-Ausstoß verursacht (sofern die elektrische Energie nicht durch Atomkraft erzeugt wurde). Die Größenordnung wird vom Energiebedarf der Kälteanlage, dem COP (**C**oefficient **o**f **P**erformance = spezifische Kälteleistung), und Nebenverbrauchern (Abtauheizungen, Kälteträgerpumpen usw.) bestimmt.

D. h., zur Beurteilung des Einflusses auf den Treibhauseffekt durch eine Kälteanlage sind mehrere Faktoren zu berücksichtigen. Im einzelnen:

• Treibhauspotential des verwendeten Kältemittels	GWP	[CO_2-bezogen]
• Leckrate der Kälteanlage / Jahr	L	[kg]
• Lebenszeit der Kälteanlage	n	[Jahre]
• Füllgewicht der Kälteanlage	m	[kg]
• Recycling-Faktor der Kältemittelfüllung	α_{re}	[—]
• CO_2-Emission (abhängig vom Energie-Mix*)	β	[kWh]
• Energiebedarf/Jahr	E_{an}	[kWh]

* Verhältnis Energieerzeugung aus fossilen Brennstoffen zu Atomstrom

Aus diesen sieben Begriffen wurde der Beurteilungswert TEWI abgeleitet.

TEWI → Total Equivalent Warming Impact [kg CO_2/a]

Der TEWI berücksichtigt beide Treibhauseffekte, nämlich den direkten (Kältemittelverluste aus der Kälteanlage und Recyclingsverluste) und den indirekten (aus dem Energiebedarf der Kälteanlage).

Der TEWI ist zahlenmäßig errechenbar nach folgender Formel:

$$\mathbf{TEWI = GWP \times L \times n + [GWP \times m\,(1 - \alpha_{re}) + n \times E_{an} \times \beta]}$$

Der Kältemonteur wird kaum TEWI-Berechnungen durchführen. Die Formel macht ihm dennoch deutlich, worauf zu achten ist, um mit seinen Möglichkeiten den Einfluß von Kälteanlagen auf den Treibhauseffekt zu reduzieren.

- Kältemittelkreisläufe müssen dicht sein (**L** so klein wie möglich).
- Kreisläufe dürfen nicht überfüllt werden (**m** so klein wie möglich).
- Entnommene Kältemittel dürfen nicht vermischt werden und sie müssen recyclebar bleiben (α_{re} so groß wie möglich).
- Die Kälteanlage muß bei der Inbetriebnahme und bei Servicearbeiten so einreguliert werden, daß der Energiebedarf möglichst gering ist (**E_{an}** so klein wie möglich).

Die Auswahl des Kältemittels **(GWP)** sowie der Verdichter und die Dimensionierung der Rohrleitungen und Apparate (**m,E_{an}**) ist Sache der Planungsingenieure. Der Energie-Mix (β) hängt von der nationalen Energiepolitik ab.

Auch die natürlichen Kältemittel (Ammoniak, Kohlenwasserstoffe) sind nicht völlig ohne Einfluß auf die Atmosphäre. Dieser Einfluß ist weniger global als vielmehr regional zu sehen. Quantifiziert wird dieser als auf die Ozonbildung des Sommersmogs wirkender Einfluß; als POCP Wert.

POCP → Photochemical Ozone Creating Potential

auf deutsch: *Photochemisches Ozonerzeugungspotential*

POCP sagt aus, in welchem Maße ein Stoff höheren Einfluß auf die regionale Ozonbildung hat als Methan (CH_4).

Neue Kältemittel

Gemäß der FCKW-Halon-Verbots-Verordnung wurde die Verwendung einer Reihe von Kältemitteln verboten und diese mußten ersetzt werden. Das trifft in der Gewerbekälte in besonderem Maße auf die Kältemittel R12 und R502 zu.

Neue Kältemittel müssen ein ODP = 0 haben, also chlorfrei sein. Allenfalls dürfen sie (bis zum 1. 1. 2000 als Kältemittel für Neuanlagen) den H-FCKW R22 als Komponente enthalten.

Grundsätzlich muß zwischen zwei Anforderungen an neue Kältemittel unterschieden werden:

- Kältemittel, die ohne weitere Änderungen an einer FCKW-Kälteanlage ersatzweise eingefüllt werden können. D. h. im wesentlichen, es kann dasselbe Kältemaschinenöl und dasselbe TEV weiterverwendet werden.
  Diese Kältemittel sind Gemische mit einem Anteil R22 oder Kohlenwasserstoff.
  Man spricht von **drop-in-** oder **Servicekältemitteln.**
- Kältemittel, deren Verwendung ein spezielles Kältemaschinenöl (Polyol-Ester) und spezielle Komponenten, z. B. TEV, erforderlich machen.
  Diese Kältemittel sind chlorfrei; als Reinstoffe oder Gemische.
  Man spricht von **Retrofit-** oder **Ersatzkältemitteln.**

Servicekältemittel werden zum Austausch von FCKW aus vorhandenen Kälteanlagen, im wesentlichen von R12 und R502, eingesetzt. Das ODP der Servicekältemittel ist >0 jedoch $<0{,}05$ (ODP R22). Bei Gemischen mit Kohlenwasserstoffanteilen kann der ODP auch 0 sein.

Bei der Umstellung einer Kälteanlage von FCKW auf Servicekältemittel wird das FCKW abgesaugt und in R-(recycling) Flaschen gefüllt. Der Kältemittelkreislauf wird evakuiert und danach mit dem Servicekältemittel befüllt.

Ersatzkältemittel (FKW) werden vorzugsweise in Neuanlagen eingesetzt. Das ODP der Ersatzkältemittel = 0.

Ersatzkältemittel erfordern einige andere Komponenten. Die chlorfreien Ersatzkältemittel sind mit den bekannten Kältemaschinenölen – Mineralölen, Alkylbenzolen, Poly-α-Olefinen (SHC-Ölen) – nicht mischbar. Diese Mischbarkeit ist aber eine Voraussetzung, daß Trockenexpansions-Verdampfer (Einspritzverdampfer) nicht verölen und zur störungsfreien Ölrückführung vom Verdampfer zum Verdichter.

Ferner wurden für die Ersatzkältemittel eigens TEV und Filtertrockner entwickelt.

Auch die Umstellung von Kälteanlagen mit FCKW auf FKW ist möglich. Diese Umstellung ist wegen der Notwendigkeit eines völlig anderen Schmiermittels (Polyol-Esteröl) erheblich aufwendiger als bei Servicekältemitteln (s. 4.2).

Eigenschaften einiger neuer Kältemittel:

Kältemittel-bezeichnung		Siede-Punkt	ODP	HGWP [1]	GWP [2]	Toxität	Brenn-barkeit	Bemer-kungen
H-FCKW	R22	– 41	0,05	0,34	1.500	nein	nein	Reinstoff
H-FKW	R134a	– 26	0	0,28	1.200	nein	nein	Reinstoff
FKW	R404A (R143a/ R125/ R134a)	– 47	0	0,94	3.750	nein[3]	nein	Nahezu azeotropes Gemisch
	R507 (R143a/R125)	– 47	0	1,02	3.800	nein[3]	nein	Azeotropes Gemisch
	R407A (R32/R125/ R134a)	– 39 bis – 45	0	ca. 0,45	ca. 2.000	nein[3]	nein	Zeotropes Gemisch
	R407C (R32/R125/ R134a)	– 43 bis – 36	0	0,28	1.610	nein	nein	Zeotropes Gemisch
	R717, (NH_3)	– 33	0	0	0	ja	gering	Reinstoff
KW	R1270 (Propen)	– 47,7	0		[4]	nein	ja	Reinstoff
	R290 (Propan)	– 42,1	0		[3]	nein	ja	Reinstoff

1) Bezogen auf den Wert von R11 mit 1,0
2) Bezogen auf CO_2 bei einem Zeithorizont von 100 Jahren
3) Vorliegende Untersuchungsergebnisse lassen keine Toxität erwarten
4) unbekannt

Unter *Bemerkungen* wurden die Begriffe **azeotrope** und **zeotrope** Gemische genannt.

Azeotrop bedeutet, daß bei der Änderung des Aggregatszustandes eines Gemisches (z. B. von flüssig auf dampfförmig) die Massenanteile in der flüssigen und der dampfförmigen Phase gleich sind.

Bei **zeotropen** Gemischen ist dies nicht der Fall. Die Folge ist, daß bei konstantem Druck die Temperatur am Anfang der Verdampfung (oder Verflüssigung) eine andere ist als am Ende. Man spricht von einem **Temperaturgleit**. Bei den angebotenen Kältemittelgemischen kann die Temperatur am Anfang der Verdampfung (im Trockenexpansions-Verdampfer) bis zu 7 K niedriger als am Ende des Verdampfers sein. Dieser Eigenschaft ist beim Einsatz derartiger Gemische in Kälteanlagen mit überfluteten Verdampfern in besonderem Maße Rechnung zu tragen.

Die in vorstehender Tabelle aufgeführten Kältemittel stellen nur eine geringe Auswahl der heute verfügbaren Kältemittel dar.

1.8.6 Ammoniak

Eine Alternative zu den H-FKW und FKW-Kältemitteln stellen natürliche Kältemittel dar, deren Schädigungspotentiale ODP sowie HGWP = 0 betragen.

Dies sind im wesentlichen:

• Ammoniak	R717
• Propan	R290
• Propen	R1270
• Isobutan	R600a

Näher eingegangen werden soll auf das schon klassische Kältemittel **Ammoniak**.

Ammoniak wurde bis 1990 hauptsächlich in Industriekälteanlagen eingesetzt. Neuerdings werden mehr und mehr Flüssigkeitskühlsätze mit Ammoniak als Kältemittel gebaut, die auch in gewerblichen Kälteanlagen Anwendung finden. Grundsätzlich wird Ammoniak dort eingesetzt, wo seine toxischen Eigenschaften beherrscht werden und kein öffentliches Publikum gefährdet wird. Regelwerke (z. B. Leitfaden Technischer Ausschuß für Anlagensicherheit, TAA) erleichtern den Planern den Bau sicherer Ammoniakanlagen.

Eigenschaften von Ammoniak

Ammoniak, chemische Formel NH_3, ist giftig. Es ist ein stechend riechendes Gas, das auf die Atmungsorgane und Schleimhäute wirkt.

Ammoniak ist brennbar. Die Zündgrenze liegt bei 630 °C, in Abwesenheit von katalytisch wirkendem Stahl sogar bei 850 °C. Mit einem brennenden Span kann Ammoniak nicht entzündet werden, wohl aber mit einem Schweißbrenner.

Ammoniak ist explosibel. Die unter Explosionsgrenze in Verbindung mit Luft beträgt 15,0 %, die obere Explosionsgrenze 30,2 % (bezogen auf 20 °C und 1,013 bar).

Die **thermodynamischen Eigenschaften** sind, verglichen mit anderen Kältemitteln, günstig.

Die **ökologischen Werte** sind ausgezeichnet: **ODP = 0, GWP = 0.**

Die Warnwirkung liegt bei einem Geruchsschwellenwert von **5—10 ppm** (Volumen in Luft) weit unterhalb der Gefahrengrenze.

Der **MAK-Wert*** beträgt **50 ppm**	
300 ppm	sind kaum erträglich. Bei Einwirkung von mehr als einer Stunde jedoch noch unschädlich.
700—1.000 ppm	sind unerträglich. Bei längerer Einwirkung ist eine Schädigung der Atmungswege zu erwarten.
2.000—3.000 ppm	wirken nach 0,5—1 Stunde tödlich. An den Augen treten Hornhautentzündungen auf.
5.000—6.000 ppm	führen nach 30 Minuten zu Erblindung und zum Tode.

* Maximale Arbeitsplatz-Konzentration

Es sei an dieser Stelle bezüglich des Umgangs mit Ammoniak ausdrücklich auf die *Norm prEN 378 Teil 3* und die *Unfallverhütungsvorschrift VBG 20,* den *Leitfaden TAA* (Technischer Ausschuß für Anlagensicherheit) sowie die *Sicherheitsdatenblätter* der Hersteller hingewiesen.

Das in Kälteanlagen verwendete Ammoniak wird durchweg synthetisch hergestellt. Eine Zersetzung in seine Bestandteile Stickstoff und Wasserstoff tritt bei den im praktischen Betrieb vorkommenden Drücken und Temperaturen nicht auf. Werden in der Anlage Fremdgase festgestellt, handelt es sich meist um Luft, die bei der Montage in der Anlage verblieben ist oder an undichten Stellen eingesaugt wurde.

Wie vorstehend bereits erwähnt, ist Ammoniak in gewissen Mischungsverhältnissen mit Luft explosiv und brennbar. Deshalb sollten zum Aufsuchen von Undichtigkeiten nicht die bekannten Schwefelfaden benutzt werden. Hierzu eignen sich am besten angefeuchtetes *Phenolphthalein-Papier,* das sich bei der Berührung mit Ammoniak rot verfärbt. Vor Schweißarbeiten, z. B. an Rohrleitungen, ist Spülen mit Stickstoff zwingend erforderlich.

Verhalten gegenüber Wasser und Öl

Dampfförmiges Ammoniak wird von Wasser begierig absorbiert. Deshalb läßt man zum Öffnen von Verdichtern, Apparaten und anderen Anlagenteilen den Restdruck zur Geruchsvermeidung üblicherweise in Wasser ab.

Hiermit muß allerdings kurz vor dem Ausgleich zum Atmosphärendruck aufgehört werden, sonst bildet sich in dem in das Wasser eingetauchten Schlauch durch weitere Absorption ein Unterdruck. In Sekundenschnelle wird ein Eimer Wasser in die Anlage eingesaugt. In Ammoniakanlagen festgestelltes Wasser ist häufig auf eine solche Unachtsamkeit zurückzuführen.

In flüssigem Ammoniak ist Wasser in jedem Verhältnis löslich. In die Anlage eingedrungenes Wasser gelangt deshalb rasch mit der Ammoniakflüssigkeit in den oder die Verdampfer, die dann eine entsprechend konzentrierte Ammoniak-Wasserlösung enthalten. Da der Wasserdampf bei den niedrigen Verdampfungstemperaturen nur einen sehr geringen Druck besitzt, bleibt das Wasser bei überfluteten Verdampfern dort zurück. Im übrigen Kreislauf der Anlage ist Wasser nur in Spuren vorhanden. Bei Trockenexpansions-Verdampfern verläßt ammoniakhaltiges Wasser mit dem Kältemaschinenöl den Verdampfer und beeinträchtigt die Ölqualität. In solchen Kreisläufen müssen Trockner eingebaut werden.

Bei wasserhaltiger Ammoniakfüllung in überfluteten Verdampfern ist der Zusammenhang zwischen Druck und Temperatur (s. Dampftafeln) gegenüber reinem Ammoniak mehr und mehr verändert. Bei gleichem Verdampfungsdruck ergibt sich für wasserhaltiges Ammoniak eine höhere Verdampfungstemperatur als bei reinem Ammoniak.

Anstieg der Verdampfungstemperatur in Abhängigkeit des Wasseranteils bei t_0 =

Wasseranteil	± 0 °C	− 10 °C	− 20 °C	− 30 °C	− 40 °C	− 50 °C
2 %	0,6 °C	0,5 °C	0,4 °C	0,4 °C	0,3 °C	0,3 °C
5 %	1,3 °C	1,2 °C	1,1 °C	0,9 °C	0,8 °C	0,7 °C
10 %	2,6 °C	2,4 °C	2,1 °C	1,9 °C	1,6 °C	1,3 °C

Das führt zu einer Verminderung der Kälteleistung.

Kälteleistungsverlust in Abhängigkeit des Wasseranteils bei t_0 =

Wasseranteil	± 0 °C	− 10 °C	− 20 °C	− 30 °C	− 40 °C	− 50 °C
2 %	2,6 °C	2,4 °C	2,3 °C	2,2 °C	2,1 °C	2,0 °C
5 %	6,0 °C	5,7 °C	5,5 °C	5,4 °C	5,3 °C	5,3 °C
10 %	11,8 °C	11,4 °C	11,0 °C	10,8 °C	10,6 °C	10,5 °C

Die Feststellung des Wasseranteils in oben genannter Größenordnung erfolgt recht einfach durch Verdunstenlassen einer Ammoniakflüssigkeitsprobe aus dem Verdampfer (Vorsicht bei der Entnahme) in einem besonderen Probeglas.

Der Wassergehalt der Ammoniakfüllung eines überfluteten Verdampfers soll nicht mehr als 2 bis 3 % betragen. Ist mehr Wasser enthalten, muß es entfernt werden. Dazu kann in vielen Fällen nach weitgehendem Absaugen des Ammoniaks aus dem Verdampfer das Wasser an der Entölungsstelle abgelassen werden (persönliche Schutzausrüstung benutzen, VBG 20 § 19 beachten), nachdem der Druck im Verdampfer wieder über Atmosphärendruck angestiegen ist. Es ist darauf zu achten, daß z. B. Rohrbündelverdampfer zur Wasserkühlung dabei nicht eingefroren werden.

Bei der Ammoniakfüllung von Trockenexpansions-Verdampfern wird von wesentlich geringeren Wasseranteilen ausgegangen. Werte von 100 bis 200 ppm sind anzustreben.

Das abgelassene Wasser, Öl und Ammoniak ist gesetzmäßig zu entsorgen.

Kältemaschinenöle, ob Mineralöle oder synthetische Öle (Ausnahme ammoniaklösliche PAG-Öle, s. 4.3.2), sind in flüssigem Ammoniak nur in sehr geringen Mengen löslich.

Löslichkeit von Kältemaschinenöl in flüssigem Ammoniak

Ölsorte	− 40 °C	− 20 °C	− 10 °C	± 0 °C	+ 10 °C	+ 50 °C
Mineralöl ISO VG 22	660 ppm	1.500 ppm	2.100 ppm	2.800 ppm	3.500 ppm	4.600 ppm
Mineralöl ISO VG 68	100 ppm	240 ppm	360 ppm	520 ppm	760 ppm	1.100 ppm
SHC-Öl ISO VG 32	—	26 ppm	45 ppm	90 ppm	170 ppm	340 ppm

Messungen Linde AG

Das aus einem Verdichter abwandernde Öl gelangt mit dem geförderten Ammoniakdampf in den Verflüssiger. Da normalerweise die ausgetragene Ölmenge — gemessen an der geförderten Ammoniakmenge — sehr gering ist (ca. 100 ppm), wird das Öl trotz des geringen Lösungsvermögens vollständig im flüssigen Ammoniak auf der HD-Seite der Kälteanlage gelöst. Aus dem Kältemittelsammler kann also kein Öl abgelassen werden. Erst im Verdampfer oder im ND-Flüssigkeitsabscheider einer Umpumpanlage — ggf. auch im Mitteldruckbehälter einer zweistufigen Kälteanlage — kommt es zur Ölausscheidung. Grund hierfür ist, daß erstens mit sinkender Temperatur immer weniger Öl im flüssigen Ammoniak gelöst werden kann und zweitens mit der zugeführten Ammoniakflüssigkeit ständig geringe Ölmengen eingebracht werden. Damit steigt der Ölanteil ständig an, weil nur ölfreier Ammoniakdampf den Verdampfer verläßt.

Da Öl spezifisch schwerer ist als flüssiges Ammoniak, sammelt es sich an der tiefsten Stelle des überfluteten Verdampfers des ND-Abscheiders einer Umpumpanlage oder MD-Behälters an und kann an einem dort vorgesehenen *Sicherheitsentölungsventil* abgelassen werden (persönliche Schutzausrüstung benutzen, VBG 20 § 19 beachten). Besonders bei Schraubenverdichter-Kälteanlagen (thermische Belastung des Öles geringer als in Kälteanlagen mit Hubkolbenverdichtern) wird das Kältemaschinenöl zunehmend automatisch dem Verdichter wieder zugeführt (s. 4.3.3).

1.9 Der Kreisprozeß

In der Thermodynamik nennt man die Zustandsänderung eines Mediums — z. B. eines Kältemittels — einen *Prozeß*. Zustandsgrößen wie Temperatur, Druck und Enthalpie haben wir bereits kennengelernt.

Wir haben in 1.8.1 auch gelernt, daß das Kältemittel im *Verdampfer* vom flüssigen in den dampfförmigen Zustand überführt wird. Dieser Prozeß wird durch Wärmezufuhr aus der Umgebung des Verdampfers herbeigeführt. Es wäre jedoch wirtschaftlich nicht vertretbar, den dem Verdampfer entströmenden Kältemitteldampf einfach in die Luft zu blasen. Der Dampf wird deshalb mit einem *Verdichter* abgesaugt und in einen *Verflüssiger* gefördert. Wenn man dort die Wärme, die das Kältemittel im Verdampfer aufgenommen hat und die Wärme, die dem Kältemittel durch die Arbeit des Verdichters zugeführt wurde, entzieht, wird es wieder flüssig. Dieser Wärmeentzug erfolgt durch Luft oder Kühlwasser. Über ein *Drosselorgan* (Expansionsventil) gelangt das flüssige Kältemittel zurück in den Verdampfer. Damit wird der Kältemittelkreislauf geschlossen.

Tragen wir die einzelnen Prozesse in ein Diagramm ein (Bild 45) d. h. *Verdampfen, Verdichten, Verflüssigen* und *Entspannen,* so entsteht ein *geschlossener* Linienzug. Solche Prozesse nennt man *Kreisprozesse*.

Diese Erklärung zeigt, daß ein Kältemittelkreislauf ohne Verdichter nicht möglich ist. Genau das sagt auch der *2. Hauptsatz* (1.5.2) aus:

Wärme kann nicht von selbst von einem Körper mit tieferer Temperatur auf einen Körper mit höherer Temperatur übergehen.

Warum dem Kältemittel im Verdichter durch die aufgebrachte Energie noch Wärme zugeführt wird, soll an einem bekannten Beispiel erläutert werden:

Der eine oder andere erinnert sich sicherlich noch an das Aufpumpen der Schläuche seines Fahrrades. Dabei stellte er eine beträchtliche Erwärmung der Luftpumpe fest, die sich mit steigendem Druck erhöhte.

Das gleiche geschieht in einem Kältemittelverdichter. Entsprechend dem Grundsatz des mechanischen Wärmeäquivalentes setzt sich Verdichterarbeit in Wärme um.

Im nachfolgenden Bild 42 wird ein Kältemittelkreislauf dargestellt [13].

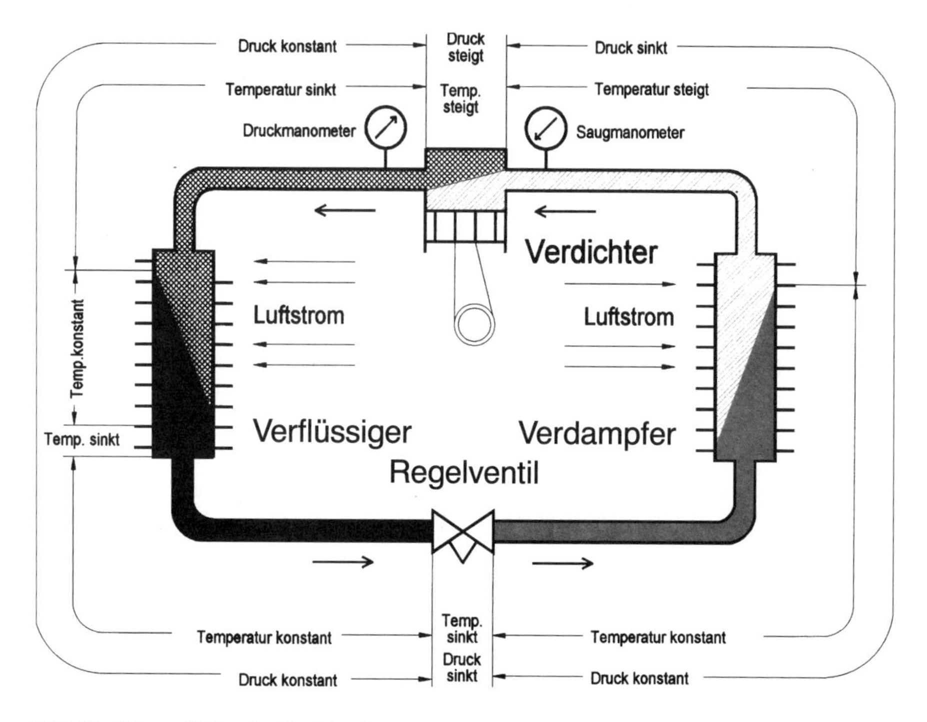

Bild 42 Schema Kältemittelkreislauf

Eine wichtige, bisher nicht besonders beschriebene Stelle im Kreislauf ist das *Regel- oder Expansionsventil,* das die Aufgabe hat, nicht mehr Kältemittel in den Verdampfer hineingelangen zu lassen, als der Verdichter an Dampf absaugen kann. Hier merken wir schon die wichtigste Voraussetzung für die einwandfreie Funktion einer Anlage.

Es kommt ganz wesentlich darauf an, die zu einer Anlage gehörenden Hauptteile so aufeinander abzustimmen, bzw. ihre Größe zueinander so zu bemessen, daß der Kälteprozeß tatsächlich genau so abläuft, wie geplant.

Das Planen und Festlegen der einzelnen *Komponenten* (ein gern gebrauchter Ausdruck für die Hauptteile einer Kälteanlage) ist Sache der *Planer* und der Hersteller.

Der Kältemonteur hat dafür zu sorgen, daß die einzelnen Komponenten der Anlage unter den zugedachten Betriebsbedingungen einwandfrei arbeiten und das zur Zufriedenheit des Betreibers (Kunden).

Fassen wir die Hauptteile der Kälteanlage zusammen:

- **Verdichter**
- **Verflüssiger**
- **Kältemittelstromregler (z. B. thermostatisches Expansionsventil, Schwimmerventil)**
- **Verdampfer**

Wird die Kälteanlage auf einer Baustelle aus den genannten *Komponenten* zusammengesetzt, so gehört das Verlegen der Rohrleitungen zur Aufgabe des Kältemonteurs. Die fachlich richtigen Bezeichnungen dieser Rohrleitungen lauten:

- **Saugleitung** **vom Verdampfer zum Verdichter**
- **Druckleitung** **vom Verdichter zum Verflüssiger**
- **Kondensatleitung** **vom Verflüssiger zum Kältemittelsammler**
- **Flüssigkeitsleitung** **vom Kältemittelsammler/Verflüssiger zum Kältemittelstromregler**
- **Einspritzleitung** **vom Kältemittelstromregler zum Verdampfer**

Meist sind alle fünf vorgenannten Leitungen einer Anlage unterschiedlich dimensioniert, weil das Kältemittel im Kreisprozeß (Kreislauf) laufend seine Zustandsgrößen – Druck, Temperatur, Dichte – ändert.

Zum Bild 42 sollen hier keine weiteren Erklärungen abgegeben werden, weil ausreichend Hinweise im Bild selbst vermerkt sind und weil später anhand des lg p, h-Diagramms die einzelnen Zustände noch erörtert werden. Zum besseren Verständnis der anlageninternen Vorgänge bleiben wir vorerst bei den Dampftafelwerten und arbeiten weiter an unserem Beispiel Verdampfen von 100 kg R22.

1.9.1 R22 im Kreisprozeß (Beispiel)

Für unser Beispiel (1.8.2) waren wir davon ausgegangen, 100 kg R22 zu verdampfen.

Für weitere Berechnungen sagen wir: Der umlaufende Kältemittelmassenstrom beträgt

$\dot{m}$ = 100 kg/h oder 100/3600 = 0,0278 kg/s

In einer Kälteanlage gemäß nachstehendem Schema können wir bereits einige Zustandsgrößen, Leistungen und Kältemittelströme bestimmen.

Verdampfer
Die Kälteleistung dieser Anlage hatten wir mit Q_o = 4,91 kW ermittelt.

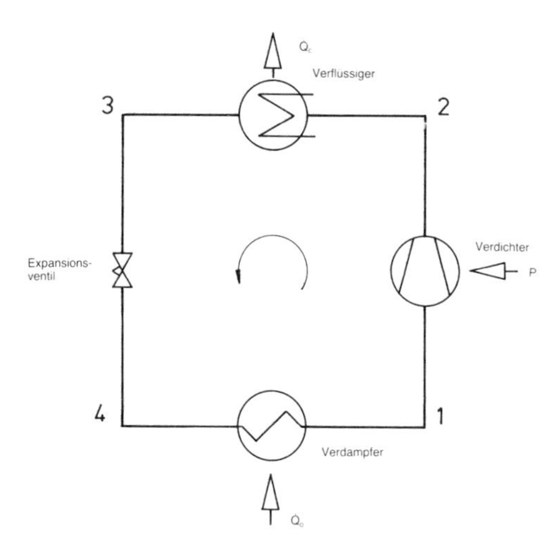

Bild 43
Schema einer einstufigen Kälteanlage

Punkt 1
Aus der R22-Dampftafel entnehmen wir für t = – 10 °C:

Verdampfungsdruck $p_o = 3{,}14$ bar
spez. Volumen des Dampfes $v'' = 65{,}40\ dm^3/kg$
Danach muß der Verdichter folgendes Dampfvolumen absaugen, um den Druck im Verdampfer zu halten:

$\dot{V} = \dot{m} \times v'' = 100\ kg/h \times 65{,}40\ dm^3/kg = 6540\ dm^3/h$
$\dot{V} = 6{,}54\ m^3/h$

Punkt 2
Am Druckmanometer des Verdichters lesen wir einen Überdruck von p = 10,88 bar ab. Mit diesem Druck wird das Kältemittel in den Verflüssiger gefördert.

Bei einem Luftdruck von z. B. 1000 mbar (1.6.2) herrscht im Verflüssiger ein Druck von $p_c = 11{,}88$ bar. Aus der R22-Dampftafel entnehmen wir die zugehörige Verflüssigungstemperatur $t_c = 30$ °C.

Punkt 3
Werden mit einem elektronischen Berührungsthermometer auf der Flüssigkeitsleitung (Pkt. 3) tatsächlich $t_u = 20$ °C gemessen, so beträgt die im unteren Teil des Verflüssigers erfolgte Unterkühlung des Kältemittels 10 K.

Punkt 4
Im Expansionsventil oder Kältemittelstromregler (früher Regel- oder Drosselventil genannt) muß die Kältemittelflüssigkeit demnach von $p_c = 11{,}88$ bar auf $p_o = 3{,}14$ bar entspannt werden.

Ein Teil der Kältemittelflüssigkeit verdampft schon im Kältemittelstromregler und in der Einspritzleitung befindet sich bereits Dampf in der Flüssigkeit. Da dieser Dampf physikalisch durch den Drosselvorgang entsteht, nennt man ihn *Drosseldampf*.

1.9.1.1 Leistungsaufnahme des Verdichters

Die ausführliche Berechnung der Leistungsaufnahme eines Verdichters erfordert mathematische und thermodynamische Kenntnisse, die über den gesteckten Rahmen dieses Buches hinausgehen.

In der Praxis wie auch bei der Planung von Neuanlagen bedient man sich hierbai der von den Verdichterherstellern herausgegebenen *Leistungskurven* oder *Tabellen,* denen die Leistungsaufnahme (und die Kälteleistung) in Abhängigkeit der Anlagenparameter entnommen werden kann.

Diese Leistungskurven und Tabellen werden weitgehend auf Versuchsständen erstellt. Man ist heute jedoch auch in der Lage, diese mit Hilfe von Rechenmodellen, die auf Versuchsstandmeßwerten basieren, im Computer zu ermitteln.

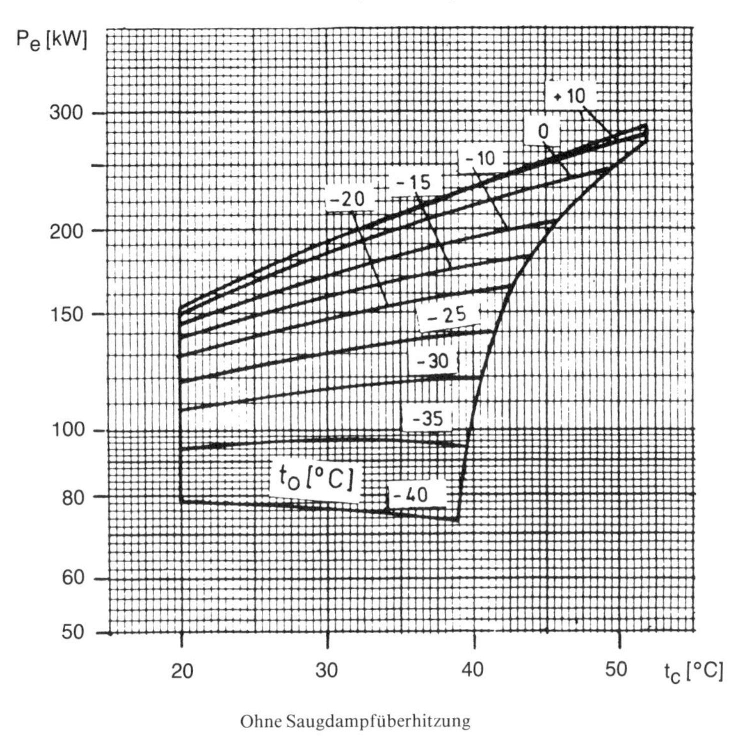

Ohne Saugdampfüberhitzung

Bild 44 Leistungsbedarf eines Verdichters

Der Vollständigkeit halber sei noch eine Methode zur überschläglichen Berechnung der Leistungsaufnahme eines Verdichters erwähnt.

In der Literatur finden sich Tabellen der *theoretischen, spezifischen Kälteleistung* K_{th} in kW/kW (bzw. der spez. Enthalpie in kJ/kWh). K_{th} gibt an, wieviel Kälteleistung je aufgewandtem kW Verdichterleistung theoretisch, d. h. durch einen verlustlos arbeitenden Verdichter erzeugt werden kann [13].

Da es einen solchen Verdichter nicht gibt, müssen sowohl die mechanischen Verluste des Verdichters (Reibungsarbeit der Lager, Kolben usw.) durch den *mechanischen Wirkungsgrad* als auch die thermischen Verluste durch den *indizierten Wirkungsgrad* in der Berechnung berücksichtigt werden.

Beide Werte, η_m, der mechanische und η_i, der indizierte Wirkungsgrad können nur im Versuch exakt bestimmt werden. Erfahrungsgemäß kann der indizierte Wirkungsgrad η_i zu 0,6 bis 0,87 angenommen werden — der niedrigere Wert für kleinere Verdichter — und für η_m gilt etwa 0,8 bis 0,93. Aus diesen genannten Größen ermittelt sich der *effektive Leistungsbedarf* P_e des Verdichters für eine bestimmte Kälteleistung zu

$$P_e = \frac{\dot{Q}o}{K_{th} \times n_i \times n_m} \text{ in kW}_e$$

Um die Leistungsaufnahme des Verdichters aus unserem Beispiel nach obiger Formel zu bestimmen, entnehmen wir der Tabelle für die spez. Kälteleistung bei $t_c = 30\ °C$, $t_u = 20\ °C$ und $t_o = -10\ °C$ den Wert $K_{th} = 5{,}826$ kW

$$Pe = \frac{4{,}91}{5{,}826 \times 0{,}7 \times 0{,}8} = 1{,}50 \text{ kW}$$

Es sei an dieser Stelle auch erwähnt, daß in die 7. Auflage der Kältemaschinenregeln die spez. Kälteleistung nicht mehr aufgenommen wurde.

1.9.2 Das Mollier lg p, h-Diagramm

Es gibt ein ausgezeichnetes Hilfsmittel, sich die beschriebenen Vorgänge im Kältemittelkreislauf an Hand eines Diagrammes deutlich zu machen. Dies ist das *lg p, h-Diagramm* von *Mollier* (Prof. an der T. H. Dresden 1863—1935), den wir schon vom h, x-Diagramm für feuchte Luft kennen.

In diesem Druck— Enthalpie— Diagramm werden Enthalpien als *Strecken* dargestellt und können abgemessen werden. Der *Druck* p wird als *Ordinate* in logarithmischem Maßstab aufgetragen, die *Enthalpien* für Flüssigkeit und Dampf auf der *Abszisse* des Diagramms.

Die Enthalpien für Verdampfung, Leistungsaufnahme des Verdichters und Verflüssigung bzw. deren Differenzen lassen sich direkt ablesen.

Das Diagramm (Bild 46) zeigt von links nach rechts betrachtet die Zustände Flüssigkeit, Naßdampf und überhitzten Dampf. Das Naßdampfgebiet ist von zwei Linien oder besser gesagt Kurven begrenzt, die sich im *kritischen Punkt* an der höchsten Stelle des Diagramms treffen.

Die linke Kurve stellt den Zustand der gesättigten Flüssigkeit dar und wird mit $x = 0$ bezeichnet.

Die rechte Kurve stellt den Zustand des gesättigten Dampfes dar und wird mit $x = 1$ bezeichnet.

Die zusammengehörenden Zustandsgrößen für $x = 0$ (Flüssigkeit) und $x = 1$ (Dampf) können auch den Dampftafeln entnommen werden. Beide Kurven umschließen wie gesagt das Naßdampfgebiet des Diagrammes. In dieses Gebiet ist eine gleichmäßig verlaufende Kurvenschar eingetragen, die sich ebenfalls im kritischen Punkt trifft. Diese Kurvenschar, üblicherweise unterteilt in x = 0,1, 0,2 bis 0,9, zeigt die *Mischzustände* aus Flüssigkeit und Dampf und ermöglicht das einfache Erkennen und Berechnen von Verdampfung und Verflüssigung.

Betrachten wir einmal eine Zustandsänderung von Flüssigkeit in Dampf (von links nach rechts), d. h. in einem Verdampfer. Dann bedeutet x = 0,3, daß 30 % der Flüssigkeit bereits verdampft sind. Umgekehrt bei einer Zustandsänderung von Dampf in Flüssigkeit (von rechts nach links) in einem Verflüssiger, bedeutet z. B. x = 0,8, daß noch 80 % Dampfanteil vorhanden sind. 20 % des Dampfes sind bereits verflüssigt.

Wir merken uns:

Von der linken Kurve nach rechts in das Naßdampfgebiet hinein wird immer verdampft, von rechts nach links immer verflüssigt.

$h_2 - h_2''$	Überhitzung (Druckseite)
$h_2'' - h_3'$	Verflüssigung
$h'_3 - h_3$	Unterkühlung
$h_3 = h_4$	Entspannung
$h_1 - h_4$	Kälteleistung
$h_2 - h_1$	zugeführte mechanische Energie
$h_1 - h_1'$	Überhitzung (Saugseite)

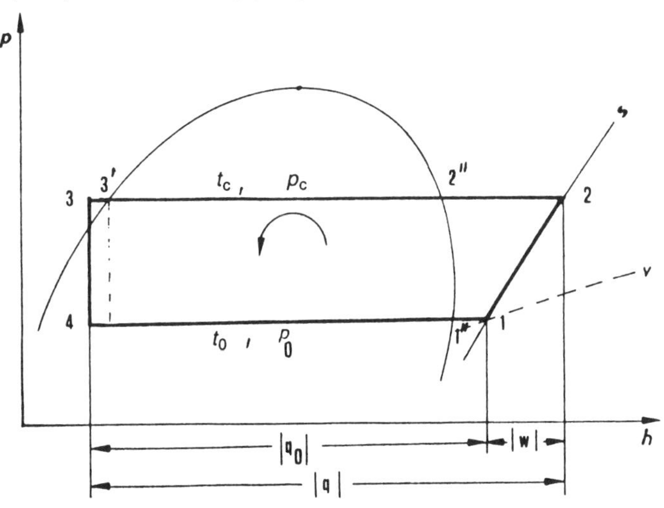

Bild 45 Prozeß der Verdichter-Kältemaschine im *lg h, p*-Diagramm

Rechts von der Sattdampf-Begrenzungslinie liegt das Gebiet der überhitzten Dämpfe, wobei für uns 2 Linienscharen interessant sind. Es sind dies 1. die *s-Linien* für die *ideale* isentrope Verdichtung und 2. die *v-Linien,* die das spez. Volumen des Kältemittels in Abhängigkeit von Druck und Temperatur anzeigen.

Wir werden sehen, wie man gesuchte Werte im Diagramm findet und sie für die Beurteilung der Funktion einer Anlage nutzen kann.

Die eigentliche Verdampfung des Kältemittels findet beim Druck p_0 von 4 bis 1'' statt. Die weiterlaufende Linie von 1'' bis 1 zeigt die Überhitzung des Kältemittels vom Verdampfer zum Verdichter. Im Punkt 1 tritt der Kältemitteldampf in den Verdichter ein, es beginnt die Verdichtung entlang einer s-Linie (Entropie-Linie), die mit einer Druckerhöhung bis zum Verflüssigungsdruck im Punkte 2 endet. Im Verflüssiger muß vom Punkt 2 bis zum Punkt 2'' die sogenannte Überhitzungswärme (siehe dazu Bild 42, Verflüssiger Teil I) zuerst einmal abgeführt werden und dann beginnt im Punkt 2'' beim Verflüssigungsdruck p_c die eigentliche Verflüssigung des Kältemittels, die im Punkt 3' endet. In diesem Punkt gibt es im Verflüssiger keinen Dampfanteil mehr im Kältemittel, x ist wieder 0 geworden. Wie unser kleines Anlagenschema Bild 42 zeigt, fällt die Temperatur im Teil III des Verflüssigers noch etwas ab. In diesem Teil des Verflüssigers kann das Kältemittel ohne Änderung seines Druckes etwas unterkühlt werden.

(Insbesondere bei R12 und R502 baut man oft in die Saug- bzw. Flüssigkeitsleitung einen Wärmeaustauscher ein, um gezielt eine Unterkühlung des flüssigen und Überhitzung des dampfförmigen Kältemittels zu erreichen)

Die Verlängerung der Verflüssigungslinie von 3' bis 3 hängt vom Grad der Unterkühlung ab. Im Punkt 3 tritt das Kältemittel in den Kältemittelstromregler ein und wird bei gleichbleibender Enthalpie senkrecht nach unten bis zum Punkt 4 entspannt. Der Schnittpunkt mit der x = 0-Linie (linke Kurve) liegt in dem Punkt, der der Temperatur der Unterkühlung des Kältemittels entspricht. Im Punkt 4 beginnt das Kältemittel mit einem bestimmten Dampfanteil seinen Weg durch den Verdampfer von neuem. Die Gerade der Verdampfung und die Drosselsenkrechte, die sich in 4 schneiden, markieren damit auch einen Punkt auf einer der Kurven der x-Werte, die den Drosseldampfanteil anzeigen.

Wir erkennen genau, wieviel Prozent des flüssigen Kältemittels bereits im Kältemittelstromregler Dampf geworden sind und somit für die effektive Verdampfung innerhalb des Verdampfers ausfallen. Deswegen ist eine gute Unterkühlung des Kältemittels vorteilhaft. Das Druckverhältnis, also der Wert p_c/p_0 oder Verflüssigungsdruck geteilt durch Verdampfungsdruck, darf ein bestimmtes Maß nicht überschreiten, worüber wir uns noch unterhalten werden.

Wir hatten (1.8.1) den Zusammenhang zwischen Druck und Temperatur bei Kältemitteln gelernt. Jetzt hören wir, daß sowohl eine *Überhitzung* des Dampfes als auch eine *Unterkühlung* der Flüssigkeit möglich ist. Ergänzend merken wir uns, daß der genannte Zusammenhang ein Gleichgewicht zwischen Flüssigkeit und Dampf voraussetzt. Bezogen auf das lg p, h-Diagramm heißt das, der Zusammenhang gilt zwischen x = O und x = 1,0. Bezogen auf eine Kälteanlage heißt das: Der Zusammenhang zwischen Druck und Temperatur gilt dort, wo flüssiges und dampfförmiges Kältemittel ungezwungen nebeneinander vorkommen. Diesen Zustand finden wir im größten Teil des Verflüssigers, im Kältemittelsammler und im Verdampfer vor.

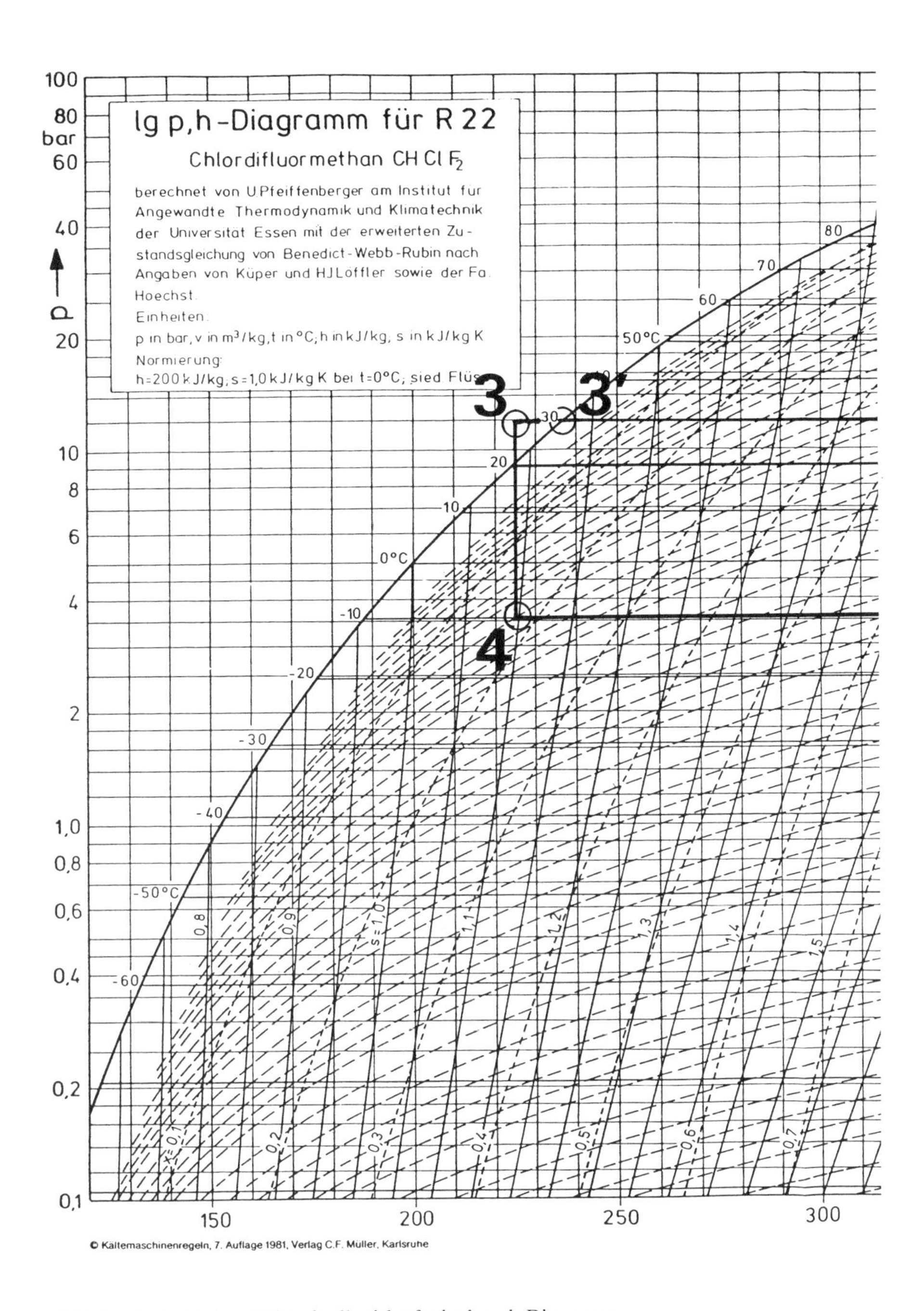

Bild 46 Beispiel eines Kältemittelkreislaufes im lg p, h-Diagramm

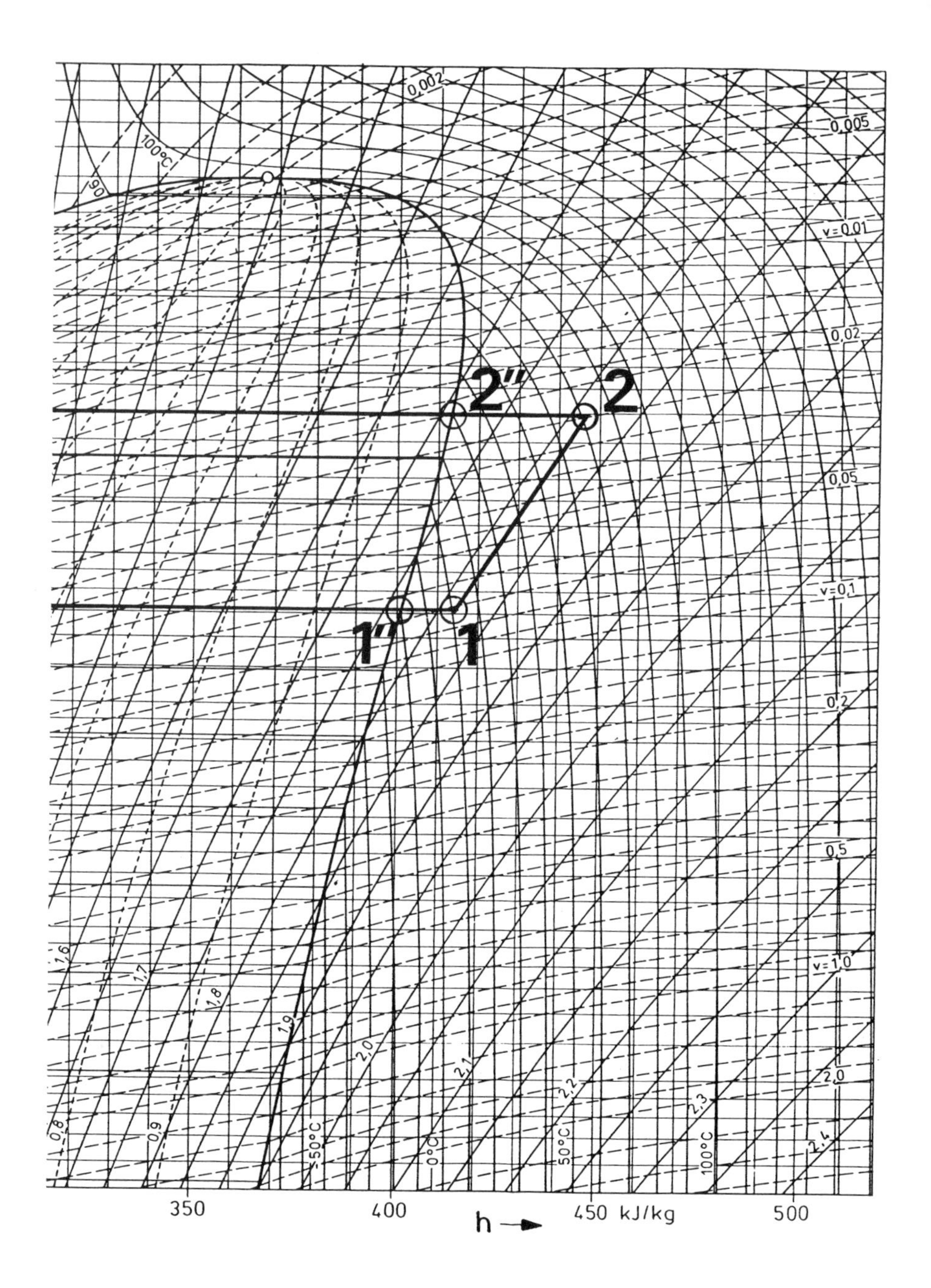
0,002
0,005
100°C
90
v=0,01
0,02
2"
2
0,05
1"
1
v=0,1
0,2
0,5
1,6
1,7
1,8
1,9
2,0
v=1,0
2,1
2,2
2,3
2,0
0,8
0,9
-50°C
0°C
50°C
100°C
2,4
350
400
450 kJ/kg
500
h

Für die Zustandsbestimmung von unterkühlten oder überhitztem Kältemittel genügt nicht allein die Kenntnis von Druck oder Temperatur, sondern die Kenntnis von Druck und Temperatur ist erforderlich!

Beide Werte wurden mit besonderen Indice bedacht, wobei t_u für Unterkühlungstemperatur und t_h und t_{oh} für Überhitzungstemperatur stehen.

Weil es so wichtig ist, folgendes Beispiel:

Die Verdampfung des Kältemittels R22 soll z. B. bei $t_o = -10$ °C und demzufolge bei $p_o = 3{,}55$ bar stattfinden. Nach dem Austritt aus dem Verdampfer (Bild 46, Pkt. 1″) kann sich der Kältemittel-Dampf weiter erhitzen. In unserem Beispiel um 20 K auf $t_{oh} = 10$ °C, ohne daß dabei sein Druck geändert werden muß. Die Verflüssigung findet bei $t_c = 30$ °C unter einem Druck von $p_c = 11{,}88$ bar statt, aber man kann im flüssigen Kältemittel, das unter diesem Druck steht, eine Temperatur von beispielsweise $t_u = 20$ °C messen.

Kehren wir zu unserem Beispiel zurück und zeichnen die Kennlinien der Aufgabe (1.9.2) in das Diagramm ein.

Parallel zur Abszisse (also waagerecht) tragen wir die Geraden der Verdampfung und der Verflüssigung ein. Die erste Gerade wird durch die Werte $t_o = -10$ °C/$p_o = 3{,}55$ bar und die zweite durch die Werte $t_c = 30$ °C/$p_c = 11{,}88$ bar geführt.

Die Verlängerung der Verdampfungsgeraden nach rechts über den Punkt 1″ hinaus trifft auf den Punkt 1 bei $t_{oh} = 10$ °C. Dieser kennzeichnet den Eintritt in den Verdichter und hier beginnt der Verdichtungsvorgang. In unserem etwas idealisiertem Beispiel entlang der *s*-Linie (Isentropen) bis zum Schnittpunkt mit der Verflüssigungsgeraden $p_c = 11{,}88$ bar im Punkt 2 und der Temperatur $t_h = 72$ °C. Der R22-Dampf ist an diesem Punkt bezogen auf die Verflüssigungstemperatur $t_c = 30$ °C klar erkennbar überhitzt. Die Überhitzungsenthalpie von Punkt 2 bis Punkt 2″ wird ebenso im Verflüssiger abgeführt wie die eigentliche Verflüssigungsenthalpie von Punkt 2″ bis Punkt 3′ (in unserem Beispiel) und die Enthalpie der Unterkühlung von Punkt 3′ bis Punkt 3, und zwar um 10 K auf $t_u = 20$ °C. Durch den Punkt $t = 20$ °C auf der $x =$ O-Linie ziehen wir eine Senkrechte parallel zur Ordinate. Im Schnittpunkt dieser Senkrechten mit der Verlängerung der Verflüssigungsgeraden nach links finden wir den Punkt 3 und im Schnittpunkt mit der Verdampfungsgeraden den Punkt 4 unseres Kreislaufes. Punkt 4 liegt auf einer x-Linie mit dem ausgemessenen Wert 0,167.

Schlußfolgerungen aus dem lg p, h-Diagramm für das Beispiel

1. Die Verdampfung beginnt mit einem Drosseldampfanteil von $x = 0{,}167$, d. h. 16,7 % Dampf im flüssigen R22. Dieser Dampfanteil entstand bereits beim Drosselvorgang, die Verdampfungsenthalpie dieses Anteils wurde *zur Abkühlung der verbliebenen Flüssigkeitsmenge* von $t_u = 20$ °C auf $t_o = -10$ °C benötigt.

2. Der sich im Verdampfer aus dem flüssigen, bei −10 °C siedenden Kältemittel entwickelnde Dampf, wird bis zum Eintritt in den Verdichter um 20 K überhitzt. Er wird demnach mit $t_{oh} = 10$ °C vom Verdichter angesaugt; *Punkt 1.*

3. Durch den Verdichtungsvorgang wird der mit 10 °C vom Verdichter angesaugte Dampf weiter auf etwa 72 °C überhitzt und verläßt mit dieser Temperatur die Druckseite des Verdichters, um in den Verflüssiger einzutreten; *Punkt 2*.

4. Die Wärmeabfuhr aus der Kälteanlage umfaßt drei Etappen: Abfuhr der Überhitzungsenthalpie — *Punkt 2* bis *2''* —, der Verflüssigungsenthalpie — *Punkt 2''* bis *3'* — und der Unterkühlungsenthalpie — *Punkt 3'* bis *3*.

5. Senkrechte Linien, ausgehend von den einzelnen Diagrammpunkten (parallel zur Ordinate) zeigen in den Schnittpunkten mit der Abszissenachse die Enthalpiewerte der Zustände an.

Wir können folgende Werte ablesen:

Punkt 1	$h_1 = 414{,}1$ kJ/kg
Punkt 2	$h_2 = 447{,}5$ kJ/kg
Punkt 3 und 4	$h_4 = 224{,}3$ kJ/kg

6. Daraus ist leicht zu errechnen:

Die spezifische Kälteleistung

$$q_o = h_1 - h_4 = 414{,}1 - 224{,}3 = 189{,}8 \text{ kJ/kg}$$

die spezifische Wärmeleistung

$$q_c = h_2 - h_3 = 447{,}5 - 224{,}3 = 223{,}2 \text{ kJ/kg}$$

die spezifische Verdichterarbeit

$$w = h_2 - h_1 = 447{,}5 - 414{,}1 = 33{,}4 \text{ kJ/kg}$$

In unserem Rechenbeispiel beträgt der R22-Massenstrom im Kreislauf
$\dot{m} = 100$ kg/h bzw. 0,0278 kg/s

Unter Verwendung der Werte aus der Dampftafel hatten wir eine Kälteleistung
$\dot{Q}_o = 4{,}91$ kW ermittelt.

Rechnen wir jetzt mit den im Diagramm gefundenen Werten nach, so ergeben sich:

Kälteleistung
$\dot{Q}_o = \dot{m} \times q_o = 0{,}0278 \times 189{,}8 = 5{,}28 \text{ kW} \quad (1 \text{ kJ} = 1 \text{ kWs})$

(In unserem Beispiel hatten wir die saugseitige Überhitzung des R22-Dampfes noch nicht berücksichtigt und nur gerechnet
$\dot{Q}_o = \dot{m} \times (h_1'' - h_4) = 0{,}0278 \times (401{,}2 - 224{,}3) = 4{,}92 \text{ kW}$)

Wärmeleistung (des Verflüssigers)
$\dot{Q}_c = \dot{m} \times q_c = 0{,}0278 \times 223{,}2 = 6{,}20 \text{ kW}$

Leistungsaufnahme des Verdichters
$P_i = \dot{m} \times w = 0{,}0278 \times 33{,}4 = 0{,}93 \text{ kW}$

Die errechnete theoretische Leistungsaufnahme des Verdichters muß noch in die effektive Leistungsaufnahme umgerechnet, also durch den indizierten und den mechanischen Wirkungsgrad dividiert werden.

$$P_e = \frac{P_i}{\eta_i \times \eta_m} = \frac{0{,}93}{0{,}7 \times 0{,}8} = 1{,}66 \text{ kW}$$

Die spezifischen Volumina am Eintritt und Austritt des Verdichters, Punkt 1 und 2, betragen

$v_1 = 0{,}072\,m^3/kg$
$v_2 = 0{,}0246\,m^3/kg$

Damit saugt der Verdichter ein Kältemittelvolumen von
$\dot{V}_1 = \dot{m} \times v_1 = 0{,}0278 \times 0{,}072 \times 3600 = 7{,}2\,m^3/h$
an und verdichtet es auf
$\dot{V}_2 = \dot{m} \times v_2 = 0{,}0278 \times 0{,}0246 \times 3600 = 2{,}46\,m^3/h$

1.9.3 Das Druckverhältnis

In den vorstehenden Abschnitten wurde bereits auf das sogenannte *Druckverhältnis* hingewiesen. Dieser Wert wird im wesentlichen für Berechnungen und die Beurteilung von Verdichtern benötigt.

Das Druckverhältnis ist der Quotient aus Verdichtungsdruck und Saugdruck des Verdichters, d. h. p_{v2}/p_{v1}.

Ein Blick auf das lg p,h-Diagramm (Bild 46) zeigt, daß diese in unserem etwas vereinfachten Beispiel gleich p_c/p_o ist. Allgemein kann gesagt werden:

Je größer das Druckverhältnis wird, desto geringer wird die spez. Kälteleistung und desto größer die spez. Leistungsaufnahme des Verdichters.

Mit anderen Worten:

Da die Verflüssigungstemperatur sich nur in relativ engen Grenzen bewegt, können bei gleicher Kälteleistung tiefere Temperaturen nur mit steigendem Aufwand (größere Verdichter) und höherem Energieeinsatz erzeugt werden.

Das Druckverhältnis kann nicht beliebig groß gewählt werden. Für Hubkolbenverdichter liegt die obere Grenze, abhängig vom verwendeten Kältemittel, bei

p_{v2}/p_{v1} = 10 bis 11 für R12 und R22 und
p_{v2}/p_{v1} = 6 für Ammoniak

Bei größeren Druckverhältnissen würde die Verdichtungsendtemperatur die zulässige maximale Temperatur für das Kältemittel im Hinblick auf seine thermische Stabilität überschreiten.

Für R12 beträgt	**t_{max} =**	**120 °C**
für R22	**=**	**140 °C**
für Ammoniak	**=**	**160 °C**

Der Einfluß des Druckverhältnisses auf den *Liefergrad* des Verdichters wird im nächsten Abschnitt behandelt. Für andere Verdichterarten, Schrauben- und Turboverdichter, gelten andere maximale Druckverhältnisse.

Im lg p,h-Diagramm ist gut zu erkennen, wie auch der Kreisprozeß thermodynamisch ungünstiger verläuft, wenn die p_c- und p_o-Linien weiter auseinander liegen, d. h. wenn das Druckverhältnis steigt. Vergleichen wir unser bisheriges Beispiel mit einem, bei dem die Anlage mit einer Verdampfungstemperatur von $t_o = -35$ °C und einer Verflüssigungstemperatur $t_c = 35$ °C, d. h. den dazu gehörenden Drücken $p_o = 1{,}32$ bar und $p_c = 13{,}5$ bar arbeitet, so wird das Druckverhältnis

$$\frac{p_c}{p_o} = \frac{13{,}5}{1{,}32} = 10{,}2$$

Bei gleicher Unterkühlung $t_u = 20$ °C finden wir im lg p,h-Diagramm im Schnittpunkt der Senkrechten 3—4 und der Waagerechten 4—1 die x-Kurve x = 0,28, d. h. 28 % des in den Verdampfer eintretenden Kältemittels sind bereits dampfförmig (Drosseldampfanteil). Die Strecke 4—1 wird, gleiche saugseitige Überhitzung vorausgesetzt, kürzer. Das bedeutet eine geringere spez. Kälteleistung. Die Verdichtungslinie 1—2 entlang der s-Kurve trifft die Verflüssigungslinie $t_c = 35$ °C im Punkte 2, der uns die Verdichtungstemperatur $t_2 = 99$ °C anzeigt.

Stellen wir nun die Werte beider Beispiele in einer Tabelle zusammen, um eine besondere Vergleichsmöglichkeit zu erhalten:

Beispiel		**1**	**2**
Verdampfungstemp.	**t_o (°C)**	**–10**	**–35**
Verflüssigungstemp.	**t_c (°C)**	**30**	**35**
Druckverhältnis, p_c/p_o		**3,35**	**10,23**
Drosseldampfanteil	**x (%)**	**17**	**28**
spez. Kälteleistung	**q_o (kJ/kg)**	**189,8**	**173,0**
spez. Wärmeleistung	**q_c (kJ/kg)**	**223,2**	**239,0**
spez. Arbeit	**w (kJ/kg)**	**35,4**	**66,0**
spez. Dampfvolumen	**v_1 (m^3/kg)**	**0,0717**	**0,182**
spez. Dampfvolumen	**v_2 (m^3/kg)**	**0,0247**	**0,0239**

Die Tabelle bestätigt uns noch einmal anschaulich die eingangs getroffenen Feststellungen mit Zahlen.

Durch das Absenken der Verdampfungstemperatur von $t_o = -10$ °C auf $t_o = -35$ °C bei gleichbleibender saugseitigen Überhitzung von 20 K vergrößert sich das spez. Dampfvolumen um das 2,5fache. Um das gleiche R22-Gewicht absaugen zu können, muß der Verdichter ein entsprechend größeres Hubvolumen haben.

Die Tabelle zeigt aber außerdem eine geringere spez. Kälteleistung bei Beispiel 2. Um die gleiche Kälteleistung erzeugen zu können wie im Beispiel 1, müßte der Verdichter zusätzlich auch noch um dieses Verhältnis größer sein.

Der Antriebsmotor dieses größeren Verdichters müßte (siehe spez. Arbeit) nahezu doppelt so groß gewählt werden wie bei Beispiel 1.

Das um das 3fache angestiegene Druckverhältnis reduziert aber aus noch weiteren Gründen die Förderleistung des Verdichters. Wie das kommt, soll kurz erörtert werden.

1.9.4 Das Druck-Volumen-Diagramm

Bei größeren Kältemittelverdichtern war es in früheren Jahren üblich, im Versuch oder bei Abnahmen ein *Druck-Volumen-Diagramm*, kurz *p, v*-Diagramm mit Hilfe einer Indikator-Einrichtung aufzeichnen zu lassen, um sich über die genaue Leistung des Verdichters ein richtiges Bild machen zu können. Monteure von Großkälteanlagen mußten mit dem Indikator umgehen können, das Auswerten der Diagramme war Sache der Ingenieure. Aber auch für jeden mit Kühlanlagen beschäftigten Fachmann ist die Kenntnis der Vorgänge innerhalb des Verdichters interessant und fördert das Verständnis für die Wirkungsweise des Verdichters im Kältemittelkreislauf.

Was lehrt uns nun das *p, v*-Diagramm?

Es zeigt den Verlauf des Dampfdruckes und die Veränderung des Volumens im Zylinder eines Verdichters während einer Kurbelumdrehung. Im Saughub füllt sich der Zylinder, im Druckhub, der im unteren Totpunkt beginnt, wird der angesaugte Dampf auf den Enddruck verdichtet und durch die Druckventile in die Druckleitung und den Verflüssiger ausgeschoben. Im oberen Totpunkt bleibt immer ein bestimmtes Restvolumen im Zylinder zurück, das sich beim Abwärtsgang des Kolbens zuerst wieder vom Enddruck p_{v2} auf den Saugdruck p_{v1} im Zylinderraum ausdehnt. Diese *Rückexpansion* des Dampfes ist weitgehend abhängig vom *schädlichen Raum* σ des Verdichters, der bei modernen Tauchkolbenverdichtern 3 bis 5 % des Zylindervolumens ausmacht.

Der Kolben kann also erst dann neuen Dampf aus dem Verdampfer ansaugen, wenn der im Zylinder verbliebene Dampfrest von p_{v2} auf p_{v1} entspannt ist, wobei der Kolben schon den Weg s_e zurückgelegt hat. Nur die Strecke s'_o bleibt für das eigentliche Ansaugen neuen Dampfes.

Je größer das Druckverhältnis, um so größer wird die Rückexpansion s_e und das angesaugte Volumen s'_o, d. h. der Liefergrad wird kleiner. Bei höheren Drükken, bzw. Druckverhältnissen nehmen Verluste durch thermische Einflüsse, Reibung sowie Undichtigkeiten innerhalb des Zylinders zu.

Es ist also stets von Vorteil, bei kleinen Druckverhältnissen zu arbeiten. Sollen in einer Anlage tiefere Temperaturen erzielt werden, so geht man zu zweistufigen Verdichtern über, bei denen das Druckverhältnis in zwei Stufen unterteilt ist, den *Niederdruck-* und den *Hochdruckteil.*

Bei zweistufigen Verdichtern ergibt sich der theoretisch optimale Zwischendruck zu $p_m = \sqrt{p_c \times p_o}$. Hätten wir z. B. einen Verflüssigungsdruck von p_c = 15 bar und einen Verdampfungsdruck von p_o = 1,5 bar, also ein Druckverhältnis von 10 : 1, so ergäbe sich in diesem Fall bei einer zweistufigen Verdichtung der nachfolgende Zwischendruck

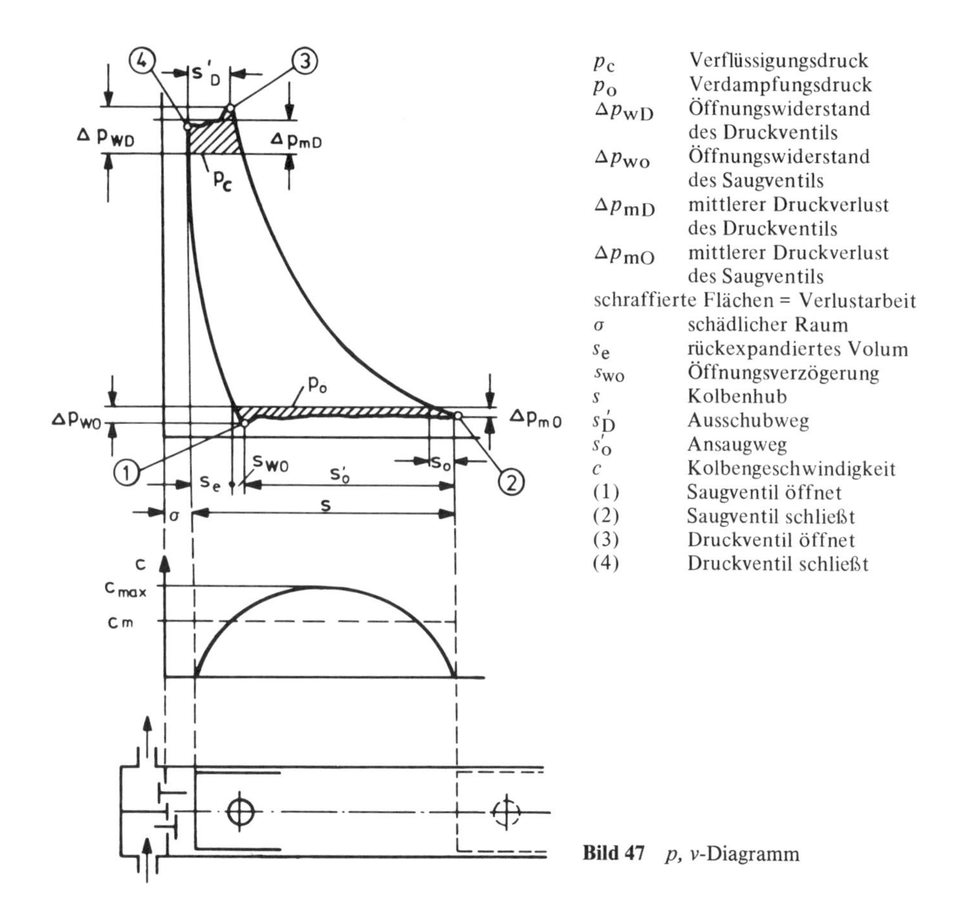

Bild 47 *p, v*-Diagramm

$$
\begin{aligned}
p_m &= \sqrt{p_c \times p_o} \\
&= \sqrt{15 \times 1{,}5} \\
&= \sqrt{22{,}5} = 4{,}75 \text{ bar}
\end{aligned}
$$

Die Niederdruckzylinder des zweistufigen Verdichters würden das Kältemittel also mit einem Saugdruck von p_o = 1,5 bar ansaugen und auf p_m 4,75 bar verdichten. Die Hochdruckzylinder übernehmen — meist nach *Zwischenkühlung* — den Druckdampf der Niederdruckstufe mit p_m = 4,75 bar und verdichtet diesen auf den Druck p_c = 15 bar. In jedem der beiden Verdichterstufen — Niederdruck und Hochdruck — wird das Druckverhältnis = 3,15. Ein günstiger Wert, der bei nur einstufiger Verdichtung 10 betragen würde!

1.9.5 Normtemperaturen

In unserem Beispiel hatten wir festgelegt, daß die
Verdampfungstemperatur t_0 = – 10 °C und die
Verflüssigungstemperatur t_c = 30 °C
betragen sollte.

In einem sauberen, nicht bereiften Luftkühler läßt sich beispielsweise bei t_0 = – 10 °C Luft von ± 0 °C auf – 3 °C abkühlen. Bereift der Luftkühler stark, geht das nicht mehr. Entweder sinkt die Verdampfungstemperatur oder die Lufttemperatur steigt an.

Das gleiche geschieht, wenn die Kühlfläche des Luftkühlers zu klein ausgelegt wurde. Dann kann die Luft bei einer Verdampfungstemperatur von t_0 = – 10 °C nicht auf – 3 °C abgekühlt werden. Die Verdampfungstemperatur muß dann eventuell – 12 °C oder niedriger betragen. Die spez. Kälteleistung sinkt.

Ähnlich verhält es sich mit dem Verflüssiger. Verschmutzte Innenrohre eines wassergekühlten Verflüssigers bewirken, daß die Verflüssigungstemperatur und damit die Leistungsaufnahme des Verdichters ansteigt oder das zur Erhaltung einer Verflüssigungstemperatur kälteres Wasser benötigt wird.

Will man also Kälteanlagen, die sich in unterschiedlichen Zuständen befinden oder solche verschiedener Hersteller miteinander vergleichen, benötigt man *Normtemperaturen*.

(Temperaturen und nicht Drücke deshalb, um nicht für jedes Kältemittel eigene Werte festlegen zu müssen.)

Bei diesen *Normtemperaturen* sind die spez. Werte verschiedener Anlagen vergleichbar.

In den DKV Kältemaschinenregeln, 7. Auflage, sind Normtemperaturen folgendermaßen definiert:

Normtemperaturen sind vereinbarte Temperaturen zur einheitlichen Festlegung von Betriebsbedingungen, für die die Kälteleistung oder Wärmeleistung einer Kältemaschine, eines Kältemittelverdichters, einer Kälteanlage oder eines Kältesatzes angegeben wird. Sie haben die Bedeutung von Vergleichstemperaturen und sollen nach Möglichkeit in der Nähe der wahren Betriebstemperaturen liegen, müssen jedoch mit diesen nicht identisch sein.

2. Die Hauptteile der Kälteanlage

2.1 Verdichter

Wir haben in Abschnitt *Der Kreisprozeß* erfahren, daß gemäß dem 2. Hauptsatz der Thermodynamik ein Kältemittelkreislauf ohne Verdichter nicht denkbar ist. Ohne Verdichter kann das aus dem Verdampfer bei niedrigem Druck abgesaugte Kältemittel nicht in einen Zustand gebracht werden, der eine Verflüssigung, d. h. Wärmeentzug bei Umgebungstemperatur durch Luft oder Wasser, ermöglicht.

Zu Recht wird der Verdichter auch das *Herz* der Kälteanlage genannt. Wegen seiner mechanisch bewegten Teile ist er das empfindlichste Teil der Kälteanlage.

Der Qualitätsstand moderner Kältemittelverdichter ist durch präzise Fertigungsmethoden jedoch heute so hoch, daß bei richtiger Auslegung der Kälteanlage, sauberer Montage, Verwendung eines geeigneten Schmieröles und angemessener Wartung von einer langen Lebensdauer ausgegangen werden kann.

In der Kältetechnik sind derzeit folgende Verdichterbauarten üblich:

Nach dem *Verdrängerprinzip*
— Hubkolbenverdichter,
— Schraubenverdichter und
— Vielzellenverdichter (Rotationsverdichter)

nach dem *Strömungsprinzip*
— Turboverdichter

Wir wollen uns hier auf Tauchkolben-, Schrauben- und Turboverdichter beschränken. Die Behandlung aller Hubkolbenverdichter würde den Rahmen dieses Buches sprengen. Kreuzkopfverdichter liegender oder stehender Bauart, ölgeschmiert oder als Trokkenläufer, seien hier nur erwähnt.

2.1.1 Hubkolbenverdichter

Die in Kälteanlagen und Kältesätzen mit Abstand am häufigsten eingesetzten Hubkolbenverdichter sind *Tauchkolbenverdichter,* d. h. Verdichter in dem das Pleuel direkt im Kolben angelenkt ist.

Hier unterscheiden wir nochmal zwischen

- **offenen Verdichtern mit mechanischer Wellenabdichtung sowie**
- **Motorverdichtern, und zwar**
  - **mit Wellenabdichtung und Flanschmotor,**
  - **halbthermischen Motorverdichtern (Deckelmotorverdichter)**
  - **hermetischen Motorverdichtern (Kapselverdichter)**

Offene Verdichter können nach zwei Prinzipien gebaut sein: als *Gleichstrom-* oder als *Wechselstromverdichter*. Monteure im Reperaturdienst werden hin und wieder auch heute noch Gleichstromverdichter antreffen, die jedoch nicht mehr gebaut werden. Diese Verdichter sind meist in Ammoniakanlagen eingesetzt.

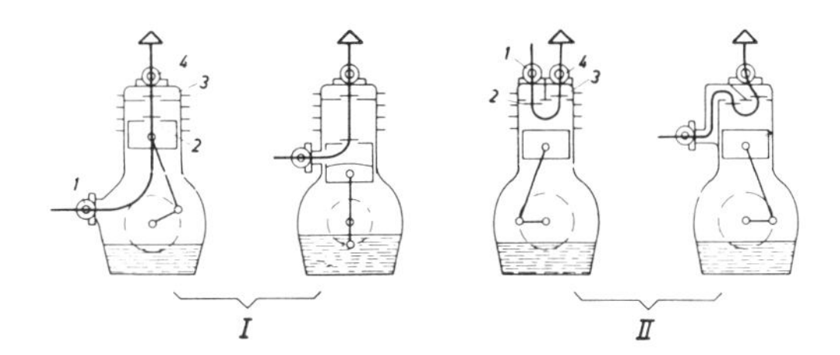

I Gleichstrom
II Wechselstrom

1 Saugabsperrventil
2 Saugarbeitsventil
3 Druckarbeitsventil
4 Druckabsperrventil

Bild 48 Prinzip der Gleichstrom- und Wechselstrom-Verdichter. Dieses Grundprinzip gilt für alle Hubkolben-Verdichter liegender oder stehender Bauart, je nachdem ob der Kältemitteldampf ohne Umkehrung der Strömungsrichtung im „Gleichstrom" oder durch Umkehrung im „Gegenstrom" durch den Verdichter geführt wird.

Wie das Bild 48 zeigt, strömt der angesaugte Kältemitteldampf durch das im Kolben befindliche Saugventil in den Zylinder und wird ohne Strömungsumkehr bei der Verdichtung ausgeschoben. Dieses Prinzip ergibt gute Liefergrade. Da Ventilplatten und Hubfänger im Kolben untergebracht sein müssen, wird der gesamte Kolben (aus Grauguß) sehr schwer. Die dadurch verursachten großen Massenkräfte setzen der maximal erreichbaren Drehzahl Grenzen. Die üblichen Drehzahlen betragen n = 500/min, in Aus-

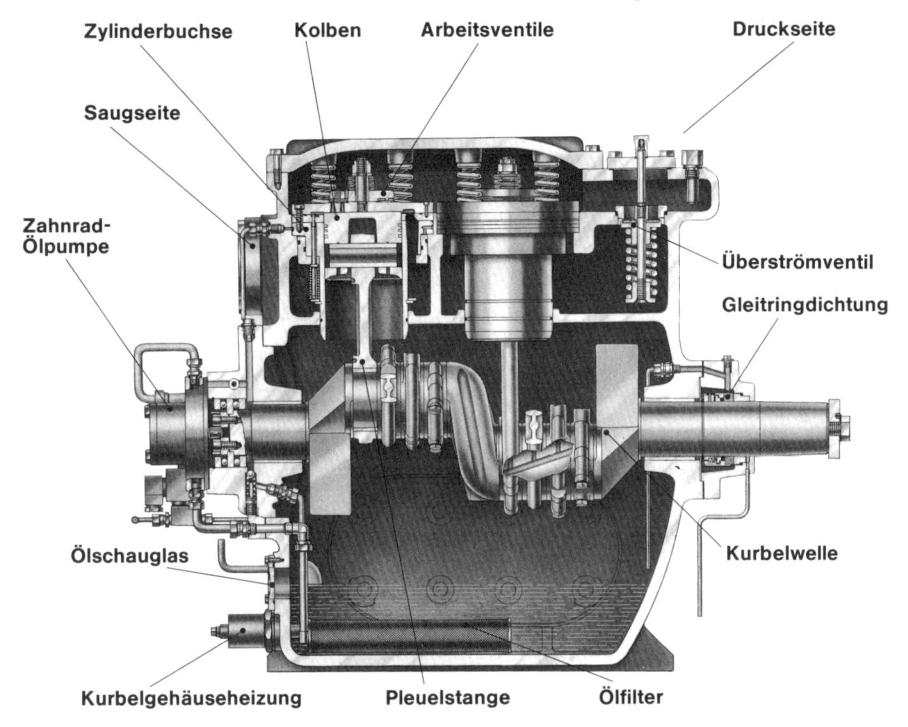

Bild 49 Moderner Wechselstromverdichter

nahmen wurden Gleichstromverdichter mit n = 750/min gebaut. Für die Weiterentwicklung der Kältemittelverdichter, mit Leichtmetallkolben und Drehzahlen von n = 1.450/min und mehr, war der Gleichstromverdichter nicht geeignet.

Moderne Tauchkolbenverdichter, die in der Kältetechnik Verwendung finden, sind *Wechselstromverdichter.*

Unabhängig von der Bauart der eingesetzten Arbeitsventile wird bei diesen Verdichtern das Kältemittel von oben in den Zylinder eingesaugt und auch nach oben wieder ausgeschoben.

Als Arbeitsventile werden für Verdichter ab einem geometrischen Fördervolumen von etwa V_{th} = 250 m^3/h konzentrisch angeordnete *Plattenventile* verwendet. Druck- und Saugventil bilden eine Einheit.

Verdichter mit geringeren Fördervolumen, das sind in der Regel Motorverdichter, besitzen *Zungenventile*, die in einer Zwischenplatte oder Ventilplatte untergebracht sind.

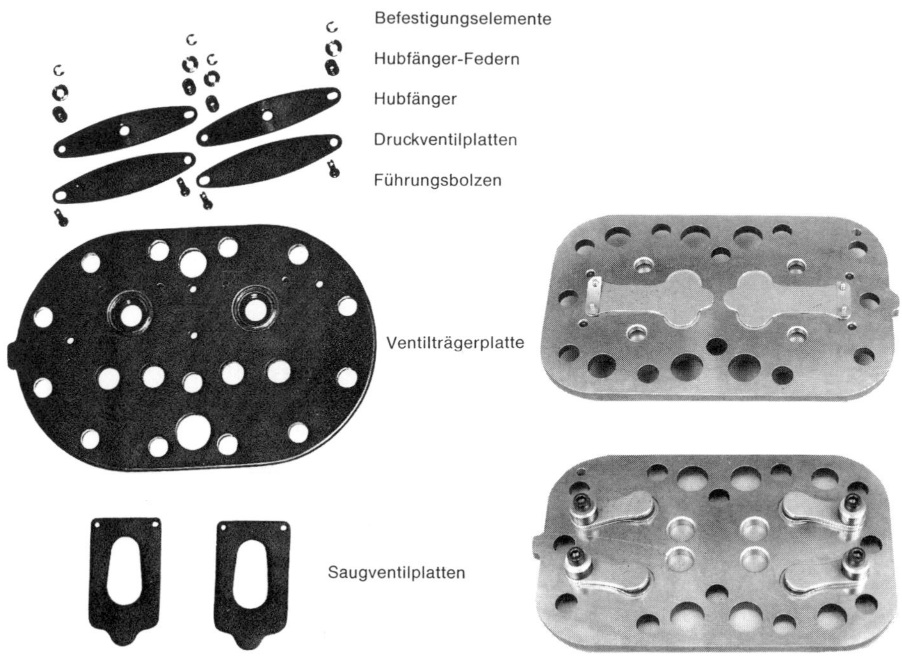

Bild 50 Ventilplatte mit Saug- und Druckarbeitsventil *(Hörbiger GmbH)*

Bild 51 Ventilplatte mit Saug- und Druckarbeitsventil *(Hörbiger GmbH)*

Als Plattenventile ausgeführte Saugarbeitsventile sind zur Leistungsregelung der Verdichter geeignet. Mit Hilfe einer mechanischen Vorrichtung werden die Ventilplatten des Saugarbeitsventils am Schließen gehindert. Das angesaugte Kältemittel wird in den Saugraum zurückgeschoben.

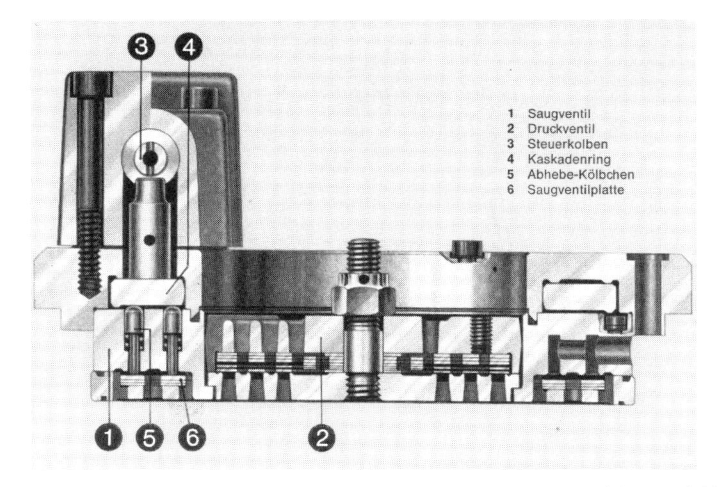

Bild 52 Kombiniertes Saug- und Druckventil mit Regelsatz *(Linde)*

Auf diese Weise kann die Förderleistung des Verdichters sicher auf 50 % reduziert werden, bei geringen Druckverhältnissen auch darunter. Je weiter die Leistung reduziert wird, je schlechter wird der Verdichter gekühlt. Die Verdichtungstemperatur begrenzt die mögliche Leistungsregelung.

Wegen des Energiebedarfs zum Ausschieben des Kältemitteldampfes zurück in den Saugraum des Verdichters arbeitet diese Leistungsregelung nicht verlustfrei. Bei Teillast sinkt die Antriebsleistung nicht in gleichem Maße wie die Kälteleistung.

Motorverdichter mit Zwischenplatten haben einen Zylinderdeckel, in dem der Saugraum vom Druckraum durch einen Steg getrennt ist. Der angesaugte Kältemitteldampf wird durch eine Bohrung in der Zwischenplatte in diesen Saugraum geleitet. Zur Leistungsregelung wird diese Bohrung bei einem Teil der Zylinder verschlossen. Die Wärmeabfuhr eines abgeschalteten Zylinders kann nur von außen erfolgen, der Energieverlust ist jedoch geringer als bei den angehobenen Plattenventilen.

Die konstruktive Gestaltung der Verdichterbauteile ist naturgemäß von Hersteller zu Hersteller verschieden. Gleich ist jedoch, daß in Kältemittelverdichtern aller Fabrikate keine handbearbeiteten Teile mehr zu finden sind. Für die Lagerung der Kurbelwelle (meistens aus Sphäroguß hergestellt) und für die Pleuel werden einbaufertige Lager verwendet, an denen Nacharbeiten unzulässig sind. Die Pleuel der meisten Motorverdichter haben keine Lager.

Die Kolbenringbestückung variiert sehr stark. Bei Reperatur und Wartung muß das spezielle Verdichterhandbuch herangezogen werden.

Motorverdichter werden kaum am Einsatzort repariert, sondern im Schadensfall ausgetauscht. Die Reperatur erfolgt besser im Werk.

An dieser Stelle sei besonders betont, daß Arbeiten an Verdichtern nur mit geeignetem Werkzeug ausgeführt werden dürfen. Das gilt besonders für die Schraubverbindungen. Hier sind die angegebenen Drehmomente einzuhalten; unbedingt Drehmomentenschlüssel verwenden!

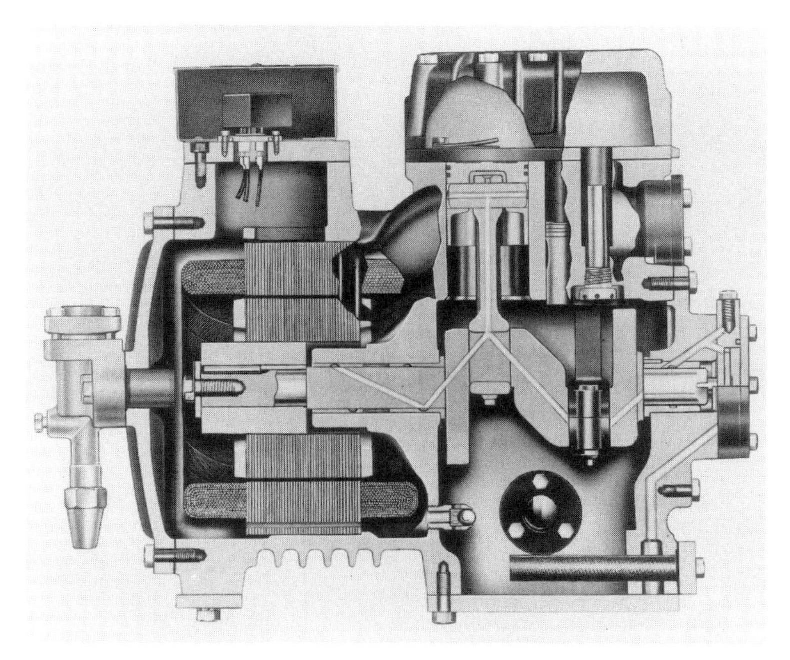

Bild 53 Sauggasgekühlter Motorverdichter *(Copeland)*

2.1.2 Schraubenverdichter

Schraubenverdichter sind zweiwellige Rotationskolbenverdichter, die nach dem *Verdrängerprinzip* arbeiten.

Sie funktionieren vom Prinzip her ähnlich wie die allgemein bekannten Kolbenverdichter. Das zu komprimierende Gas wird in einen *Arbeitsraum* eingesaugt, der Arbeitsraum wird danach abgeschlossen und verkleinert. Dabei erfolgt die Verdichtung des zu fördernden Mediums.

Sobald im Arbeitsraum der gewünschte Verdichtungsdruck herrscht, wird er mit der Druckleitung verbunden und das komprimierte Gas in die Druckleitung ausgeschoben.

Der Arbeitsraum wird in einem Kolbenverdichter durch einen Zylinder gebildet, in dem ein Kolben hin und her bewegt wird. Beim Schraubenverdichter hingegen sind die Arbeitsräume die Zahnlücken eines schrägverzahnten Läuferpaares, das in einem das Läuferpaar eng umschließenden Gehäuse läuft.

Wird ein schrägverzahntes Zahnradpaar gedreht, so wandern die Berührungslinien, entlang deren die Zahnflanken der beiden Räder einander berühren, in axialer Richtung. Werden die Zahnlücken stirn- und mantelseitig durch ein Gehäuse abgedeckt, wird damit das in den Zahnlücken transportierte Gasvolumen beim Drehen der Läufer verkleinert und kann theoretisch beliebig hoch verdichtet werden.[14]

Durch die Lage von Auslaßsteuerkanten wird der Verdichter den Bedürfnissen der Kälteanlage angepaßt. Hieraus ergibt sich das *eingebaute Volumenverhältnis* des Schraubenverdichters.

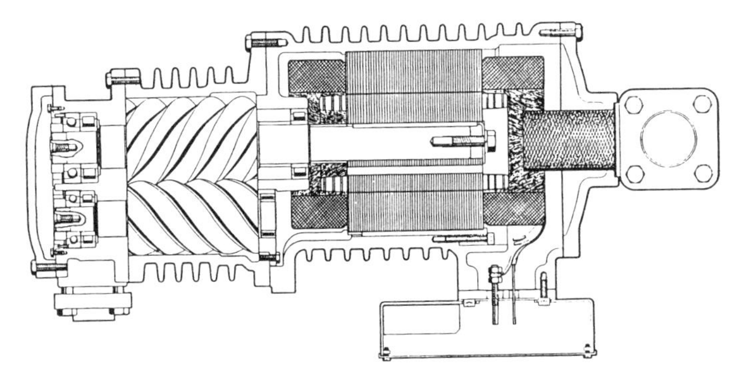

Bild 54
Schnitt durch einen ungeregelten Schraubenverdichter *(Bitzer)*

Durch die heute verwendeten Wälzfräsmaschinen ist es möglich, Schraubenverdichter sehr genau herzustellen. Als Läufermaterial werden Sphäroguß, Stahl, rostbeständiger Stahl, Bronzen u. ä. verwendet.

Der allgemeine Trend geht zu immer größerer Genauigkeit in der Herstellung bzw. immer kleineren Gehäusespielen.

Schraubenverdichter für den Einsatz in Kälteanlagen werden heute für Fördervolumina ab etwa 80 m^3/h bis zu etwa 5000 m^3/h gebaut. Damit sind sie eingedrungen in die Arbeitsbereiche der Motorverdichter auf der einen Seite und die der großen Kolben- und Turboverdichter auf der anderen Seite.

Die Leistungsregelung der Schraubenverdichter mit einem Fördervolumen bis etwa 200 m^3/h erfolgt durch Zu- und Abschalten bzw. durch Drehzahländerung mittels polumschaltbarer Motore.

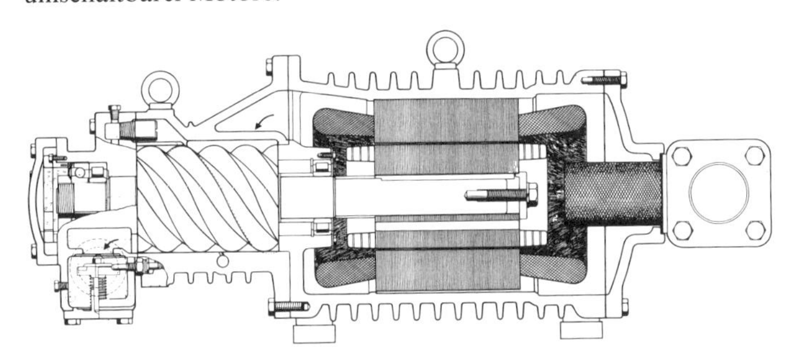

Bild 55
Schraubenverdichter *(Bitzer)*

Schraubenverdichter größerer Leistung sind mit einer Schieberregelung ausgerüstet. Hier wird mit Hilfe eines Schiebers unter dem Rotorenpaar das Zahnlückenvolumen bei Verdichtungsbeginn zur Mengenregelung verändert.

Mit dieser Regelung kann der Volumenstrom von etwa *10 bis 100 %* stufenlos geregelt werden.

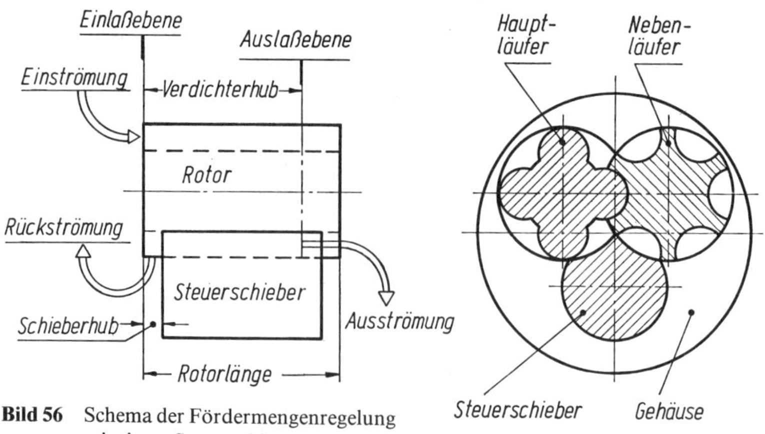

Bild 56 Schema der Fördermengenregelung mit einem Steuerschieber *(MAN/GHH)*

Außerdem ermöglicht die Schieberregelung in ihren Minimalstellung ein sehr leichtes Anfahren des Verdichters.

Die erforderliche Antriebsleistung und das Fördervolumen sind dem Schieberweg nicht proportional. Es ist typisch für die Schieberregelung, daß zwischen 70 bis 100 % Schieberweg die Verdichterleistung progressiv ansteigt. Der günstigste Verdichterwirkungsgrad wird bei Vollast erzielt.

Da Schraubenverdichter ein eingebautes Volumenverhältnis haben (müssen), das bezogen auf ein bestimmtes Kältemittel einem Druckverhältnis gleichgesetzt werden kann, liegt das Wirkungsgradoptimum auch nur bei *einem* Verhältnis von Verflüssigungsdruck zu Verdampfungsdruck. Bei geregeltem Verdampfungsdruck wird der Wirkungsgrad demnach bei davon abweichendem Verflüssigungsdruck, nach unten oder nach oben, schlechter. Inzwischen sind Schraubenverdichter mit variablen eingebauten Volumenverhältnis auf dem Markt, die diesen Nachteil ausgleichen. Mittels einer Mikroprozessor-Regelung wird das eingebaute Volumenverhältnis den jeweiligen Anlagenbedingungen angepaßt.

Der Ölvorrat des Schraubenverdichters ist in einem Ölbehälter auf der Druckseite untergebracht. Er dient gleichzeitig als Ölabscheider. Von hier aus erfolgt die Versorgung der Schmierstellen und der Einspritzstelle des oder der Verdichter mit Öl. Bei einigen Fabrikaten wird dazu die Differenz zwischen Verdichtungs- und Ansaugdruck genutzt, andere, meist größere Einheiten, sind mit einer Ölpumpe ausgerüstet.

Der gesamte Ölstrom gelangt an geeigneten Stellen in den Arbeitsraum des Verdichters und wird mit dem verdichteten Kältemittel in den Ölabscheider zurückgefördert. Dort erfolgt die Trennung von Öl und Kältemitteldampf. Der Ölanteil fließt nach unten in den Sammelraum.

Kältemaschinenöle lösen FCKW-Kältemittel in Abhängigkeit von Druck und Temperatur. Mit steigendem Druck (und sinkender Temperatur) wird mehr Kältemittel gelöst und das bedeutet eine Reduzierung der Viskosität. So gesehen ist der Ölvorrat unter Verflüssigungsdruck ungünstiger als unter Saugdruck. Die Anzahl der in Schraubenverdichtern in Kälteanlagen einsetzbaren Ölsorten ist hierdurch eingeschränkt. Bei Ammoniakverdichtern spielt dieser Umstand praktisch keine Rolle.

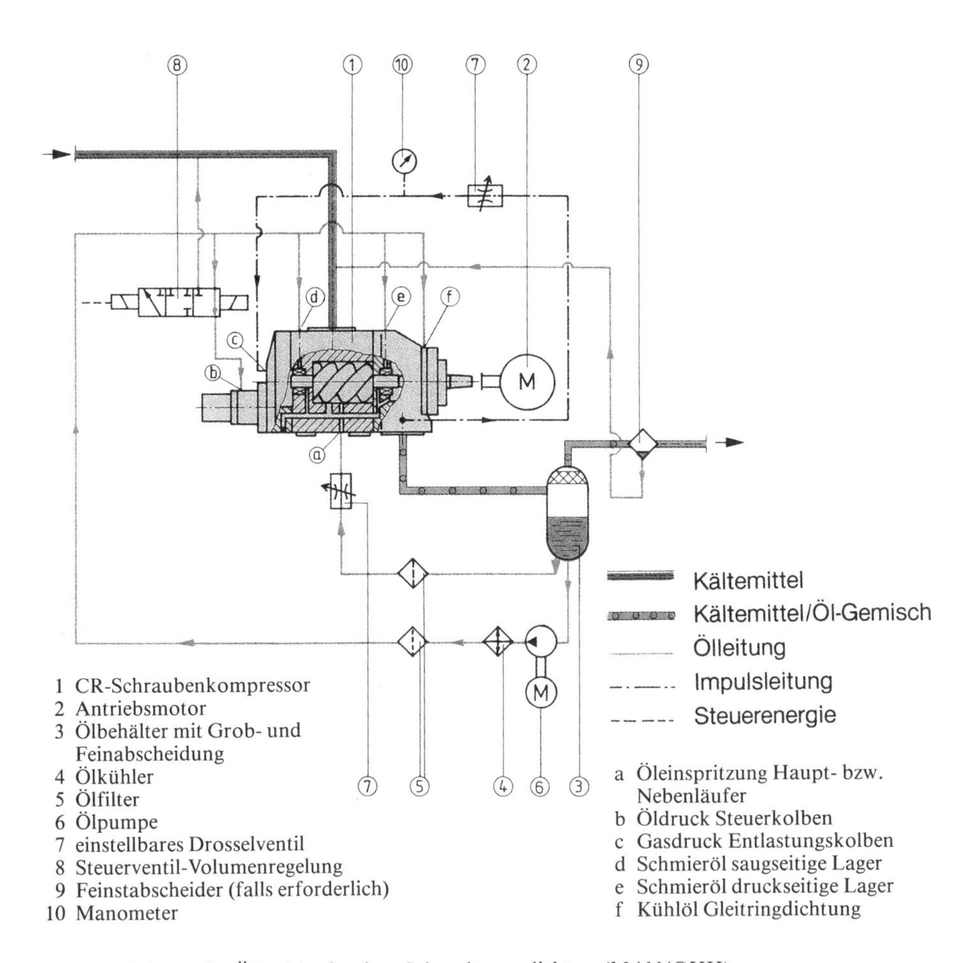

Bild 57 Schema des Ölkreislaufes eines Schraubenverdichters *(MAN/GHH)*

Um den Kältemittelanteil im Ölabscheider von FCKW-Schraubenverdichter so gering wie möglich zu halten gilt als Tendenz, eine hohe Verdichtungstemperatur anzustreben.

Eine Grenze ist allerdings durch die engen Spiele im Verdichter gegeben. Auf keinen Fall sollte die Differenz zwischen Verdichtungstemperatur und Verflüssigungstemperatur, also die druckseitige Überhitzung, weniger als 25 bis 30 K betragen. Bei geringerer Überhitzung ist partielle Verflüssigung von Kältemittel in das Öl und damit unzulässige Ölverdünnung nicht zu vermeiden. Verdichtungstemperaturen bis etwa 90 °C werden beherrscht. Dann werden jedoch Ölkühler nötig.

Durch die richtige Abstimmung von umlaufender Ölmenge, Verdichtungstemperatur und Öltemperatur nach dem Ölkühler kann die erforderliche Betriebsviskosität des Schmieröles eingestellt werden.

2.1.3 Turboverdichter

Die Verdichtung des Kältemitteldampfes erfolgt bei den Strömungsmaschinen durch Umwandlung der dem Strom des Kältemitteldampfes im Laufrad erteilten *Bewegungsenergie in Druck*. Das Ansaugen des Dampfes durch die meist als *Radialverdichter* gebauten Turbomaschinen erfolgt immer durch den zentrisch zur Verdichterachse liegenden Saugstutzen, wonach der Dampf vom Laufrad aufgenommen und durch Fliehkraftwirkung nach außen zum *Diffusor* gefördert und beschleunigt wird. Die ihm dabei erteilte Geschwindigkeitsenergie wird in Druck umgewandelt.

Bild 58
Rotor eines Kältemittel-Turboverdichters *(Foto: Linde)*

Ein Turboverdichter setzt sich aus zwei Hauptteilen zusammen: Laufrad und Diffusor. Im Laufrad wird der angesaugte Dampf durch Fliehkraftwirkung nach außen gefördert und dabei beschleunigt. Die ihm dabei mitgeteilte Geschwindigkeitsenergie muß in Druck umgesetzt werden. Diese Umsetzung erfolgt schon im Laufrad, und teils im nachgeschalteten Diffusor.

Das Druckverhältnis je Laufrad bleibt bei diesem Vorgang wesentlich kleiner als bei den Hubkolbenverdichtern, von denen wir wissen, daß sie z. B. bei einstufigem Betrieb ein Druckverhältnis von 1 : 8 überwinden können. Einstufige Radial-Turboverdichter werden nur zur Verdichtung solcher Kältemittel eingesetzt, die eine hohe Molmassen haben wie z. B. R 11 und R 12.

Turbokältesätze werden heute serienmäßig für einen großen Leistungsbereich gefertigt und vorwiegend in der Klimatechnik — neben den verfahrenstechnischen Anlagen der Industrie und Petrochemie — eingesetzt. Die kompakt gebauten Aggregate, meist noch mit dem Kältemittel R 11 und R 12 betrieben, kühlen vorwiegend Wasser, das in Klimaanlagen zur indirekten Kühlung der zu klimatisierenden Luft verwendet wird.

Verdichter, Antriebsmotor, Verdampfer, Verflüssiger und Regelgeräte werden zu einem kompakten Aggregat zusammengebaut, so daß die Wege des Kältemittels im Kreislauf nur kurz sind und nur geringe Druckdifferenzen auftreten können.

Der in Bild 59 dargestellte Turboverdichtersatz für die Kühlung von Wasser einer Klimaanlage arbeitet mit R 11 bei $t_0 = +2$ °C und $t_c =$ max. 40 °C. Das Druckverhältnis, das sich dabei ergibt, ist 4 : 1 und wird in 2 Stufen, also mit 2 auf der Welle sitzenden

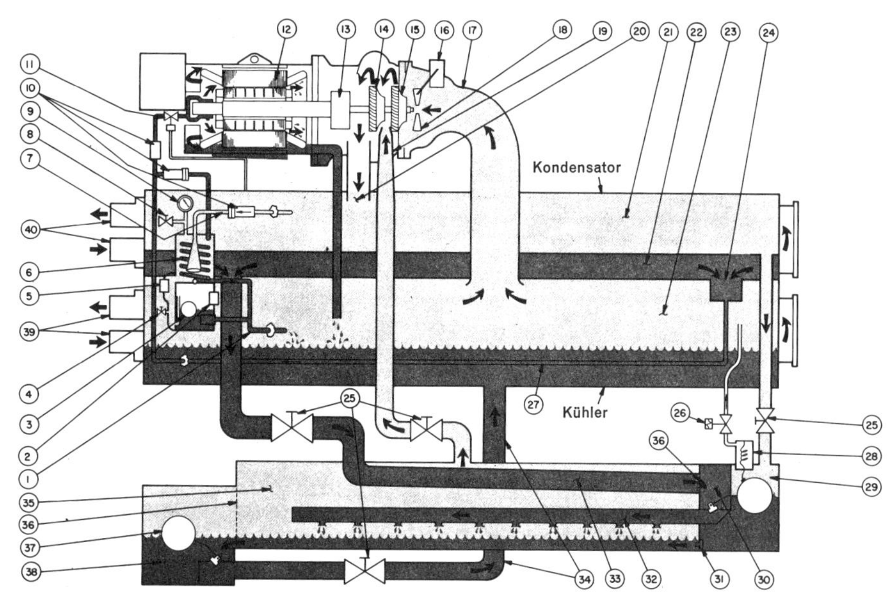

1 Entfeuchter-Kältemittelrücklaufleitung
2 Schauglas, Flüssigkeitsstand
3 Entfeuchterschwimmerventil
4 Wasserablaufventil
5 Wasserschauglas
6 Entfeuchter-Verflüssiger
7 Entfeuchter-Probeentnahmeleitung
8 Entfeuchter-Entlüftungsventil
9 Entfeuchter-Druckmanometer
10 Kältemittelblende
11 Kältemittelsieb und veränderliche Blende
12 Verdichtermotor
13 Getriebe
14 Laufrad, 2. Stufe
15 Laufrad, 1. Stufe
16 Leitschaufelantrieb
17 Verdichtersaugstutzen
18 Einstellbare Leitschaufeln
19 Economizer-Gasleitung
20 Verdichter-Druckgasaustritt
21 Kondensator
22 Thermischer Economizer
23 Kühler
24 Kondensatorsumpf
25 Absperrvorrichtungen (4)
26 Kältemittelmagnetventil
27 Kältemittelzulaufleitung, Motorkühlung und Entfeuchter
28 Kältemittelzulauf-Regelkolben
29 Druckseitige Schwimmerkammer
30 Druckseitige Ventilkammer
31 Kältemittelblende und Sieb
32 Flansch-Economizer-Sprührohr
33 Kondensator-Kältemittelablauf
34 Kältemittelzulaufleitung
35 Mehrzweckkessel
36 Kältemittelsieb (2)
37 Saugseitige Schwimmerkammer
38 Saugseitige Ventilkammer
39 Kaltwasser(Sole-)Anschlüsse
40 Kühlwasseranschlüsse

Bild 59 Schnittbild eines Turboverdichtersatzes *(Carrier)*

Laufrädern überwunden. Der in der ersten Stufe durch die Verdichtung überhitzte Dampf wird vor Eintritt in die zweite Stufe durch Naßdampf gekühlt, der der Entspannungskammer entnommen wird.

Durch hohe Drehzahl und durch geeignetes Laufrad-Material verdichten moderne R 11 — oder R 12 — Turbos in Wasserkühlsätzen einstufig bis zu Leistungen von 2500 kW und haben nicht nur in diesem Größenbereich die Kolbenverdichter vollständig verdrängt. Vorteile liegen im geringeren Platzbedarf, dynamisch ausgeglichenem Lauf, geringerem Verschleiß, einfacher Wartung und fast ölfreier Förderung.

Kältesätze mit R 11 werden jedoch problematisch, wenn die Wartung, von der wir eben sagten, daß sie einfach sei, nicht mit der nötigen Umsicht erfolgt. Nehmen wir an, ein R 11-Turbo habe auf der Verdampferseite eine Undichtigkeit, so wird dort ständig Luft und damit Feuchtigkeit in den Kreislauf eingesaugt, da p_0 im Unterdruckbereich liegt. Dieses Einsaugen von Fremdstoffen hört auch dann nicht auf, wenn der Verdichter abgeschaltet wird und die Raumtemperatur niedriger als ca. 22 °C ist.Das kann z. B. leicht geschehen, wenn der Verdichter zum Spätherbst ohne nähere Inspektion abgeschaltet wird und in einem kalten vielleicht noch feuchten Kellerraum über Winter seinem Schicksal überlassen bleibt. R 11 — CCl_3F — enthält 3 Chloratome und 1 Fluoratom, die mit der Feuchtigkeit der Luft — H_2O — eine chemische Reaktion (HCl = Salzsäure) eingehen und insbesondere auf alle Eisenteile im Innern des Verdichters eine korrodierende Wirkung ausüben. Es ist nach einer Winterpause nicht möglich, den Verdichter wieder einzuschalten, sondern in einem solchen Fall wird eine vollkommene Demontage erforderlich.

Die starke Korrosion fast aller Eisenteile kann aber auch dadurch begünstigt worden sein, daß schon die von Beginn der Undichtigkeit an eintretende Luftfeuchtigkeit mit Kältemittel und Öl, insbesondere auf der warmen Druckseite, in Reaktion gegangen ist und dabei eine beschleunigte Bildung von Salzsäure (HCl) und auch Flußsäure (HF) hervorgerufen hat.

Es sei hier nur kurz darauf hingewiesen, daß die Gefahr einer Korrosion bei einer intakten und dichten R 11-Anlage keinesfalls besteht, was Anlaß zu der immer wieder betonten Dringlichkeit gibt, äußerst sorgfältig sowohl während der Montage als auch im späteren Kundendienst zu arbeiten.

Mit diesen Ausführungen soll das Kapitel *Turboverdichter* abgeschlossen werden. Es kam nur darauf an, den Lesern einen Blick in dieses interessante Gebiet der Kälteerzeugung werfen zu lassen, mit dem sich in praxi nur derjenige Kältemonteur beschäftigen sollte, der sich in mehreren Berufsjahren und entsprechenden Unterweisungen auf die besonderen Eigenarten dieser Maschinengruppe vorbereitet und dazu Prüfstanderfahrungen mitgebracht hat.

Im übrigen wird dazu die Lektüre des Kapitels 4.1.6 Turboverdichter im „Lehrbuch der Kältetechnik“ Verlag *C.F. Müller* Karlsruhe, empfohlen.

2.1.4 Gleitringdichtung

Offene Verdichter (Hubkolben- Schrauben- und Turboverdichter) benötigen eine Wellenabdichtung, um den Austritt von Kältemittel aus dem Kurbel- oder Verdichtergehäuse in die Atmosphäre zu verhindern. Hierzu werden *Gleitringdichtungen* (kurz: GLRD) verwendet.

Im Hinblick auf die *FCKW-Problematik* in der Atmosphäre kommt der Zuverlässigkeit der GLRD besondere Bedeutung zu, da Beschädigungen der GLRD das Entweichen von Kältemittel zur Folge haben. Hier sind Konstrukteure und Monteure gleichermaßen gefordert.

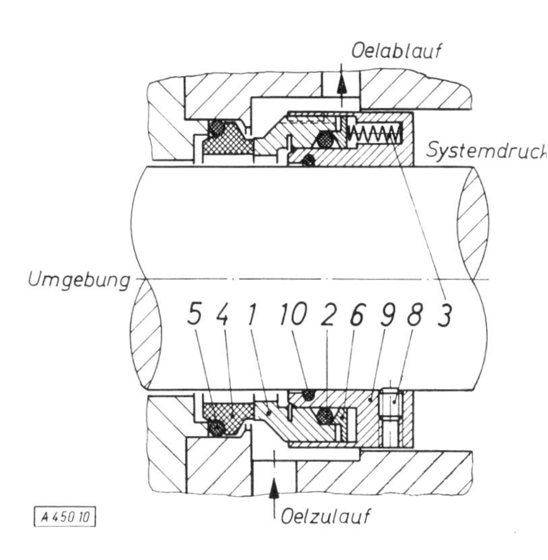

1 Gleitring
2 O-Ring
3 Druckfeder
4 Gegengleitring
5 O-Ring
6 Druckscheibe
8 Klemmschraube
9 Hülsenring
10 O-Ring

Bild 60
Gleitringdichtung eines Kältemittel-Schraubenverdichters

GLRD für Hubkolben und Schraubenverdichter bestehen aus einem *Federsystem* mit dem eingeschrumpften *Gleitring* und einem *Gegenring*.

Statt einem Federsystem werden auch *Metallfaltenbälge* eingesetzt. Die Vor- und Nachteile dieser beiden Ausführungen sollen hier nicht erörtert werden.

Bei den in Kältemittelverdichtern eingesetzten GLRD wird das Federsystem auf der Welle umlaufend angeordnet, damit ist eine einfache Montage der GLRD gegeben. Diese Anordnung kann jedoch nur bis zu einer begrenzten Drehzahl angewandt werden.

Der Gegengleitring wird im Gehäusedeckel eingelagert, mittels O-Ring erfolgt die Abdichtung nach außen. Für die Abdichtung innerhalb des Federsystems sowie zwischen Federsystem und Welle werden sowohl Profil- als auch O-Ringe verwendet.

Bei Turboverdichtern müssen meist Doppelgleitringdichtungen eingesetzt werden, da das Öl in der GLRD weder in den Arbeitsraum des Verdichters noch nach außen gelangen soll. Als Material für die Profil- und O-Ringe wird wegen der Kältemittelberührung im wesentlichen nur *Chloropren* und *PTFE* benutzt.

Gebräuchliche Materialpaarungen der Gleitringe sind:

Chromguß gegen Hartkohle. Die Hartkohle wird hierzu imprägniert, und zwar mit Kunstharz (für Temperaturen bis ca. 220 °C) oder mit Antimon (bis ca. 400 °C).
Chromguß gegen Bronze (ammoniakbeständig)
Silizium-Karbid gegen Hartkohle. Der Vorteil von Silizium-Karbid ist die sehr gute Wärmeleitfähigkeit.

Der Austausch der GLRD von installierten Verdichtern ist stets mit großem Montageaufwand verbunden. Die Verdichter müssen drucklos gemacht werden, Kupplungen und eventuell sogar Schwungräder sind zu demontieren und wieder zu montieren.

Schon aus diesem Grunde ist es geboten, die Einbauvorschriften genau zu betrachten, um Einbaufehler mit all den negativen Folgen zu vermeiden. Die Gleitringe selbst sind feinstbearbeitete Teile und bedürfen entsprechend sorgfältiger Behandlung.

Trotzdem ist die Entwicklung so weit fortgeschritten, daß GLRD zuverlässige Dichtelemente mit langer Standzeit sind. Voraussetzung hierfür ist eine ausreichende Ölversorgung zur Schmierung und Kühlung.

Da durch einen Ölfilm zwischen den Materialoberflächen eine Trennung der Gleitringe erreicht werden soll, ist eine Nulleckage der GLRD nicht anzustreben.

Während des Betriebes soll vielmehr eine gleichmäßige Ölleckage auf möglichst niedrigem Niveau eingehalten werden, und zwar bei Hubkolbenverdichter über 5000 bis 6000 Betriebsstunden, bei Schraubenverdichtern wird etwa die doppelte Betriebsstundenzahl erwartet.

Erwartungswerte für die Ölleckage betragen:

GLRD	**50 mm ∅**	**etwa**	**5 ml/h**	**(5 Tropfen /min)**
	100 mm ∅		**10 ml/h**	**(10 Tropfen /min)**
	200 mm ∅		**15 ml/h**	**(15 Tropfen /min)**

2.1.5 Praktische Hinweise

Die vorstehenden Ausführungen lassen sicherlich deutlich werden, daß bei der Präzision, mit der Hubkolben- und Schraubenverdichter gefertigt werden, diese eines nicht vertragen: *Schmutz*.

Bei der Montage von Kälteanlagen, die ganz oder teilweise am Aufstellungsort durchgeführt wird, ist Sauberkeit und Sorgfalt oberstes Gebot. Alle Anlagenteile wie Rohrleitungen, Armaturen und Apparate sind bis zum Einbau verschlossen und Trocken zu lagern und vor dem Einbau gründlich auf Sauberkeit zu prüfen.

Trotzdem wird es nicht möglich sein, vor Ort Kälteanlagen für Gewerbe und Industrie so steril sauber zu bauen wie z. B. Kältesätze für Haushaltskühlgeräte im Werk.

Um dem Rechnung zu tragen, werden die Verdichter mit *Filtern* in der Saugleitung geschützt. Bei großen Verdichtern wird während der Inbetriebnahmephase ein Textilfilter (Nesselstoff) zusätzlich in das Filter aus Edelstahlgaze eingelegt, das jedoch nicht vergessen werden darf und nach spätestens 100 Betriebsstunden zu entfernen ist.

Bei Motorverdichtern werden häufig in die Saugleitung Filtertrockner eingebaut, deren Innenteile (Trocknerkerne) ebenfalls nach der Inbetriebnahmephase entfernt werden, um keinen unnötigen Druckabfall zu bewirken. Nach eventuellen Reparatur- oder Umbauarbeiten können dann einfach neue Trocknerkerne eingesetzt werden.

Bei Motorverdichtern, und das trifft selbstverständlich auch für Schrauben-Motorverdichter zu, müssen nicht nur die mechanischen Verdichterteile wie Lager usw. vor Schmutz geschützt werden, sondern auch die Einbaumotore. Häufig wird der angesaugte Kältemitteldampf zur Motorkühlung über die Motorenwicklung geleitet. Mitgeführter Schmutz lagert sich an den Wicklungen ab. An diesen Stellen kommt es bei feinsten Haarrissen in der Isolierung durch Herabsetzen des Isolationswiderstandes früher oder später zum Spannungsüberschlag und damit zum Ausfall des Motors.

Der vollständigste Motorschaden, der sogen. *Burnout* (Ausbrenner) macht dann nicht nur den Austausch des Verdichters erforderlich. Ggf. muß die gesamte Anlage gereinigt werden, um versäuerte Ölreste zu entfernen. Wie hierbei vorzugehen ist, muß besonderen Anleitungen entnommen werden. Bisher wurden versäuerte Anlagen mit R 11 gespült. Auch für diesen Verwendungszweck ist der Einsatz von R 11 nicht mehr zu rechtfertigen, zumindest bei umweltbewußter Durchführung sehr aufwendig und teuer. Es muß außerdem davon ausgegangen werden, daß R 11 bereits 1995 nicht mehr verfügbar sein wird.

2.1.6 Das Öl im Kältemittelverdichter

Die Aufgabe des Schmieröles in einem Kältemittelverdichter ist es, die Schmierung und Kühlung der Triebswerkslager, der Kolben und Zylinder, der Arbeitsventile und der Gleitringdichtung zu übernehmen sowie Abrieb und Festteilchen aus den Schmierstellen herauszuspülen.

In der Schmiertechnik nimmt die Schmierung von Kältemittelverdichtern einen besonderen Platz ein. Bei keiner anderen in der Technik bekannten Schmierstoffbeanspruchung tritt eine derartige Wechselwirkung, wie bei den Kältemaschinen zwischen dem Schmieröl und dem Kältemittel, ein. Die physikalischen Grundeigenschaften des Schmieröles gehen beispielsweise in Verbindung mit den öllöslichen FCKW-Kältemitteln völlig verloren. Nur durch die Qualität der Schmieröle und deren sorgfältiger Auswahl ist ein langfristiger, störungsfreier Betrieb möglich.

Die *erste Voraussetzung* für einwandfreie Schmierung der eingangs genannten Bauteile ist die Verwendung eines *Kältemaschinenöles nach DIN 51503* (Mindestanforderungen, siehe Abschn. 4.3).

Die *zweite Voraussetzung* ist die Einhaltung einer *ausreichenden Betriebsviskosität* des Öles in der Schmierstelle.

Hierzu ist den Angaben des Herstellers zur Ölsorte und -temperatur strikt Folge zu leisten.

Die *dritte Voraussetzung* ist ein *ausreichender Schmieröldruck.*

Der Öldruck gewährleistet die Verteilung des Öles zu den einzelnen Schmierstellen und den zur Kühlung erforderlichen Ölstrom. Für die Bildung des *hydrodynamischen Öldrucks* im Lager ist der Schmieröldruck nur von geringer Bedeutung.

Wenn auch die Konstruktionskriterien für die verschiedenen Lager in modernen Hubkolben-Schrauben und Turboverdichtern sehr unterschiedlich sind hat sich gezeigt, daß die genannten Verdichter alle mit einem *wirksamen Öldruck* (Druckdifferenz zwischen Ölpumpendruckseite und Lageraustritt) von 2—3 bar betrieben werden können. Höhere Öldrücke sind eventuell für abgezweigtes Steueröl erforderlich.

Aus den Schmierstellen muß Wärme abgeführt werden. Bei einigen Verdichterarten oder Einsatzbedingungen ist diese Wärmemenge so gering, daß sie vom Öl über das

Verdichtergehäuse ohne zusätzliche Maßnahmen an die Umgebung abgeführt werden kann.

Mit steigender Drehzahl der Verdichter und steigendem Druckverhältnis, damit höherer Verdichtungstemperatur, wird das Schmieröl thermisch mehr belastet und es müssen Ölkühler eingesetzt werden, um die notwendige Betriebsviskosität des Öles zu halten.

Auf seinem Wege durch den Verdichter werden von Schmieröl vorhandene Festteilchen (Abrieb, Verkokungsrückstände) aufgenommen und transportiert, solange diese Festteilchen die Lagerspalte passieren können. Größere Teilchen müssen von einem *Ölfilter* zurückgehalten werden. Folgende Siebmaschenweiten haben sich, abhängig von der Verdichterbauart, bewährt:

Hubkolbenverdichter	
Ölpumpen-Saugseite	**100 µm**
Druckseite	**40—10 µm**
Schraubenverdichter	
Ölpumpen-Druckseite	**40—25 µm**
Turboverdichter	
Ölpumpen-Druckseite	**25—10 µm**

Mehr und mehr treten anstelle der Siebfilter sogen. Kerzenfilter. Kerzenfilter sind Papier- oder Textilseinsätze mit dimensionierten Poren und einer Tiefenwirkung. D. h. sie können trotz feinerer Filterung (5—10 µm) mehr Schmutz aufnehmen als Siebfilter und sind Einwegfilter.

Derart feine Filterung mindert den Verschleiß. Insbesondere während der Einfahrphase wird Riefenbidung auf Wellenzapfen und Lagerschalen verhindert. Besonders schmutzbelastet während dieser Phase ist das Schmieröl in Schraubenverdichtern. Vom angesaugtem Kältemittel mitgeführter Schmutz aus der Anlage, sofern nicht im Saugsieb zurückgehalten, gelangt im Arbeitsraum in enge Berührung mit dem Öl (Dichtöl). Der druckseitige Ölabscheider dient gleichzeitig als Ölbehälter und nimmt die eingetragenen Verunreinigungen auf. Bei der Montage ist hier besonders darauf zu achten, daß das Rohrmaterial einwandfrei sauber ist und zunderfrei geschweißt wird.

Bei allen Kältemittelverdichtern wandert mit dem geförderten Kältemittel mehr oder weniger Öl ab. In vielen Fällen ist es erforderlich, dieses Öl nicht in seiner Gesamtheit in den Kältemittelkreislauf gelangen zu lassen. In Absch. 4.3 wird noch aufgezeigt, daß Öl im Kältemittelkreislauf nur ein notwendiges Übel ist.

In die Druckleitungen der Verdichter werden deshalb Ölabscheider eingebaut und das abgeschiedene Öl wird direkt in das Kurbelgehäuse zurückgeführt. Die verbreitesten Ölabscheider arbeiten nach dem *Zyklon-* oder dem *Schwerkraftprinzip.*

Im *Zyklonabscheider* tritt der ölhaltige Kältemitteldampf tangential in den oberen Teil des zylindrischen Abscheiders ein und wird dann durch eine Wendel schraubenförmig nach unten geführt. Die schwereren Öltropfen fliegen naturgemäß nach außen zur Wand und werden daran vom Dampfstrom und ihrem eigenen Gewicht nach unten transportiert. Durch ein konzentrisch angeordnetes Innenrohr wird der Dampf fortgeführt, das Öl sammelt sich in einem Sumpf. Über ein Schwimmerventil wird es zum Verdichterkurbelgehäuse abgeleitet.

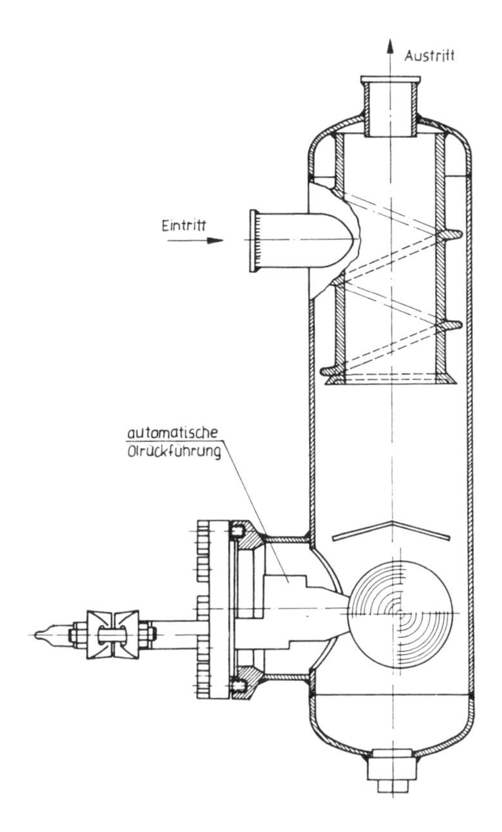

Bild 61
Zyklon-Ölabscheider

Schwerkraftabscheider arbeiten nach einem anderen Prinzip. Die Geschwindigkeit des Kältemitteldampfes wird im Abscheider derart herabgesetzt, daß der Impuls gegen die Öltröpfchen kleiner wird als deren Gewicht. Das zeigt bereits, daß bei der Auslegung eine Grenze für abscheidbare Tropfendurchmesser (in der Praxis ca. 20 µm) festgelegt werden muß. Eine 100 %ige Abscheidung ist also nicht möglich.

In den Abscheidern von Schraubenverdichtern sind häufig zusätzlich Drahtgestricke eingebaut. Diese bewirken die Bildung abscheidefähiger Tröpfchen.

Beim Verdichtungsvorgang, besonders in Hubkolbenverdichtern, treten Verdichtungstemperaturen auf, bei denen die leichtflüchtigen Bestandteile des Öles bereits verdampfen. Dieser Anteil kann in keinem Abscheider zurückgehalten werden.

Ein Ölwurf *Null* kann nicht erreicht werden, bei Hubkolbenverdichtern wäre er auch nicht erwünscht. Hier übernimmt die ausgetragene Ölmenge die Schmierung der Arbeitsventile.

Bei Parallelbetrieb mehrerer Verdichter mit Ölabscheider kann in den Ölabscheidern der abgestellten Verdichter Kältemittelkondensation auftreten, wenn die Verflüssigungstemperatur höher als die Umgebungstemperatur der Verdichter liegt. Dieses verflüssigte Kältemittel gelangt dann über das Schwimmerventil in den Verdichter und führt zu Anlaufschwierigkeiten und Schäden.

Derartige Verdichter werden mit Rückschlagventilen in der Druckleitung ausgerüstet, um den Druck im Ölabscheider absenken zu können. Dazu wird über eine kleine Leitung mit Magnetventil (offen im Stillstand) der Ölabscheider unter Saugdruck gesetzt. Im Verbund mit der Ölheizung wird so flüssiges Kältemittel aus den abgestellten Verdichtern ferngehalten.

2.1.7 Ölwechsel

Der Sinn eines Ölwechsels nach der Einfahrphase der Verdichter ist leicht einzusehen: Alle spanabhebend bearbeiteten Teile — das gilt für Wellen, Lager, Zylinder, Schraubenverdichterrotoren usw. — laufen ein und dabei entsteht mehr oder weniger Abrieb. Da dieser Abrieb erst bei bewegtem Verdichter anfällt, helfen dagegen auch kein Spülen oder noch so saubere Montage.

Aber auch bei der Montage gibt es Grenzen der Sauberkeit. Außerdem gelangt noch Schmutz aus unzugänglichen Apparaten mit dem Kältemittelstrom in den Verdichter und in das Schmieröl. Feinster Belag von den Innenwänden der Rohre und Armaturen wird vom Kältemittel erst abgelöst. All das führt zu frühzeitiger Verschmutzung des Öles.

Es hat sich bewährt, deshalb nach den ersten 50—100 Betriebsstunden einen Ölwechsel durchzuführen. Kriterien sind der *sichtbare Zustand des Öles, die Ölmenge im Kurbelgehäuse* oder *Ölbehälter* sowie *die Qualität der eingesetzten Ölfilter.* Alterung des Öles während der Einfahrphase ist kein Grund für den ersten Ölwechsel.

Für die weiteren Ölwechselzeiträume sind dann verschiedene zusätzliche Faktoren maßgebend: das verwendete Kältemittel, die Verdichtungstemperatur, die Ölsorte, die Dichtheit der Anlage bei Unterdruck auf der Saugseite, d. h. Luftsauerstoff und Feuchtigkeit im Kältemittel u. ä.

Als Richtwert gilt bei Hubkolbenverdichtern Ölwechsel nach 4000 bis 6000 Betriebsstunden und bei Schraubenverdichtern nach 10.000 bis 12.000 Betriebsstunden. Verbindlich sind auch hier die Vorschriften des Herstellers.

Bei Schraubenverdichtern empfiehlt sich vor einem Ölwechsel wegen der verhältnismäßig teuren Ölfüllung eine Ölanalyse.

Eine der wichtigsten Maßnahmen beim Ölwechsel und selbstverständlich auch nach Reparaturen, ist die *sorgfältige Reinigung der ölbenetzten Teile.* Diese Reinigung darf sich auf keinen Fall nur auf das Kurbelgehäuse oder den Ölbehälter beschränken. Ölfilter, Saugfilter, Ölkühler und Ölabscheider müssen mitgereinigt werden. Zurückgebliebener Ölkoks und Ölschlamm bewirken frühzeitige Alterung des Frischöles. Zum Reinigen von Ammoniakverdichtern darf ausschließlich *Waschbenzin* und *keine chlorierten Kohlenwasserstoffe* (Tri, Per u. ä.) verwendet werden.

Bei werksmontierten Kältesätzen mit hermetischen oder halbhermetischen Motorverdichtern wird meist kein Ölwechsel vorgeschrieben, sofern kein Wicklungsschaden eingetreten ist. Hier empfiehlt es sich, nach etwa 5000 Betriebsstunden einen Säuretest durchzuführen. Die Beurteilung erfolgt nach der Neutralisationszahl N_z, der *Grenzwert* beträgt *0,05 bis 0,06 mg KOH/g Öl.* Einfach zu handhabende Säureprüfgeräte sind im Fachhandel erhältlich.

Bei Verbundanlagen sollte nach spätestens 15.000 Betriebsstunden Ölwechsel durchgeführt werden.

Im allgemeinen werden vom Hersteller der Verdichter bzw. der Kälteanlage mittels einer Schmiermitteltabelle verwendbare Kältemaschinenöle benannt.

Im Ausnahmefall kann der Monteur jedoch in die Situation kommen, ein geeignetes Öl an Hand einer Spezifikation selbst auswählen zu müssen. Für diesen Fall wird auf Abschn. 4.3 verwiesen.

2.2 Verflüssiger

Die Aufgabe der *Verflüssiger* im Kältemittelkreislauf wurde bereits im Abschnitt 1.9 dargelegt, als deren Funktion im lg *p, h*-Diagramm erläutert wurde. Es gilt gemäß Bild 42 im *ersten Teil* des Verflüssigers die bei der Verdichtung aufgenommene Überhitzungswärme abzuführen, im *zweiten* — dem Hauptteil — die Verflüssigung des Kältemittels vom dampfförmigen in den flüssigen Aggregatzustand (Entzug der latenten Wärme) zu realisieren und im unteren, dem *dritten Teil* eine Unterkühlung des Kältemittels herbeizuführen.

Wir unterscheiden luft- und wassergekühlte Verflüssiger und wollen uns kurz mit ihrer Bauart beschäftigen.

2.2.1 Luftgekühlte Verflüssiger

Lamellen- und Plattenverflüssiger, die entweder schräg liegend im Maschinenabteil oder flach an der Rückwand von Kühlschränken und Kleinkühlmöbeln angebracht sind, werden durch die aufsteigende und von unten kalt nachströmende Luft beim Lauf des Kältesatzes gekühlt. Ähnlich der Funktion einer Heizung, steigt die wärmere Luft infolge der *Konvektion* nach oben (siehe 1.5.3 Wärmeübertragung) und es strömt kältere Luft von unten nach.

Es ist deshalb selbstverständlich, daß immer dafür gesorgt sein muß, daß die Warmluft auch tatsächlich abströmen kann. Nicht umsonst haben Kühlschrankhersteller Luftabzugsschlitze in der oberen Blechverkleidung des Schrankes vorgesehen und es ist sehr schlecht, wenn diese Schlitze irgendwie zugestellt werden. Der Verflüssigungsdruck steigt an und damit der Energiebedarf des Verdichters.

Da mit dem Nachströmen der Luft über das Maschinenabteil oder den Rückwandverflüssiger auch Staub mitgezogen wird, ist periodische Reinigung des Verflüssigers zu empfehlen, damit der Stromverbrauch normal bleibt.

Größere luftgekühlte Verflüssiger müssen mit Zwangsbelüftung ausgerüstet werden.

Sehr gebräuchlich ist es, diese Verflüssiger mit einem Kältemittelsammler und einem Motorverdichter als Verflüssigungssatz auf einem gemeinsamen Grundrahmen zusammenzubauen. Der Ventilator des Verflüssigers kühlt gleichzeitig den Verdichter mit.

Bild 62 Verflüssigungssatz *(Linde AG)*

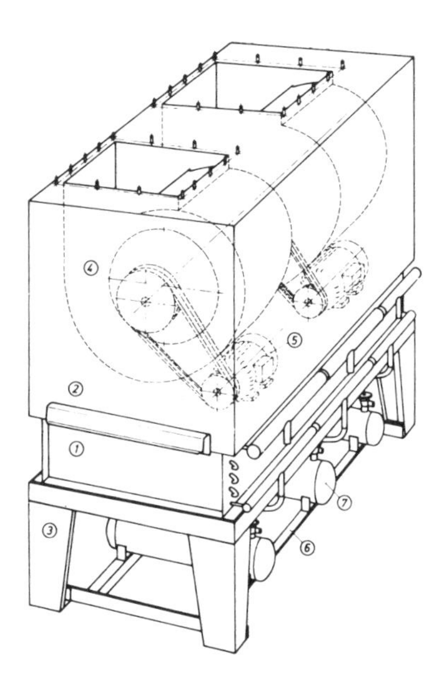

1 Verflüssigerblock,
2 Lüftergehäuse
(Profilstahl mit Al-Blechummantelung),
3 Fußgestellt aus Profilstahl,
4 Radiallüfter,
5 Antriebsmotoren,
6 untergebautes Sammlergestell,
7 Kältemittelsammler für die einzelnen Kreisläufe.

Bild 63
Mehrkreisverflüssiger.
(Werkbild *Güntner*)

Für Kälteanlagen in Supermärkten werden gelegentlich noch Mehrkreisverflüssiger (MKV) aufgestellt, häufig auf dem Dach im Freien. Im MKV sind mehrere, völlig voneinander getrennte, Verflüssiger untergebracht. In mehrere Kreisläufe unterteilte Kühlanlagen arbeiten mit MKV wirtschaftlicher als dies mit einzeln aufgestellten Verflüssigungssätzen der Fall wäre.

Immer mehr haben sich jedoch in Supermärkten mit vielen Kühlstellen — dem klassischen Anwendungsfall für MKV — anstatt der einzelnen Kältesätze Verbundanlagen durchgesetzt. Hierfür wurde ein neuer Verflüssigertyp benötigt. Bild 64 zeigt einen modernen luftgekühlten Verflüssiger in horizontaler Bauweise für die Aufstellung auf dem Dach.

Bild 64 Universalverflüssiger mit Axiallüftern *(Güntner)*

2.2.1.1 Regelung des Verflüssigungsdruckes bei luftgekühlten Verflüssigern

Das *thermostatische Expansionsventil* (TEV) für eine Kälteanlage ist als eines der 4 Hauptteile vom Hersteller der Anlage sorgfältig ausgewählt worden. Dabei waren das Kältemittel, der Massenstrom oder die Kälteleistung, der normale Verflüssigungs- und der Verdampfungsdruck maßgebliche Faktoren bei der Auswahl des Ventils.

Während ein Teil dieser Kriterien keinen oder nur geringen Schwankungen unterworfen ist, trifft dies für den *Verflüssigungsdruck* bei luftgekühlten Verflüssigern nicht zu. Bei den im Freien aufgestellten Verflüssigern stellen die jahreszeitlich bedingten Temperaturunterschiede für den geregelten Betrieb einer Kälteanlage ein echtes Problem dar. Vergegenwärtigen wir uns den Druckunterschied im Verflüssiger zur Sommer- und zur Winterzeit, wobei wir annehmen wollen, daß t_s = 30 °C und t_w = −15 °C zu erwarten sein werden. Wir entnehmen den Dampftabellen dazu folgende Drücke

Temperatur *t* °C	**Druck *p* in bar** R 12	R 22
t_s = 30 °	**7,48**	**12,2**
t_w = −15 °	**1,82**	**2,9**

und stellen fest, daß ganz ungewöhnliche Druckschwankungen zwischen Sommer- und Winterbetrieb vorhanden sind, die ein TEV in normaler Funktion nicht zu überbrücken vermag. Der Verflüssiger selbst kann vom Hersteller auch nur so ausgelegt sein, daß er bei der höchst möglichen Umgebungstemperatur noch einen befriedigenden Betrieb der Anlage sicherstellt; im Winter wird er dann viel zu groß für den zu verflüssigenden Massenstrom sein und steht darüber hinaus im Freien bei einer Umgebungstemperatur von – 15 °C. Dabei verflüssigt sich im Stillstand das Kältemittel an der kältesten Stelle bei dem in der Tabelle aufgezeigten niedrigen Druck. Beim Wiederanfahren des Verdichters wird das TEV wegen des zu geringen Differenzdruckes kein Kältemittel in den Verdampfer einspritzen. Der Verdichter saugt den Verdampfer ab und wird schließlich über einen Saugdruckschalter abgeschaltet.

Wenn also bei solchen Anlagen keinerlei Vorkehrungen für Winterbetrieb getroffen worden sind, so werden sie unbefriedigend arbeiten; bei kühleren Temperaturen, z. B. im Spätherbst und im Winter, werden sie ganz ausfallen.

Ein ungeschulter, im Herbst zum Service gerufener Monteur könnte die falsche Schlußfolgerung ziehen, das TEV spritze deswegen nicht ein, weil es nicht weit genug offen ist. Er wird das Ventil also aufdrehen, d. h. er setzt die eingestellte Überhitzung so weit wie möglich herab, um mehr Durchfluß im Ventil zu sorgen. Das mag bei bestimmten Temperaturverhältnissen noch halbwegs gut gehen, ist aber grundsätzlich falsch und verboten. Sobald nämlich der Verflüssigungsdruck wieder etwas ansteigen sollte (Sonnenbestrahlung oder wärmerer Tag), wird die verminderte Überhitzungseinstellung ein Naßfahren des Verdichters mit möglichen ernsten Schäden zur Folge haben. *Ein Monteur kann in diesen Fällen nicht helfen.* Hat er sich nach Aufsetzen seiner *Monteurhilfe* von den in der Anlage vorhandenen Drücken überzeugt, so muß er wissen, daß seine Kunst hier am Ende ist!

Es ist Sache der Ingenieure, die eine oder andere der möglichen Lösungen dieses schwierigen Problems schon bei der Planung zu berücksichtigen und für die Sicherstellung des Verflüssigungsdruckes bei im Freien stehenden Verflüssigern zu sorgen. Es gibt dazu verschiedene Verfahren, die wir kurz andeuten wollen, da das Montagepersonal ja auch bei der Montage bzw. im Service mit diesen Schwierigkeiten konfrontiert wird.

Es gibt da also:

— die *Regelung der durch den Verflüssiger transportierten Luftmenge* durch Ein- und Ausschalten von Ventilatoren über Pressostate in der Druckleitung oder auch Änderung der Lüfterdrehzahl, was polumschaltbare oder drehzahlgeregelte Motoren voraussetzt. Es gibt auch Jalousieklappen am Luftein- oder -austritt in den Verflüssigern, die aber die Anfahrschwierigkeiten nicht beheben.

— *Verflüssigungdruckregelung durch Kältemittelanstauung im Verflüssiger* durch Anpassung der wirksamen inneren Verflüssigeroberfläche und Einblasen von Heißgas in den Sammler. Das Heißgas wird dem Sammler durch eine Leitung zugeführt, die von der Druckleitung direkt hinter dem Zylinderkopf abzweigt. Tritt Heißgas in den Sammler ein, so wird dies zwar zuerst kondensieren, bringt aber schon bald durch Aufheizen des freien Sammlerteils eine Druckerhöhung, die das TEV in Arbeitsstellung versetzt. Rückschlagventile verhindern das Rückströmen von Kältemittel in den Verflüssiger (während der Winterzeit) und in die Umblaseleitung (während der Sommerzeit).

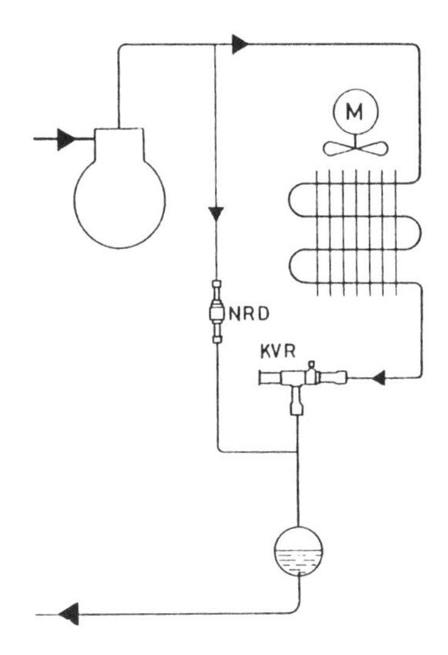

Bild 65
Verflüssigungsdruckregelung durch Kältemittel-anstauung im Verflüssiger
(Danfoss)

— Auf dem gleichen Prinzip beruht *die in Bild 66* gezeigte *Regelung, bei der ein Regler die Kontrolle über die Funktion von Sommer- und Winterbetrieb übernimmt.* Es handelt sich um ein 3-Wege-Ventil mit einer Membrane, die einen relativ großen Hub zuläßt. Der halbkugelförmige Raum oberhalb der Membrane ist mit einem Inertgas gefüllt, das einen bestimmten Druck auf die Membran ausübt. Solange — im Sommerbetrieb — der Druck im Kältemittelsammler größer als der Steuerdruck oberhalb der Membrane ist, bleibt der Regler in seiner oberen Stellung; damit wird der Heißgasanschluß geschlossen und gleichzeitig der Flüssigkeitsdurchgang vom Verflüssiger zum Sammler geöffnet. Fällt dagegen der Druck im Sammler ab, so bewegt sich die Membrane nach unten, schließt die Verbindung zwischen Verflüssiger und Sammler und öffnet gleichzeitig den Heißgasanschluß, so daß nun Heißgas direkt in den Sammler einströmen kann. Dies erfolgt solange, bis der Sammeldruck dem Inertgasdruck oberhalb der Membrane entspricht oder größer als dieser wird. Dadurch geht das 3-Wege-Ventil wieder in seine obere Stellung und gibt wiederum die Verbindung zum Kondensator für den Abfluß der Flüssigkeit in den Sammler frei [15].

Der Regler ist nicht einstellbar, sondern beim Hersteller für seine Aufgabe justiert. Da er in die entsprechenden Leitungen eingelötet wird, ist die mitgegebene Vorschrift zur richtigen Lötung unbedingt zu beachten, da sonst Schäden am druckgasgefüllten Regler auftreten können.

2.2.2 Wassergekühlte Verflüssiger

Die Zeiten, als Wasser in wassergekühlte Verflüssiger eingeleitet und nach Durchströmen desselben in den Kanal abgeführt wurde, sind längst vorbei und damit erübrigt sich auch ein geschichtlicher Rückblick auf die verschiedenen Bauformen wassergekühlter Verflüssiger, die es einmal gab.

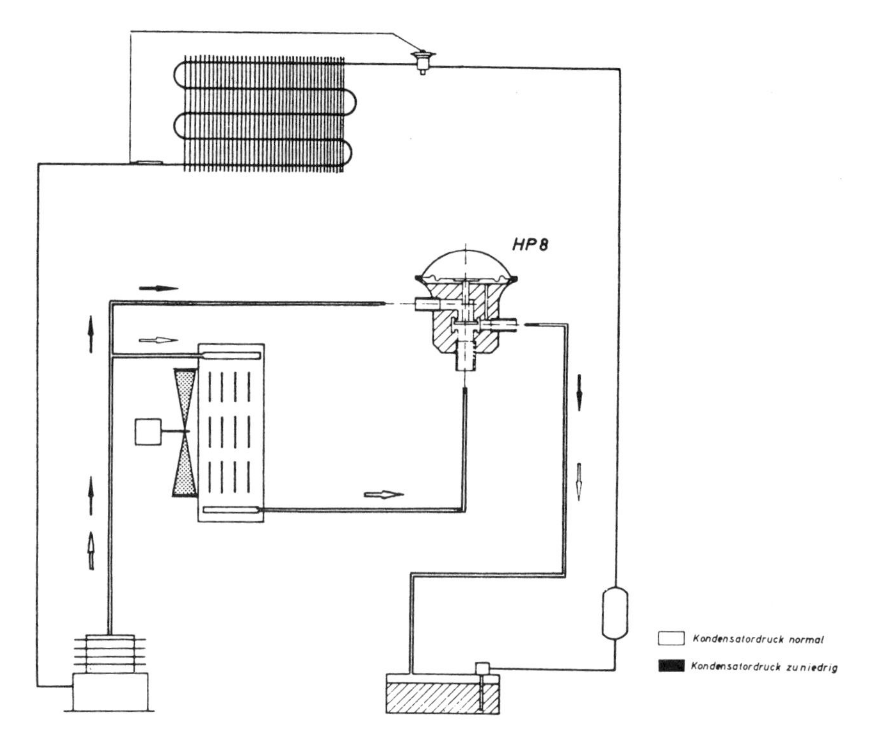

Bild 66 Verflüssigungsdruck-Regelung *(ALCO Controls)*

Heute wird das Kühlwasser der Verflüssiger durchweg in *Kühltürmen* rückgekühlt. Kühltürme werden von der Industrie in allen Leistungsbereichen hergestellt.

Für größere Verflüssigungsleistungen werden auch *Verdunstungsverflüssiger* eingesetzt, deren Wasserverbrauch nur etwa 6—8 % von dem eines Rohrbündelverflüssigers (ohne Kühlturm) ausmacht. Verdunstungsverflüssiger sind eine Kombination von wassergekühlten Verflüssiger, Kühlturm und Kühlwasserumwälzsystem.

Sie bestehen aus einem Gehäuse, in dem sich über einem Sammelschiff für das Umwälzwasser die wasserberieselten Rohrschlangen befinden. Aus dem Sammelschiff saugt eine Pumpe und fördert das Umwälzwasser zu einer Berieselungseinrichtung (Verteilrohr) mit Sprühdüsen.

Der Kältemitteldampf in den Rohren gibt Wärme an das Rieselwasser ab, das seinerseits durch teilweise Verdunstung gekühlt wird.

Mit Hilfe der eingebauten Düsen wird das Umwälzwasser fein zerstäubt, so daß sich seine Oberfläche beträchtlich vergrößert. Dadurch wird ein guter Wärmeaustausch zwischen dem Umwälzwasser und der entgegenströmenden Luft erzielt. Der verdunstete Anteil wird mit der Luft abgeführt und über ein Schwimmerventil durch Zusatzwasser (Frischwasser) laufend ergänzt.

Bild 67 Verdunstungsverflüssiger *(Raffel)*

Würde man jedoch nur das verdunstete Wasser allein ersetzen, dann blieben je nach Wasserhärte mehr oder weniger Salze im Umwälzwasser zurück. Inkrustierungen der Rohre der Verflüssiger wäre die Folge, was wiederum einen schlechteren Wärmeübergang bedeuten würde. Man muß daher *abschlämmen,* d. h. mehr Wasser erneuern als nur das verdunstete. So wird eine allmähliche Anreicherung von Feststoffen auf den Rohren vermieden.

Auch bei Verdunstungsverflüssigern werden, wie in 1.9 besprochen, drei Zonen unterschieden. Der obere Teil des Verflüssigers ist konstruktiv so ausgebildet (Rippenrohre), daß die Überhitzungswärme des Kältemittels — insbesondere bei Ammoniak — gut abgeführt wird. Dieser *Erhitzungsteil* ist durch einen Wasserabscheider gegen Spritzwasser geschützt. Dadurch wird der Wasserverlust reduziert und zu rasches Verkalken der Enthitzerrohre vermieden.

Die *Verflüssigung* und *Unterkühlung* finden in den berieselten Glattrohren statt.

Nachteilig auf den Betrieb von Verdunstungsverflüssigern wirkt sich mit aggressiven Gasen belastete Umgebungsluft (z. B. mit CO_2) aus wie sie häufig in der chemischen Industrie anzutreffen ist. Durch den innigen Kontakt der Luft mit dem feinzerstäubten Wasser würde das Wasser ohne chemische Behandlung schnell korrosiv wirken.

Die Wasserbehandlung und das eventuelle Reinigen verkrusteter Rohrsysteme stellen für den Betreiber kostenintensive Faktoren dar.

Es ist daher verständlich, daß sich in den letzten Jahren eine Kombination für die Verflüssigung von Kältemittel durchgesetzt hat, nämlich der nahe bei der Kältemaschine aufgestellte *Rohrbündelverflüssiger* und der meist auf dem Dach montierte *Kühlturm.*

Im Rohrbündelverflüssiger zirkuliert Kühlwasser, das im Kühlturm nach dem gleichen Prinzip, wie eben beim Verdunstungsverflüssiger erläutert, durch Verdunstung eines Teils der umlaufenden Wassermengen rückgekühlt wird. Wie das nun im besonderen geschieht, soll im folgenden Abschnitt beschrieben werden.

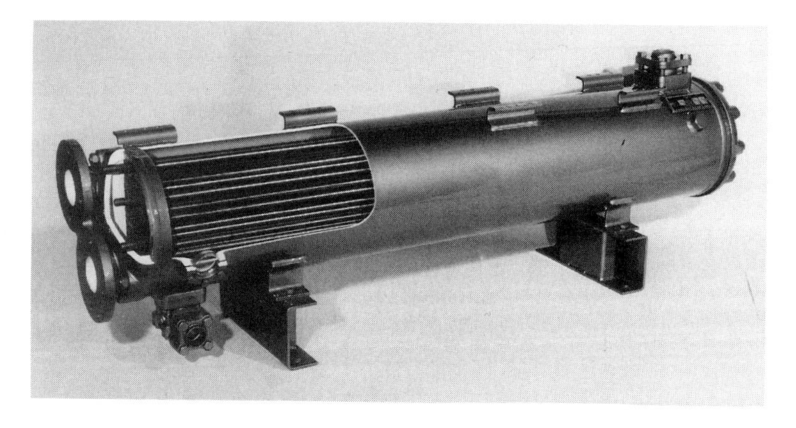

Bild 68 Moderner Rohrbündelverflüssiger mit Rippenrohren *(Bitzer)*

2.2.3 Kühltürme

Wir kennen sie alle von Kraftwerken her, die großen *Kühltürme,* denen an der oberen kaminartigen Öffnung meist ein weißer Schwaden aus Wasserdampf entströmt. Diese großen Bauwerke aus Fachwerk — Holz oder neuerdings aus Beton gefertigt — sind die Vorläufer der heute für Kühlanlagen gebrauchten Kühltürmen, deren Gehäuse aus galvanisch verzinktem Stahlblech oder aus glasfaserverstärktem Polyester bestehen. Wir sehen sie oft auf Dächern größerer Betriebe, Brauereien, Molkereien, Supermärkten, Schlachthöfen etc., wo sie eine wichtige wassersparende Komponente in unserem Fachgebiet darstellen.

2.2.3.1 Bauarten der Kühltürme

Folgende Kühlturmbauarten werden unterschieden:

— nach dem Verlauf der Luftströmung zur Wasserströmung: Gegenstrom-, Querstrom- und Quergegenstrom-Kühltürme,

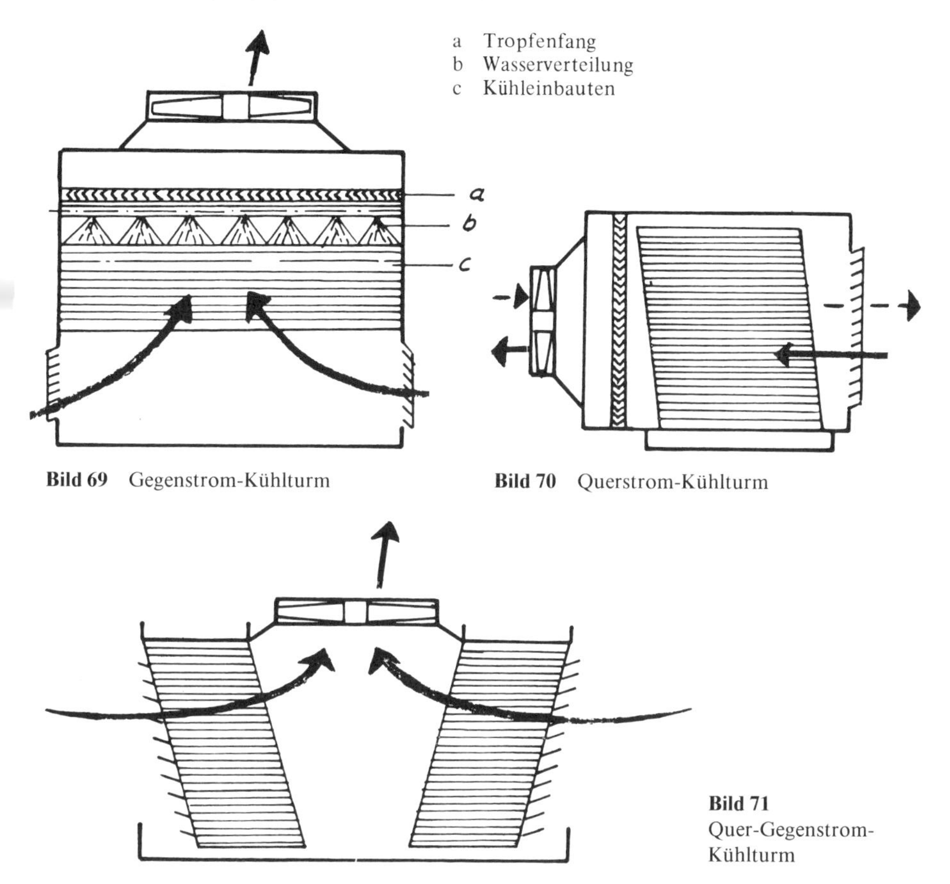

Bild 69 Gegenstrom-Kühlturm

Bild 70 Querstrom-Kühlturm

Bild 71 Quer-Gegenstrom-Kühlturm

— nach dem Antrieb der Luftströmung: natürlich oder künstlich belüftete Kühltürme (saugend oder drückend angeordneten Ventilatoren),
— nach der Konstruktion der Einbauteile: Tropfenfall-, Rieselflächen- oder Riesel-Tropfen-Kühltürme.

Für kleinere Leistungen werden meist *Kreuzstrom*-belüftete Kühltürme, für größere die „*Gegenstrom*-Kühltürme" eingesetzt.

2.2.3.2 Bauelemente und Baumaterialien der Kühltürme

Die Kühlturmeinbauten haben eine große Oberfläche, gute Benetzbarkeit, und eine möglichst geringe luftseitige Druckdifferenz und sind ferner gegen das herabrieselnde Wasser erosions-unempfindlich. Meist wird der Füllkörpereinsatz aus einem dauerhaften Kunststoff (z. B. Polystyrol) hergestellt.

Die Wasserverteilung erfolgt bei den *Kompakt-Kühlern* allgemein mittels des *Druckverteilsystems,* während bei großen Kühltürmen das *Schwerkraftverteilsystem* vorherrscht. Bei dem letzteren wird das Wasser im oberen Teil des Kühlturms in offenen Rinnen geführt und tritt durch Schlitze, gezackte Rinnenwände oder Löcher nach unten aus, wobei es durch Aufprall versprüht wird. Beim Druckverteilsystem wird das durch Rohre herangeführte warme Waser mittels Sprühdüsen gleichmäßig über den Füllkörper verteilt. Die Sprühdüsen in den verzinkten Stahlrohren der einzelnen Sprühzweige bestehen aus glasfaserverstärktem Nylon und erzielen bei einem Vordruck von nur 0,5 bar eine feine Wasserversprühung.

Kompaktkühler sind meist mit im oberen Teil eingebauten *Axial-Sauglüftern* ausgerüstet, während größere Kühltürme einen oder mehrere saugende oder drückende *Radiallüfter* erhalten. Die Flügel der *Axialventilatoren* werden aus Aluminiumguß, Silumin oder Epoxydharz gefertigt und müssen sorgfältig statisch und dynamisch ausgewuchtet sein. Die Motoren sind oft polumschaltbar für 2 Drehzahlen eingerichtet.

Radiallüfter bieten dort Vorteile, wo infolge des Kühlturmeinbaus in Gebäude — anstelle freier Stellung auf dem Dach — *zusätzlich luftseitige Druckdifferenzen* zu überwinden sind. Die Laufräder der *Radiallüfter* haben meist vorwärts gekrümmte Schaufeln, da darauf geachtet werden muß, die Forderung des Umweltschutzes hinsichtlich der Geräuschentwicklung der Kühltürme zu berücksichtigen. Die meist in drückender Anordnung eingesetzten Radialventilatoren haben einen größeren Leistungsbedarf als saugend arbeitende Axial-Ventilatoren, weil die statischen Druckdifferenzen dabei allgemein geringer sind.

2.2.3.3 Zur Theorie der Abkühlung

Das vom Verflüssiger kommende erwärmte Kühlwasser wird dem Kühlturm über Umwälzpumpen zugeleitet und dort durch teilweise Verdunstung unter die Temperatur der Luft am *trockenen Thermometer* abgekühlt. Die Verdunstung beruht auf der Wasseraufnahmefähigkeit der ungesättigten Umgebungsluft. Durch Frischwasser ist die verdunstete und durch Verwehen verlorene Wassermenge zuzüglich einer noch näher zu bestimmenden *Abschlämmwassermenge* zu ersetzen.

Die Grenze maximaler Abkühlung ist die Temperatur des *feuchten Thermometers* (siehe 1.6.3), die sogenannte *Kühlgrenztemperatur*, die praktisch aber nicht erreicht wird. Wenn das aus dem Verflüssiger austretende Wasser mit der Temperatur t_{w1} und das in den Verflüssiger zurücklaufende, rückgekühlte Wasser mit der Temperatur t_{w2} bezeichnet wird, dann ist der *Kühlgrenzabstand* oder die *Kühlzonenbreite* eines solchen Kühlturms

$$Z = t_{w1} - t_{w2} \text{ in K}$$

Der normale *Kühlgrenzabstand* sollte bei etwa 4 bis 5 K liegen. Als Näherungsgleichung für Ventilator-Kühltürme gilt, daß die Größe des Kühlturms und der Leistungsbedarf der Ventilatoren umgekehrt proportional dem *Kühlgrenzabstand* sind. Soll also der *Kühlgrenzabstand* auf die Hälfte vermindert werden, so kann dies nur durch Verdoppelung der Kühlturmgröße und der Ventilatorleistung erreicht werden. Da die Bestimmung der Größe eines Kühlturms nicht unsere Aufgabe ist, wollen wir uns nicht weiter mit der schwierigen Theorie dieser Aufgabe befassen, sondern vielmehr den uns angehenden praktischen Teil diskutieren.

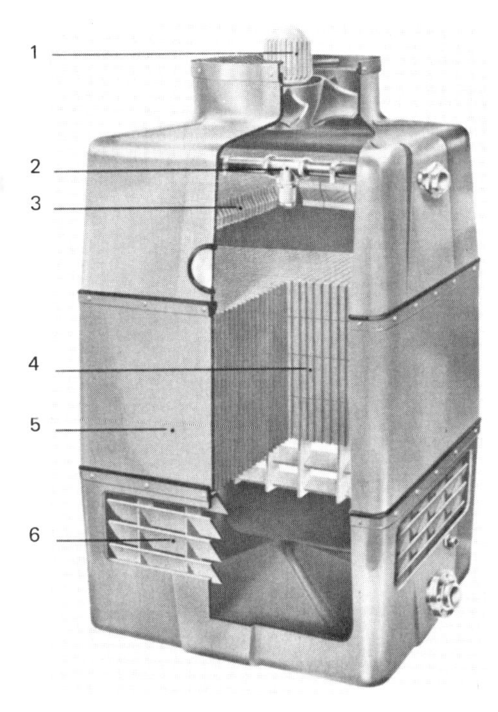

1. Der *Axialventilator* ist im Kühlturmoberteil montiert und wird von einem Elektromotor direkt angetrieben.
2. *Die Wasserverteilrohre* sind mit den Vollkegeldüsen aus Kunststoff zusammengebaut. Die Düsen verteilen das Wasser gleichmäßig. Eine Verstopfung ist durch die Drallwirkung praktisch ausgeschlossen.
3. *Der Tropfenfang* besteht aus Kunststoff Polystyrol 475 K. Die vom Luftstrom mitgerissenen Wassertropfen werden dort abgeschieden.
4. *Die Wärmeaustauschflächen* (auch Rieseleinbauten oder Füllkörpereinsätze genannt) bestehen aus Kunststoff- oder Zellulosewaben. Ein Verstopfen der Rieseleinbauten durch Ablagerungen kann ausgeschlossen werden, weil die Durchlässe 20 mm groß sind. Das Material kann weder rosten noch faulen.
5. *Das Kühlturmgehäuse und die Wassersammelschale* bestehen aus glasfaserverstärktem Polyester. Selbst aggressives Wasser kann diesen hochwertigen Werkstoff nicht beschädigen.
6. *Die Jalousien* aus Kunststoff verhindern ein Herausspritzen von Wasser.

Der mitgelieferte *Siebkorb*, das *Schwimmerventil* und die *Heizung* werden in die Wassersammelschale eingebaut.

Bild 72 Hauptbestandteile eines Kühlturms der EWK-Baureihe (*Fabr. Escher-Wyss*)

2.2.3.4 Zusatzwassermenge und was dabei zu beachten ist

Vor einigen Jahren war vom Verfasser ein ernster Verdichterschaden zu untersuchen, bei dem sich als Ursache ein sehr interessanter Fehler herausstellte. Der Ölkühler, im unteren Teil des Verdichtergehäuses eingebaut, hatte keinen Durchgang mehr, so daß das in der Ölwanne befindliche Kältemaschinenöl nicht gekühlt wurde. Das heiße, dabei sehr dünnflüssig gewordene Öl genügte für die Schmierung der gleitenden und sich drehenden Teile nicht mehr und es kam zum Fressen.

Der vollkommen verstopfte Ölkühler deutete auf einen ungewöhnlichen Salzgehalt des Umlaufwassers, das in einem auf dem Dache stehenden Kühlturm rückgekühlt wurde. Dieser Kühlturm war — wie eine nähere Untersuchung zeigte — vollständig verkrustet und es wurde festgestellt, daß zwar das verdunstete Wasser durch den Schwimmerregler automatisch ersetzt wurde, aber die Abschlämmwasserleitung war wohl vor langer Zeit von unberufener Hand zugedreht worden. Das Umlaufwasser war damit derartig eingedickt worden, daß dies sowohl zur Verstopfung des Ölkühlers als auch zur Verkrustung des Rohrbündelverflüssigers führte. Hohes Druckverhältnis bei heißem Zylinderkopf und ausgefallene Ölkühlung hatten dann die Zerstörung des Verdichters zur Folge.

Zum ordnungsgemäßen Betrieb eines Kühlturmes gehört demnach nicht nur der Ersatz des verdunsteten Wassers, sondern auch die für das *Abschlämmen* erforderliche Wassermenge, die von der Beschaffenheit des zur Verfügung stehenden Wassers abhängig ist.

Die durch den Kühleffekt verdunstete Wassermenge wird durch Frischwasser, das über ein Schwimmerventil in das Wasserbassin des Kühlturmes eintritt, laufend ersetzt. Es ist nicht schwierig, die verdunstete Wassermenge G_V zu errechnen. Wir erinnern uns (siehe 1.4.5), daß 1 kg Wasser beim Verdampfen oder auch Verdunsten eine bestimmte Verdampfungsenthalpie hat. Bei einer Temperatur von 25 °C sind dies 2434,6 kJ/kg.

Da sich die Kühlturmleistung auf die umlaufende Wassermenge in m³/h bezieht, müssen wir die für 1 kg geltenden Werte auf 1000 kg bzw. 1 m³ hochrechnen.

$$2434{,}6\ \mathrm{kJ/kg} \cdot 1000 = 2.434.600\ \mathrm{kJ/m^3}$$

Die Formel zur Errechnung der verdunsteten Wassermenge in einem Kühlturm lautet:

$$\dot{G}_v = \frac{\dot{Q}c \quad \mathrm{kJ/h}}{\Delta\, h_D \quad \mathrm{kJ/m^3}}\ \mathrm{m^3/h} \qquad \text{wobei}$$

$\dot{Q}_c$ = Im Verflüssiger der Anlage abgeführte Wärme in kJ/h
Δh_D = Verdampfungsenthalpie von 1 m³ Wasser in kJ/m³ ist.

Beispiel: Angenommen $\dot{Q}_c$ = 1,5 GJ/h, so ergäbe sich eine stündlich verdunstende Wassermenge von

$$\dot{G}_v = \frac{1500000\ \mathrm{kJ/h}}{2434600\ \mathrm{kJ/m^3}} = 0{,}616\ \mathrm{m^3/h} \quad \text{oder}$$
$$= \underline{616\ \mathrm{l/h}}$$

Zusätzlich zu der verdunsteten Wassermenge muß — wie die zugedrehte Abschlämm-Wasserleitung aufzeigte — eine gewisse Abschlämm-Menge als Frischwasser zugeführt werden, die sich nach der Beschaffenheit des Zusatzwassers und der zulässigen Härtekonzentration des Betriebskreislaufes richtet. Bei günstigen Wasserverhältnissen läßt sich bei Zumischung eines Mehrfachen von G_V zum Umlaufwasser — innerhalb wirtschaftlicher Grenzen — ein Gleichgewicht zwischen Anfangshärte des Zusatzwassers und zulässiger Endhärte im Umlaufwasserkreislauf herstellen.

Das Diagramm (Bild 73) zeigt diese Abhängigkeit. Z. B. bei einer Anfangshärte von 8 °dH und einer Endhärte von 16 °dH reicht zur Erhaltung des Gleichgewichts eine Zusatzwassermenge

$G_Z = 2{,}0 \cdot G_V$ (G_V = verdunstete Menge)

aus.

Bei 14 °dH als Anfangshärte im Zusatzwasser und beim Wunsch 21 °dH als Endhärte im Umlaufwasser zu halten, muß $3{,}0 \cdot G_V$ zugesetzt werden.

In unserem Beispiel entnehmen wir dem Diagramm die *Zusatzwassermenge* G_Z:

$\dot{G}_Z = 2{,}0 \cdot G_V \, m^3/h$
$\dot{G}_Z = 2{,}0 \cdot 0{,}616 = 1{,}232 \, m^3/h$

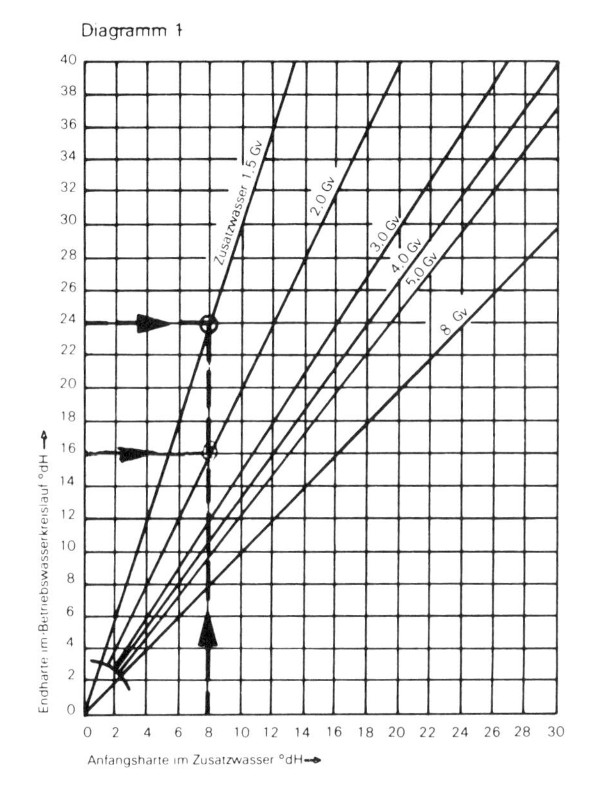

Bild 73
Zusatzwasser bei Kühltürmen

Die *verdunstete Menge* beträgt:

$\dot{G}_V = 0{,}616\,m^3/h$

und die *Abschlämmwassermenge*:

$\dot{G}_A = G_Z - G_V = 1{,}232 - 0{,}616 = 0{,}616\,m^3/h.$

Dem Kühlturm müssen demnach pro Stunde 1232 l Wasser zugeführt werden.

Die von uns als Beispiel betrachtete Anlage hatte eine abzuführende Wärme von Q_c = 1,5 GJ/h. Hätten wir in einem herkömmlichen Rohrbündelverflüssiger eine Wassererwärmung von 12 K zugelassen, so müßten

$$\dot{G} = \frac{1\,500\,000\,kJ/h}{4{,}19\,kJ \times 12\,K} = 29833\,l/h$$

$$= \underline{29{,}8\,m^3} \qquad \text{durchlaufen,}$$

d. h. ~ 30 m³ Wasser wären in 1 Stunde verbraucht worden. Im Kühlturm setzten wir für die Abführung der gleichen Leistung 1,23 m³ Wasser pro Stunde zu.

Es wurden demnach nur $\frac{1{,}23 \times 100}{29{,}8} = 4{,}12\,\%$ derjenigen Wassermenge im Kühlturm verbraucht wie bei einfachem Durchlauf durch einen Rohrbündelverflüssiger.

Die Wasserersparnis durch den Einsatz von Kühltürmen beträgt — je nach Rohwasserbeschaffenheit — zwischen 95 bis 98 %.

2.2.3.5 Wasseraufbereitung

Die *Wasserbeschaffenheit* ist bei Betrieb von Kühltürmen ein wichtiger Punkt, der vom Betreiber einer Anlage *vor* der Anschaffung geklärt werden sollte. Die zuständigen Wasserwerke geben, sofern das Wasser dem Leitungsnetz entnommen werden soll, eine *Wasseranalyse,* die je nach Standort der Anlage sehr unterschiedlich ausfallen kann. (Neben dem Stadt-Leitungswasser gilt dies auch für Frischwasser aus Bächen oder Flüssen und für Brunnenwasser.)

Absolut reines Wasser kommt in der Natur nicht vor. Alle Wässer enthalten mehr oder weniger Beimengungen, u. a. Kalk- und Magnesiumsalze, welche die Härte des Wassers bestimmen.

Unter Härte versteht man die im Wasser insgesamt gelösten Kalzium- und Magnesiumsalze. Diese sogen. Härte- oder Kesselsteinbildner lassen sich in zwei Gruppen einteilen:

— *Karbonate*	(kohlensaure Salze) und	
Bikarbonate	(doppelt-kohlensaure Salze), insbesondere	
Kalziumkarbonat	$CaCO_3$	schwer löslich
Kalziumbikarbonat	$Ca(HCO_3)_2$	leicht löslich
Magnesiumkarbonat	$MgCO_3$	
Magnesiumbikarbonat	$Mg(HCO_3)_2$	sowie

— *Sulfate* (schwefelsaure Salze) *Chloride* (salzsaure Salze)
Nitrate (salpetersaure Salze) *Silikate* (kiesels. Salze)
Kalziumsulfat (Gips) $CaSO_4$
Kalziumchlorid $CaCl_2$
Kalziumsilikat $CaSiO_2$
Magnesiumchlorid $MgCl_2$ usw.

Die wasserlöslichen *Bikarbonate* ($Ca(HCO_3)_2$ und $Mg(HCO_3)_2$) bilden die *Karbonathärte* (KH).

Die unlöslichen *Karbonate* ($CaCO_3$ u. $MgCO_3$) werden beim Erwärmen des Wassers ausgeschieden und abgeschlämmt.

Die *Nichtkarbonathärte* (NKH) wird durch die in Gruppe 2 genannten Salze verursacht, die sich bei Erwärmung nicht verändern und durch Zusatz von Chemikalien unschädlich gemacht werden müssen. Diese Salze bilden nämlich insbesondere bei Anwesenheit von Gips ($CaSO_4$) den *Kesselstein.*

Die *Gesamthärte* des Wassers ist die *Summe aus Karbonat- und Nichtkarbonathärte.* GH = KH + NKH.

Sie wird in *Härtegraden* gemessen, wobei ein deutscher Härtegrad (1 °dH) einem Gehalt des Wassers von 10 mg Kalk (CaO) oder der gleichwertigen Menge MgO (7,14 mg) im Liter entspricht.

1 deutscher Härtegrad (dH)
= 1,25 englische = 1,79 französische Härtegrade.

Im allgemeinen gelten Wässer mit
0 bis 8 °dH als weiche Wasser
8 bis 15 °dH als mittelharte Wasser
mehr als 15 °dH als harte Wasser

Tabelle 8: Härtegrade von Leitungswasser in verschiedenen Städten Deutschlands [16]

Stadt	°dH	Stadt	°dH
Berlin	bis 24	Hamburg	bis 14
Bonn	bis 23	Hannover	bis 24
Düsseldorf	bis 16	München	bis 15
Essen	bis 8	Stuttgart	bis 21
Köln	bis 22	Würzburg	bis 42

Neben einem bestimmten, wie aufgezeigt landschaftlich unterschiedlichen Salzgehalt im Frischwasser ist Kohlendioxid (CO_2) sowie Sauerstoff (O_2) in allen Wässern in freier und gebundener Form enthalten.

Dieser kleine Exkurs in die Chemie sollte jeden, der sich mit der Beschaffenheit des Wassers für das Betreiben eines Rückkühlwerkes zu beschäftigen hat, auf die Notwendigkeit aufmerksam machen, die vorhandenen Probleme nicht einfach zu ignorieren, sondern ihnen größte Aufmerksamkeit zu schenken.

Wir können es uns bei dem heute vorhandenen Engpaß *Wasserversorgung* nicht mehr leisten, die Erkenntnisse der Chemie unberücksichtigt zu lassen und nur durch entsprechende Vorkehrungen lassen sich vorzeitige Schäden an Einrichtungen und Anlagen abwenden, und Verluste vermeiden.

Es gibt — abhängig von der Wasserbeschaffenheit und dem Verwendungszweck des Wassers in Kälte- oder Klimaanlagen — verschiedene Aufbereitungsverfahren, die weitgehend Schutz bieten vor
— Korrosion
— Ablagerungen
— mikrobiologischem Befall

Das *korrosive Verhalten* ist u. a. abhängig vom Gleichgewicht eines Wassers (Kalk — Kohlendioxid — Gleichgewicht) vom Gesamtsalzgehalt, wobei besonders die Höhe des Gehaltes an Chloridionen eine wichtige Rolle spielt und vom Sauerstoffgehalt. Art und Menge der Chemikalien sollen z. B. auf Eisen eine sogenannte *Korrosionsschutzschicht* bilden, die einen weiteren Korrosionsangriff des Wassers verhindert und der Nutzungsdauer von Apparaten, Rohren etc. dienlich ist. Neben den bisher zur Impfung des Zusatzwassers üblichen Polyphosphaten verfügt die moderne Chemie über Phosphonsäuren, die die Wasserhärte schon bei geringer Dosierung stabilisieren.

Ablagerungen von Wasserinhaltsstoffen (z. B. Gipsablagerungen) lassen sich durch *Aufbereitungsverfahren* und durch den Einsatz von Stabilisierungschemikalien vermeiden. Die gesteuerte Eindickung des Kreislaufwassers kann dabei entscheidend werden.

Mikroorganismen spielen bei Störungen im Kühlwasserkreislauf und mehr noch — das soll hier gleich miterwähnt werden — in Luftbefeuchtern von Klimaanlagen eine besondere Rolle.

Die optimale Temperatur für das Wachstum der meisten *Mikroorganismen* liegt zwischen 20 °C und 40 °C und genau diesen Temperaturbereich findet man in Kühlwasserkreisläufen und Luftwäschern. Dabei sind Algen in Kühltürmen ein wesentlicher Störfaktor.

Biocide sollten gegen alle in Kühl- und Klimawässern vorkommenden *Mikroorganismen* wirksam sein. Bedenkt man aber, für welchen Zweck das Wasser eines Systems — ob für einen industriellen Kühlwasserkreislauf, oder als Befeuchtungswasser einer normalen Raumklimaanlage, eines EDV-Raumes oder gar eines Operationssaales in einem Krankenhaus vorgesehen bzw. ausgelegt werden muß, dann wird man sich darüber klar, daß es sich bei der richtigen Auswahl optimal geeigneter Mittel um ein echtes Problem handelt, zu dem einschlägige *Fachfirmen* herangezogen werden müssen [17].

2.2.3.6 Schwadenbildung, Geräusche und Wartung bei Kühltürmen

Schwadenbildung an Kühltürmen ist in manchen Fällen unangenehm und stellt einen unerwünschten Effekt dar. Die den Kühlturm verlassende Abluft ist beinahe 100 % gesättigt und kann nach Mischung mit der umgebenden Außenluft zu *Schwadenbildung* führen. Dies ist insbesondere im Winter der Fall, wenn sich die gesättigte warme Luft aus dem Kühlturm mit der kalten Außenluft mischt, für die der große Wasserdampfanteil der eintretenden Luft weit außerhalb der φ = 1-Linie des *h, x*-Diagrammes (siehe 1.7.1) liegt, d. h. also, im Nebelteil. Im Sommer kann die Luft mehr Feuchtigkeit aufnehmen, da sie meist weit unter ihrer Sättigungsgrenze *feucht* ist. Man sieht nur an bestimmten Tagen Nebelschwaden aus dem Kühlturm austreten, wenn die relative Luftfeuchte sehr hoch ist, d. h. 80 % und mehr.

Die *Schwadenbildung* bei Kühltürmen beruht demnach auf metereologischen Vorgängen, ist physikalisch bedingt und es ist auch bei dem evtl. Verlangen eines Kunden nach Abstellung dieses Mangels dem Montagepersonal nicht möglich, Abhilfe zu schaffen.

Es gibt bereits Kühltürme, kombinierte Naß- und Trockenkühler, bei denen es nicht mehr zu einer *Schwadenbildung* kommen kann. Diese kombinierten Kühler erfordern aber eine weit kostspieligere Investition sowie auch höhere Betriebskosten.

Das beim Betrieb eines künstlich belüfteten Kühlturms entstehende Geräusch setzt sich aus *3 Komponenten* zusammen:

dem *Luftgeräusch* der Ventilatoren, dem *Geräusch der Motoren* bzw. des Antriebs und dem *Geräusch des herabrieselnden Wassers.*

Bei Kühltürmen, die in der Nähe von Wohngebieten installiert sind, ist die Frage der Geräuschentwicklung bzw. der Geräuschdämpfung sehr wichtig. 35 dB (A) bei Nacht und 45 dB (A) am Tage lt. TA Lärm, stellen hieran hohe Anforderungen. Der *Schalldruckpegel* im Schallnahfeld liegt meist höher, wenn in einer Entfernung von 3 bis 5 m von der Lufteintrittsöffnung gemessen wird.

Das *Ventilatorgeräusch* kann bei polumschaltbaren Motoren während der Nacht bei niedrigen Feuchtkugeltemperaturen durch Umschalten auf die niedrige Drehzahl um 10 bis 15 dB (A) verringert werden. Radialventilatoren verursachen im allgemeinen geringere Geräusche als Axialventilatoren. Das Geräusch des herabrieselnden Wassers wird durch Einlegen von schwimmenden Matten oder eines Wabeneinsatzes im Wasserauffangbehälter etwas gemildert. Die Anbringung von Schalldämpferkulissen ist eine kostspielige Angelegenheit. Man denke daran, daß man einen Kühlturm schließlich nicht einmauern darf, da das der Luftbewegung abträglich wäre. Kühltürme dienen der Wassereinsparung, andererseits belasten sie aber die Abwässer durch die zur Wasseraufbereitung erforderlichen Chemikalien.

Die *Wartung* an Kühltürmen beschränkt sich hauptsächlich auf folgende Revisionen und Arbeiten:

- **Inspektion und Wartung des Ventilator-Motors nach den entsprechenden Vorschriften,**
- **Reinigen der Düsen oder des Wasserverteilsystems,**
- **Inspektion und — falls erforderlich — Spülung des Füllkörpermaterials, um Schmutzreste und Algen zu beseitigen,**
- **Feststellen, ob Kalkstein oder sonstige Ablagerungen im Füllkörper enthalten sind oder ob eine Algenbildung eingesetzt hat, dann Kunden informieren, eine Fachfirma zu Rate ziehen,**
- **Inspektion und Reinigung des Schwimmerventils,**
- **periodisches Spülen und Reinigen der Kühlturmunterschale oder des Wasserauffangbeckens.**

2.3 Kältemittelstromregler

Gemäß den Ausführungen in 1.9 gehört das Expansionsventil oder allgemein gesprochen, das Drosselorgan zu den 4 Hauptteilen einer einfachen Kälteanlage. Im internationalen Sprachgebrauch gemäß der „*Cecomaf*-Terminologie" werden alle Drosselorgane als *Kältemittelstromregler* bezeichnet.

2.3.1 Das Kapillardrosselrohr

Die einfachste Drosselung des Verflüssigungsdruckes p_c auf den Verdampfungsdruck p_o erfolgt durch die *Kapillardrosselrohr-Einspritzung,* die fast durchweg bei allen Kühlschränken, Tielkühltruhen, Fensterklimageräten und kleineren Kühlmöbeln verwendet wird. Das Wort *„kapillar"* bedeutet haarfein, und so haben wir es demnach mit einem dünnen Rohr mit sehr kleinem Innendurchmesser zu tun, dessen Länge so bemessen ist, daß der innere Rohrwiderstand den gewünschten Druckabfall von p_c auf p_o verursacht. Da eine Menge Faktoren den Durchflußwiderstand des Kältemittels im Kapillardrosselrohr beeinflussen, werden für in Serien gefertigte Kältesätze günstige Kapillarrohrlängen durch eingehende Versuche ermittelt. Der Einbau von Kältemitteltrocknern und Siebfiltern ist obligatorisch, da Verschmutzungen des Kapillardrosselrohres unter allen Umständen vermieden werden müssen.

Es gibt eine wichtige Regel für alle mit einem Kapillardrosselrohr arbeitenden Kältesätze, die man sich einprägen muß:
Die einzufüllende Kältemittelmenge muß genau dosiert werden.

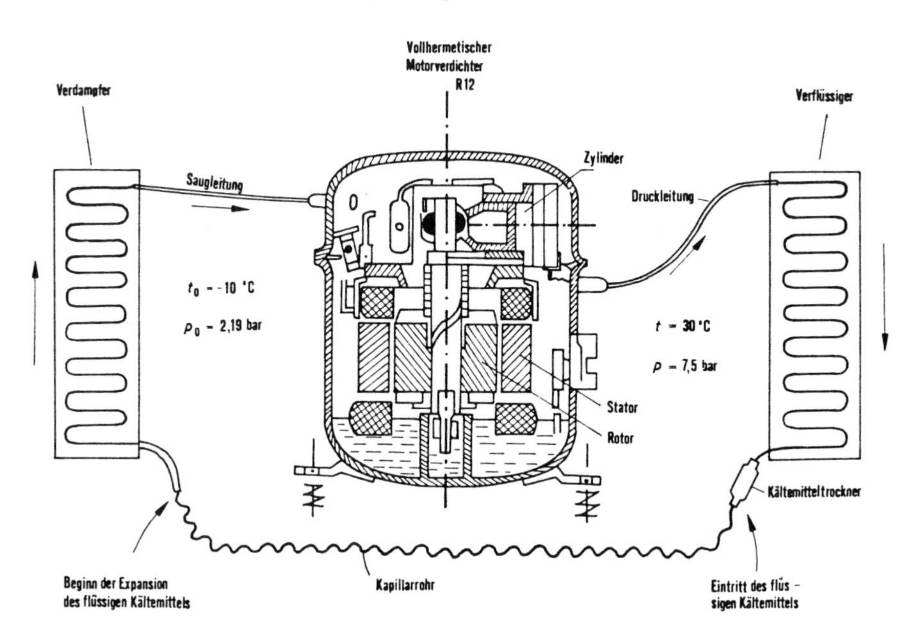

Bild 74 Kältesatz mit Kapillardrosselrohr-Einspritzung

Das bedeutet ganz einfach, man darf in einen derartigen Kältesatz immer nur soviel Kältemittel einfüllen wie der Verdampfer an siedendem Kältemittel aufnehmen kann.

Füllt man zuviel ein, so wird flüssiges Kältemittel über den Verdampfer hinaus in die Saugleitung gelangen und im Verdichter Schäden verursachen. Ein Kältesatz mit Kapillardrosselrohr darf nur nachgefüllt werden, wenn der Verdichter läuft. Der Füllvorgang ist dann abgeschlossen, wenn die dem Gerät zugedachte Innentemperatur erreicht, der Verdampfer voll beaufschlagt ist, aber sich die Bereifung nicht in die Saugleitung hinein fortsetzt.

So wurde früher auch bei den Herstellern von Kühlschränken und Tiefkühltruhen vorgegangen, um die Kältemittelfüllung in einem Schlußtest zu überprüfen. Der Kältesatz erhielt nach dem Evakuieren über eine exakt arbeitende Füllvorrichtung die erforderliche Kältemittelmenge zudosiert. War im Kühlgerät die gewünschte Innentemperatur erreicht, wurde geprüft, wo die Bereifung endet. Kam sie an der Saugleitung aus dem Gerät heraus, mußte etwas Füllung abgesaugt werden. Fehlte am Bereifungszustand etwas, so wurde noch ein wenig nachgefüllt. Diese Methode ist bei modernen Füllverfahren nicht mehr erforderlich, ihre Beschreibung dient jedoch dem guten Verständnis.

Ein Kapillardrosselrohr wird vom Hersteller exakt für die im Kältesatz umlaufende Kältemittelmenge berechnet bzw. ausgelegt. Dabei ist das Druckverhältnis, bei dem der Kältesatz arbeiten soll, der entscheidende Faktor.

Nehmen wir an, das Kältemittel R12 soll mit -18 °C im Verdampfer eines Kühlschrankes verdampfen, dann wird das Kapillardrosselrohr bei laufendem Verdichter immer nur soviel R12 in den Verdampfer einspritzen, daß sich darin eine Verdampfungstemperatur von -18 °C bzw. der dazu gehörende Druck von 1,64 bar hält.

Ist die am Thermostaten eingestellte Innentemperatur erreicht, so wird der Verdichter abgeschaltet. Je nach den Temperaturen der Umgebungsluft bzw. im Kühlgerät wird sich der Druck im Verdampfer langsam erhöhen und der Verflüssigungsdruck vermindern, so daß es zu einem Druckausgleich innerhalb des Systems kommt. Bei diesem niedrigen Druck, der bei längerem Stillstand sowohl auf der Saugseite als auch auf der Druckseite des Aggregates herrscht, schaltet sich der Verdichter wieder ein, und stellt bald das alte Druckverhältnis wieder her.

Wir haben bereits gelernt, daß die einzelnen Komponenten einer Kälteanlage — das gilt auch für einen Kühlschrank-Kältesatz — in ihrer Leistung genau aufeinander abgestimmt sein müssen! Es ist bei unserem Beispiel klar, daß der Verdichter diejenige Menge Kältemitteldampf ansaugen muß, die sich aus der bei -18 °C siedenden Flüssigkeit entwickelt. (Aus der Dampftafel für R12 entnehmen wir, $v'' = 0{,}102\ m^3/kg$; also rund 100 l Dampf je 1 kg R12.) Dabei spielt die Innentemperatur des Kühlschrankes keine Rolle. Das Kapillarrohr läßt beim Kühlprozeß, d. h. bei laufendem Verdichter, das Kältemittel immer nur derart gedrosselt in den Verdampfer einströmen, daß sich darin ein Druck von 1,64 bar einstellt.

(Wir machen auf diesen Punkt besonders aufmerksam, weil der Abkühlprozeß bei einem thermischen Expansionsventil wesentlich anders verläuft.)

Nach Inbetriebnahme des Kühlschrank-Kältesatzes können wir schon bald am Verdampfer hören, wie das Kältemittel siedend und brodelnd in den Verdampfer eintritt.

Dort wird man bald eine kalte Stelle spüren, an der die Luftfeuchtigkeit nach kurzer Laufzeit anfriert. Es bleibt aber nicht bei dieser einen Stelle, sondern die Bereifung nimmt zu und man wartet nun bei geschlossener Kühlschranktür und laufendem Verdichter auf den Fortgang der Abkühlung. Nach einiger Zeit stellen wir bei immer noch laufendem Verdichter eine Innentemperatur von 10 °C fest, bemerken aber gleichzeitig, daß kaum 3/4 der Oberfläche des Verdampfers bereift ist. Es müßte demnach noch ein Schuß Kältemittel nachgefüllt werden, damit der Verdampfer voll beaufschlagt und die gewünschte Innentemperatur schneller erreicht wird.

Geschieht das Nachfüllen gemäß den gegebenen Hinweisen, dann muß der Kältesatz bald ausschalten, da die am Thermostaten eingestellte Temperatur erreicht ist. Man sollte nun noch etwa 2 Schaltperioden abwarten und dabei vor allem die Saugleitung, dort wo sie aus dem Verdampfer austritt, auf etwa durchkommende Bereifung prüfen.

2.3.1.1 Kapillardrosselrohr-Einspritzung bei Kältesätzen in Fensterklimageräten

Das Kapillardrosselrohr im Kältesatz eines *Fensterklimagerätes* übernimmt darin die gleiche Aufgabe wie in dem eines Kühlschrankes oder einer Tiefkühltruhe. Der Drosselvorgang erfolgt lediglich auf eine höhere Verdampfungstemperatur. Das Kapillardrosselrohr ist so ausgelegt, daß im normalen Betrieb und bei ordnungsgemäßer Kältemittelfüllung eine Bereifung des Verdampfers ausgeschlossen ist.

Zur Erklärung des Füllvorganges gehen wir einmal davon aus, es würde Kältemittelmangel vorliegen.

Ist das der Fall, kondensiert nur ein Teil des Kältemittels im Verflüssiger und strömt mit Dampfanteilen vermischt durch das Kapillardrosselrohr in den Verdampfer. Der Saugdruck am Verdichter wird erheblich unter dem korrekten Wert von etwa 2,6 bis 3,0 bar (bei R12) liegen.

Lassen wir jetzt bei laufendem Verdichter mehr R12 aus der Kältemittelflasche in den Kältesatz überströmen, steigt der Saugdruck. Das erkennen wir am Manometer. Stellen wir uns vor, der Druck wäre auf etwa 2,0 bar entsprechend $t_o = -12$ °C angestiegen. Im unteren Teil des Verdampfers, dort wo flüssiges Kältemittel siedet, bildet sich Reifansatz. Füllen wir weiter Kältemittel ein, zieht die Bereifung mehr in Richtung Verdampferaustritt. Nachdem der Saugdruck etwa 2,6 bar, d. h. $t_o = -5$ °C erreicht hat, beginnt die Bereifung wieder abzutauen. Genau jetzt ist der Kältesatz richtig gefüllt. Weiteres Kältemittel würde sich im Verflüssiger anstauen und nach dem Abschalten des Verdichters zur kältesten Stelle, in den Verdampfer strömen. Schaltet der Verdichter jetzt wieder ein, saugt er flüssiges Kältemittel an. Das führt nach kurzer Zeit zu Schäden.

Merken wir uns: Die Überfüllung eines Kältesatzes mit Kapillardrosselrohr für Fensterklimageräte oder auch andere Kühlgeräte gefährdet den Verdichter. Kältemittelmangel führt zum teilweisen Vereisen des Verdampfers und zu Minderleistung.

2.3.1.2 Dampfzustand in der Saugleitung hermetischer Motorverdichter

Im vorigen Abschnitt wurde erläutert, daß die Kältemittelfüllung der Kältesätze von Haushaltsgeräten immer genau dosiert sein muß.

An dieser Stelle wollen wir noch etwas Besonderes erwähnen, was mit dem Füllen derartiger Kältesätze zu tun hat. Bei saugdampfgekühlten hermetischen Motorverdichtern sollte der angesaugte Kältemitteldampf nicht überhitzt sein, sondern als Naßdampf in den Verdichter eintreten. Dadurch wird die Wicklung des eingebauten Elektromotors gekühlt. Da die Saugleitungen von Verdampfer zum Verdichter meist sehr kurz sind, enthält der Kältemitteldampf tatsächlich noch kleinste Flüssigkeitströpfchen (Aerosole), die beim Überstreichen der Motorwicklung verdampfen und dadurch den Motor kühlen. In die Zylinder des Verdichters gelangt dann überhitzter Dampf.

2.3.2 Thermostatische Expansionsventile (TEV)

Der in Kälteanlagen sicherlich am häufigsten eingesetzte Kältemittelstromregler ist das *thermostatische Expansionsventil (kurz: TEV).*

Das TEV hat im Gegensatz zum Kapillardrosselrohr keinen unveränderlichen lichten Querschnitt, sondern einen veränderlichen, der den Kältemittelstrom des Kreislaufes regelt.

2.3.2.1 Aufgabe und Arbeitsweise

TEV haben die Aufgabe, dem Verdampfer immer diejenige Kältemittelmenge zuzuführen, die unter den jeweiligen Betriebsbedingungen verdampft.

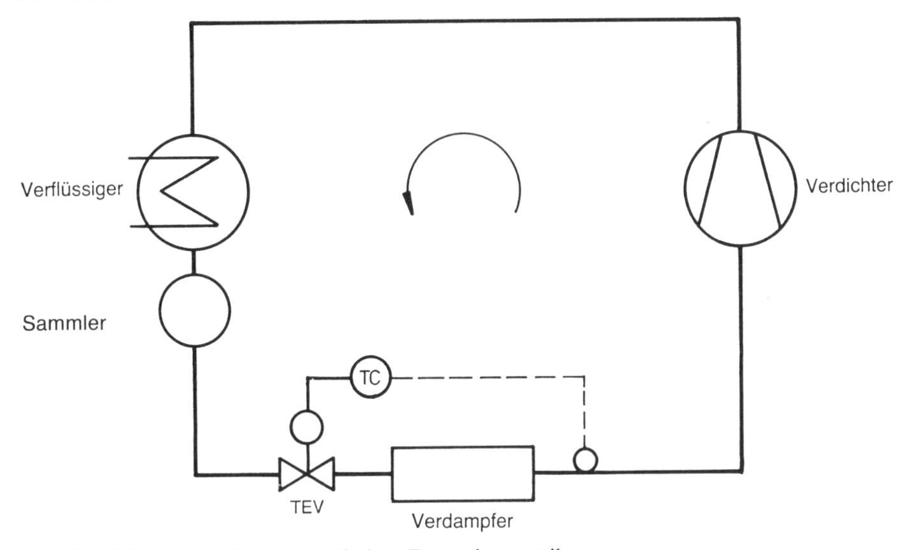

Bild 75 Kälteanlage mit thermostatischem Expansionsventil

Das Kältemittel soll den Verdampfer dampfförmig mit einer Temperatur verlassen, die um einige Grade über der am Manometer angezeigten Sättigungstemperatur des Kältemittels liegt. Der Kältemitteldampf tritt also *überhitzt,* d. h. *über die Sättigungstemperatur hinaus erwärmt,* aus dem Verdampfer aus. Nur durch diese Überhitzung ist gewährleistet, daß das Kältemittel vollständig verdampft und frei von Flüssigkeitströpfchen ist.

Von ihrer Funktion und Aufgabe her sind TEV demnach *Überhitzungsregler.*

Die Arbeitsweise des TEV wird durch das Zusammenspiel von *drei Drücken* und den daraus resultierenden Kräften bestimmt:

p_1 *Der Fühlerdruck,* der von der Temperatur des Kältemitteldampfes am Verdampferaustritt und der Fühlerfüllung abhängig ist, wirkt als Öffnungskraft auf das Ventil.

Als Schließkräfte wirken:

p_2 *Der Verdampferdruck* in Gegenrichtung auf die Membrane.

p_3 Der *Druck der einstellbaren Regulierfeder,* der in gleicher Richtung wirkt wie der Verdampferdruck p_2.

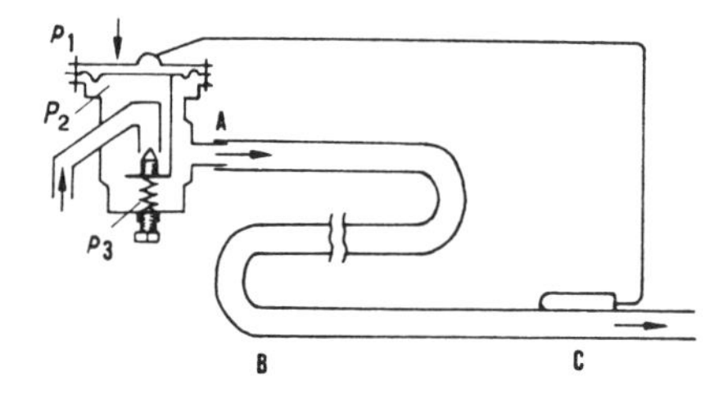

Bild 76
TEV mit Verdampfer — schematische Darstellung

Solange die aus diesen drei Drücken resultierenden Kräfte im Gleichgewicht sind, bleibt die Öffnungsstellung des Ventils unverändert.

Erwärmt sich jedoch der Fühler, weil der Verdampfer zu wenig flüssiges Kältemittel erhält und die Temperatur des Kältemitteldampfes am Austritt ansteigt, so erhöht sich der Fühlerdruck p_1. Das bewirkt ein Öffnen des Ventils. Im gleichen Sinn wirkt sich ein Sinken des Verdampferdruckes aus.

Fallende Fühlertemperatur oder steigender Verdampferdruck schließen das Ventil.

Schaltet der Verdichter nach Erreichen einer gewünschten Temperatur ab, steigt der Druck p_2 rasch an und schließt das Ventil, solange nicht der Fühlerdruck durch entsprechende Erwärmung des Fühlers überwiegt.

Die Öffnungsstellung des TEV wird also vom Fühlerdruck p_1 und vom Verdampferdruck p_2 bestimmt. Hiervon abhängig ist wiederum der Füllungszustand des Verdampfers und damit seine Ausnutzung.

Durch den Druck der einstellbaren Regulierfeder p_3 wird festgelegt, d. h. eingestellt, bei welcher *Differenz* zwischen Fühler- und Verdampferdruck, also bei welcher *Überhitzung,* das Ventil öffnet. Damit wird der Ausnutzungsgrad des Verdampfers bestimmt.

Das Gemisch aus Kältemitteldampf und -flüssigkeit tritt bei A (s. Bild 76) in den Verdampfer ein und soll bei B vollständig verdampft sein. Zwischen B und C wird der Kältemitteldampf überhitzt, also über die Sättigungstemperatur hinaus erwärmt. Je stärker die Regulierfeder gespannt ist, desto länger wird die Überhitzungsstrecke und desto weniger Verdampferfläche bleibt zum Verdampfen der Kältemittelflüssigkeit zur Verfügung.

Es ist daher immer anzustreben, mit einer möglichst geringen Überhitzung zu arbeiten. Diese kann jedoch nicht beliebig gewählt werden, sondern hängt von der Verdampferbauart, der Differenz zwischen Raum- und Verdampfungstemperatur *(sie kann niemals größer als diese sein!)* und von der Ansprechempfindlichkeit des TEV ab.

Zum besseren Verständnis müssen wir die Überhitzung näher erläutern. Wir unterscheiden beim TEV zwischen

- **statischer Überhitzung,**
- **Öffnungsüberhitzung und**
- **Arbeitsüberhitzung.**

Als *statische Überhitzung* bezeichnen wir den Wert, bei dem das Ventil gerade zum Öffnen bereit ist, aber noch kein Durchfluß erfolgt.

Die *Öffnungsüberhitzung* ist derjenige Wert, der darüber hinaus erforderlich ist, um den Druck der Regulierfeder und die Reibung im Ventil zu überwinden und das Ventil in eine Öffnungsstellung zu bringen (maximal voll geöffnet).

Arbeitsüberhitzung = statische Überhitzung + Öffnungsüberhitzung

Die vorstehenden Betrachtungen über den Einfluß der Überhitzung auf das TEV einerseits und auf die Ausnutzung des Verdampfers andererseits lassen erkennen, daß beide Teile exakt aufeinander abgestimmt sein müssen. Es ist somit auch leicht einzusehen, welche Rolle die Qualität des TEV spielt:

Ein TEV, das bei geringer Überhitzung seine Nennleistung bringt, ermöglicht eine bessere Ausnutzung des Verdampfers als eines, welches eine größere Überhitzung dazu benötigt.

Die Auswahl der TEV ist jedoch nicht die Aufgabe des Monteurs, wohl aber die ordnungsgemäße Montage von Ventil, Fühler, Ausgleichsleitung sowie die Verlegung derjenigen Rohrleitungen, z. B. der Saugleitung, die wiederum Einfluß auf die einwandfreie Funktion des TEV haben.

Auf diesen Punkt werden wir noch gründlich eingehen. Zum besseren Verständnis vorher noch einige Worte über unterschiedliche TEV-Arten und Fühler.

2.3.2.2 Innerer und äußerer Druckausgleich

Im vorstehenden Abschnitt haben wir die Arbeitsweise eines TEV erklärt und festgestellt, daß dem Fühlerdruck über der Membrane der Verdampferdruck unterhalb der Membrane und der Druck der Regulierfeder entgegenwirken.

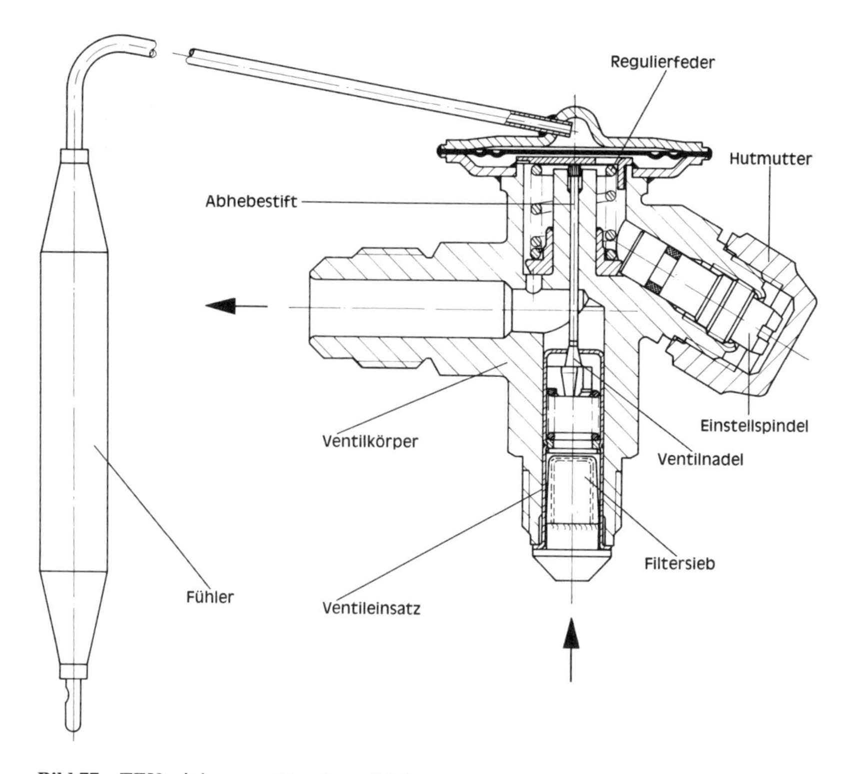

Bild 77 TEV mit innerem Druckausgleich

Bild 77 zeigt ein TEV mit innerem Druckausgleich. Hier wirkt der Druck am Austritt des Ventils, das ist der gleiche Druck wie am Eintritt des Verdampfers, von unten auf die Membrane. Ein zufriedenstellendes Betriebsverhalten, besonders bei Teillast, setzt nur geringen Druckverlust im voraus. Das ist bei kleinen oder speziell dimensionierten Verdampfern der Fall.

Treten jedoch größere Druckunterschiede zwischen Verdampfereintritt und -austritt auf, so ist der von unten auf die Membrane wirkende Druck am Verdampfereintritt höher als am Verdampferaustritt und damit an der Fühleranlegestelle. Da der Druckabfall über den Verdampfer und damit der Druck unter der Membrane lastabhängig schwankt, würde bei steigender Verdampferbelastung, sprich größerem Druckabfall, größere Überhitzung erforderlich, um das TEV zu öffnen. Das wiederum bedeutet schlechtere Verdampfernutzung.

Bei sinkender Belastung würde die Überhitzung eventuell zu gering, um das Übertreten von Kältemittelflüssigkeitströpfchen in die Saugleitung zu vermeiden.

In diesem Fall schafft ein *TEV mit äußerem Druckausgleich* Abhilfe.

Bei einem TEV mit äußerem Druckausgleich besteht zwischen dem Ventilaustritt und dem Raum unter der Membrane keine Verbindung. Die Ventilspindel bewegt sich in

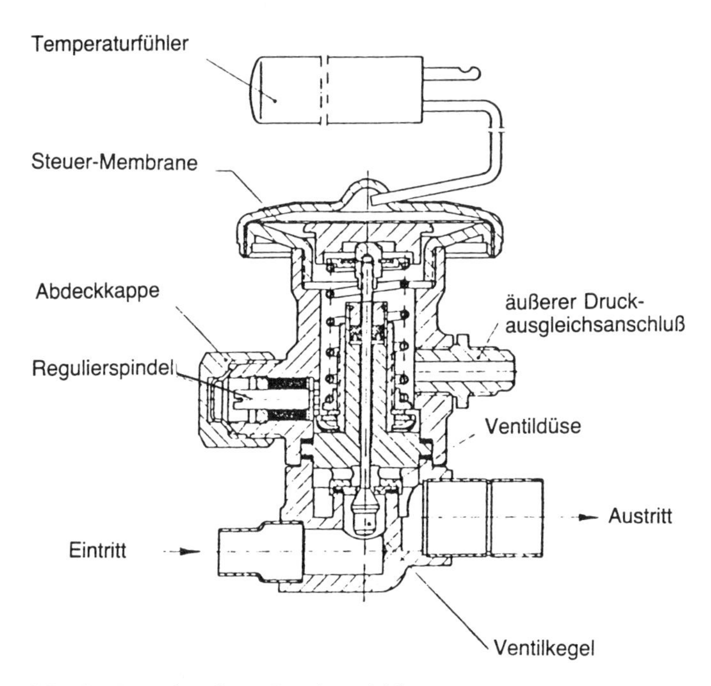

Bild 78 TEV mit äußerem Druckausgleich

einer Dichtung, so daß kein Kältemittel vom Ventilkörper in das Ventiloberteil gelangen kann. Über eine externe Rohrleitung wird unter die Membrane der *Druck des Verdampferaustritts* und somit der Druck in der Saugleitung nahe der Fühleranlegestelle, geleitet. Druckunterschiede zwischen Verdampfereintritt und -austritt können die Funktion des TEV nicht mehr beeinflussen.

Bei Verdampfern mit Mehrfacheinspritzung müssen dem TEV Flüssigkeitsverteiler nachgeschaltet werden. Hier können nur TEV mit äußerem Druckausgleich eingesetzt werden.

2.3.2.3 Steuerfüllungen der TEV-Fühler

Wir wollen hier nur die unterschiedlichen Verhalten einiger Steuerfüllungen erwähnen, deren Kenntnis für den Monteur, besonders bei der *Störungssuche und -beseitigung, wichtig ist.*

Es gibt Steuerfüllungen, bei deren Verwendung der Fühler immer kälter sein muß als das Ventiloberteil, d. h. als der sogenannte Thermokopf und die *Kapillare.* Anderenfalls kondensiert die Füllung im Thermokopf und fehlt somit im Fühler; das Ventil kann nicht mehr öffnen. Sinkender Verdampfungsdruck und steigende Überhitzung sind die Folge.

Dies geschieht bei Gasfüllungen. *MOP-Füllungen* (MOP = Maximum Operating Pressure, auf deutsch etwa maximaler Öffnungsdruck) sind stets Gasfüllungen.

Bei sogenannten *Universalfüllungen,* das sind Flüssigkeitsfüllungen, sowie bei *Adsorptionsfüllungen,* ist die Temperatur des Thermokopfes ohne Bedeutung. Der Thermokopf und die Kapillare können wärmer oder kälter sein als der Fühler. Der Druck über der Membrane wird stets von der Fühlertemperatur bestimmt. Die Steuerfüllung ist so ausreichend, daß bei allen Betriebszuständen Flüssigkeit im Fühler verbleibt.

2.3.2.4 TEV mit Druckbegrenzung (MOP)

Aufgrund der theoretischen Überlegungen im ersten Teil dieses Buches wissen wir, daß mit steigender Verdampfungstemperatur sowohl die *Kälteleistung* als auch der *Leistungsbedarf* einer Verdichterkältemaschine zunehmen. Kälteleistung und Antriebsleistung des Verdichters müssen im Verflüssiger an Luft oder Kühlwasser abgegeben werden. Der Verflüssiger wird jedoch aus wirtschaftlichen Gründen für den *Betriebspunkt* ausgelegt und nicht für außergewöhnliche Betriebsbedingungen wie Anfahren mit warmen Verdampfer z. B. nach dem Abtauen. Ohne Schutzmaßnahmen würde der Verflüssigungsdruck stark ansteigen und ggf. der Druckbegrenzer ansprechen. Darüber hinaus würden die in ihren Leistung begrenzten Elektromotore, besonders in hermetischen und halbhermetischen Motorverdichtern überlastet.

Abhilfe könnte z. B. ein verhältnismäßig aufwendiger *Startregler* schaffen, oder aber einfach der Einsatz eines druckbegrenzten TEV, eines *MOP-Ventils.*

Die Wirkungsweise des MOP beruht darauf, daß der Fühler dieser TEV nur eine sehr geringe Füllung enthält, die oberhalb einer gewählten Temperatur gasförmig ist. Erst nachdem im Fühler ein Teil der Steuerfüllung bei abgesenkter Temperatur kondensiert ist, arbeitet das TEV normal.

Nur das *Oberteil* eines druckbegrenzten Ventiles ist speziell auf einen Öffnungsdruck eingestellt. Die Ventilunterteile der TEV mit und ohne MOP einer Ventilbaureihe sind gleich.

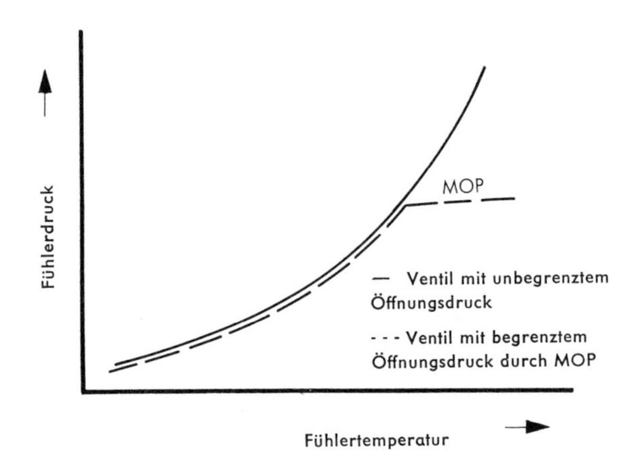

Bild 79
Begrenzung des Fühlerdrucks durch maximalen Öffnungsdruck

MOP-Ventile sind ein einfacher und zuverlässiger Schutz des Verdichters. Der MOP bewirkt, daß das TEV beim Wiederanfahren einer Anlage solange geschlossen bleibt, bis der Saugdruck unter den festgelegten Maximalwert absinkt. Bei höherer Raum- und damit Verdampfungstemperatur wird zuerst einmal der Verdampfer abgesaugt und kein Kältemittel eingespritzt. Das Ventil öffnet erst, nachdem der Saugdruck auf den Begrenzungswert gefallen ist. Es spritzt dann nur gerade soviel ein, daß dieser Wert gehalten aber nicht überschritten wird.

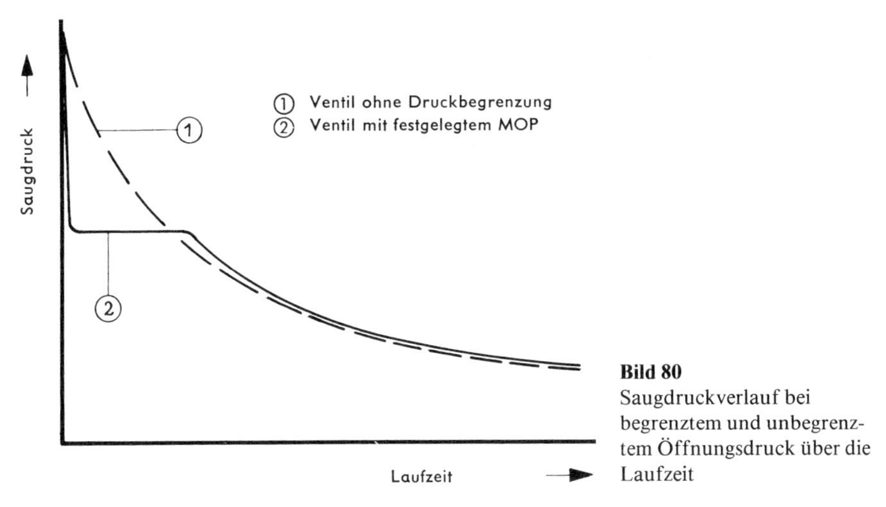

Bild 80
Saugdruckverlauf bei begrenztem und unbegrenztem Öffnungsdruck über die Laufzeit

Dabei wird der Verdampfer nur unvollständig mit Kältemittel gefüllt. Erst wenn die Raumtemperatur so weit abgesunken ist, daß sich eine Verdampfungstemperatur unterhalb der Druckbegrenzung ergibt, beginnt die *Regelung der Überhitzung.* Der Verdampfer wird jetzt vollständig gefüllt und das TEV unterscheidet sich im Regelverhalten nicht von einem ohne MOP. Ein wesentlicher Vorteil druckbegrenzter TEV ist ihr gutes Schließverhalten im Stillstand der Anlage [18].

2.3.2.5 Flüssigkeitsverteiler für Mehrfacheinspritzung

Moderne *Lamellenverdampfer* (Luftkühler) sind meistens für Mehrfacheinspritzung konzipiert.

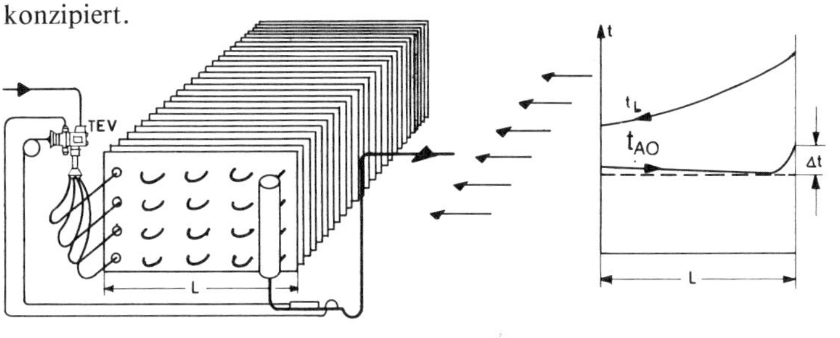

L Länge des Verdampfers
t_L Lufttemperatur
t_{AO} Oberflächentemperatur des Verdampfers
Δt Anstieg der Oberflächentemperatur in der Überhitzungszone

Bild 81 TEV mit Flüssigkeitsverteiler

Hierzu wird dem TEV ein Flüssigkeitsverteiler nachgeschaltet, der eine entsprechende Anzahl von Ausgängen besitzt. Jeder Ausgang ist über ein Verteilerrohr mit einer Verdampferschlange verbunden.

Meistens werden *Venturi-* und *Staudüsenverteiler* eingesetzt. Deren unterschiedliches Arbeitsprinzip setzt auch die Einhaltung bestimmter Einbaulagen voraus.

Während Venturiverteiler *in jeder Lage* eingebaut werden können, ist bei Staudüsenverteilern zwingend die *senkrechte Einbaulage* erforderlich, wobei der Ausgang des Verteilers nach unten gerichtet sein muß.

Venturi-Verteiler
A = Einlaufstrecke mit sanftem Übergang zur Venturi-Düse
B = Jet-Bereich der Düse
C = Stärkste Einschnürung der Strömung
D = Auslaufstrecke, Divergenz-Bereich mit Druck-Rückgewinnung

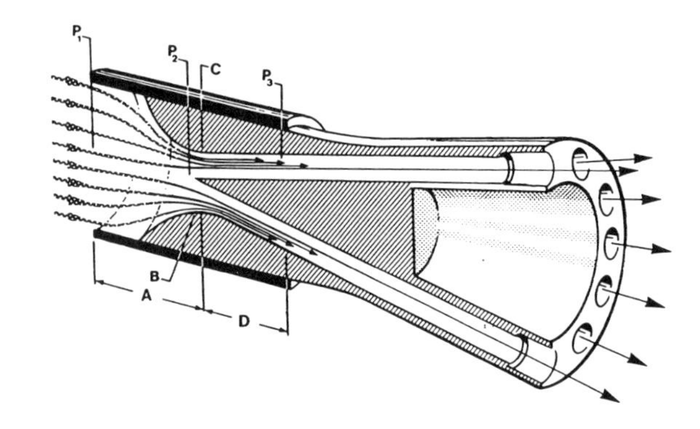

Staudüsen-Verteiler
E = Prall- und Staustrecke mit abrupter Umlenkung der Strömung
F = Drosselplatte (Stau-Blende)
G = Stärkste Einschnürung der Strömung
H = turbulenz-Zone infolge unkontrollierter Expansion

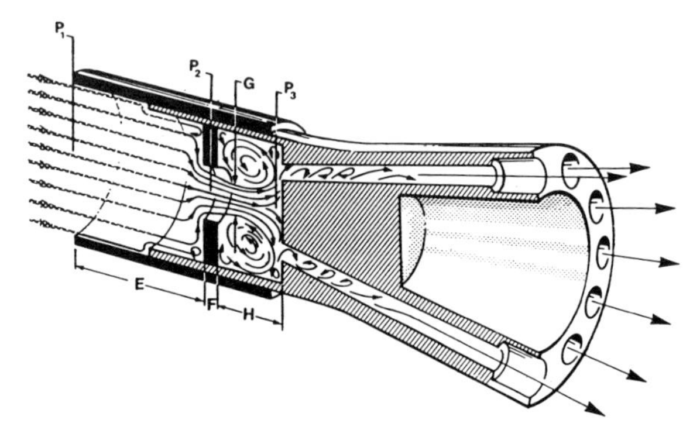

Druck-Diagramm für Venturi-Verteiler und Staudüsen-Verteiler
P_1 = Eintrittsdruck
P_2 = Minimaldruck
P_3 = Austrittsdruck

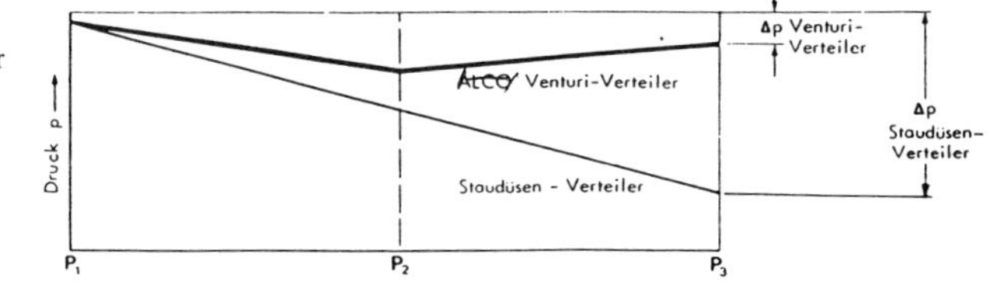

Bild 82 Flüssigkeitsverteiler *(ALCO)*

Unzulässig ist bei beiden Verteilerarten, überzählige Ausgänge zu verschließen. Die *Anzahl der Verteilerausgänge* muß unbedingt der *Anzahl der Verdampferschlangen* entsprechen. Der Abstand zwischen dem TEV und dem Verteiler soll so kurz wie möglich sein. Rohrbögen zwischen dem TEV und dem Verteiler sind zu vermeiden, sie führen zu einer Entmischung von Kältemitteldampf und -flüssigkeit und damit zu einer Beeinträchtigung der Funktionstüchtigkeit des Verteilers.

Ist dies trotzdem einmal unumgänglich, muß vor dem Verteiler ein senkrechtes, gerades Rohrstück von einer Länge von mindestens *10 mal Durchmesser* angeordnet sein.

Ferner dürfen auf keinen Fall zwischen dem TEV und dem Verteiler Verengungen wie Ventile oder Rückschlagventile angeordnet werden. Dadurch würde die Strömung gestört und zusätzlicher Druckabfall bewirkt, der die Auslegung durch nichterfaßbare Einflüsse beeinträchtigt.

Die abgehenden Verteilerrohre müssen stets gleich lang sein und ohne Flüssigkeitssäcke verlegt werden. Wegen des Druckabfalls im Verteiler können verständlicherweise hier nur TEV mit äußerem Druckausgleich eingesetzt werden [20].

2.3.2.6 Einbauhinweise

Wie das TEV einzubauen ist, muß der mitgegebenen Einbauvorschrift des Herstellers entnommen werden und ist genau einzuhalten.

Manche TEV können in jeder Lage montiert werden, andere z. B. nicht mit hängendem Thermokopf.

Bei TEV mit äußerem Druckausgleich soll die Druckausgleichsleitung in Strömungsrichtung *hinter* dem Fühler angeschlossen werden, damit eventuell über die Ventilspindelabdichtung in die Druckausgleichsleitung gelangtes flüssiges Kältemittel den Fühler nicht beeinflussen kann. Die Druckausgleichsleitung darf auf keinen Fall von unten mit einem Sack an der Saugleitung angeschlossen werden.

Bei der Saugleitungsmontage ist darauf zu achten, daß unmittelbar am Verdampferaustritt ein ausreichend langes, waagerechtes Rohrstück zum Anbringen des Fühlers ver-

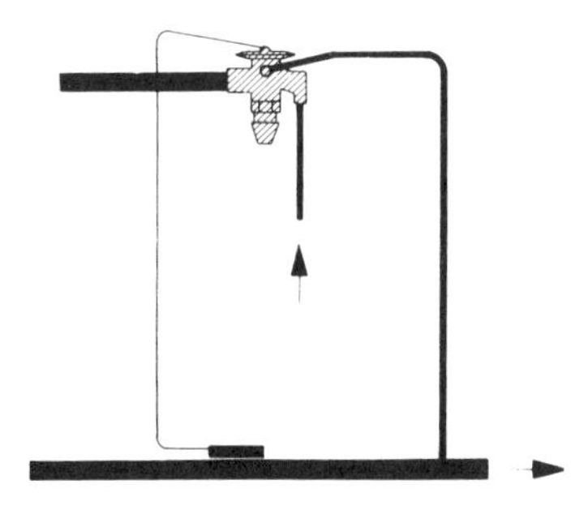

Bild 83
Anschluß der Druckausgleichsleitung — richtig

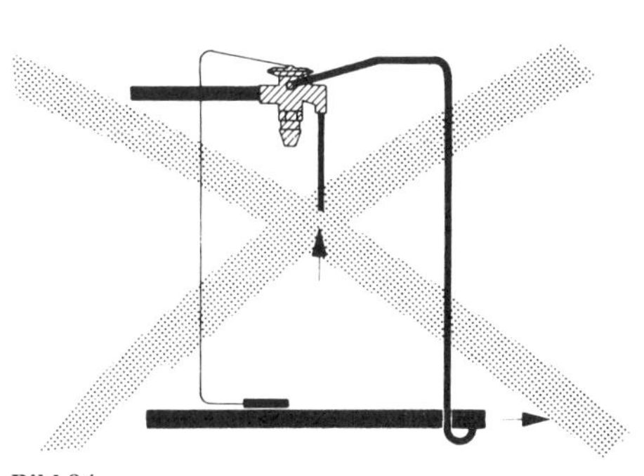

Bild 84
Anschluß der Druckausgleichsleitung — falsch

legt wird. Die Fühlermontage an senkrechten Saugleitungen ist wegen des nicht definierten Ölfilmes an der Rohrinnenwand immer ein wenig Glückssache und möglichst zu vermeiden.

Sind mehrere Verdampfer an einer Saugleitung angeschlossen, dürfen die Fühler niemals an der gemeinsamen Saugleitung angeschlossen werden.

Der Fühler muß an einem glatten Rohrstück befestigt werden. Abhängig von der Saugleitungs-Nennweite werden folgende Anordnungen vorgeschlagen:

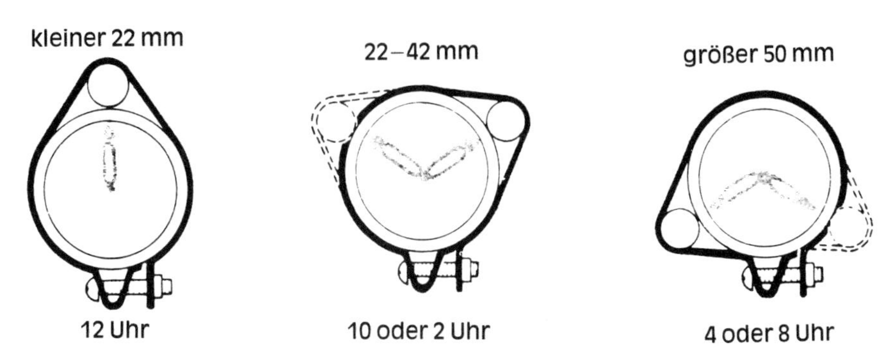

Bild 85 Fühleranordnung

Die Fühler sollen mit Metallbändern befestigt werden. Über diese Bänder erfolgt im wesentlichen der Wärmefluß vom Rohr auf den Fühler. Die Anlegestelle des Fühlers sollte etwas einisoliert *(nicht eingeschäumt)* werden, besonders bei großer Differenz zwischen Saugrohr- und Umgebungstemperatur. Luftzug fernhalten! In kritischen Fällen empfiehlt es sich, Fühlertaschen zu verwenden.

Nachstehende Skizzen zeigen einige typische Beispiele richtiger und falscher Saugleitungsfrühung und Fühlermontagen.

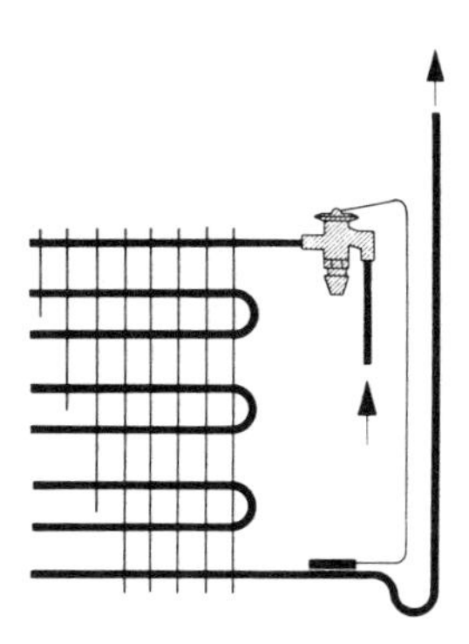

Bild 86
Siphon in Saugleitung verhindert falsche Beeinflussung des Fühlers durch Öl und flüssiges Kältemittel

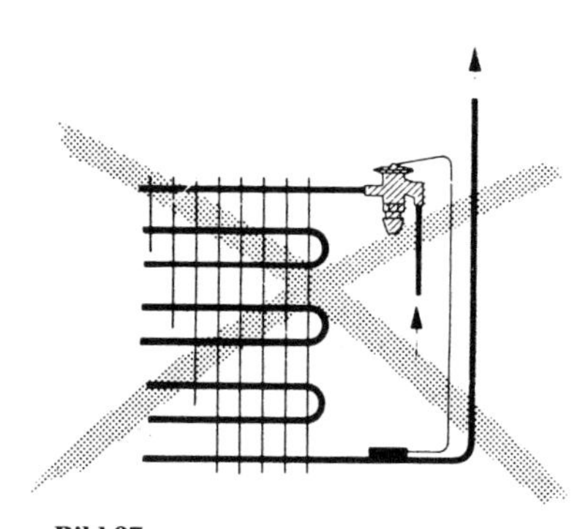

Bild 87
Falsche Beeinflussung des Fühlers durch Öl und flüssiges Kältemittel möglich

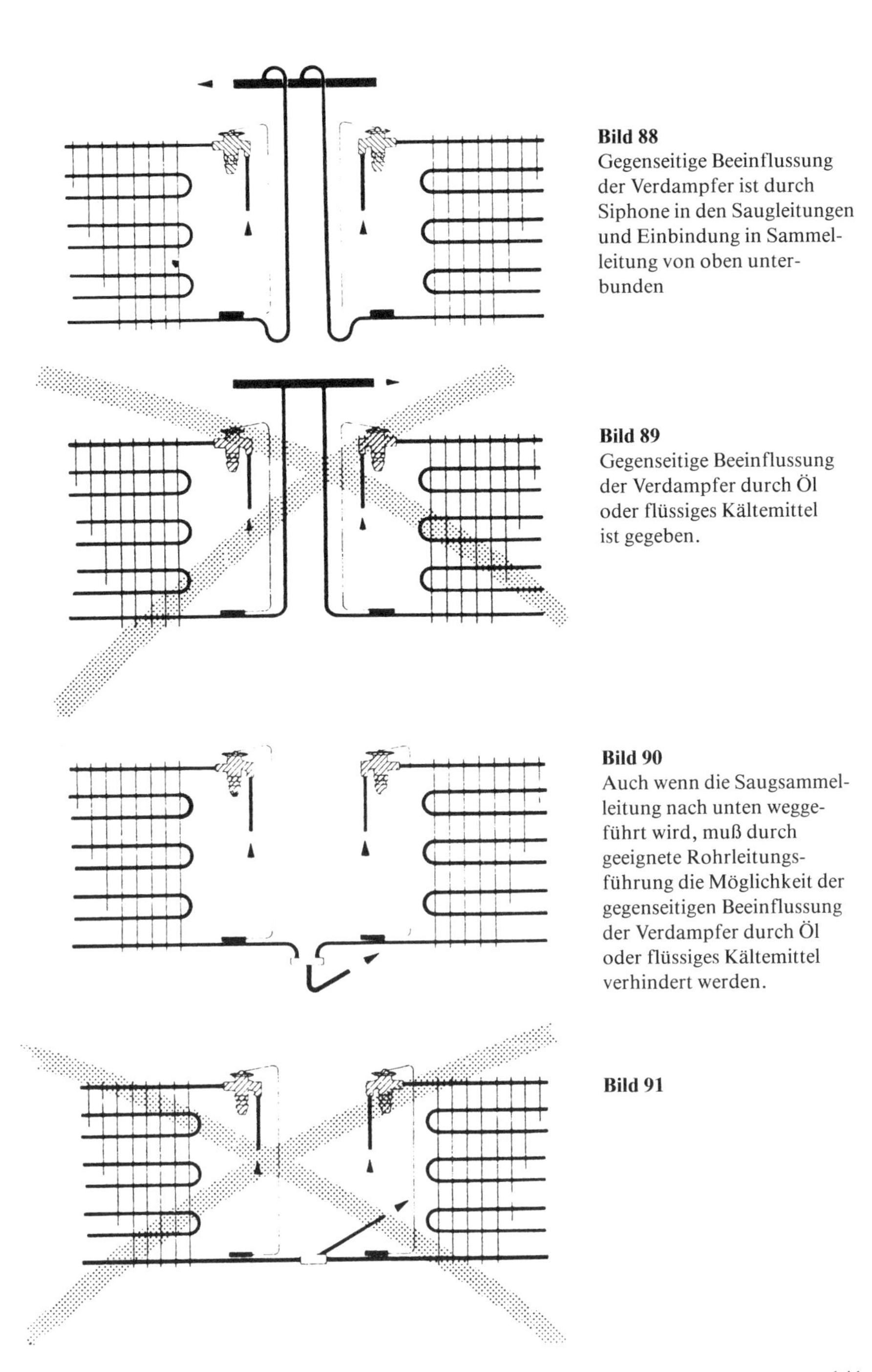

Bild 88
Gegenseitige Beeinflussung der Verdampfer ist durch Siphone in den Saugleitungen und Einbindung in Sammelleitung von oben unterbunden

Bild 89
Gegenseitige Beeinflussung der Verdampfer durch Öl oder flüssiges Kältemittel ist gegeben.

Bild 90
Auch wenn die Saugsammelleitung nach unten weggeführt wird, muß durch geeignete Rohrleitungsführung die Möglichkeit der gegenseitigen Beeinflussung der Verdampfer durch Öl oder flüssiges Kältemittel verhindert werden.

Bild 91

Nachstehende Abbildungen zeigen die richtige Verlegung und zwei Verlegungsfehler [19].

Bei übereinander angeordneten Verdampfern gelten die gleichen Regeln für die Verlegung der Saugleitungen der einzelnen Verdampfer sowie für die Zusammenführung zu einer Saugsammelleitung.

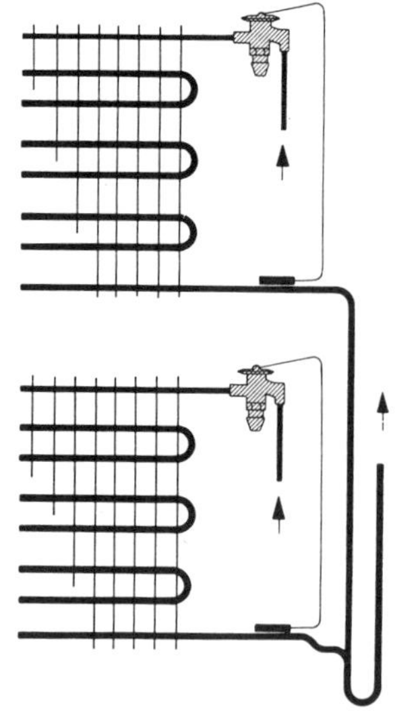

Bild 92 Saugleitung richtig

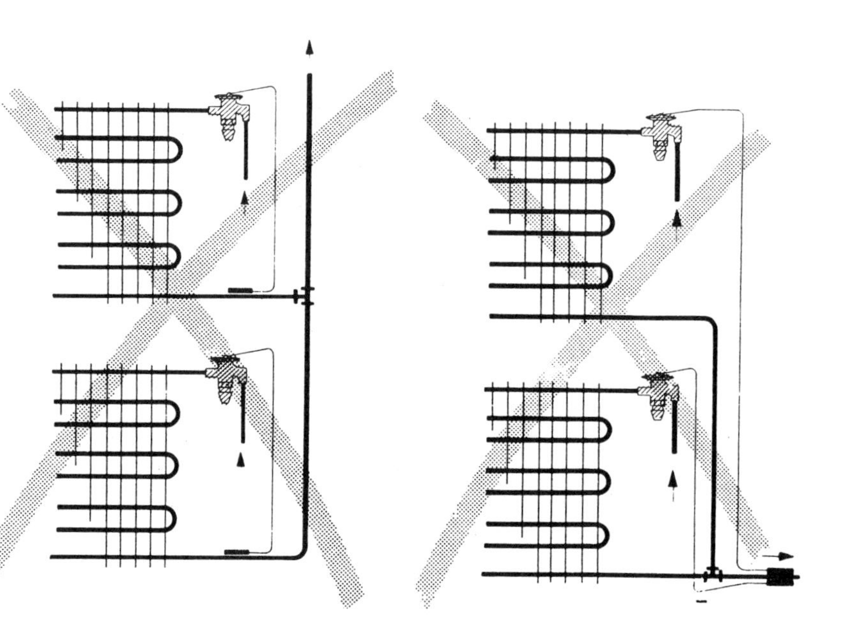

Bild 93 Saugleitung falsch

Bild 94 Saugleitung falsch

2.3.2.7 Einstellung von TEV

TEV werden mit einer *erprobten Werkseinstellung* geliefert. Zur ersten Inbetriebnahme sollte deshalb diese Einstellung *nicht* verändert werden.

Werden trotzdem Nachregulierungen erforderlich, sind hierzu Meßgeräte zu verwenden. Benötigt wird ein Feinmeßmanometer und ein Thermometer.

Bevor eine Verstellung am TEV vorgenommen wird, muß man sich überzeugt haben, daß

- **die Kältemittelfüllung der Anlage ausreichend ist,**
- **das Kältemittel vor dem TEV blasenfrei, d. h. unterkühlt ansteht und**
- **der Verflüssigungsdruck nicht zu niedrig liegt.**
- **Lamellenverdampfer dürfen nicht stark bereift sein.**

Falls die Anlage nicht mit Schaugläsern (am Kältemittelsammler und in der Kältemittelflüssigkeitsleitung) ausgerüstet ist, muß der Verdichtungsdruck oder besser noch der Verflüssigungsdruck und die Temperatur des Kältemittels vor dem TEV gemessen werden. Hier muß, abhängig von den Aufstellungshöhen der Anlage, eine deutliche Unterkühlung (Sättigungstemperatur des Kältemittels auf dem Manometer minus Kältemitteltemperatur vor dem TEV größer 3 K) meßbar sein.

Eine Formel zur Auslegung von TEV sollte auch der Monteur gut kennen:

$\dot{Q}_N = \dot{Q}_o \times k_{\Delta p} \times k_t$ in kW

$\dot{Q}_N$ = Nennleistung des TEV, eine konstruktive Größe in kW
$\dot{Q}_O$ = Kälteleistung der Kühlstelle in kW
$k_{\Delta p}$ = Druck-Korrekturfaktor
k_T = Temperatur-Korrekturfaktor
Δp = Differenz von Verflüssigungs- und Verdampfungsdruck
t = Temperatur vor dem TEV in °C (Unterkühlung)

D. h. wenn die Druckdifferenz und die Unterkühlung nicht oder nicht mehr wenigstens annähernd der Auslegung entsprechen, kann die Kälteleistung Q_o auch nicht erreicht werden.

Viele Hersteller liefern Lamellenverdampfer mit sogenannten *Schraderventilen* am Saugsammelrohr, so daß ein Feinmeßmanometer (z. B. eine *Monteurhilfe)* am Verdampferaustritt angeschlossen werden kann. Zur Temperaturmessung eignen sich in diesem Fall besonders massearme Temperaturfühler, z. B. NiCrNiThermoelemente. Das Thermoelement wird einfach an der Saugleitung in der Nähe des Fühlers des TEV mit Klebeband befestigt und etwas einisoliert. Das eigentliche Meßgerät kann man im Kühlraum in der warmen Jackentasche behalten und nur zum Messen kurzzeitig den Fühlerstekker mit dem Gerät verbinden. Jede Veränderung der Einstellung darf nur in kleinen Schritten erfolgen. Anleitung des Herstellers beachten!

Ob das TEV pendelt oder stetig regelt, läßt sich meist schon am Manometer erkennen.

Periodisch auftretende Regelschwankungen nennt man *Hunting*. Diese wirken sich in einer abwechselnden Kältemittelüber- oder -unterfüllung des Verdampfers aus. Durch

Hunting wird die Kälteleistung der Anlage *immer* ungünstig beeinflußt. Darüber hinaus werden die Verdichter durch eventuelle Kältemittelflüssigkeitsschläge gefährdet.

Hunting hat in der Regel seine Ursache in der konstruktiven Gestaltung des Verdampfers, in der Auswahl sowie der Anordnung des TEV und dessen Fühler.

Erster Abhilfeversuch muß die *Vergrößerung* der eingestellten Überhitzung am TEV sein, auch auf Kosten der Verdampferleistung. Weitere Möglichkeiten sind das Versetzen des Fühlers oder dessen nachträgliche Isolierung.

Auch Kältemitteldampfblasen am Eintritt in das TEV können Ursache von Hunting sein.

Abschließend sei darauf hingewiesen, daß vermeintliche Falscheinstellung vielfach nur Versagen des TEV wegen Schmutz ist. Peinlich saubere Montage und Filtertrockner vor dem TEV helfen viele Störungen vermeiden.

2.3.2.8 Beispiel

Eine Kühlzelle wird aus dem warmen Zustand von ca. 20 °C Raumtemperatur in Betrieb genommen.

Die Zellentemperatur soll $t_z = -18$ °C betragen, die Verdampfungstemperatur ist ausgelegt mit $t_o = -25$ °C (R 22), das TEV besitzt einen MOP bei -10 °C.

Nach dem Einschalten des Verdichters oder nur der Kühlstelle (falls mehrere vorhanden) wird der Verdampfer erst einmal auf $p_o = 3{,}55$ bar entsprechend – 10 °C für R 22 abgesaugt. Am Manometer lesen wir einen Überdruck von ca. 2,55 bar ab.

Jetzt beginnt das TEV zu öffnen und R 22 einzuspritzen. Wegen der warmen Zellentemperatur am Anfang des Abkühlens und der unvollständigen Beaufschlagung des Verdampfers (das TEV öffnet wegen des MOP vorerst nur druckabhängig) wird sich eine große Überhitzung einstellen, die jedoch nicht zum völligen Öffnen des TEV führen kann.

Erst wenn sich die Zelle bei dieser intermittierenden Betriebsweise des TEV auf etwa – 10 °C abgekühlt hat und damit auch die R 22 Temperatur in der Saugleitung – 10 °C unterschreitet, kann das TEV normal arbeiten. Die Zellentemperatur wird nun bei vollbeaufschlagtem Verdampfer rasch auf $t_z = -18$ °C absinken.

Dieses Beispiel zeigt aber auch, daß MOP-Ventile für schnelle Abkühlvorgänge ungeeignet sind (z. B. zum Schockfrosten).

2.3.3 Elektronische Expansionsventile (EEV)

Um den Unterschied zwischen einem TEV und einem EEV besser erklären zu können, sei ein kurzer Ausflug in die Regelungstechnik gestattet.

TEV sind *mechanische Proportionalregler* mit eingebautem Stellglied (Ventil) *ohne Hilfsenergie*. D. h. proportional zum Istwert, der *Fühlertemperatur*, befindet sich die Stellgröße, die *Öffnungsstellung* des Ventils.

Das bedeutet bei unterschiedlicher Belastung des Verdampfers unterschiedliche Überhitzung und damit bei der gewählten Ventileinstellung Kompromisse zwischen Teillast und Vollast.

EEV benötigen Hilfsenergie. Das eigentliche Expansionsventil mit dem Stellantrieb bildet mit einem elektronischen Regler ein Regelsystem.

Im Gegensatz zum TEV werden Stellglied und Regler getrennt voneinander montiert.

Die Verwendung der Hilfsenergie macht es möglich, regelungstechnisch höhere Ansprüche, nämlich *proportional-integrales* Verhalten, zu realisieren. Das bewirkt, der Regler hält auch bei Teillast den gewählten Sollwert und ermöglicht dadurch eine konstante und kompromißlose Ausnutzung des Verdampfers.

EEV sollen wie TEV bewirken, daß den Verdampfer überhitzter Kältemitteldampf verläßt.

Im EEV werden jedoch nicht Verdampfungsdruck und Temperatur am Austritt des Verdampfers miteinander verglichen, sondern die *Temperatur* des Kältemittels am *Verdampfereintritt* und *-austritt.*

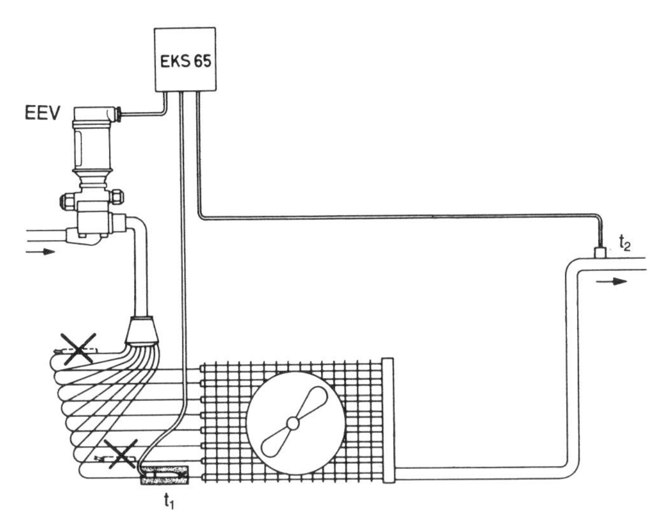

Bild 95 Schematische Darstellung eines elektronischen Expansionsventils mit elektronischem Regler *(Danfoss)*

Der elektronische Regler mißt und regelt diese Temperaturdifferenz t_2—t_1. Da der Druckabfall über den Verdampfer bewirkt, daß t_o immer *kleiner* als t_1 sein muß, ergibt sich für die *tatsächliche Überhitzung* des Kältemitteldampfes immer ein höherer Wert als t_2—t_1. Damit ist gewährleistet, daß bei allen Betriebszuständen überhitzter Kältemitteldampf den Verdampfer verläßt.

Als Vorteile gegenüber dem TEV sind zu sehen:

- **Durch die am Regler einstellbaren Regelparameter ist eine gute Anpassung des EEV an den Verdampfer möglich.**
- **Günstiges Teillastverhalten.**
- **Das Expansionsventil kann so ausgelegt werden, daß auch Betrieb mit niedrigem Verflüssigungsdruck möglich ist.**
- **Durch Zwangsansteuerung des EEV kann die Funktion eines Magnetventils hergestellt werden.**
- **Der Regler und damit die Einstellbarkeit des EEV kann außerhalb des Kühlraumes plaziert sein.**
- **Das EEV kann in Mikroprozessorsteuerungen eingebunden werden.**

2.3.4 Kältemittelstromregler für überflutete Verdampfer

Die in den vorstehenden Abschnitten 2.3.1 bis 2.3.3. besprochenen Kältemittelstromregler sind ausschließlich für sogenannte trockene Verdampfer einsetzbar (s. Abschn. 2.4.2). Zur Regelung der Kältemittelzufuhr bei *überfluteten Verdampfern* (Rohrbündel-Verdampfern) und Umpumpanlagen eignet sich die Überhitzung des abgesaugten Kältemitteldampfes nicht als Regelgröße. Hier wird der *Füllstand* des flüssigen Kältemittels im Verdampfer, im Niederdruckabscheider einer Umpumpanlage oder im Verflüssiger direkt als Regelgröße herangezogen.

2.3.4.1 Schwimmerschalter/Magnetventil

An dem Apparat (Verdampfer, Abscheider, Verflüssiger) wird auf der Höhe des gewünschten Füllstandes ein Schwimmerschalter kommunizierend angeordnet. Ein eingebauter Verdrängerkörper (Schwimmer) wirkt auf ein elektrisches Kontaktsystem.

Die Übertragung des Weges des *Verdrängerkörpers* im Schwimmerschalter auf das elektrische Kontaktsystem ist bei den verschiedenen Herstellern sehr unterschiedlich ausgeführt. Üblich sind mechanische Übertragung mittels Wellrohren, Magnetschalter sowie induktive Sonden (hier taucht ein Metallstab mehr oder weniger tief in eine elektrische Spule ein).

Diese Schwimmerschalter werden auf der Höhe eines vorgegebenen Füllstandes im Apparat fest montiert. Eine nachträgliche Änderung des Füllstandes ist ohne Montagearbeiten nicht oder nur in engen Grenzen möglich, in der Regel aber auch nicht erforderlich.

Mit Hilfe der elektrischen Kontakte wird ein Magnetventil in der Kältemittelflüssigkeitsleitung geöffnet oder geschlossen. Dem Magnetventil wird als Expansionsventil ein Handregelventil nachgeschaltet, mit dem außerdem der Kältemittelstrom der Kälteleistung angepaßt wird. Diese Standregelung arbeitet intermittierend. Es ist anzustreben, bei Vollast möglichst lange Öffnungszeiten und kurze Schließzeiten (80 % offen/20 % zu) zu erreichen.

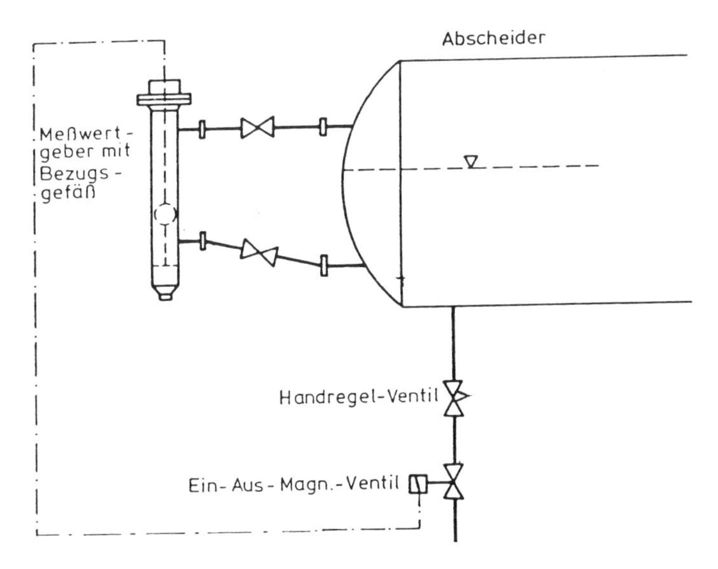

Bild 96 Füllstandsregelung mit Schwimmerschalter und Magnetventil

Schwimmerschalter sollten immer am Apparat selbst (oder einem vorgesehenen Bezugsrohr) kommunizierend angeschlossen werden. Der Anschluß an zu- oder abführenden Rohrleitungen führt wegen der Druckunterschiede gegenüber dem Apparat meistens zu Schwierigkeiten. Bereits wenige Millibar Druckunterschied (1 mbar = 10 mm WS!) verfälschen die Füllstandserfassung.

Ebenfalls wird ein falscher Füllstand gemessen, wenn die Schwimmerschalter oder zugeordnete Bezugsrohre verölen können. Dadurch ist die Dichte der Flüssigkeiten im Schwimmerschalter und im Apparat nicht mehr gleich.

Gute Isolierung von Schwimmerschalter und Bezugsrohr verhindern nicht nur rasches Verölen, sondern auch siedendes Kältemittel im Schwimmerschalter mit starker Dampfbildung. Der Rohrleitungswiderstand beim Entweichen dieses Dampfes in den Apparat führt zu einer Standabsenkung im Schwimmerschalter.

Der Vollständigkeit halber sei noch erwähnt, daß bei Großkälteanlagen zur Füllstandsregelung von Verdampfern und Abscheidern auch *stetige Regler* mit Hilfsenergie (elektrisch oder pneumatisch) eingesetzt werden, die in diesem Buch nicht behandelt werden sollen.

2.3.4.2 Schwimmerventile (Schwimmerregler)

Schwimmerventile sind mechanische Regler, die *ohne Hilfsenergie* arbeiten.

Zu unterscheiden sind:
Hochdruck (HD) — und Niederdruck (ND) — Schwimmerventile sowie
direkt — und pilotgesteuerte Schwimmerventile.

HD-Schwimmerventile sind *Ablaufregler,* die z. B. einen Verflüssiger frei von flüssigem Kältemittel halten, so daß ein Kältemittelsammler nicht erforderlich ist. Sie regeln den Kältemittelstand auf der HD-Seite der Anlage.

Das verflüssigte Kältemittel wird im HD-Schwimmerventil sofort auf Verdampfungsdruck entspannt und in den Verdampfer bzw. den ND-Abscheider geleitet. Solche Anlagen müssen mit genau *abgestimmter Kältemittelfüllung* betrieben werden. Diese Art der Standregelung ist nur geeignet für Anlagen mit einem einzigen Verdampfer oder ND-Abscheider bei Umpumpanlagen.

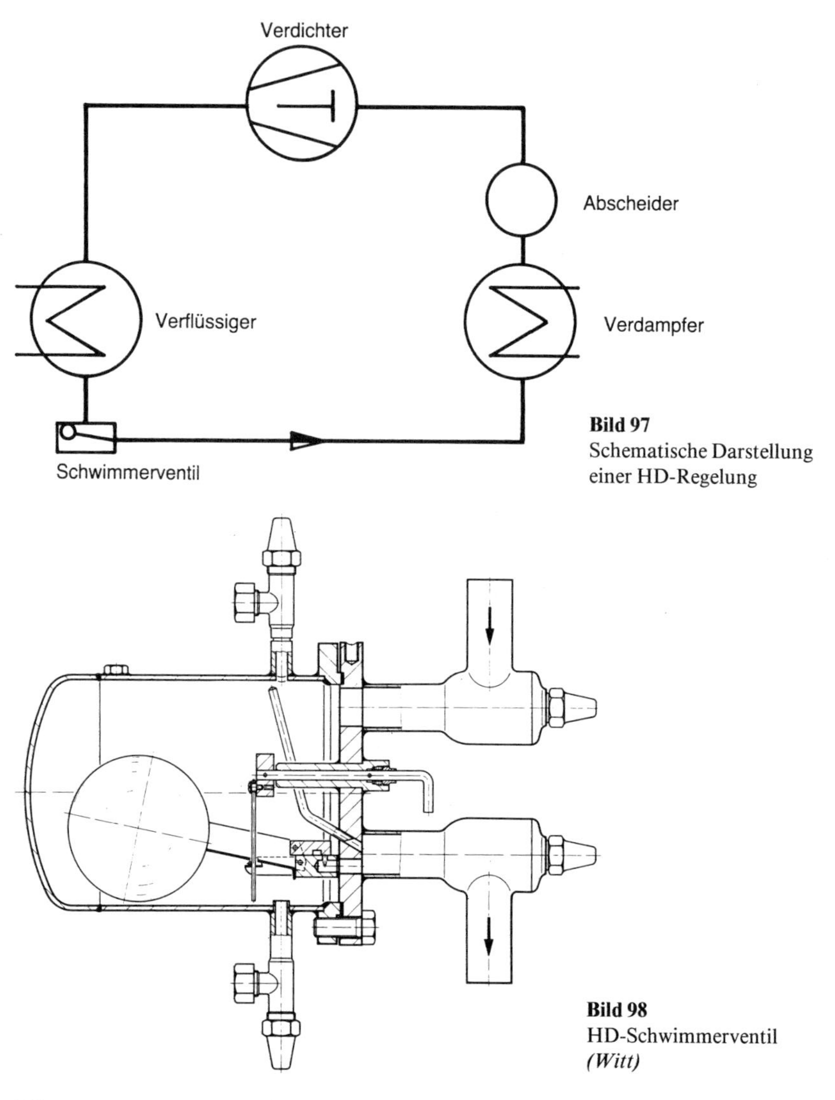

Bild 97
Schematische Darstellung einer HD-Regelung

Bild 98
HD-Schwimmerventil
(Witt)

ND-Schwimmerventile sind *Zulaufregler,* sie werden ähnlich wie Schwimmerschalter auf einer gewünschten Höhe kommunizierend am Verdampfer oder ND-Abscheider installiert. Ihr Einsatz setzt einen Kältemittelsammler nach dem Verflüssiger voraus. Unterschiedliche Kältemittelfüllmengen auf der Verdampferseite durch unterschiedliche Belastung werden im Kältemittelsammler ausgeglichen.

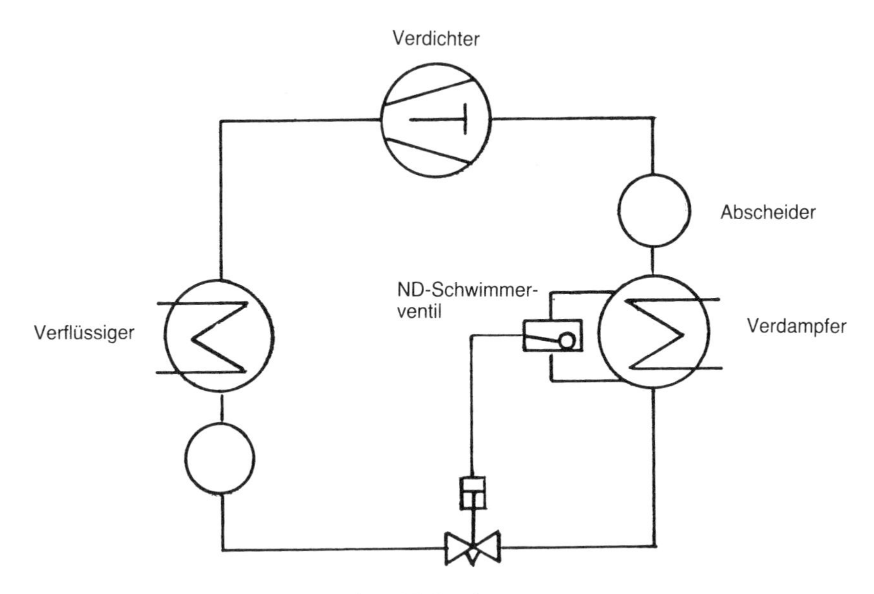

Bild 99 Schematische Darstellung einer ND-Regelung

Direktgesteuerte Schwimmerventile sind durch Schwimmerschalter mit Magnetventil praktisch verdrängt worden, auf ihre Eigenheiten wird deshalb nicht eingegangen.

Bild 99 zeigt ein pilotgesteuertes Schwimmerventil, das modulierend arbeitet und deshalb dort vorteilhaft ist, wo die Einhaltung eines konstanten Saugdruck verlangt wird.

An einen Kältemittelkreislauf können beliebig viele Verdampfer mit Zulaufregelung (TEV, EEV, Schwimmerschalter mit Magnetventil und ND-Schwimmerventil) angeschlossen werden.

2.4 Verdampfer

Der Verdampfer ist dasjenige Hauptteil (siehe 1.9.1) der Kälteanlage, mit dessen Hilfe einem Medium Wärme entzogen wird, wobei es sich abkühlt.

Man unterscheidet vier grundsätzliche Anwendungsformen für Verdampfer, und zwar

- **zum Kühlen von Luft (Umgebungsluft),**
- **zum Kühlen von Flüssigkeiten,**
- **zum Kühlen von Druckgasen sowie**
- **zum Verflüssigen oder Teilverflüssigen von Dämpfen.**

Mit den beiden ersten Anwendungsformen wollen wir uns befassen.

2.4.1 Verdampfer zur Luftkühlung

Verdampfer, meist *Lamellenverdampfer,* zur Kühlung von Luft werden gern als Luftkühler bezeichnet, obwohl dieser Ausdruck nicht eindeutig ist.

Auch sole- und kaltwasserbeschickte Lamellensysteme können Luftkühler sein. Daran sollte der Leser denken.

2.4.1.1 Entwicklung der Lamellenverdampfer zur Luftkühlung

Es begann mit Rohrschlangensystemen an Decken und Wänden, durch die Kältemittel, damals noch meist Ammoniak und schweflige Säure, zirkulierte und dabei eine natürliche Luftbewegung im Kühlraum erzeugte. Die an die Rohre gelangende Luft kühlte sich ab, fiel nach unten und die Warmluft stieg hoch. Wir haben schon in unserem theoretischen Teil von *Konvektion* (siehe 1.5.3) gehört, mit der wir es hier zu tun haben. Es wurden Glattrohre bevorzugt, weil man den sich an diesen Rohren ansetzenden Reif einfach abkehren, oder wie es in Brauereien üblich war, mit dem Wasserschlauch abspritzen konnte.

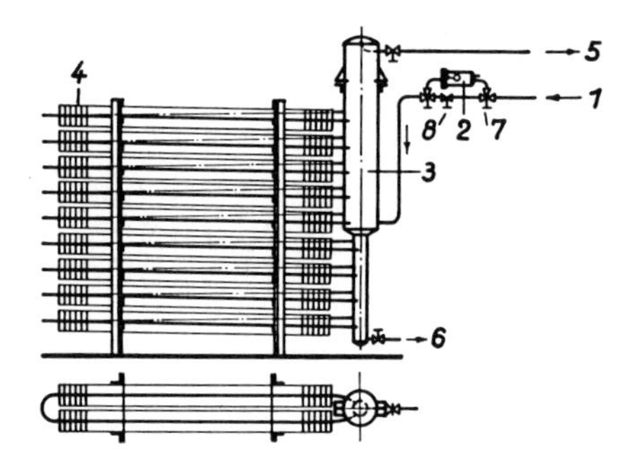

1 Eintritt Kältemittel flüssig
2 automatischer Schwimmerregler
3 Flüssigkeit-Sammler und -Abschneider
4 Rippenrohre, Kernrohr 38 × 3,5 mm
5 Austritt Kältemitteldampf
6 Ölablaß
7 Wechselventil
8 Hand-Regelventil

Bild 100 Rippenrohr-Verdampfer für überfluteten Betrieb

Große Rippenrohrsysteme eines Zentral-Luftkühlers wurden mit einer oberhalb des Verdampfers liegenden Wasserbrause ausgerüstet. (Rückläufiges Gefälle und Ablaßventil außerhalb des Kühlers, um Einfrieren beim Wiederanfahren zu vermeiden!)

Während der Verdampfer in einer besonders isolierten Kammer aufgestellt wurde, sorgten Ventilatoren für Luftumwälzung durch Kanäle, die im Kühlraum angeordnet und mit dem Verdampferraum in Verbindung standen. Solche Anlagen befanden sich meist in Schlachthöfen und großen Kühlhäusern.

Die Verdampfer solcher Anlagen wurden durch Hand-Regelventile oder Schwimmerventile mit Kältemittel beschickt und arbeiteten *überflutet,* d. h., unverdampfte Flüssigkeit wird in den Abscheider des Verdampfers zurückgeführt, während der Dampf an der höchsten Stelle des Abscheiders vom Verdichter abgesaugt wird.

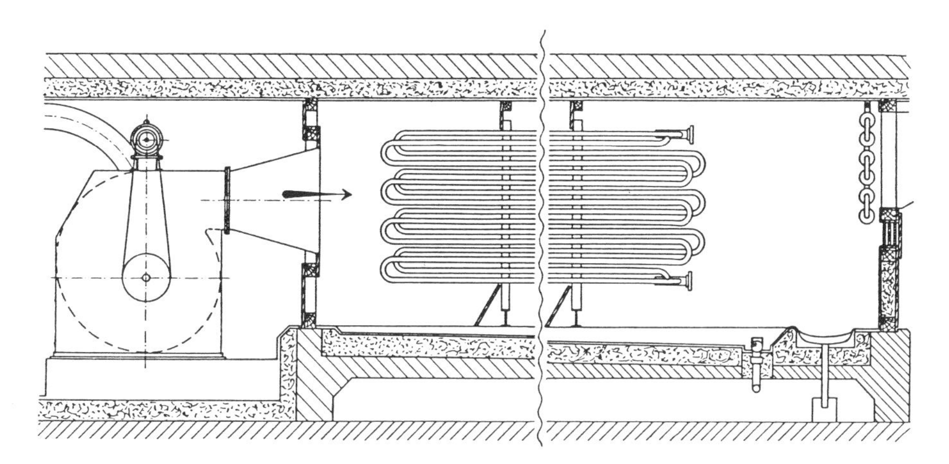

Bild 101 Zentralluftkühler in einem Schlachthof

Mit der Weiterentwicklung der Kältetechnik und der Einführung der TEV entstand ein neuer Verdampfertyp, *Hochleistungsverdampfer* genannt (es handelt sich um Lamellenverdampfer), in dem zum Unterschied des überfluteten Verdampfers ein *trockener* Verdampfungsprozeß stattfand. Diese Bauart besteht aus einem eng berippten Rohrbündel, durch das ein relativ starker Ventilator die Kühlraumluft hindurchbläßt oder saugt. Diese Verdampferbauform hat sich im Laufe der Zeit nur unwesentlich verändert und wird heute in verschiedensten Größen und Ausführungsformen hergestellt und montiert. Der Kältemitteleintritt über ein TEV findet meist oben statt und der Austritt liegt zwar unten, doch sollte die daran anschließende Saugleitung wieder bis zur Höhe des Verdampfereintritts geführt werden.

Bei größeren Verdampfern wird zur Verringerung des inneren Rohrwiderstandes eine Unterteilung des Lamellenpaketes vorgenommen, das dann aber die Verwendung von *Mehrfach-Einspritzung* erforderlich macht (siehe 2.3.2.5). Es kommt dabei sehr auf die Durchströmungs-Richtung der Luft durch den Verdampfer an, um dessen optimale Nutzung und die günstigste Regelung durch das TEV zu erzielen. Die technisch möglichen Konzeptionen modernen Verdampferbaus sind im „Lehrbuch der Kältetechnik“, im gleichen Verlag erschienen, ausführlich beschrieben [20].

a)

b)

Bild 102 a/102 b
Lamellenluftkühler
(Güntner)

2.4.1.2 Funktion eines Luftkühlers mit Lamellenverdampfer

Betrachten wir den Luftkühler in einem Kühlraum, dessen Temperatur über einen Thermostaten zwischen $t_R = +2\ °C$ und $+5\ °C$ geregelt werden soll.

Als Kältemittel wird R22 verwendet, die Verdampfungstemperatur beträgt $t_o = -8\ °C$, der Verdampfungsdruck also $p_o = 3{,}81$ bar.

Der zugehörige Kältesatz ist mit einem Saugdruckschalter ausgerüstet, der den Verdichter bei $p = 3{,}8$ bar abschaltet.

Funktion und Einstellung des TEV haben wir bereits behandelt. Darüber hinaus hängt die Funktionstüchtigkeit eines Luftkühlers nur noch vom Zustand seiner *Bereifung* ab.

Luftkühler, deren Verdampfungstemperatur unter $t_o = -3/-4\ °C$ liegt, bereifen mehr oder weniger.

Zurück zu unserem Beispiel. Der Verdichter wurde abgeschaltet, der Ventilator des Luftkühlers dagegen läuft weiter und drückt oder saugt Kühlraumluft von + 2 °C über das Lamellenpaket. Die verhältnismäßig warme Kühlraumluft wird den Druck im Verdampfer rasch ansteigen lassen. Sobald der Verdampferdruck auf etwa 5,0 bar (t_0 = > 0 °C) angestiegen ist, beginnt die Bereifung abzutauen. Das Tauwasser läuft in die Tropfschale ab. Da die Kühlraumtemperatur im Steigen begriffen ist, wird sich dieser Vorgang beschleunigen. Der Ventilator muß solange laufen, bis der Verdampfer völlig abgetaut ist. Der sich dabei einstellende Druck im Verdampfer und damit der obere Schaltpunkt unseres Saugdruckschalters zum Abschalten des Ventilators, muß bei der Inbetriebnahme gefunden werden.

Die kleinste Raumtemperaturdifferenz bei dieser Art der Abtauung beträgt 2K, d. h. frühestens bei + 4 °C Raumtemperatur darf wieder gekühlt werden.

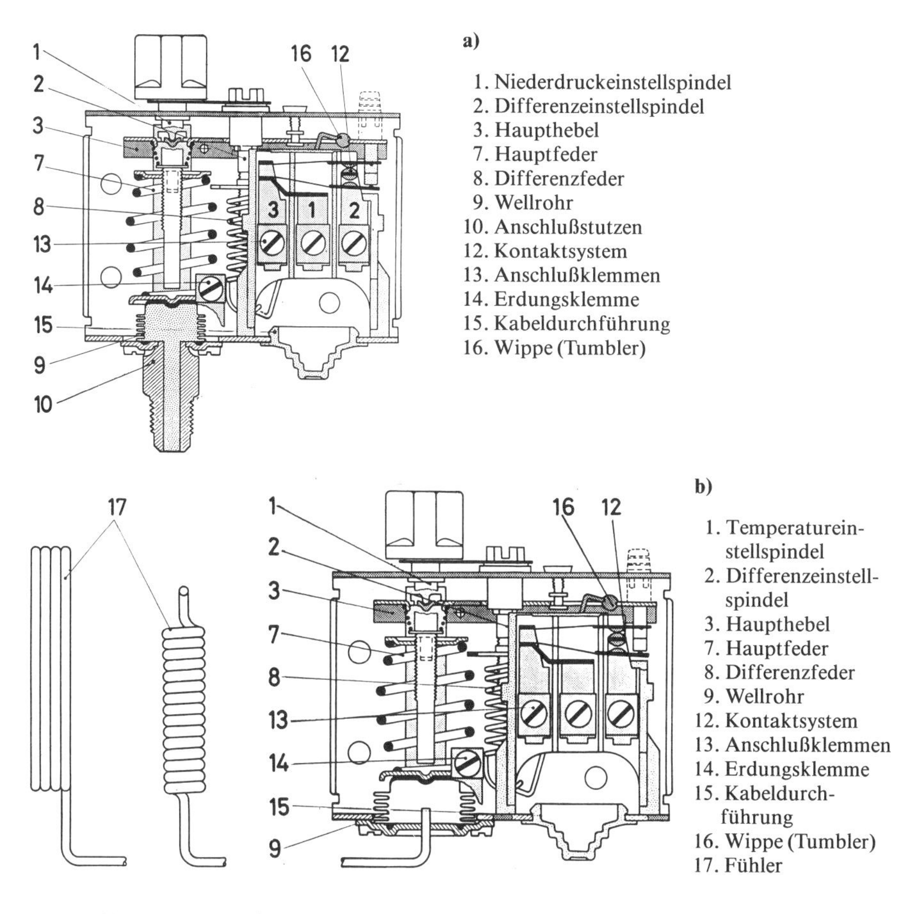

a)

1. Niederdruckeinstellspindel
2. Differenzeinstellspindel
3. Haupthebel
7. Hauptfeder
8. Differenzfeder
9. Wellrohr
10. Anschlußstutzen
12. Kontaktsystem
13. Anschlußklemmen
14. Erdungsklemme
15. Kabeldurchführung
16. Wippe (Tumbler)

b)

1. Temperatureinstellspindel
2. Differenzeinstellspindel
3. Haupthebel
7. Hauptfeder
8. Differenzfeder
9. Wellrohr
12. Kontaktsystem
13. Anschlußklemmen
14. Erdungsklemme
15. Kabeldurchführung
16. Wippe (Tumbler)
17. Fühler

Bilder 103 a/103 b Saugdruckschalter, Raumthermostat *(Danfoss)*

Unvollständiges Abtauen des Verdampfers führt unweigerlich zu Betriebsstörungen.

Wird der Kältesatz vom Raumthermostaten wieder eingeschaltet bevor der Verdampfer völlig reiffrei ist, so friert, besonders im unteren Teil des Verdampfers, der durch Tauwasser verdichtete Reif, der sich in einem Zustand ähnlich wie Schneematsch befindet, wieder an. Es tritt eine *Vergletscherung* des Verdampfers ein. Dort, wo Eisansatz vorhanden ist, kommt keine Luft mehr an Lamellen und Rohre, so daß die Vergletscherung bis zur totalen Vereisung des Verdampfers anwächst. Der nun ständig laufende Ventilator bläst schließlich nur noch einen Eisblock an und die Raumtemperatur von + 2 °C wird nicht mehr erreicht.

Ursachen für diese Erscheinung könnten sein:

- **Raumthermostat verstellt oder defekt, der Verdichter schaltet zu frühzeitig wieder ein.**
- **Saugdruckschalter defekt, Ventilator schaltet bei zu niedrigem Druck ab.**
- **Kühlraumtüren standen zu lange offen, hierfür wurde die Einstellung der Regelschalter nicht vorgenommen.**

Kältemittelmangel oder defektes TEV scheiden als Ursachen aus. Beides würde zu niedrigen Saugdruck bewirken, steigende Kühlraumtemperatur aber keine Verdampfervereisung.

2.4.1.3 Abtauen durch elektrische Heizung

Lamellenverdampfer in Kühlräumen und Kühlmöbeln zur Kühlung von Luft unter etwa + 1 °C können nicht mehr ohne zusätzliche Beheizung abgetaut werden.

Neben der später beschriebenen Heißgasabtauung ist das *Abtauen* vereister Verdampfer durch *elektrische Beheizung* heute das am meisten angewandte Abtau-Verfahren. Es läßt sich zur automatischen Steuerung jedem Betriebsfall anpassen und ist leicht bei allen Arten von Verdampfern verwendbar.

Die Heizelemente aus Heizkabeln, die in Kupfer-, Messing-, aluminierten Stahlrohren oder Chromnickelrohren eingebettet sind, werden meist parallel zu den Verdampferrohren in die Verdampferlamellen eingeschoben und sollen einen möglichst geringen Abstand zueinander haben. In Kühlmöbeln baut man die Abtauheizung an der Lufteintrittsseite vor den Lamellenverdampfer. In Tiefkühlräumen müssen außerdem die Tropfschalen der Verdampfer mit Heizkabeln ausgelegt werden, und schließlich lassen sich die biegsamen Kabel als Heizelemente tief in die Tauwasser-Ableitungsrohre hineinschieben, um diese bis über die Raumisolierung hinaus frostfrei zu halten. Alles wird so angeordnet und befestigt, daß Heizkabel auch während des Betriebes einer Anlage ausgewechselt werden können.

Elektrische *Abtauheizungen* werden durch eine *Schaltuhr* eingeschaltet, und der Abtauvorgang wird durch einen *Abtauthermostaten* beendet.

Der Fühler des Abtauthermostaten wird zwischen den Verdampferlamellen befestigt oder es wird ein festeingestellter Thermostat direkt auf eine Lamelle aufgeschraubt. Ist die Temperatur der Lamellen auf etwa + 5 °C angestiegen, wird die Abtauheizung abgeschaltet. Mit der Abtauuhr wird dieser Vorgang überwacht. Schaltet der Thermostat nicht nach einer eingestellten Zeit, dann wird der Abtauvorgang zwangsweise abgebrochen.

Es ist wichtig, den *Abtauerfolg* bei der Inbetriebnahme und bei Wartungen zu kontrollieren. Die Abtauzeit soll aus energetischen Gründen so kurz wie möglich sein, andererseits dürfen keine Eisreste verbleiben. Diese sind der Beginn von Vergletscherungen mit den im vorstehenden Abschnitt beschriebenen Betriebsstörungen.

Bei Kälteanlagen mit mehreren Kühlstellen werden immer häufiger *elektronische Steuergeräte* eingesetzt, die nicht nur die Abtauung steuern und überwachen, sondern noch weitere Funktionen wie Temperaturregelung usw. übernehmen. Diese Steuergeräte verfügen teilweise auch über Schnittstellen für Datenfernübertragung, z. B. über das Telefonnetz.

Auf diese Weise läßt sich auch *Bedarfsabtauung* mit einigem Erfolg realisieren. Es ist natürlich das Bestreben der Kälteanlagenbetreiber die zum Abtauen erforderliche elektrische Energie aus Kostengründen gering zu halten.

Die zum Abtauen erforderliche elektrische Leistung soll an Hand eines Deckenverdampfers aufgezeigt werden.

Der Verdampfer besitzt zwei Ventilatoren mit 500 mm Flügeldurchmesser und ist ausgelegt für:

Kältemittel	R22
Verdampfungstemperatur	– 30 °C
Raumtemperatur	– 20 °C
Verdampferleistung	27.250 kJ/h = 7.570 W

Als Abtauheizungen sind eingebaut:

Heizhaarnadeln in den Lamellen	3 × 870 = 2.610 W
in der Tropfwanne	960 W
	3.570 W

Die Kühlfläche des Verdampfers beträgt $A = 48\ m^2$

Daraus ergibt sich eine *spezifische installierte Heizleistung*

$$\frac{2.160}{48} = 55\ W/m^2$$

Im allgemeinen wird mit 50 bis 70 W/m^2 gerechnet.

Weiter folgt ein Beispiel aus dem modernen Großverdampferbau, ein Verdampfer mit ca. 1100 m^2 Verdampferfläche für etwa $t_o = -30\ °C$ Verdampfertemperatur (s. Bild 105). Im Kühlsystem (5 Lagen Verdampferpakete übereinander) sind 27 Heizhaarnadeln aus Chromnickelstahlrohr nach einem bestimmten System, das maximale Abtauung in kürzestmöglicher Zeit gewährleistet, eingebaut. Jede Haarnadel hat ca. 7,5 m beheizte Länge, eine Kapazität von 2,6 kW, d. h. je lfd. m ca. 350 W Heizleistung. Auf einen Quadratmeter Kühlerfläche entfällt bei 70,2 kW Heizleistung aller Haarnadeln für die Lamellenabtauung

$$\frac{70.200}{1100} = \underline{64\ W/m^2}$$

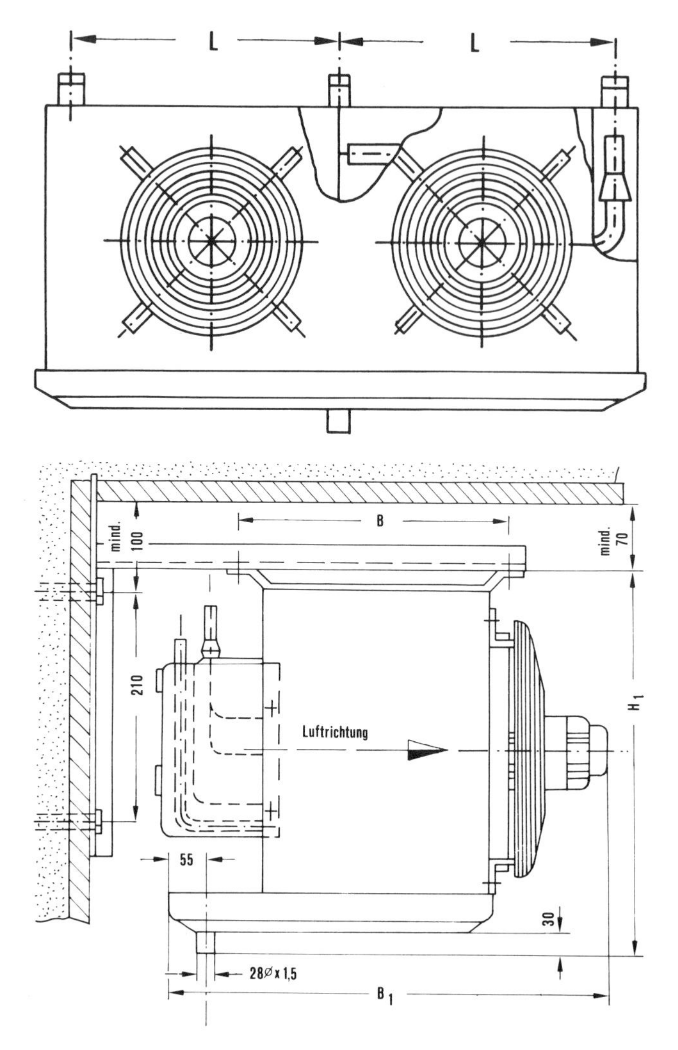

Bild 104 Deckenverdampfer *(Linde AG)*

Die Bodenwanne zur Aufnahme des Tauwassers ist mit 9 kW Heizleistung versehen. Bei ca. 8,5 m^2 Bodenfläche, also ca. 1000 Watt pro m^2. Zur Einleitung des Abtauvorganges werden mittels der angebauten Stellmotoren die Lufteintrittsklappen zugefahren (Bild 105). Auch hierbei wird der Abtauvorgang über Schaltuhren und Thermostaten gesteuert, wobei im vorliegenden Falle der Abtauprozeß von 8 Thermostaten überwacht bzw. geschaltet wird.

Die 3 Ventilatoren mit je 7,5 kW = 22,5 kW sind beim Abtauvorgang selbstverständlich ausgeschaltet. Nach Abtauen des Verdampfers und Öffnung der Luken wird zuerst

Bild 105
Lamellen-System-Verdampfer
~ 1100 m²

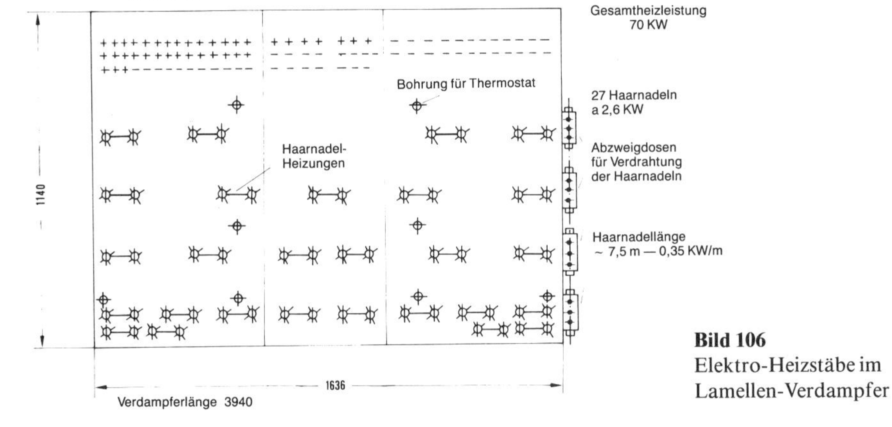

Bild 106
Elektro-Heizstäbe im Lamellen-Verdampfer

der Kältemittelkreislauf wieder in Betrieb genommen, und danach werden die Ventilatoren wieder eingeschaltet.

In neuen Konstruktionen von Großluftkühlern werden die Lamellenverdampfer sowie die Luftein- und -austrittsöffnungen so angeordnet, daß auf motorbewegte Klappen verzichtet werden kann.

2.4.1.4 Heißgasabtauung

Heißgasabtauung müßte eigentlich Abtauen mit Kältemitteldruckdampf genannt werden. Aber dieser Begriff hat sich so eingebürgert, daß wir ihn auch hier verwenden wollen.

Bei jeder Variante der *Heißgasabtauung* wird der Verdampfer, im Gegensatz zur elektrischen Abtauung, von *innen* auf eine Temperatur über 0 °C erwärmt.

Dazu wird der überhitzte Kältemitteldruckdampf aus der Verdichterdruckleitung in den Verdampfer geleitet. Bei Anlagen mit Wärmerückgewinnung wird enthitzter Druckdampf zum Abtauen verwendet, für einige Anwendungsfälle wird gezielt enthitzter Druckdampf dem Kältemittelsammler entnommen. Hier spricht man auch von *Kaltgasabtauung.*

Solange die Verdampferrohre und Lamellen bereift sind, wird an ihren Innenrohren immer Kältemittel kondensieren, sofern der Druck im Verdampfer über dem Sättigungsdruck des betreffenden Kältemittels bei 0 °C liegt. Dafür muß bei der Auslegung der Anlage gesorgt werden.

Angewendet wird die Heißgasabtauung bei allen Kälteanlagen und Kältesätzen zur Kühlung von Luft.

Angefangen von Kältesätzen zur LKW-Kühlung, wo mittels spezieller automatischer Ventile zum Abtauen Verdampfer und Verflüssiger ihre Funktion wechseln über Lamellenverdampfer in Kühlmöbeln bis hin zu Kälteanlagen in Kühlhäusern und Wärmepumpen.

Das wesentlichste Anwendungsgebiet ist derzeit in der Bundesrepublik jedoch sicherlich die Kälteanlage im Kühlhaus. Die Vielzahl der Verdampfer in Kühlhäusern, verbunden mit den zentralen Kälteanlagen — welcher Bauart auch immer — macht die

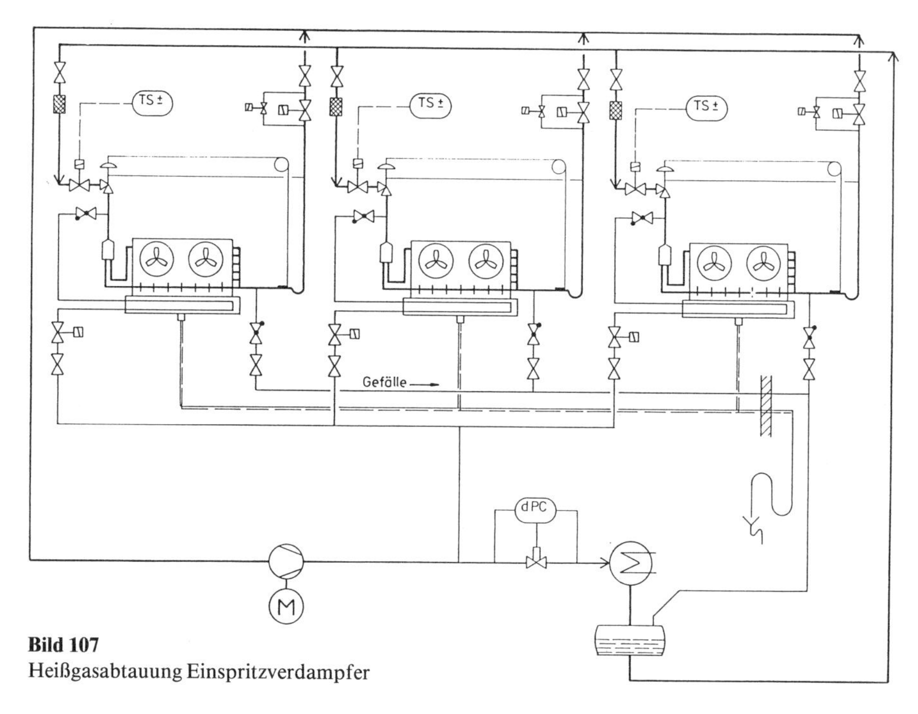

Bild 107
Heißgasabtauung Einspritzverdampfer

Heißgasabtauung interessant, sowohl für Anlagen mit TEV-Betrieb als auch für Umpumpanlagen.

Der Einsatz der Heißgasabtauung in den Kälteanlagen der Supermärkte, die durch die Verbundanlagen (siehe 5) auch immer mehr zur zentralen Kälteanlage tendieren und ebenfalls viele einzelne Kühlstellen besitzen, ist wegen der speziellen Verdampferkonstruktionen etwas kritisch. Ausgeführt wird Heiß- oder Kaltgasabtauung jedoch auch hier.

Die inzwischen ausgeführten Schaltungen und eingesetzten Armaturen zur Heißgasabtauung sind so mannigfaltig, daß hier nur einige Beispiele vorgestellt werden können.

Bild 107 zeigt eine Schaltung zum Abtauen von Lamellenverdampfern mit TEV. Abgetaut wird stets nur einer der drei Verdampfer. Dazu schließen zuerst die Magnetventile in der Flüssigkeits- und in der Saugleitung. Danach öffnet das Magnetventil in der Druckdampfleitung. Das Heißgas strömt zuerst durch die Heizschlangen der Tropfschale und wird dann in die Einspritzleitung zwischen TEV und Verteiler eingeleitet.

Am Austritt des Verdampfers wird das entstandene Kältemittelkondensat an der tiefsten Stelle entnommen und dem Sammler zugeführt. Die erforderliche Druckdifferenz wird durch einen Differenzdruckregler in der Druckleitung vor dem Verflüssiger geschaffen. Dadurch wird der Heißgasdruck gegenüber dem Druck im Sammler etwas angehoben.

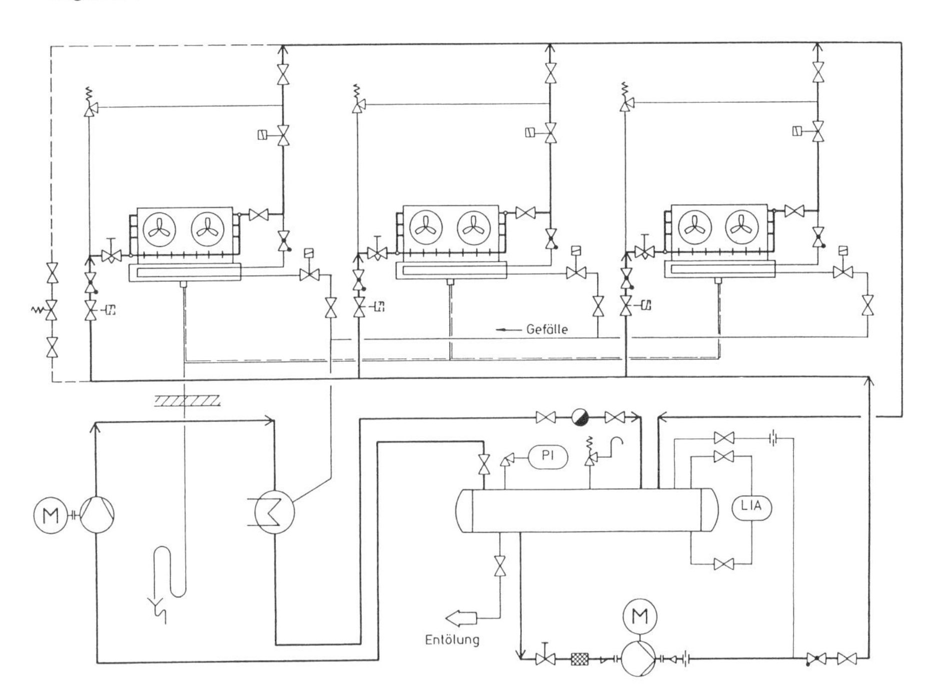

Bild 108 Heißgasabtauung bei Umpumpbetrieb

Andere Systeme speisen das Heißgas auf der Verdampferaustrittseite ein und führen das Kältemittelkondensat zwischen Verteiler und TEV ab.

Die jeweils vorteilhafteste Lösung hängt von der Verdampferbauart, der Aufstellung der Verdampfer, den eingesetzten Verteilern u. ä. ab.

Kälteanlagen in Kühlhäusern, die als Umpumpanlagen ausgeführt sind, werden praktisch nur noch mit Heißgasabtauung gebaut. Da sich in der Saugleitung von Verdampfer zum ND-Abscheider ohnehin ca. 70 Gew.% (nicht Volumen!) Kältemittel in flüssiger Form befindet, ist die Ableitung des beim Abtauen angefallenen Kältemittelkondensates unproblematisch.

Bild 108 zeigt eine Abtauschaltung für Umpumpanlagen. Das Kältemittelkondensat wird einfach über ein einstellbares, federbelastetes Differenzdruckventil in die gemeinsame Saugleitung zum ND-Abscheider geleitet.

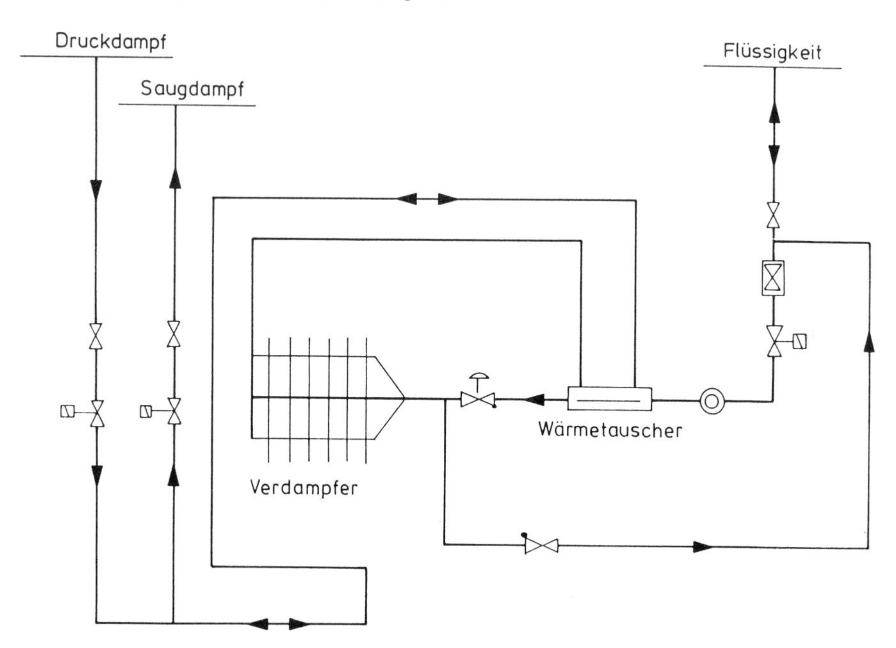

Bild 109 Kaltgasabtauung bei Kühlmöbeln

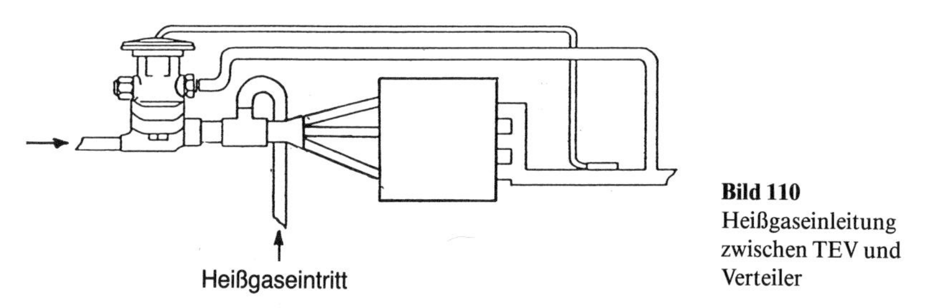

Bild 110
Heißgaseinleitung zwischen TEV und Verteiler

Die *Steuerung der Heißgasabtauung* unterscheidet sich praktisch nicht von der für Elektroabtauung. Die Abtaueinleitung erfolgt ebenfalls über eine Zeitschaltuhr. Die Reihenfolge, in der die Magnetventile schließen und öffnen, ist die gleiche wie bei Verdampfern mit TEV. Anstatt der Elektroheizung wird das Magnetventil in der Heißgasleitung angesteuert.

Nur müssen die Verdampfer in Kühlhäusern, wie leicht einzusehen ist, seltener abgetaut werden als die in Kühlmöbeln, da in Tiefkühlräume wesentlich weniger Frischluft und damit Feuchtigkeit eingetragen wird.

2.4.2 Verdampfer für Flüssigkeitskühlung

Als Verdampfer zur Kühlung von Flüssigkeiten — hauptsächlich Wasser oder Sole, in der Kältetechnik *Kälteträger* genannt — werden überwiegend Rohrbündelverdampfer eingesetzt.

Rohrbündelverdampfer bestehen aus mehreren, als Bündel innerhalb eines Mantels angeordneten Rohren, die an ihren beiden Enden in einem Rohrboden münden. Die Rohrböden sind mit Umlenkkappen verschlossen, an denen sich die Ein- und Austrittsstutzen des Rohrraums befinden.

Rohrbündelverdampfer werden als *trockene* und als *überflutete* Verdampfer gebaut.

Beim trockenen Verdampfer befindet sich das siedende Kältemittel in den Rohren und die zu kühlende Flüssigkeit, der Kälteträger im Mantelraum.

Bild 111
Rohrbündelverdampfer für trockene Verdampfung
(Linde AG)

Die Regelung der Kältemittelzufuhr erfolgt durch TEV oder EEV. Diese Verdampfer werden bis zu Leistungen von etwa 1000 kW gebaut. Bei derartigen Leistungen müssen anstatt direktgesteuerter TEV pilotgesteuerte TEV eingesetzt werden.

Größere Verdampfer dieser Bauart werden kältemittelseitig in zwei völlig voneinander getrennte Abteile aufgeteilt. Jedes Abteil besitzt eine eigene Einspritz- und Saugleitung. Diese Verdampfer erhalten auch zwei TEV.

Das Kältemittel wird meist oben eingespritzt und unten abgesaugt.

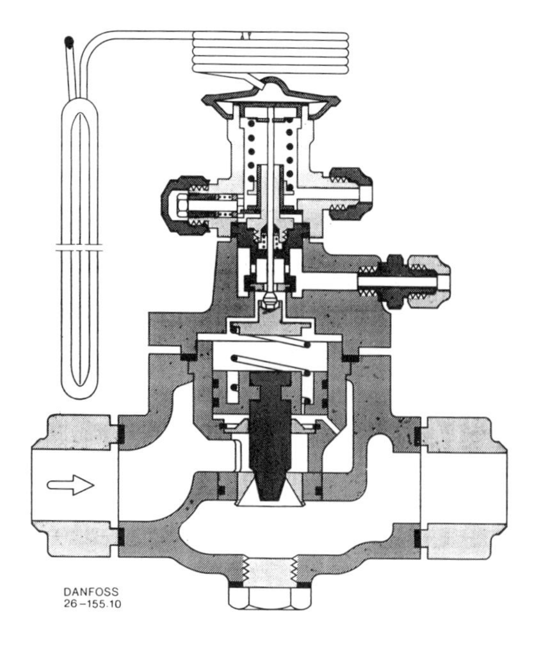

Bild 112
Pilotgesteuertes TEV *(Danfoss)*

Kälteträgerseitig sind zwei Arten der Durchströmung üblich.

— Kälteträgereintritt an der Kältemittelaustrittsseite,
Kälteträgeraustritt an der Kältemitteleintrittsseite (Gegenstrom)
— Kälteträgereintritt in der Mitte,
Kälteträgeraustritt an den äußeren Enden (50 % Gleich- und 50 % Gegenstrom)

Bei dieser Art der Durchströmung vermindert sich der Druckabfall auf der Kälteträgerseite auf 25 %.

Bild 113 Rohrbündelverdampfer *(Linde AG)*

Das Haupteinsatzgebiet der trockenen Rohrbündelverdampfer sind die Flüssigkeitskühlsätze.

Der Anschluß der Wasser- oder Soleleitungen an den Verdampfer erfolgt über *Gummikompensatoren,* um vom Kühlsatz erzeugte Schwingungen nicht auf das Rohrleitungsnetz zu übertragen. Werden Absperrschieber in diese Rohrleitungen eingebaut, dürfen Verdampfer und Kompensatoren nicht durch deren Gewicht belastet werden.

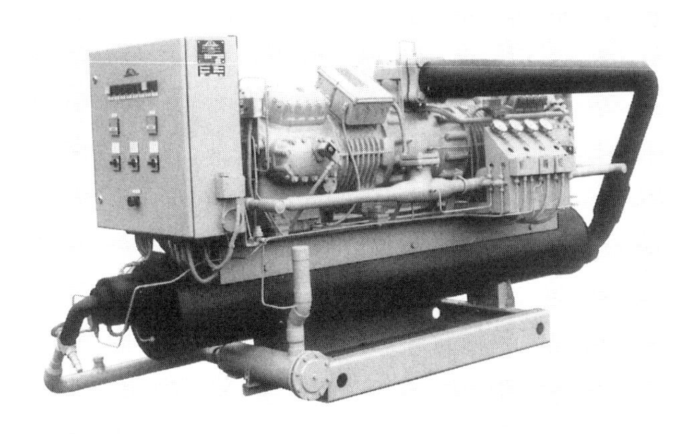

Bild 114
Wasserkühlsatz
(Linde AG)

Bei überfluteten Verdampfern befindet sich das Kältemittel im Mantelraum und der Kälteträger in den Rohren.

Die Kältemittelversorgung erfolgt in Abhängigkeit des Kältemittelfüllstandes im Verdampfer. Ein Schwimmerschalter oder ND-Schwimmerventil wird dazu in Höhe des gewünschten Füllstandes kommunizierend mit dem Verdampfer verbunden (siehe 2.3.4). Bei Anlagen mit nur einem Verdampfer werden vorzugsweise HD-Schwimmerventile eingesetzt. Bei diesen Anlagen muß die Kältemittelfüllung abgestimmt werden.

Die *Füllhöhe* des Kältemittels in überfluteten Verdampfern soll erfahrungsgemäß wie folgt sein:

Bei R22	**etwa 60 % und**
bei Ammoniak	**80 %**

der berohrten Verdampferhöhe.

Damit keine flüssigen Kältemittel in die Saugleitung gelangen kann, benötigen überflutete Verdampfer Flüssigkeitsabscheider. Es werden entweder liegende Abscheider auf den Verdampfer angeordnet, oder der obere Mantelraum wird so gestaltet, daß er als Abscheider wirkt. In den meisten Fällen werden dann Einbauten, Abdeckbleche oder Drahtgestrickpakete vorgesehen.

Überflutete Verdampfer müssen grundsätzlich entölt werden. Das vom Verdichter ausgeworfene Öl wird im Verflüssiger vom Kältemittel gelöst und gelangt mit dem eingespritzten Kältemittel in den Verdampfer. Der abgesaugte Kältemitteldampf ist jedoch ölfrei. Ohne geeignete Maßnahmen würde die Ölkonzentration der Kältemittelfüllung im Verdampfer ständig ansteigen. Dadurch würde der Wärmeübergang verschlechtert. Der Verdampfungsdruck würde bis zum Abschalten der Anlage absinken.

Gemäß UVV VBG 20 müssen Verdichter gegen Flüssigkeitsschläge geschützt werden. Das macht es erforderlich, daß überflutete Verdampfer mit Schwimmerschaltern zur Füllstandsüberwachung ausgerüstet sein müssen, wenn nicht die gesamte Kältemittelfüllung gefahrlos im Verdampfer untergebracht werden kann. Der Schwimmerschalter schaltet dann bei Hochstand den Verdichter ab.

Bei Betrieb mit FCKW-Kältemitteln ist ein Ölaustreiber erforderlich.

Bei Ammoniakbetrieb kann an der tiefsten Stelle des Verdampfers über ein Sicherheitsablaßventil entölt werden. Bei Verdampferdruck unter 1 bar, bei Unterdruck, wird eine Ölschleuse benötigt.

3. Rohrleitungen

In den nachfolgenden Abschnitten soll nicht von der Berechnung und der Materialauswahl der Rohrleitungen die Rede sein, sondern von deren Funktion im Kreislauf, der Kennzeichnung sowie von Verlegungshinweisen.

Es wird an dieser Stelle besonders auf die DIN 8975, Teil 6, hingewiesen, in der alles Wesentliche über Kältemittel-Rohrleitungen, z. B. Auslegungsdrücke, Materialauswahl usw., festgelegt ist.

Im Abschnitt 1.9 wurde bereits kurz erwähnt, daß die Rohrleitungen im Kältemittelkreislauf die Verbindungselemente zwischen den Hauptteilen der Kälteanlagen — Verdichter, Verflüssiger, Kältemittelstromregler und Verdampfer — darstellen. Außerdem sind die Rohrleitungen Träger der Armaturen (Absperrventile, Rückschlagventile, Regler usw.).

In den Rohrleitungen strömt das Kältemittel teils dampfförmig, teils flüssig oder auch in beiden Zuständen (Zweiphasenströmung) und in jeden dieser Zustände bei hohen Temperaturen auf der Hochdruckseite und niedrigen Temperaturen auf der Niederdruckseite. Das bedeutet, die Rohrleitungen einer Kälteanlage können niemals eine einheitliche, gleiche Dimension haben. Jeder Rohrleitungsabschnitt muß besonders berechnet aber auch nach besonderen Gesichtspunkten verlegt werden.

Die Rohrleitungsmontage nimmt etwa 70 % des gesamten Montageaufwandes in Anspruch. Hier ist deshalb auch für den Monteur ein Spielraum gegeben, kostenreduzierend mitzuwirken. Fehler im Rohrleitungsnetz werden nicht nur gelegentlich bei der Auslegung begangen, sondern auch bei der Verlegung. Häufig geschieht das nur deshalb, weil die Funktion eines Rohrleitungsabschnittes oder der Grund für die Einbaulage eines Ventils nicht richtig verstanden wurden.

Wie wir wissen, wird durch die Rohrleitungen nicht nur das Kältemittel geleitet, sondern auch das vom Verdichter ausgeworfene Öl. Das Öl muß vom Kältemittelstrom durch das Rohrleitungssystem transportiert werden und das bei verschiedenen Aggregatszuständen des Kältemittels.

Mehr und mehr wird die Rohrleitungsmontage auch unter dem Gesichtspunkt der Kältemittelemission gesehen. Kältemittelführende Rohrleitungen sollen aus diesem Grunde nicht größer als nötig dimensioniert werden, um den Kältemittelinhalt der Anlage möglichst klein zu halten, so daß bei einer Undichtigkeit möglichst wenig Kältemittel in die Atmosphäre entweichen kann.

Die Verbindungen der Rohrleitungen, ob Löt-, Schweiß- oder Flanschverbindungen, sind die kritischen Stellen im Hinblick auf Undichtigkeiten und mögliche Kältemittelverluste und deren Herstellung bedarf deshalb größter Sorgfalt. Die Kenntnis von der künftigen Belastung der Verbindung durch Druck, Temperatur und Schwingungen sind Voraussetzung für Tätigkeit des Monteurs.

Auch bei der Rohrleitungsmontage ist Sauberkeit oberstes Gebot. Schmutz führt später zu Störungen an verschiedensten Teilen der Kälteanlage, die es erforderlich machen, den Kreislauf zu öffnen. Ganz ohne Kältemittelverluste geht das jedoch niemals ab. Vor dem Einbau sind die Rohre auf Sauberkeit zu prüfen, die bereits bei der Lagerung beginnt. Die Rohre müssen deshalb bis unmittelbar vor dem Einbau einwandfrei verschlossen sein.

Die Benennung einiger Rohrleitungen in der Kälteanlage haben wir in Abschnitt 1.9 bereits erwähnt, hinzu kommen noch die Kondensatleitung, die Abtauleitung, die Umblaseleitung, die Entölungsleitung sowie die Meß- und Steuerleitungen. Etwas näher eingehen wollen wir auf die

— **Druckleitung,**
— **Kondensatleitung,**
— **Flüssigkeitsleitung,**
— **Einspritzleitung und**
— **Saugleitung.**

Die Kennzeichnung der Rohrleitungen erfolgt nach dem Durchflußstoff gemäß DIN 2403.

Die Rohrleitungen werden durch farbige Schilder gekennzeichnet. Die Schilder enthalten die Bezeichnung des Durchflußstoffes oder ein hierfür festgelegtes Kennzeichen (z. B. R22).

Durchflußstoffe aus der Kältetechnik

Stoff	Gruppe	Farbe		
Wasser	1	grün,	RAL	6010
Luft	3	blau,	RAL	5009
Kältemittel,				
brennbar	4	gelb*	RAL	1012
nicht brennbar	5	gelb	RAL	1012
Sole	7	violett,	RAL	4001
flüssiges Kühlgut				
(Wein, Bier, Milch)	9	braun,	RAL	8001
Vakuum	0	grau,	RAL	7002

* brennbare Kältemittel (z. B. Ammoniak) erhalten eine rote Spitze. Zur Kennzeichnung von Rohrleitungen in Kälteanlagen gilt zusätzlich DIN 2405.

Die Schilder der Kältemittelleitungen sind gelb mit schwarzem Rand und einseitiger Schildspitze (eventuell rot wie bei Ammoniak).

Bild 115 Kennzeichnungsschild für kältemittelführende Rohrleitungen

Das Kennzeichen R22, in schwarzer Schrift auf weißem Feld, wird am stumpfen Ende aufgeklebt. Farbige Querstreifen hinter dem Kennzeichnen erklären den Rohrleitungsabschnitt.

Saugleitung — kalte Gase	**blau, RAL 5009**
Druckleitung — heiße Gase	**rot, RAL 3003**
Flüssigkeitsleitungen	**grün, RAL 6010**

Die jeweilige Stufe der Kälteanlage wird durch die Anzahl dieser Querstreifen gekennzeichnet. Z. B.

ND-Teil oder erste Stufe: ein Querstreifen
HD-Teil einer zweistufigen Kälteanlage oder dritte Stufe: drei Querstreifen.

3.1 Druckleitung

Die *Druckleitung* ist die Verbindungsleitung zwischen dem Verdichter und dem Verflüssiger, darin wird der verdichtete Kältemitteldampf zum Verflüssiger geleitet. Bei Anlagen mit Wärmerückgewinnung und hintereinandergeschalteten Verflüssigern wird die Verbindungsleitung zwischen den Verflüssigern auch dann noch als Druckleitung bezeichnet, wenn darin gesättigtes oder feuchtes Kältemittel strömt.

Der Auslegungsdruck dieser Leitungen bei Verwendung von R22, R502, R717 (Ammoniak) beträgt bei

wassergekühlten Verflüssigern bis 17 bar / t_c	**= 43 °C**
luftgekühlten Verflüssigern bis 23 bar / t_c	**= 55 °C**
im Sonderfall bis 28 bar / t_c	**= 64 °C**

Die Temperatur des Druckdampfes kann je nach Kältemittel t_h = 120 bis maximal 160 °C erreichen.

Die Geschwindigkeit des Druckdampfes wird zwischen 6 und 14 m/s gewählt. Die geringere Geschwindigkeit gilt für kleinere Rohrdurchmesser.

Mit dem Kältemitteldampf wird auch das vom Verdichter ausgeworfene Öl transportiert. Wegen der verhältnismäßig hohen Temperaturen ist das Öl dünnflüssig und einfacher mitzuschleppen als in der Saugleitung. Trotzdem werden Steigleitungen in FCKW-Anlagen bei mehr als 5 m Höhenunterschied häufig gesplittet (d. h. in mehrere kleinere, parallele Steigleitungen aufgeteilt), um auch bei Teillast der Verdichter den Öltransport sicherzustellen (siehe 3.5).

Bei Ammoniakanlagen ist dieses Splitting nicht üblich. Ammoniakverdichter sind auch grundsätzlich mit Ölabscheidern ausgerüstet.

Die Druckleitung ist die durch den Innendruck und durch Schwingungen am stärksten belastete Rohrleitung der Kälteanlage. Die vom Ausschub der Zylinder zu Schwingungen angeregte Kältemittel-Druckdampfsäule kann ihrerseits in Bögen und Armaturen die Rohrleitungen anregen und dadurch Schwingungs-Brüche sowie äußerst störenden Körperschall verursachen. Für angemessene Rohrhalter ist zu sorgen (siehe auch DIN 8975, Teil 6). Zur Vermeidung der Körperschallübertragung auf den Baukörper können Rohrschellen mit dämmender Einlage verwendet werden. Gegen Gasschwingungen (Pulsationen) werden oft Dämpfer (Muffler) eingesetzt. Jeder Ölabscheider wirkt als Pulsationsdämpfer.

Bei entsprechend langen Druckleitungen ist der Einfluß der Längenausdehnung durch die Temperaturerhöhung (bis 100 K in Verdichternähe) durch geeignete Rohrhalter (Festlager, Loslager, Federhänger) aufzunehmen.

Druckleitungen sind in der Regel nicht isoliert. Bei Stillstand des oder der Verdichter kann Kältemittel kondensieren und in die Verdichter gelangen. Wenn dies durch die Rohrleitungsverlegung nicht verhindert werden kann, sind andere geeignete Maßnahmen zur Vermeidung von Flüssigkeitsschlägen vorzusehen, z. B. Einbau von Rückschlagventilen nach den Verdichtern.

3.2 Kondensatleitung

Die *Kondensatleitung* ist die Verbindungsleitung vom Verflüssiger zum Kältemittelsammler. In dieser Leitung findet vielfach Zweiphasenströmung statt. Eine Art der Leitungsverlegung ist der freie Ablauf des Kältemittelkondensats vom Verflüssiger zum Sammler. Vorteilhaft ist es hierbei, die Kondensatleitung mit Gefälle und nicht senkrecht/waagerecht zu verlegen, um auf diese einfache Art die Phasentrennung von Flüssigkeit und Dampf zu erreichen. So kann Kältemitteldampf, der im Sammler durch Wärmeeinfall entsteht oder durch die Kältemittelflüssigkeit verdrängt wird, zum Verflüssiger zurückströmen.

Letzteres tritt ein, wenn der Kältemittelstrom zum Verdampfer intermittierend durch Schwimmerschalter mit Magnetventil (Abschnitt 2.3.4.2) geregelt wird. Dann wird zeitweilig, bei gleichbleibendem Kältemittelzulauf in den Sammler, kein Kältemittel entnommen.

Bei Kältesätzen mit nur einem Verdampfer und kontinuierlich arbeitenden Kältemittelstromregler (TEV, Kapillardrosselrohr), ist die umlaufende Kältemittelmenge an jedem Punkt des Kreislaufes etwa gleich. Für den Sammler heißt das, der Kältemittelzulauf ist gleich dem Ablauf. Bei solchen Anlagen kann der Sammler auch neben den Verflüssiger angeordnet werden, so daß die Kondensatleitung etwas nach oben geführt werden muß.

In der Regel ist die nach oben geführte Kondensatleitung zu vermeiden, sie kann Kältemittelstau im Verflüssiger verursachen.

Problematisch ist in vielen Fällen die Verlegung von Kondensatleitungen bei Kälteanlagen mit mehreren Verflüssigern, ob parallel oder in Reihe geschaltet, mit nur einem Sammler. Unterschiedlicher Druck am Austritt der Verflüssiger, hervorgerufen durch unterschiedliche Bauart oder Größe (siehe Bild 116), kann dazu führen, daß sich einzelne Verflüssiger nicht entleeren. Steigender Verflüssigungsdruck, bis hin zur Abschaltung der Verdichter wegen Überdruck, ist die Folge, oder die in dem betroffenen Verflüssiger angestaute Kältemittelmenge fehlt auf der Verdampferseite und die Anlage geht in Saugdruckstörung.

Diese unterschiedlichen Drücke müssen durch unterschiedliche Kältemittelflüssigkeitssäulen in den (senkrechten) Kondensatleitungen der einzelnen Verflüssiger ausgeglichen werden. Das setzt jedoch voraus, daß die Kondensatleitungen mit einem Siphon am Sammler angeschlossen werden, zumindest diejenigen, deren Verflüssiger den größeren Druckabfall haben. Zwischen dem Sammler und der gemeinsamen Druckleitung in der Nähe Verflüssigereintritte ist dazu eine Ausgleichsleitung zu verlegen.

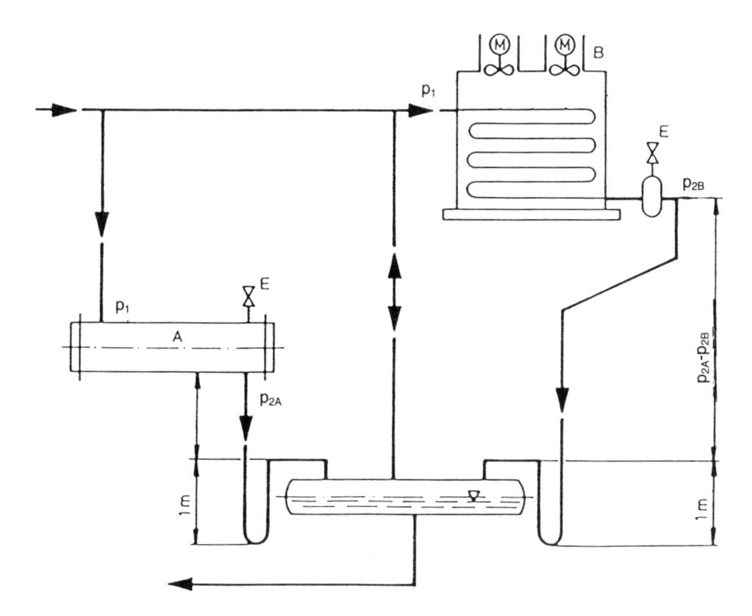

Bild 116 Parallelschaltung von Verflüssigern unterschiedlicher Bauart

Kondensatleitungen zu Schwimmerventilen können in gewissen Grenzen auch senkrecht nach oben geführt werden (Herstellerangaben beachten). Ausschlaggebend hierfür ist die Auslegung der Bypass-Bohrung zum Schwimmerventil, über die stets ein Unterdruck gegenüber dem Druck im Verflüssiger erzeugt wird.

Der Zusammenschluß von zwei oder mehreren Kondensatleitungen (d. h. auch Verflüssigern) auf ein Schwimmerventil ist keine gute Lösung. Ungleiche Verflüssigerbelastung, z. B. durch ungleichmäßige Verschmutzung, führt zu Betriebsstörungen.

Der Auslegungsdruck der Kondensatleitung ist der gleiche wie bei der Druckleitung. Die Betriebstemperatur ist gleich Sättigungstemperatur.

Die Geschwindigkeit des flüssigen Kältemittels wird zwischen 0,3 und maximal 0,5 m/s gewählt.

Ventile dürfen in die Kondensatleitung nur mit waagerecht liegender Spindel eingebaut werden, damit Dampfblasen ungehindert passieren können.

3.3 Flüssigkeitsleitung

Die *Flüssigkeitsleitung* ist die Verbindungsleitung vom Sammler — oder bei Anlagen ohne Sammler vom Verflüssiger — zum Kältemittelstromregler (Kapillardrosselrohr, TEV, EEV, Regelventil nach dem Magnetventil oder ND-Schwimmerventil). Die Rohrleitung vom Verflüssiger zum HD-Schwimmerventil haben wir als Kondensatleitung bezeichnet, weil das Gehäuse des Schwimmerventils funktionelle Gemeinsamkeiten mit dem Sammler hat.

Der Auslegungsdruck der Flüssigkeitsleitung ist der gleiche wie bei der Druckleitung.
Die Betriebstemperatur liegt üblicherweise am Eintritt in die Flüssigkeitsleitung 2—3 K unter der Verflüssigungstemperatur. Bei Vorhandensein eines Flüssigkeitsunterkühlers kann die Temperatur nach dem Unterkühler erheblich niedriger liegen, eventuell muß die Flüssigkeitsleitung sogar isoliert werden.

Durch die Flüssigkeitsleitung soll nach Möglichkeit nur reine Kältemittelflüssigkeit strömen, ohne störenden Dampfanteil. Speziell TEV sind entsprechend dieser Voraussetzung ausgelegt. Schaugläser in den Flüssigkeitsleitungen, möglichst nahe am TEV, dienen der Kontrolle.

Da die im Verflüssiger erzielte Unterkühlung nur gering ist, kann in der Flüssigkeitsleitung nicht viel Druckabfall zugelassen werden, wenn Blasenbildung vermieden werden soll.

Die Geschwindigkeit des flüssigen Kältemittels in der Flüssigkeitsleitung wird deshalb mit nur 0,4 bis 0,8 m/s gewählt.

Trotz dieser geringen Geschwindigkeit sind Widerstände klein zu halten. Filtertrockner und Ventile müssen ausreichend dimensioniert werden.

Wenn die Kühlstellen oberhalb des Kältemittelsammlers angeordnet sind, die umgekehrte Anordnung ist selbstverständlich anzustreben, läßt sich Druckabfall durch die so gegebene *geodätische Höhe* nicht vermeiden. In diesem Fall sollten Filtertrockner in Sammlernähe montiert werden, damit nicht durch Drosseldampf zusätzlicher Druckabfall erzeugt wird.

Der Ölanteil in der Flüssigkeitsleitung ist für deren Funktion unbedeutend.

Auch für diese Leitung gilt, Ventile nur mit waagerecht liegender Spindel einzubauen.

Bezüglich der Besonderheiten der Verlegung der Flüssigkeitsleitung bei Anlagen mit Verflüssigungsdruckreglern wird auf die umfangreichen Hinweise der Hersteller verwiesen.

3.4 Einspritzleitung

Die *Einspritzleitung* ist die Verbindungsleitung vom Kältemittelstromregler (TEV, Schwimmerventil usw.) zum Verdampfer. Eine Besonderheit stellen die Einspritzleitungen von Verdampfern mit Mehrfacheinspritzung dar. Hier ist dem TEV oder EEV ein Verteiler nachgeschaltet, der das Kältemitteldampfgemisch auf eine Vielzahl von Einspritzleitungen aufteilt.

Der Auslegungsdruck beträgt wie der des ND-Teils einer Kälteanlage 12—13 bar (t_s = 32—33 °C). Bei Anlagen mit Heiß- oder Kaltgasabtauung 16—17 bar, d. h. wie im HD-Teil.

Abgesehen vom Abtauvorgang entspricht die Temperatur des Kältemittels in der Einspritzleitung etwa der Verdampfungstemperatur.

In der Einspritzleitung befindet sich ein Gemisch von Kältemittelflüssigkeit und -dampf. Der Dampfanteil ist abhängig von der Druckabsenkung im Kältemittelstromregler und von der Unterkühlung des Kältemittels vor dem Regler.

Die Geschwindigkeit des Kältemittelgemisches in der Einspritzleitung (bestimmend ist hierbei das Dampfvolumen) wird mit 6—13 m/s bei FCKW- und 10—20 m/s bei Ammoniakanlagen gewählt.

Auch hier gelten die niedrigeren Geschwindigkeiten für die kleinen Durchmesser (DN 20).

Generell sollte die Einspritzleitung kurz sein, u. a. da sie teurer ist als die Flüssigkeitsleitung. Der Durchmesser ist größer und meistens muß die Einspritzleitung isoliert werden.

Aus funktionellen Gründen trifft dies besonders für den Rohrabschnitt zwischen TEV und Flüssigkeitsverteiler zu, der am besten völlig entfallen sollte. Hinweise zur Einspritzleitung mit Verteilern wurden in Abschnitt 2.3.2.5 behandelt.

3.5 Saugleitung

Die *Saugleitung* ist die Verbindungsleitung vom Verdampfer zum Verdichter.

Der Auslegungsdruck entspricht den vorgenannten Werten (siehe 3.4) des ND-Teils einer Kälteanlage.

In der Saugleitung strömt mehr oder weniger *überhitzter* Kältemitteldampf. Der Grad der Überhitzung ist abhängig von der Bauweise der Verdampfer. Bei trockenen Verdampfern beträgt die Überhitzung etwa 7 K, bei überfluteten Verdampfern 2—3 K. Ist in die Saugleitung ein Unterkühler eingebaut, kann die Überhitzung, je nach Kältemittel, bis 10 K unter der Verflüssigungstemperatur liegen.

Die Saugleitung soll stets frei von flüssigem Kältemittel sein, was in der Praxis aber häufig nicht bei allen Betriebszuständen erreicht wird.

Frei von Flüssigkeit heißt nicht, daß im Kältemitteldampf nicht noch feinste Tröpfchen (Aerosole) mitgeführt werden. Derartige Aerosole sind auch bei 10 K Überhitzung noch vorhanden, in der Regel jedoch für den Verdichter unbedenklich.

Es kommt immer wieder vor, daß beim *Anfahren* einer Anlage, nach dem *Abtauen,* beim *Hochschalten der Leistungsstufen* oder beim *Zuschalten einer Kühlstelle* etwas flüssiges Kältemittel in die Saugleitung gelangt. Dieser Tatsache muß auch bei der Verlegung der Saugleitung Rechnung getragen werden, um Verdichterschäden durch Flüssigkeitsschläge zu vermeiden. Dazu muß die Saugleitung so gestaltet werden bzw. mit Abscheidern oder Saugsammelrohren ausgerüstet sein, daß eventuell eingedrungene Kältemittelflüssigkeit nur in geringsten Mengen in den Verdichter gelangen kann, niemals jedoch als Schwall.

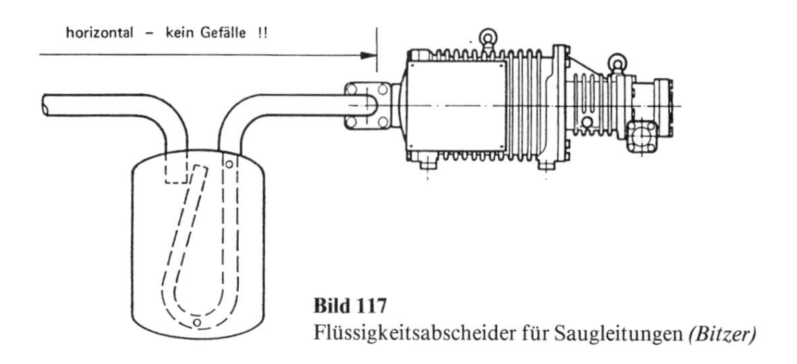

Bild 117
Flüssigkeitsabscheider für Saugleitungen *(Bitzer)*

Bei Kälteanlagen mit trockenen Verdampfern (TEV-Betrieb) ist die Dimensionierung und Verlegung der Saugleitung in erster Linie im Hinblick auf die Ölrückführung zu sehen. Anders ist das bei Anlagen mit überfluteten Verdampfern. Die jeweils günstigste Verlegung der Saugleitung ist somit abhängig von der im Einzelfall eingesetzten Verdampferbauart.

Bei Kälteanlagen mit überfluteten Verdampfern oder Umpumpanlagen (mit FCKW-Kältemittel oder Ammoniak) spielt die Ölrückführung über die Saugleitung keine Rolle. Bei diesen Anlagen ist für die Verlegung der Saugleitung ausschließlich wichtig, eventuell eingetragenes flüssiges Kältemittel vom Verdichter fernzuhalten.

Dazu wird die Saugleitung zum Verdampfer oder ND-Abscheider hin — *also gegen die Strömungsrichtung* — mit etwas Gefälle verlegt, damit bei Teillast oder Stillstand flüssiges Kältemittel dahin zurückfließen kann. Die Anbindung der Saugleitung der einzelnen Verdichter an die Hauptsaugleitung erfolgt über sogenannte Schwanenhälse.

Das Kriterium für die sichere Ölrückführung in FCKW-Anlagen mit trockenen Verdampfern (siehe 4.3.3) ist die Geschwindigkeit des Kältemittels in der Saugleitung in Abhängigkeit von der Temperatur, dem Durchmesser der Rohrleitung und der Strömungsrichtung.

Tauchrohre angeschrägt

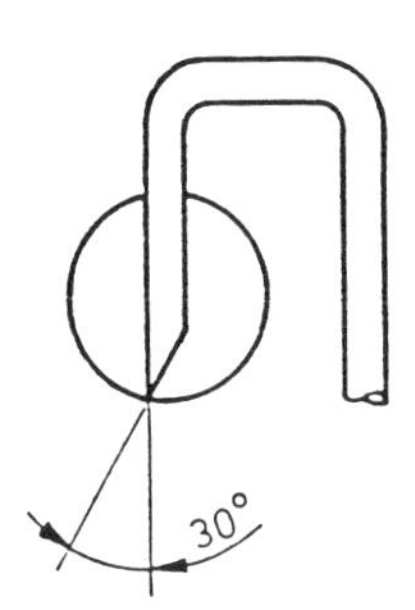

Stumpfer Rohrabgang mit sep. Ölrückführung

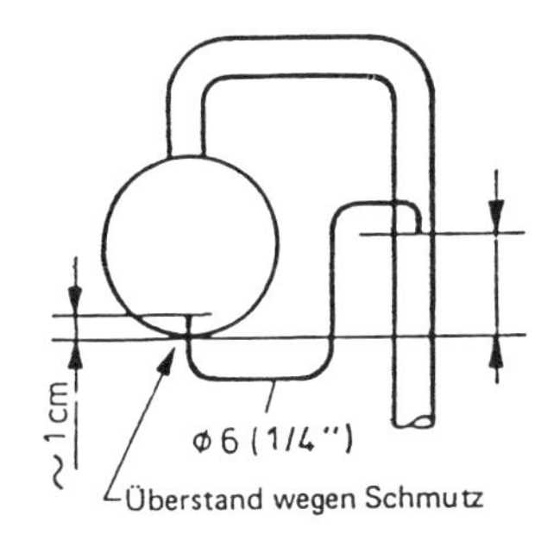

Bild 118
Saugleitungsabgänge zu einzelnen Verdichtern *(Bitzer)*

Die Dimensionierung der Saugleitung erfolgt selbstverständlich durch den planenden Ingenieur. Auf keinen Fall sind die Anschlußstutzen der Verdichter und Verdampfer die bestimmenden Größen.

Die Geschwindigkeit des Kältemitteldampfes in der Saugleitung wird mit 8—14 m/s gewählt.

In der Flüssigkeits- und in der Einspritzleitung wird das Öl im flüssigen Kältemittel gelöst transportiert, es fließt einfach mit. Die Geschwindigkeit des Kältemittels ist in diesen Leitungen dabei unbedeutend.

Anders ist das in den Leitungen, in denen sich das Kältemittel in dampfförmigem Zustand befindet, d. h. in der Druck- und in der Saugleitung. Hier setzt der Öltransport eine Mindestgeschwindigkeit voraus, besonders in den Steigleitungen. Waagerechte Leitungen werden hier mit Gefälle zum Verdichter verlegt.

Die Mindestgeschwindigkeit in einer steigenden Saugleitung beträgt 4—9 m/s (siehe 4.3.3).

Betrachten wir diese beiden Geschwindigkeitswerte, Auslegungsgeschwindigkeit und Mindestgeschwindigkeit, dann stellen wir schnell fest, daß bei Teillast der Anlage die Mindestgeschwindigkeit für den Öltransport nicht unbedingt sichergestellt ist.

Nehmen wir als Beispiel eine R22-Verbundanlage mit vier Verdichtern. Die Verdampfungstemperatur soll $t_0 = -15$ °C betragen. Um den Druckabfall in der Saugleitung in vertretbaren Grenzen zu halten, wurde die Dampfgeschwindigkeit mit $w = 12$ m/s gewählt. Die Mindestgeschwindigkeit in der steigenden Saugleitung beträgt $w = 5{,}5$ m/s bei $t = -15$ °C und einem Rohrdurchmesser von 54×2.

Wird die Anlage nun mit 50 % Leistung, d. h. zwei Verdichtern betrieben, sinkt die Geschwindigkeit in der Saugleitung auf die Hälfte, nämlich $w = 6{,}0$ m/s. Die Ölrückführung ist dabei noch gewährleistet.

Bei 25 % Leistung beträgt die Dampfgeschwindigkeit nur noch ein Viertel des Auslegungswertes, und zwar w = 3,0 m/s. Hierbei wird das Öl in einer Steigleitung nicht mehr transportiert.

In diesem Fall müssen zwei Steigleitungen parallel verlegt werden, die unterschiedliche Rohrdurchmesser haben. Diese Art der Rohrleitungsverlegung nennt man Splitting. Bei der angenommenen Leistungsabstufung 25/50/75/100 % hat sich die Aufteilung der Rohrleitungsquerschnitte in einmal 50 % und einmal 67 % des Querschnittes der waagerechten Leitung bewährt. Die Trennung der beiden parallelverlegten Steigleitung erfolgt über eine Ölfalle.

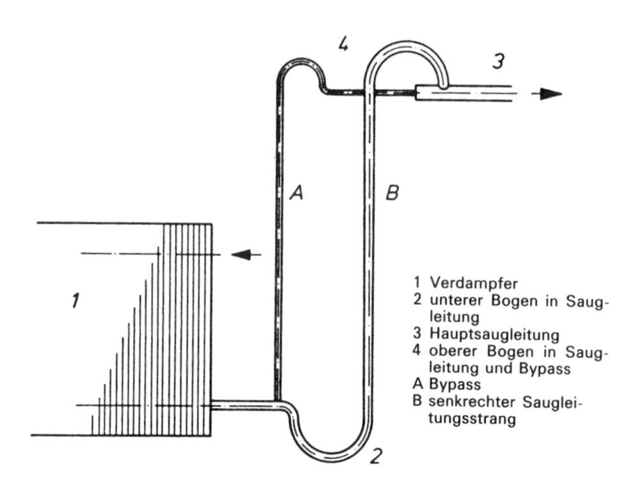

Bild 119 Gesplittete, steigende Saugleitung *(Hoechst)*

Bei 25 % Leistung wird die Steigleitung B durch einen Ölstopfen verschlossen, in der Steigleitung A beträgt dann folglich w = 6,0 m/s, was wiederum ausreichend ist.

Bei 50 % Leistung wird das Öl eventuell in der Steigleitung B periodisch nach oben gefördert. Aus diesem Grunde sollten die Ölfallen stets klein gehalten werden.

Bei weitergehender Leistungsabstufung muß gegebenenfalls dreifach gesplittet werden.

Bei den Druckleitungen wird prinzipiell das gleiche Verfahren des Öltransportes angewandt.

4. Inbetriebnahme und Betriebshinweise

Die nachstehenden Abschnitte sind keine Anleitung für eine chronologische Vorgehensweise bei der Inbetriebnahme einer Kälteanlage.

Z. B. werden elektrische Maschinen und Schaltanlagen sowie MSR-Technik nicht behandelt. Die Inbetriebnahmetätigkeiten dieser wichtigen Anlagenteile sind entsprechender Fachliteratur zu entnehmen.

Gemeint sind hiermit u. a.

— Inbetriebnahme des Schaltschrankes,
— das Ausrichten des Elektromotors zum Verdichter,
— Prüfung der Drehrichtung der Motore,
— Überprüfung und Einstellung der Sicherheitsschalter und Regelgeräte.

4.1 Prüfungen vor der Inbetriebnahme

Am Aufstellungsort montierte oder teilweise montierte Kälteanlagen müssen vor dem *Füllen der Anlage mit Kältemittel und vor der Inbetriebnahme* Druck- und Dichtheitsprüfungen unterzogen werden. Es muß geprüft werden, ob die bei der Montage vorgenommenen Verbindungen — Löt-, Schweiß-, Schraub- oder Flanschverbindungen — den zu erwartenden Betriebsdrücken standhalten. Diese Prüfungen können abschnittsweise mit dem Baufortschritt vorgenommen werden. Voraussetzung ist, daß alle verwendeten Bauteile vorher einer Prüfung der Druckfestigkeit unterzogen worden sind.

Die Dichtheitsprüfung kann bis zum Erreichen des zulässigen Betriebsüberdrucks parallel zur Druckprüfung stattfinden.

Die gesetzlichen Vorschriften hierfür sind festgelegt in der

- **Druckbehälterverordnung**
  Prüfung der Aufstellung der Druckbehälter (Apparate) durch den Sachverständigen oder den Sachkundigen oder auch der Rohrleitungen bei Kälteanlagen mit brennbaren, giftigen oder ätzenden Stoffen (TRB, TRR).
- **Unfallverhütungsvorschrift VBG 20** für Kälteanlagen, Wärmepumpen und Kühleinrichtungen und mitgeltende Normen, u. a.
  DIN 8975
  pr EN 378.

4.1.1 Durchführung der Prüfungen

Druckprüfung

Da nach Möglichkeit Druck- und Dichtheitsprüfung in einem Arbeitsgang durchgeführt werden sollten, werden die Prüfungen an der fertigmontierten, jedoch an den Verbindungsstellen noch nicht isolierten, Kälteanlage vorgenommen. Hierzu ist ein ungefährliches Gas (z. B. Stickstoff) zu benutzen.

Die erforderlichen Prüfdrücke werden von den spezifischen Werten der einzelnen Kältemittel hergeleitet.

Umgebungsbedingungen	≦ 32 °C	≦ 43 °C
Hochdruckseite mit luftgekühltem Verflüssiger	55 °C	63 °C
Hochdruckseite mit wassergekühltem Verflüssiger oder Verdunstungsverflüssiger	43 °C	43 °C
Niederdruckseite	32 °C	43 °C

Hieraus ergeben sich für einige Kältemittel folgende Betriebsüberdrücke, die bei der Konstruktion **mindestens** zugrunde gelegt werden müssen:

Tabelle 9: Prüfüberdrücke für Kältemittel

Kältemittel	ND-Seite		HD-Seite		
	Umgebung 32 °C	Umgebung 43 °C	luftgekühlt, Umgebung 32 °C	luftgekühlt, Umgebung 43 °C	wassergekühlt
R134A	7,2 bar	10,0 bar	14,0 bar	17,0 bar	10,0 bar
R22	11,5 bar	15,5 bar	20,6 bar	24,8 bar	15,5 bar
R404A	14,0 bar	18,6 bar	24,8 bar	29,6 bar	18,6 bar
R717, Ammoniak	12,7 bar	16,8 bar	22,2 bar	26,5 bar	16,8 bar

In der Praxis werden die vorstehend aufgelisteten Drücke als zulässige Betriebsüberdrücke nach oben gerundet. Maßgebend sind die auf den Typschildern der Behälter, Verdichter und Pumpen geschriebenen zulässigen Drücke.

Wenn eine Druckprüfung — unter Einschluß der Druckbehälter — mit mehr als dem einfachen (z. B. 1,1fach) des zulässigen Betriebsüberdruck durchgeführt werden muß, ist diese mit den örtlichen Gewerbeaufsichtsämtern abzustimmen (AD-Merkblatt HP 30).

Dichtheitsprüfung

Zur Dichtheitsprüfung wird die Anlage schrittweise bis auf den zulässigen Betriebsdruck mit trockener, ölfreier Luft oder Stickstoff abgedrückt.

Einige Dinge sind bei der Dichtheitsprüfung zu beachten.

- In den meisten Undichtigkeiten (Poren) herrschen Strömungsbedingungen (laminare Strömung), bei der die austretende Menge mit dem Quadrat des Innendrucks steigt. D. h., eine Verdopplung des Prüfdrucks hat eine Vervierfachung der austretenden Menge zur Folge. Dadurch wird die Ortung einer Leckage erleichtert. Für eine erfolgreiche Dichtheitsprüfung ist deshalb ein möglichst **hoher Prüfdruck** erforderlich.
- Undichtigkeiten haben in der Regel nur sehr geringe Querschnitte und sind deshalb von Flüssigkeiten (Wasser oder Öl) schnell verstopft. Es benötigt einige Zeit, bis solche Flüssigkeitspfropfen durch die Poren gedrückt werden. Dichtheitsstandprüfungen dürfen deshalb nicht zu frühzeitig abgebrochen werden. 12 bis 24 Stunden sind absolut gerechtfertigt.

Zum besseren Auffinden von Leckagen wird dem Prüfgas gelegentlich Kältemittel zugesetzt.

Dabei ist zu bedenken, daß diese Kältemittelanteile unvermeidbar in die Atmosphäre gelangen. Niemals Ammoniak mit Luft mischen, es gibt explosive Gemische.

Der zum Abdrücken verwandte Stickstoff darf nur über ein *Reduzierventil* am Flaschenventil in die Anlage hineingelassen werden. Das Kontrollmanometer am Reduzierventil ist auf den Prüfdruck der Anlage einzustellen.

Wer diese Vorschrift außer acht läßt, handelt fahrlässig!

Die Anlage ist entweder mit Betriebsmanometern ausgerüstet oder zur Druckprüfung ist eine *Monteurhilfe* anzuschließen. Als erster Schritt sollte der Druck in der Anlage in Stufen auf etwa 1 bar und danach auf etwa 5 bar Überdruck gebracht werden. Dabei sind jeweils die Verbindungen mit einer schaumbildenden Flüssigkeit abzupinseln. Dieses schrittweise Vorgehen verhindert Stickstoffverluste, falls zur Beseitigung größerer Undichten der Druck noch einmal abgelassen werden muß.

Aufgefundene undichte Stellen sind zu kennzeichnen. Die Suche wird solange fortgesetzt, bis alle Undichtigkeiten gefunden und markiert worden sind. Zur Beseitigung der Undichten durch Nachlöten, Schweißen oder Austauschen einer Dichtung muß der Prüfdruck abgelassen werden! Nachziehen von Verschraubungen oder Schraubverbindungen kann während der Prüfung — *vorsichtig* — erfolgen.

Werden bei 5 bar keine Undichten mehr gefunden, wird der Druck auf den zulässigen Prüfdruck erhöht.

Es sollte bei Druckprüfungen immer so sorgfältig gearbeitet werden, daß Wiederholungen *nicht notwendig* werden. Beim nachfolgenden Evakuieren lassen sich Undichtigkeiten nicht orten. Es muß dann eine erneute Druckprüfung durchgeführt werden, was zeit- und kostenaufwendig ist.

Wird eine Standprobe zur Dichtheitsprüfung durchgeführt, muß der Kältemonteur den Zusammenhang zwischen Druck und Temperatur bei Gasen berücksichtigen.

Manchmal wird der Fehler gemacht, sich allein auf die Manometeranzeige zu verlassen. Die abends unter Prüfdruck gesetzte Anlage, die am nächsten Tag gegen Mittag wieder aufgesucht wird, zeigt sogar einen leichten Druckanstieg und kann trotzdem undicht sein. Erinnern wir uns an die allgemeine Zustandsgleichung für Gase (siehe 1.3.3)

$$p_2 = \frac{V_1 \times p_1 \times T_2}{V_2 \times T_1}$$

bei $V_1 = V_2$ (das Volumen der Anlage ist konstant) wird

$$p_2 = p_1 \frac{T_2}{T_1}$$

Neben der *Druckanzeige* des Manometers muß also die *Umgebungstemperatur* mit notiert werden.

Beispiel:

Beginn der Druckprüfung $p_1 = 16{,}0$ bar Überdruck
$t_1 = 20\ °C$

nach 12 Stunden wird gemessen $p_2 = 15{,}9$ bar Überdruck
$t_2 = 25\ °C$

Um welchen wirklichen Betrag ist der Druck abgefallen?

$$p_2 = (16{,}0 + 1{,}0)\ \frac{273 + 25}{273 + 20} = 17\ \frac{298}{293}\ \text{bar}$$

$p_2 = 17 \cdot 1.017 = 17{,}3$ bar bzw. 16,3 bar Überdruck

Der Druck in der Anlage ist nicht nur um 0,1 bar, sondern um 0,4 bar gesunken. Bei absolut dichter Anlage wäre aufgrund der um 5 K gestiegenen Außentemperatur der Prüfdruck von 16,0 auf 16,3 bar angestiegen.

Unser Beispiel zeigt aber auch, daß die Beurteilung der Dichtheit einer Anlage mit Hilfe der Druckprobe problematisch ist. Die Erfassung der Umgebungstemperatur ist nicht immer einfach. Vielfach ist diese Temperatur nicht einheitlich. Teile der Anlage stehen im Freien, andere im Gebäude usw. Abhilfe schafft hier die *Vakuumprüfung.* Bei einem absoluten Druck von 1 mbar kann der Temperatureinfluß vernachlässigt werden.

4.1.2 Warum Evakuieren?

Vor dem Füllen mit Kältemittel muß aus jeder Kälteanlage, gleichgültig mit welchem Kältemittel sie arbeitet, die Luft entfernt werden. Verbleibende Luft würde sich nach der Inbetriebnahme im Verflüssiger ansammeln, da sie in der Kälteanlage nicht verflüssigt werden kann. Entsprechend des Volumenanteils und damit des Partialdruckes der Luft würde sich der Druck im Verflüssiger erhöhen. Das kostet unnötigen Bedarf an Antriebsleistung und würde letztlich zum Abschalten der Anlage wegen Überdruck führen.

Bei FKW-Anlagen gibt es einen weiteren Grund zum Evakuieren, nämlich das Trocknen der Anlage. Es ist nach der Montage einer Kälteanlage am Aufstellungsort nicht sicherzustellen, daß die Anlage kein freies Wasser enthält. FKW-Kältemittel reagieren jedoch mit Wasser und bilden äußerst korrosive Säuren.

Wir evakuieren also eine Anlage mittels einer Vakuumpumpe, um sie luftleer zu machen und um dabei gleichzeitig alle im gesamten inneren System der Anlage befindliche Feuchtigkeit, einschließlich dem *freien Wasser,* herauszuholen.

Nun wollen wir gleich klar legen, daß eine Vakuumpumpe nicht etwa Wasser aus der Anlage heraussaugt, sondern sie hat vielmehr die Fähigkeit, den Druck innerhalb der Anlage bis auf den Siedepunkt des Wassers zu erniedrigen.

Schlagen wir noch einmal Abschnitt 1.4.4 über das Sieden bzw. den Siedepunkt auf, wobei wir festgestellt hatten, daß der Siedepunkt des Wassers bei geringerem Druck niedriger wird. Während Wasser in Höhe des Meeresspiegels bei einem Luftdruck von

1013 mbar siedet, sofern man es auf 100 °C erhitzt, wird es auf dem Mont-Blanc in 4800 m Höhe bei einem dort vorhandenen Luftdruck von 555 mbar bereits bei 84 °C sieden. Dieser mit der Höhe geringer werdende Luftdruck ist eine physikalisch bedingte Tatsache, die sich z. B. die Luftfahrt zu eigen gemacht hat.

Große Verkehrsflugzeuge fliegen in Höhen von 10000 bis 12000 m, weil die Luft in diesen Höhen sehr dünn ist, somit dem Flugzeug nur geringen Widerstand entgegensetzt und dadurch Treibstoff-Einsparung ermöglicht.

Die folgende Tabelle zeigt uns die Abnahme des Luftdruckes mit der Höhe und den Siedepunkt des Wassers in diesen Höhen.

Tabelle 10:

Höhe m	Luftdruck mbar	Siedepunkt des Wassers in °C
1000	898,7	97,5
2000	794,7	92
3000	540	83
8000	355,7	73,5
10000	264,2	65

Aus dieser Tabelle gewinnen wir die Erkenntnis, daß die Verminderung des Luftdruckes gleichzeitig auch den Siedepunkt des Wassers herabsetzt. Diese naturbedingte Gegebenheit, Wasser bei niedrigem Luftdruck in Dampf umzuwandeln, wird durch das Prinzip einer Vakuumpumpe erreicht. Die Vakuumpumpe erniedrigt also den Luftdruck innerhalb der Anlage, so daß das Wasser verdampfen kann und saugt das Luft-Dampfgemisch an, um es über den Auspuff (den Druckstutzen) in die Atmosphäre zu befördern.

Wenn wir die Feuchtigkeit bzw. den Wasserdampf vollständig aus der Anlage entfernen wollen — und das ist der Zweck des Evakuierens —, dann müssen wir den Druck aber noch viel weiter erniedrigen, als es in der obigen Tabelle aufgezeigt ist. Das beim Evakuieren erreichte Vakuum hängt praktisch nur vom vorhandenen Wasserdampfteildruck ab. Die geforderte Trockenheit ist sichergestellt, wenn ein Vakuum von 0,67 bis 1,33 mbar erreicht und gehalten werden kann. Dabei liegt der Taupunkt der Luft bei —25 bis —17,5 °C.

Um davon eine Vorstellung zu geben, in welchen Druck- und Temperaturbereichen die richtige Evakuierung und vor allem die Trocknung stattfindet, sei nachfolgende Tabelle aufgezeichnet.

Tabelle 11 zeigt die *Siedetemperatur des Wassers,* bzw. die *Sublimationstemperatur des Eises* als Abszisse und die zugehörenden Drücke als Ordinate. Bei einer Umgebungstemperatur von 20 °C und einem Druck in der Anlage kleiner 23 mbar wird das in der Anlage verbliebene Wasser verdampfen. Bei Drücken unter 6 mbar sublimiert Eis (siehe 1.4.6). Der Wasserdampf wird von der Vakuumpumpe abgesaugt.

Tabelle 11: Druck des Wasserdampfes über Eis und Wasser

Temperatur °C	Druck mbar	Temperatur °C	Druck mbar
—25	0,67	± 0	6,1
—20	1,02	+ 5	8,7
—15	1,65	+10	12,2
—10	2,59	+15	17,0
— 5	4,01	+20	23,4

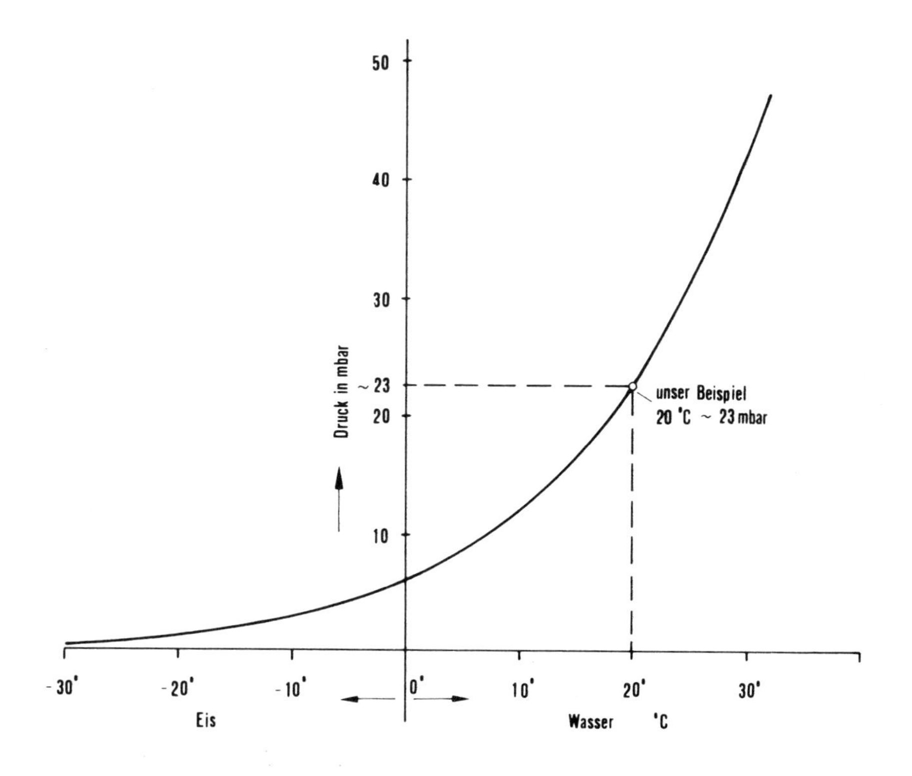

Um das in einer Anlage vorhandene freie Wasser verdampfen zu können, müssen wir also auf entsprechend tiefes Vakuum herunterkommen. Als Wärmequelle für die aufzubringende Verdampfungswärme dient die Umgebungsluft der Anlage.

Wird beim Evakuieren der Verlauf der Druckabsenkung notiert, erkennt man am Vakuummeter (siehe 4.1.5) einen Haltepunkt. Dieser Haltepunkt hängt von der Umgebungstemperatur ab und davon, ob sich freies Wasser in der Anlage befindet.

Das Wasser wird dann verdampfen, wenn der Druck (das Vakuum) in der Anlage soweit abgesenkt ist, daß der zugehörige Siedepunkt des Wassers unterhalb der Temperatur der Umgebungsluft liegt.

Das Wasser verdampft bei etwa gleichbleibendem Druck. Dabei wird die Temperatur des Restwassers etwas sinken, so daß ein weiterer, geringer Druckabfall eintreten wird. Erst nachdem das Wasser restlos verdampft ist, sinkt das Vakuum auf niedrigere Werte.

Es ist also einleuchtend, daß bei hoher Umgebungstemperatur am schnellsten evakuiert werden kann. Wäre es da nicht naheliegend, Anlagenteile beim Evakuieren zu erwärmen?

Diese Frage läßt sich nicht pauschal bejahen.

Ist es möglich, bei kleinen Anlagen die Umgebungsluft der gesamten Anlage (z. B. bei Aufstellung in einem Gebäude) zu erwärmen, dann ist das mit Sicherheit vorteilhaft.

Ist eine Anlage jedoch so groß und weiträumig montiert, daß eine Erwärmung der gesamten umgebenden Luft nicht möglich ist, wird die Antwort komplizierter. Das Erwärmen von Anlageteilen, in denen sich Wasser angesammelt haben kann ist nur dann sinnvoll, wenn das Vakuum, sprich die Siedetemperatur des Wassers,deutlich unter der Umgebungstemperatur liegt. Anderenfalls würde der entstandene Wasserdampf an anderer Stelle wieder kondensieren, bevor er die Vakuumpumpe erreicht.

Je größer der Unterschied ist zwischen der dem Wasserdampfdruck entsprechenden Temperatur und der Temperatur der Anlagenteile, desto schneller erfolgt das Verdampfen von freiem Wasser in der Anlage.

Das Evakuieren einer im Freien aufgestellten industriellen Großanlage, wie in der chemischen Industrie üblich, stellt in der Winterzeit ein Problem dar. Bei tiefen Außentemperaturen befindet sich dann in der Anlage kein Wasser, sondern Eis. Schon bei der Planung solcher Anlagen müssen Absperrventile vorgesehen werden, die eine abschnittsweise Evakuierung der Anlage ermöglichen. Das Beheizen dieser Abschnitte unter Zeltbauten wird so möglich.

Wer sich speziell mit der Evakuierung von Großanlagen zu beschäftigen hat, dem sei das „Lehrbuch der Kältetechnik“, erschienen im gleichen Verlag, empfohlen [20].

Im folgenden wollen wir Evakuierungsmethoden behandeln, die bis heute praktiziert werden und sich sachlich bewährt haben.

Im Hinblick auf die immer deutlicher werdende FCKW-Problematik in der Atmosphäre soll dies nicht kommentarlos geschehen.

Danach ist die Methode des zwei- oder dreimaligen Absaugens nicht mehr zu vertreten, da das zum Brechen des Vakuums erforderliche Kältemittel von der Vakuumpumpe ins Freie geblasen wird.

4.1.3 Evakuierungsmethoden

Mit der zu evakuierenden Luft soll vor allem auch alles Wasser in Form von Wasserdampf aus der Anlage entfernt werden. Zurückbleibende Spuren von Feuchtigkeit würden sich mit dem Kältemittel verbinden und die sauren Reaktionsprodukte können beachtliche Folgeschäden verursachen.

In der Praxis sind zwei verschiedene Methoden des Evakuierens und Trocknens von H-FCKW/FKW-Anlagen üblich.

Von den beiden Methoden wird die erste mehr nach Reparaturen und zur Erstbefüllung kleinerer Anlagen angewandt, die zweite vorzugsweise bei größeren Anlagen.

Nehmen wir als Beispiel eine R 22-Anlage, die undicht wurde und einige Zeit ohne Füllung gestanden hat. Jetzt soll die Anlage nach durchgeführter Reparatur evakuiert werden. Wir nehmen an, daß nach dem völligen Verlust des Kältemittels Luft und Feuchtigkeit in das System eingedrungen ist und wir wählen deshalb eine Methode, mit der beides sicher entfernt werden kann.

Auf Bild 121 ist gezeigt wie Vakuumpumpe und Vakuummeter ordnungsgemäß an die Anlage angeschlossen werden. Danach stellen wir die Vakuumpumpe an.

Anfangs geht das Absaugen relativ schnell von statten, wird aber mit sinkendem Anlagendruck merklich langsamer. Die Umgebungstemperatur beträgt 20 °C. Bei etwa 23 mbar Anzeige am Vakuummeter bleibt der Zeiger stehen. Wir haben offensichtlich den vorerwähnten Haltepunkt erreicht. Die Ursache ist Wasser.

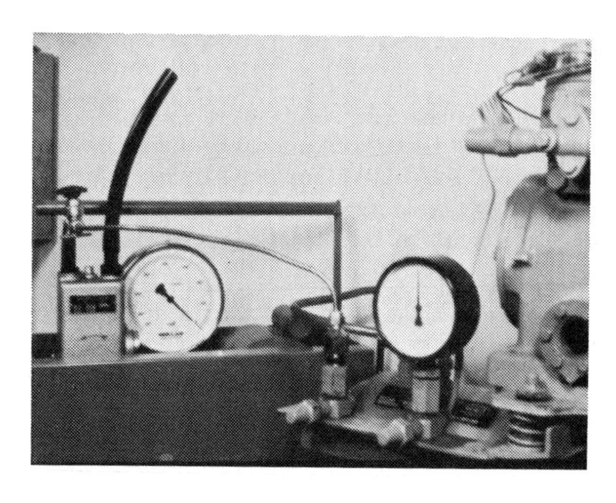

Bild 120
Vakuumpumpe in Aktion

Nach einiger Laufzeit ist das freie Wasser in der Anlage unter dem Druck von 23 mbar verdampft und abgesaugt, die Anzeige am Vakuummeter fällt weiter ab. Wir müssen uns dabei vorstellen, daß die Umgebungsluft von 20 °C das Wasser innerhalb des Systems zum Sieden gebracht hat.

Sobald bei laufender Vakuumpumpe der Anlagendruck auf mindestens 6,5 mbar abgesunken ist, schalten wir die Vakuumpumpe ab und brechen das Vakuum mit demselben Kältemittel, mit dem die Anlage betrieben wird; in unserem Fall mit R 22.

Wie das zu geschehen hat, geht ebenfalls aus der in Bild 121 gezeigten Anordnung ohne weitere Erklärung hervor.

Die Manometer der Monteurhilfe zeigen den im System sich aufbauenden Druck an, der durch das aus der stehenden Flasche einströmende Kältemittel entsteht.

Bei Atmosphären-Druckausgleich, die Zeiger beider Manometer stehen jetzt auf 0 bar, wird das R 22-Flaschenventil geschlossen und die Vakuumpumpe wieder in Betrieb gesetzt.

Die von uns zum Brechen des Vakuums in der Anlage gegebene R 22-Menge wird wieder abgesaugt, wobei die Vakuumpumpe jetzt ohne Haltepunkt auf etwa 6,5 mbar herunterziehen sollte. Geschieht dies, dann erübrigt sich ein weiteres Laufenlassen der Vakuumpumpe, sie kann abgeschaltet werden. Das an der Vakuumpumpe vorhandene Ventil wird geschlossen, danach wird die Anzeige am Vakuummeter etwas ansteigen, muß dann aber stehen bleiben!

Da dies bei unserer R 22-Anlage der Fall ist, kann nach einer Beobachtungszeit von etwa 3 Stunden, in denen kein Druckanstieg erfolgte, mit dem Füllen der Anlage begonnen werden.

Wir müssen uns hier die Frage stellen, ob dieses Vakuumbrechen mit R 22 und nochmalige Absaugen wirklich nötig war oder ob darüber hinaus sogar 2- oder 3mal abgesaugt werden müßte, was häufig auch praktiziert wird?

Bleiben wir dazu bei der eben evakuierten R 22-Anlage, deren Druck hierzu mit der Vakuumpumpe auf

$p = 6{,}5$ mbar bei $t = 20$ °C

abgesenkt wurde.

In der Anlage befindet sich jetzt unter diesen Bedingungen technisch nur noch Wasserdampf.

Wasserdampf von $p = 6{,}5$ mbar und $t = 20$ °C hat ein spezifisches Volumen von

$v = 208\ m^3/kg$

Daraus ergibt sich bei einem Anlagenvolumen von beispielsweise 0,5 m^3 ein Wassergehalt in der Anlage

$$m = \frac{0{,}5}{208} = 0{,}0024 \text{ kg oder } 2{,}4 \text{ g}$$

Gehen wir einmal davon aus, eine Kälteanlage mit einem Volumen von 0,5 m^3 bzw. 500 l enthält etwa 250 kg R 22, dann würde der Wasseranteil des Kältemittels durch die Restfeuchtigkeit um

$$2{,}4 \text{ g } \frac{1.000}{250} = 9{,}6 \text{g/t oder } 9{,}6 \text{ ppm}$$

erhöht. Dieser Betrag sollte nicht vernachlässigt werden, ist aber noch nicht kritisch. R 22 wird vom Hersteller mit einem Wassergehalt von etwa 6—7 ppm geliefert. Dieser Wert liegt für R 22 immer noch deutlich unter der Anforderung der DIN 8960.

Der vorstehend ermittelte Wassergehalt kann noch reduziert werden, indem die Anlage unter 6,5 mbar evakuiert und der Trockner der Anlage erneuert wird.

Von dem mehrfachen Absaugen der Kälteanlagen zum Zwecke des Trocknens muß abgegangen werden, auch wenn sich diese Methode in der Vergangenheit gut bewährt hat.

Während es die Aufgabe des Kältemonteurs ist, für technisch machbare Trockenheit innerhalb des Kältemittelsystems zu sorgen, sorgen die Hersteller und Lieferanten von Kältemitteln für ausreichende Trockenheit ihres Produkts.

Die an Kältemittel gestellten Anforderungen sind in DIN 8960 zusammengefaßt und für die Einhaltung dieser Grenzwerte übernimmt der Hersteller die Garantie. Der Wassergehalt der in Originalabfüllung gelieferten Kältemittel darf folgende Grenzwerte nicht überschreiten:

	Kältemittel	halogenierte Kältemittel (R 22, R 404A, R 134a)
Wassergehalt	Gewichts-%	0,0025
höchstens	mg/kg	25

Der Wert mg/kg oder g/t wird auch mit *ppm* bezeichnet.

Was bedeutet *ppm?*

Die Dimension *ppm* ist überall dort gebräuchlich, wo sehr kleine Mengen — meist nur Spuren — in einem anderen Stoff quantifiziert werden sollen. Die Abkürzung kommt von der amerikanischen Bezeichnung *parts per million* und bedeutet sinngemäß: Teile eines Stoffes in je eine Million des anderen.

10 *ppm* Wasser in einem Kältemittel heißt also:

10 Gewichtsteile Wasser in 1 Million Gewichtsteile Kältemittel. In Gewichtseinheiten ausgedrückt entsprich 1 *ppm* = 1 Milligramm pro Kilogramm.

Kälteanlagen sollten grundsätzlich vor dem Befüllen mit Kältemittel (auch bei Ammoniak) evakuiert werden. Durch das Evakuieren werden die Anlagen getrocknet und können anschließend mit Hilfe einer Vakuumprüfung grob auf Dichtheit geprüft werden.

Das Entfernen großer Mengen an freiem Wasser ist durch Evakuieren allerdings kaum zu erreichen. Hierzu wird das Volumen von Wasserdampf bei Drücken unter 20 mbar zu groß. Üblicherweise eingesetzte Vakuumpumpen sind hierfür zu klein.

Das früher übliche, mehrfache Brechen des Vakuums zum Zwecke des Entlüftens und vor allem des Trocknens der Kältemittelsysteme bei Gewerbekälteanlagen darf nicht mehr angewandt werden. Hierbei gelangt zuviel Kältemittel in die Atmosphäre. Für Industriekälteanlagen mit mehreren 100 kg Füllgewicht, die auch ein entsprechend großes Anlagenvolumen besitzen, verbietet sich diese Verfahrensweise von selbst.

In das System eingedrungene große Wassermengen müssen an tiefliegenden Sammelstellen abgelassen (eventuell Rohre anbohren) und anschließend mit Heißluft oder trockenem Stickstoff entfern werden.

Doch zurück zum Evakuieren: Nach Anschluß der Vakuumpumpe über eine möglichst kurze und großdimensionierte Saugleitung und Installation des Vakuummeters — am besten am System und nicht an der Pumpe — lassen wir die Pumpe laufen und beobachten das Absaugen am Vakuummeter. Der Druck sinkt anfangs relativ schnell, später langsamer, und es kann, wie wir wissen, auch zu einem Haltepunkt kommen. Dann befindet sich noch Wasser (Feuchtigkeit) in der Anlage.

Während die Vakuumpumpe läuft, kann man sich anderen Arbeiten zuwenden.

Die Vakuumpumpe wird abgeschaltet, wenn ein Druck von etwa 1 mbar erreich ist.

Wird dieser Druck nach mehrstündigem Lauf der Vakuumpumpe und damit auch mehrstündigem Trocknen erreicht und steigt der Druck bei abgestellter und abgesperrter Vakuumpumpe innerhalb von 24 Stunden nicht mehr als 0,1 bis 0,5 mbar* an, kann die Anlage als dicht bezeichnet und zum Befüllen mit Kältemittel freigegeben werden.

---

* Ein zulässiger Druckanstieg nach 24 Stunden Vakuumprüfung ist schwer zu definieren, da er von dem Anlagevolumen abhängig ist. Über gleichgroße Poren einströmende Luft bewirkt bei geringem Anlagevolumen einen höheren Druckanstieg als bei großem Anlagevolumen. Geht man von einem akzeptablen Kältemittelverlust von beispielsweise 3 % pro Jahr aus, dann darf der Druckanstieg bei einer kleinen Anlage mit einem Kältemittelfüllgewicht von 10 bis 15 kg etwa 0,5 mbar in 24 Stunden betragen, bei einer Anlage mit einem Kältemittelfüllgewicht von 100 kg maximal 0,1 mbar in 24 Stunden (bei noch größeren Anlagen darf kein Druckanstieg erkennbar sein).

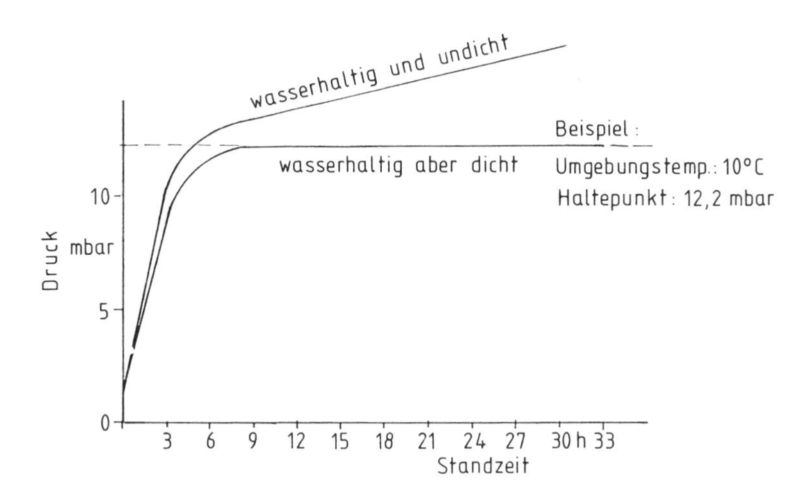

Druckanstieg einer wasserhaltigen, undichten und einer wasserhaltigen aber dichten Anlage.

In den ersten Stunden der Standprüfung ist der Druckanstieg durch Ausgasungen aus den Poren der Anlageninnenwände am stärksten. Mit dem Notieren der Druckanstiegskurve sollte deshalb erst nach Ablauf von sechs Stunden begonnen werden.

Zur Bewertung ist es erforderlich, den Anstieg des Vakuummeters zu beobachten und stündlich aufzuschreiben oder mittels Datenlogger aufzuzeichnen.

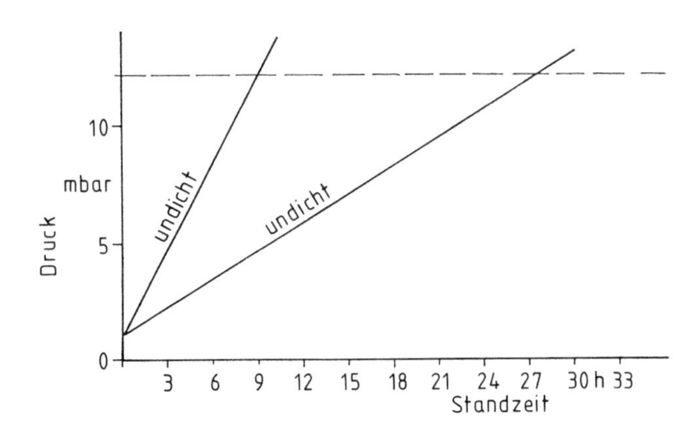

Druckanstieg einer undichten Anlage.

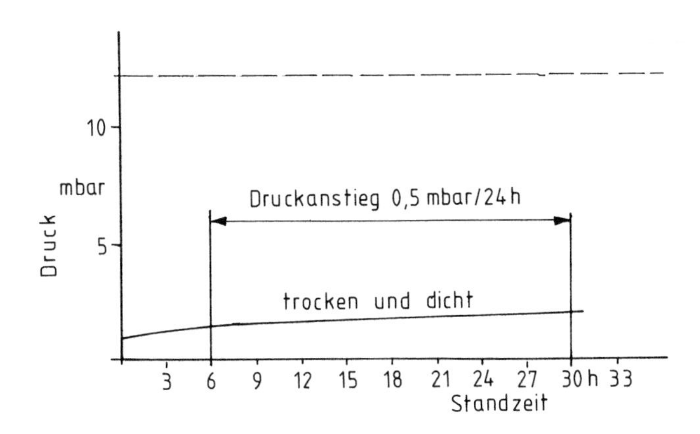

Druckanstieg einer trockenen und dichten Anlage.

Steigt der Druck stetig an, bleibt aber bei einem Dampfdruck, der der Umgebungstemperatur entspricht, stehen, dann befindet sich noch Wasser bzw. Feuchtigkeit in der Anlage. Die Trocknung muß fortgesetzt werden.

Ist die Anlage undicht, steigt der Druck ständig an. Je größer die Undichtigkeit, um so schneller erfolgt der Druckanstieg, d. h. um so steiler verläuft die Kurve nach oben.

Es ist durch langjährige Praxis erwiesen, daß die vorgenannten Druckanstiege erreicht und unterschritten werden können. Es sei an dieser Stelle nochmals betont:

Bei großem Anlagenvolumen ist nur geringer (< 0,1 mbar) Druckanstieg,
bei kleinem Anlagenvolumen etwas größerer (< 0,5 mbar) Druckanstieg zulässig.

Wird der vorgenannte Druckanstieg überschritten, muß die Leckstelle gesucht werden. Das ist nur durch eine Druckprüfung (4.1.1) möglich.

Wichtig!
Sämtliche Arten von Druckschaltern und Transmittern auf der Niederdruck- und der Hochdruckseite, deren Meßwerke durch eine Membrane vom Kältemittelkreislauf getrennt sind, sowie Berstscheiben (unter Sicherheitsventilen), dürfen nicht in die Vakuumprüfung einbezogen werden. Die Membranen könnten sich bei tiefem Vakuum bleibend verformen oder bersten und die Geräte wären unbrauchbar.

Falls vom Hersteller nicht extra betont, müssen die Geräte zur Vakuumprüfung ausgebaut und deren Anschlüsse verschlossen werden. Der Wiedereinbau kann erfolgen, nachdem das Vakuum gebrochen ist und bevor der Anlagendruck über Atmosphärendruck erhöht wird.

4.1.4 Evakuierung und Trocknung kleinerer Anlagen mit Motorverdichter

Es darf unter keinen Umständen der Fehler gemacht werden, den *Motorverdichter* zum Evakuieren der Anlage zu benutzen, da die Wicklung und das Triebwerk des Verdichters dabei Schaden nehmen. Zum Evakuieren wird eine Vakuumpumpe benutzt, die ein Endvakuum unter 1,0 mbar erreichen sollte. Ein oft gemachter Fehler ist die Verwendung einer zu dünnen und zu langen Absaugleitung zwischen Anlage und Vakuumpumpe. Obwohl Bedienungshandbücher der Vakuumpumpen-Hersteller die dringende Anweisung enthalten, möglichst größer dimensionierte Rohre als Absaugrohre zu verwenden, brauchen noch immer viele Monteure 8 × 1 Rohre. Da die Füllventile kleinerer Anlagen meist in DN 6 ausgeführt sind, schließt man daran eben eine 8 × 1 Leitung an. Dabei sollte man wissen, daß man mit einem 12 × 1 Rohr zweimal so schnell evakuieren kann, wie mit einem 8 × 1 Rohr und viermal so schnell mit einem 15 × 1 Rohr. Das Verbindungsrohr zwischen Anlage und Vakuumpumpe sollte im übrigen so kurz wie möglich sein, da z. B. das Evakuieren mittels eines 3 m langen Absaugrohres wesentlich länger dauert, wie mit einem 1,5 m langen Rohr gleichen Durchmessers.

Das wurde berechnet und bestätigte sich in Versuchen.

Sofern an einer Anlage ein 1/4 " Füllventil vorhanden ist, sollte daran ruhig eine größere Leitung angeschlossen werden, da die Drosselstelle nur geringen Einfluß auf die Absauggeschwindigkeit ausübt.

Es empfiehlt sich, die Vakuumpumpe bei geschlossenem Saugventil warm laufen zu lassen und erst dann mit dem Evakuieren zu beginnen.

4.1.5 Dauer der Evakuierung und Trocknung

Nachfolgend sind die Faktoren zusammengefaßt, die die Zeitdauer des Evakuierens einer Anlage bestimmen:
— Das Volumen der zu evakuierenden Anlage,
— die in der Anlage befindliche Feuchtigkeit,
— die gegenwärtige Umgebungstemperatur,
— im Kreislauf vorhandene Drosselstellen,
— die Kapazität der verwendeten Vakuumpumpe,
— Widerstände in der Verbindungsleitung und den Armaturen zwischen der Anlage und der Vakuumpumpe.

Während die ersten 4 Faktoren nicht vom Kältemonteur beeinflußt werden können, ist das bei den letzten 2 Punkten anders, nämlich bei der Auswahl und Behandlung der Vakuumpumpe und der Absaugleitung. Über die letztere haben wir uns in einem der vorhergehenden Abschnitte ausführlich unterhalten; für die Auswahl der Vakuumpumpe sollen nachfolgende Hinweise gegeben werden. Tips zur Behandlung von Vakuumpumpen folgen später (s. 7.1).

Nach dem Öffnen des auf der Saugseite der inzwischen warmgelaufenen Vakuumpumpe angebrachten Absperrventils zwischen Anlage und Pumpe schafft diese sofort einen Unterdruck und der in der Anlage vorhandene höhere Druck läßt einen Volumenstrom zur Pumpe hinfließen. Je nach Leistung der Vakuumpumpe sinkt der Druck im System zu Beginn des Evakuierungsprozesses relativ schnell; mit zunehmendem Vakuum verlangsamt sich die Druckabsenkung und es kann durchaus der Fall sein, daß ein Haltepunkt im Absaugen dann eintritt, wenn die Temperatur der Umgebungsluft mit dem erreichten Vakuum übereinstimmt, weil dabei das Wasser erst restlos verdampfen muß, ehe ein tieferes Vakuum gezogen wird. Bei einer Raumtemperatur von 20 °C geschieht das bei ca. 23 mbar, wie bereits beschrieben wurde.

Bei Feststellung eines solchen *Haltepunktes* könnte der Gedanke aufkommen, die Pumpe sauge deshalb nicht mehr weiter ab, weil ein Defekt daran eingetreten sei. Das läßt sich leicht prüfen, indem man das zwischen System und Pumpe befindliche Ventil zudreht. Die Vakuumpumpe wird — sofern in Ordnung — schon bald ein tieferes Vakuum ziehen. Reagiert die Pumpe nicht, so sollte sie nicht gleich ausgebaut, sondern zuerst einmal das Öl gewechselt werden.

Der Wasserdampfgehalt der Luft bzw. noch weit mehr das freie Wasser in einer Anlage beeinflußt die Dauer der Trocknung ganz wesentlich. Die Größe der Vakuumpumpe spielt dabei keine entscheidende Rolle. Im allgemeinen wird man bei kleineren Anlagen bis etwa 10 kW Antriebsleistung eine Vakuumpumpe mit einer Leistung von 70 bis 100 l/min. = 4,2 bis 6,0 m^3/h bei 1,013 bar verwenden. Bei großen Anlagen werden Vakuumpumpen mit Leistungen von 10 bis 60 m^3/h eingesetzt. Es hat keinen Sinn, z. B. eine 60 m^3/h Pumpe an eine kleinere Anlage anzuschließen, in der Meinung, das Evakuieren und Trocknen würde jetzt 10 mal so schnell vor sich gehen wie mit einer 6 m^3/h Pumpe. Arbeitet die kleinere Pumpe mit frischem Öl und einer gut funktionierenden *Gasballast-Einrichtung,* dann wird sie nicht viel länger als eine größere Vakuumpumpe zum Erreichen des gleichen Vakuums brauchen.

Eine genaue Zeitvoraussage über die Dauer des Evakuier- und Trocknungsvorgangs ist nicht möglich, da zuviele unbekannte Faktoren einen Einfluß ausüben.

4.2 Die Kältemittelfüllung

4.2.1 Das Füllen der Anlage mit Kältemittel

Grundsätzlich müssen wir unterscheiden:

- Füllen von Neuanlagen
- Füllen im Servicefall
  - Nachfüllen
  - Umstellen auf ein anderes Kältemittel

In beiden Fällen spielt dann noch die Füllmenge und das einzufüllende Kältemittel eine Rolle.

Bevor auf die eigentlichen Tätigkeiten eingegangen wird, sei noch der Hinweis gegeben, daß gemäß *Wasserhaushaltsgesetz (WHG § 19g)* Kältemittel als wassergefährdende Stoffe aufgeführt sind. Kältemittel (und Kältemaschinenöle) sind in der Regel der *Wassergefährdungsklasse 2* (WGK2) zugeordnet. Aufgrund dieser Zuordnung sind Schutzmaßnahmen definiert. Seminare zu diesem Thema werden von den verschiedenen Fachverbänden regelmäßig angeboten. Die WGK des speziellen Stoffes kann dem *Datensicherheitsblatt* entnommen werden.

Der Betreiber einer Kälteanlage muß gemäß WHG für Arbeiten an seiner Kälteanlage — mit einigen Ausnahmen — **Fachbetriebe** (WHG, § 191) beauftragen.

Hingewiesen sei ebenfalls auf die *prEN 378,* Teile 3 und 4, sowie die *Unfallverhütungsvorschrift VBG 20,* Abschnitt IV, Betrieb. Hierin ist der Umgang mit Kältemitteln und die dazu erforderliche Schutzausrüstung geregelt. Weitere Verhaltensregeln sind den Merkblättern über den Umgang mit FKW-Kältemitteln und Ammoniak der Berufsgenossenschaften zu entnehmen.

4.2.1.1 Füllen von Neuanlagen

Vor dem Füllen einer Anlage muß sich der Monteur mit den entsprechenden Kapiteln der Betriebsanleitung vertraut machen, sofern es sich nicht um eine Standardanlage handelt, mit der er bereits vertraut ist.

Eine Reihe von Inbetriebnahmetätigkeiten müssen vor dem Füllen abgeschlossen sein, z. B.:

- **Druck- und Dichtheitskprüfung gem. 4.1.**
- **Der oder die Verdichter sind betriebsbereit.**
- **Die Befestigungsschrauben wurden noch einmal überprüft und bei offenen Verdichtern die Ausrichtung von Verdichter und Motor.**
- **Die Drehrichtung der Motore wurde überprüft.**
- **Sämtliche Sicherheitsgeräte wurden auf die vorgegebenen Werte nach Skala eingestellt und deren elektrische Funktionstüchtigkeit geprüft.**
- **Der oder die Verdichter sind ordnungsgemäß mit dem vorgeschriebenen Kältemaschinenöl gefüllt (das erfolgt am besten vor dem Füllen mit Kältemittel unter Nutzung des vorhandenen Vakuums).**
- **Die Funktionstüchtigkeit und die Drehrichtung der Ventilatoren (Luftkühler, Verflüssiger, Kopflüfter) wurde geprüft.**
- **Kühlwasser- und Kälteträgerpumpen wurden vorher in Betrieb genommen.**
- **Elektrische Energie steht zur Verfügung.**
- **Eventuell erforderliche Überprüfung von Schweißnähten (Durchstrahlung, DIN 8975, Teil 6, Absch. 13) sei der Vollständigkeit halber erwähnt.**

Bild 121 zeigt anschaulich, wie alle Geräte — Monteurhilfe und Vakuumpumpe — sowie Stickstoff und Kältemittelflasche an eine kleine Kälteanlage angeschlossen werden. Die Durchführung von Druckprüfung, Evakuieren/Trocknen und Füllen mit Kältemittel lassen sich anhand dieses Schemas gut erklären, unabhängig davon, ob es sich im speziellen Fall um eine kleine oder große Anlage handelt.

Wie unser Schema zeigt, können wir die Kältemittelflasche so an die Anlage anschließen, daß entweder flüssiges oder dampfförmiges Kältemittel eingefüllt wird.

Denken wir daran, unsere Anlage steht unter einem Druck von 1 bis 6 mbar. Bei 100 mbar d. h. 0,10 bar liegt die Sättigungstemperatur von

R134a	**unter – 65 °C**	**R404A**	**unter – 80 °C**
R22	**unter – 80 °C**	**Ammoniak**	**bei – 70 °C**

Auf diese Temperaturen würde sich flüssiges Kältemittel nach der Entspannung sofort abkühlen. Hierfür sind die eingesetzten Materialien der Kälteanlage in der Regel nicht geeignet. Die bei derartigen Temperaturdifferenzen möglichen Wärmespannungen sind unkontrollierbar.

Das Vakuum in der Anlage sollte deshalb nur mit *Kältemitteldampf* gebrochen werden. Das gilt auch für den Servicefall. Es ist sogar empfehlenswert erst dann flüssiges Kälte-

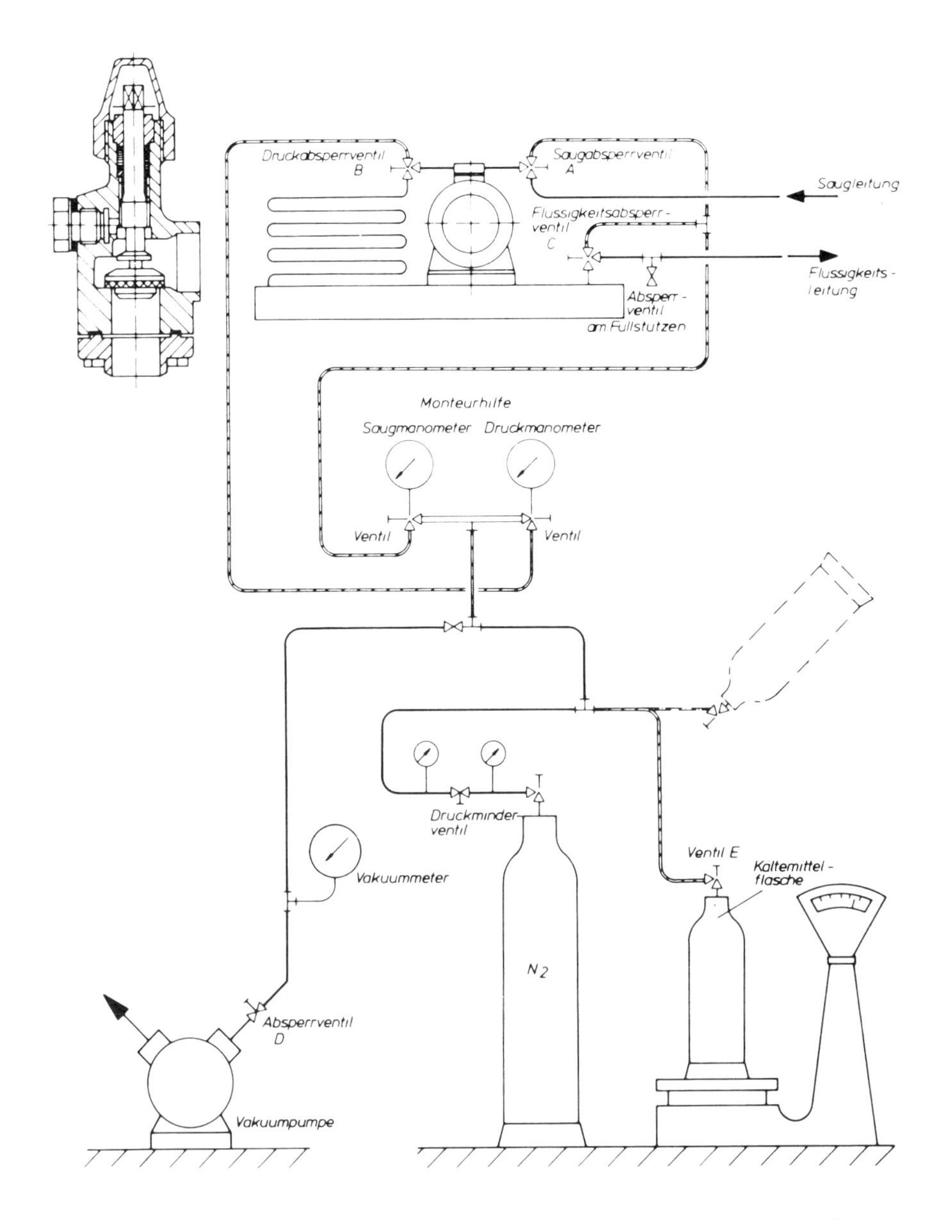

Bild 121 Schaltung der Rohrleitungen für Druckprobe, Evakuieren, Trocknen und Füllen einer kleineren Anlage mit FKW-Kältemittel

mittel einzufüllen, wenn der Druck im System auf den Sättigungsdruck des betreffenden Kältemittels bei – 10 °C bis 0 °C (siehe Temperaturskala auf dem Manometer) angestiegen ist.

Ist die Anlage mit einem Kältemittelsammler ausgerüstet, wird am besten über diesen gefüllt. Nachdem durch Füllen mit Kältemitteldampf das Manometer eine Sättigungstemperatur von etwa 0 °C anzeigt, wird die Kältemittelflasche so gedreht (und dabei sicher gelagert!), daß flüssiges Kältemittel entnommen werden kann.

Auf gar keinen Fall darf flüssiges Kältemittel bei niedrigen Drücken in Rohrbündelapparate gelangen, in denen sich Wasser oder ein Kälteträger befindet! Besonders dann nicht, wenn das Wasser durch die Rohre geleitet wird. In modernen Rohrbündelapparaten werden Innenrohre mit sehr geringen Nennweiten eingesetzt. Deren geringer Wasserinhalt ist in kurzer Zeit eingefroren und die Rohre platzen auf.

Das Saugventil A auf unserem Schema wird voll geöffnet, damit ist dieser Eintritt über die Monteurhilfe gesperrt, und das Flüssigkeitsabsperrventil C wird in Durchgangsstellung gebracht, so daß flüssiges Kältemittel in den Sammler strömen kann.

Bei größeren Kälteanlagen mit offenen Verdichtern oder Verbundsätzen, wo eventuell der Sammler getrennt oder weit entfernt aufgestellt ist, muß sinngemäß verfahren werden.

Bei solchen Anlagen erfolgt das Füllen meist nicht mittels Monteurhilfe, sondern die Kältemittelflasche wird direkt am Absperrventil des Füllstutzens angeschlossen.

Die erforderliche Füllmenge sollte dem Monteur bekannt sein, sie kann am Anlagenschild abgelesen werden.

Es ist jedoch nicht immer sicher, daß die gesamte Menge an flüssigen Kältemittel im Sammler untergebracht werden kann. Besitzt der Sammler Schaugläser, werden diese beim Füllen beobachtet. Der Sammler darf nicht völlig gefüllt werden, damit kein flüssiges Kältemittel bis in den Verflüssiger hineingelangt.

Ist kein Schauglas vorhanden, kann der Füllstand mit einem kleinen Trick erfühlt werden. Dazu legt man einen mit heißem Wasser getränkten Lappen an den Sammler, so daß der Mantel erwärmt wird. Dort, wo sich Flüssigkeit im Inneren befindet, wird die Wärme schneller abgeführt als da, wo Dampf ist. Mit dem Handrücken läßt sich diese Temperaturgrenze, die den Füllstand kennzeichnet, fühlen. Auf keinen Fall hierfür Lötlampe oder Schweißbrenner verwenden.

Die Anlage sollte unter keinen Umständen überfüllt werden. Das Vermindern der Kältemittelfüllung ohne Umweltbelastung ist zeitaufwendig.

Bevor die bekannte Kältemittelfüllung gänzlich eingefüllt ist, etwa zu 70 bis 80 %, wird die Anlage in Betrieb genommen. Dazu wird das Ventil der Kältemittelflasche geschlossen und alle Ventile der Anlage in Betriebsstellung gebracht.

Hierzu muß gemäß Betriebsanleitung der betroffenen Anlage vorgegangen werden.

Die Feinabstimmung der Kältemittelfüllung erfolgt dann bei laufender Anlage (ggf. bei Teillast).

Bei kleineren Anlagen wird über das Saugabsperrventil A Kältemitteldampf nachgefüllt, bei größeren Anlagen über das Absperrventil am Füllstutzen (Flüssigkeitsabsperrventil C geschlossen) flüssiges Kältemittel.

Anlagen mit *überfluteten Rohrbündelverdampfern* oder ND-Abscheidern für Umpumpbetrieb werden vorteilhaft in zwei Schritten gefüllt, und zwar wird durch Schließen der richtigen Ventile in der Saug- und Flüssigkeitsleitung ND- und HD-Seite getrennt und einzeln gefüllt.

Da das Kältemittel aus der Flasche in die Anlage überströmen soll, muß eine ausreichende Druckdifferenz vorhanden sein. Es ist demzufolge einfach zu füllen, wenn z. B. der luftgekühlte Verflüssiger von kalter Luft umgeben ist und die Kältemittelflasche im warmen Raum steht. Unzulässig ist es aber, Kältemittelflaschen mit Lötlampe oder Schweißbrenner zu erwärmen, um den Füllvorgang zu beschleunigen.

Eine Kältemittelflasche beginnt an der tiefsten Stelle zu schwitzen oder zu bereifen, wenn sie nahezu entleert ist; sie ist völlig leer, wenn die Bereifung wieder abtaut.

4.2.1.2 Füllen im Servicefall

Nachfüllen

Wir haben unsere *Monteurhilfe* am Verdichter angeschraubt und erkennen, daß beide Manometer bei stehendem Verdichter einen Druck von 2,0 bar anzeigen. Wäre noch Flüssigkeit in der Anlage, so würden die Manometer den Druck anzeigen, der der *Temperatur-Druck-Skala* entspricht. Nehmen wir an, der Raum, in dem die Anlage aufgestellt ist, habe eine Temperatur von 27 °C, dann müßten die Manometer bei R22 Flüssigkeitsvorrat ~ 10 bar anzeigen. Eine angenommen im gleichen Raum stehende R22-Vorratsflasche hätte den gleichen Innendruck. Der aber in der Anlage noch vorhandene, viel zu niedrige Druck zeigt an, daß kein flüssiges Kältemittel mehr in der Anlage vorhanden ist, sondern nur noch Dampf, der nach und nach entweicht.

Demnach muß eine undichte Stelle vorhanden sein, die jetzt gesucht werden muß. An einer Stelle, wo das TEV am Verdampfereingang angeschraubt ist, finden wir einen öligen Fleck, der verdächtig ist. Das *Lecksuchgerät* bestätigt uns, daß tatsächlich Kältemittel entweicht. Die Überwurfmutter läßt sich bei entsprechendem Gegenhalten am Ventil etwas anziehen und bei einer Prüfung wird festgestellt, daß das Leck verschwunden ist. (Das Nachziehen hat nicht immer Erfolg; oft muß ein neuer Bördel gefertigt, oder eine neue Dichtung eingelegt werden.)

Alle Ölspuren werden sorgfältig beseitigt und es gilt nun zu überlegen, was als nächstes zu tun ist.

Da in dieser Anlage noch ein gewisser Dampfanteil enthalten war, muß man *nicht* evakuieren, zumal man das Leck gefunden und beseitigt hat. Ein Innendruck von 2 bar hindert die Außenluft daran, in die Anlage einzudringen. Man kann demnach gleich mit dem Füllen beginnen. Nachdem über die *Monteurhilfe* die R22-Flasche an der Saugseite der Anlage angeschlossen worden ist, wird die Anlage in Betrieb genommen. Das eingesaugte dampfförmige Kältemittel wird im Verflüssiger verflüssigt, über das TEV in den Verdampfer strömen, wo es siedet, wieder verdampft vom Verdichter angesaugt und auf Verflüssigungsdruck verdichtet wird und den Kreislauf neu beginnt. Sobald das Kältemittel im Verdampfer bis zum Beginn der Saugleitung durchgezogen ist, würde die Anlage ausreichend gefüllt sein. Da sie aber einen Sammler besitzt, kann man ruhig noch mehr Kältemittel einfüllen. Vielfach gibt es Schaugläser an Sammlern, die beim Füllen gute Dienste leisteten. Sind keine vorhanden, dann ist es Sache des Monteurs, die richtige Füllung zu erzielen. Es darf auch im Servicefall unter keinen Umständen zuviel Kältemittel in den Sammler — bzw. in die Anlage — eingefüllt werden, da die Flüssigkeit sonst im Verflüssiger hochsteigt und die Kondensationsfläche verkleinert. Das würde einen unnötigen Anstieg des Verflüssigungsdruckes zur Folge haben.

Wie der Füllstand im Sammler ohne Schauglas gefunden werden kann, wurde beim Füllen der Neuanlage bereits beschrieben.

Ganz allgemein gilt die Regel, Sammler etwa 30 bis 50 % zu füllen. Dabei ist der kleinere Wert bei stehenden Sammlern und bei liegenden mit größeren Durchmessern anzuwenden, der größere Wert für liegende Sammler bis etwa DN 200.

Der Füllprozeß kleiner Kältesätze auch mit Kapillardrosselrohren erfolgt mit Hilfe eines Füllzylinders oder einer Waage. Das erforderliche Füllgewicht kann entweder dem Typschild oder der Serviceanleitung entnommen werden.

Dabei können wir an den Skalen, die sich sichtbar im Inneren des Füllzylinders befinden, genau die Kältemittelmenge ablesen, die wir einzufüllen beabsichtigen.

Bei der Verwendung einer Waage ist zu beachten, daß besonders bei kleinen Füllmengen (100 bis 500 g) kein Meßfehler durch den Einfluß des Füllschlauches unterläuft. Das wird vermieden, wenn eine Waage verwendet wird, in deren Unterteil ein Magnetventil eingebaut ist, das beim Erreichen der vorgewählten Füllmenge schließt.

Genaues Befüllen eines derartigen Kältesatzes ist nur möglich, wenn die vorgefundene Restmenge abgesaugt und eine Neubefüllung vorgenommen wird. Die alte Monteurregel, mit der Hand fühlen bis die Saugleitung kalt wird und dann etwas ablassen, ist zu ungenau und außerdem eine Umweltsünde.

Falsch gefüllte Kältesätze mit Kapillardrosselrohr führen zu erhöhtem Energiebedarf, Minderleistung und ggf. zu Betriebsstörungen.

Zwei Beispiele:
In einem Fall waren wir davon ausgegangen, daß sich in der Anlage noch dampfförmiges R22 befand, das unser *Monteurhilfe*-Manometer auf 2 bar ansteigen ließ. Der Betreiber dieser Anlage hatte uns versichert, daß die Anlage nach einwandfreiem Betrieb vor ein paar Monaten abgeschaltet worden war, da man sie über Winter nicht benötigte. Der in einer kurzen, parallel zur Flüssigkeitsleitung verlegten Umführungsleitung eingebaute Feuchtigkeits-Indikator zeigte keinerlei Verfärbung, so daß mit Sicherheit davon ausgegangen werden konnte, eine intakte, d. h. trockene R22-Restfüllung in der Anlage zu haben. Wir hielten deswegen eine zeitraubende — also kostspielige — Evakuierung der Anlage nicht für erforderlich und begannen mit unserem *Lecksuchgerät* die Suche nach der Undichtigkeit.

Nach deren Auffinden, Beseitigen und Einbau eines neuen Trockners konnten wir die Anlage wieder auffüllen und in Betrieb nehmen.

Bei einem anderen Service-Einsatz zur Überprüfung einer mit R22 arbeitenden Kälteanlage zur Raumkühlung stellten wir fest, daß sich in der Anlage keinerlei Kältemittel mehr befand. Zur Kontrolle wurde vorsichtig eine Verschraubung ein wenig gelöst, es entwich kein Kältemittel. Nach einigem Suchen fanden wir, daß ein Bördel zwischen TEV und Verteiler am Verdampfer gebrochen war. Über den Bruch war nach und nach soviel Kältemittel entwichen, daß der Verdampfungsdruck unter Atmosphärendruck sank und der Verdichter Luft ansaugte. Der Raumthermostat schaltete nicht ab, da die Raumtemperatur nicht erreicht wurde. Die Abschaltung erfolgte erst über den Druckbegrenzer. In den Kreislauf war Luft und damit auch Feuchtigkeit eingedrungen.

In dem geschilderten Fall wäre es ein grober Fehler gewesen, nach durchgeführter Reparatur die Anlage einfach neu zu füllen und wieder in Betrieb zu nehmen. Diese Anlage mußte nach Beseitigung der Leckstelle druckgeprüft, evakuiert, getrocknet und erst dann gefüllt werden.

Nachdem das Kupferrohr zwischen TEV und Verteiler erneuert war, wurde noch der Trockner ausgetauscht.

Danach ließen wir über unsere *Monteurhilfe* etwas R22 in die Anlage ein und ließen weiterhin für die Dichtheitsprüfung Stickstoff über ein Reduzierventil bis zu etwa 5 bar in die Anlage einströmen (siehe 4.1).

Nach Prüfung des neu gefertigten Rohrstückes mit einer *Nekal-* oder *Erkantol*-Lösung (auch Seifenwasser tut es) — wobei sich keinerlei Blasen zeigten — suchten wir alle in den Rohrleitungen vorhandenen Lötstellen, Anschlußmuffen und Verschraubungen mit dem Lecksuchgerät ab und überzeugten uns davon, daß nirgends eine weitere Undichtigkeit vorhanden war. (Der im Stickstoff vorhandene Anteil R22 hätte beim Austritt aus einer evtl. noch vorhandenen Leckstelle das Lecksuchgerät ansprechen lassen.) Nach Ablassen des Prüfdruckes können wir nun mit dem Evakuieren und Trocknen der Anlage beginnen. Nachdem dies zufriedenstellend abgeschlossen war, wurde die Anlage wie eine Neuanlage (siehe 4.2.1) mit Kältemittel gefüllt.

Die bislang oft und sehr erfolgreich verwendete Butan-gespeiste *Suchlampe* darf gemäß Unfallverhütungsvorschrift VBG 20, § 21 Instandhaltung, seit dem 1. 10. 1997 nicht mehr verwendet werden.

Umstellen auf ein anderes Kältemittel

Wie bereits unter *1.8.5.1 Neue Kältemittel* erläutert wurde, sind bei Kältemittelumstellungen zwei unterschiedliche Methoden bekannt:

Umstellung auf ein **Servicekältemittel** (drop-in). Servicekältemittel sind Gemische mit R22- oder Kohlenwasserstoffanteilen.

Die Philosophie lautet: FCKW raus, Servicekältemittel rein. Kältemaschinenöl-Sorte, TEV und Trockner bleiben.

Umstellung auf ein **Ersatzkältemittel** (Retrofit). Ersatzkältemittel sind **chlorfreie** Gemische oder Reinstoffe. Andere Ölsorte (Polyol-Ester), TEV und Trockner sind erforderlich.

Auf die Beschreibung einer detaillierten Vorgehensweise bei der Kältemittelumstellung wird verzichtet. Hierüber liegen in ausreichendem Maße Veröffentlichungen vor.

Auf einige wenige wesentliche Erkenntnisse bei Kältemittelumstellungen soll dennoch hingewiesen werden:

Vor jeder Umstellung muß der Zustand des Kältemaschinenöls vor Ort geprüft werden, z. B. mit einem handelsüblichen Säuretester. Versäuertes Kältemaschinenöl ist **vor** der Umstellung nochmals zu wechseln. Die Anlage wird solange mit FCKW weiterbetrieben, bis das Kältemaschinenöl in einwandfreiem Zustand ist.

Niemals Kälteanlagen mit nicht einwandfreiem Kältemaschinenöl auf ein anderes Kältemittel umstellen! Dies gilt sowohl für die Umstellung auf Service- als auch auf Ersatzkältemittel.

Die Verdichterhersteller empfehlen für Service-Kältemittel die Verwendung halbsynthetischer Kältemaschinenöle (mit Alkylbenzolanteil, z. B. Shell 2212, Fuchs KMH). Ist die vorgefundene Ölsorte nicht bekannt, dann ist ein Ölwechsel anzuraten.

Nach der Umstellung sind eventuell die TEV und die Druckbegrenzer nachzuregulieren.

Bei Umstellung auf Ersatzkältemittel dürfen nur Restmengen an FCKW und herkömmlichem Kältemaschinenöl in der Anlage verbleiben.

Nach der Umstellung soll der FCKW-Anteil im Kältemittel 100 ppm nicht überschreiten. Das setzt sorgfältiges Evakuieren (Enddruck $< 1{,}0$ bar) voraus.

Der Anteil an herkömmlichem Kältemaschinenöl im Polyol-Ester nach der Umstellung darf nicht mehr als 1 bis 3 % betragen. Schwierigkeiten bei größeren Anteilen herkömmlicher Kältemaschinenöle sind bei der Ölrückführung zu erwarten, also physikalischer und nicht chemischer Natur.

4.2.2 Überwachen der Kältemittelfüllung

4.2.2.1 Feuchtigkeit in FCKW/FKW-Kältemitteln

In den vorangegangenen Abschnitten wurde sehr eingehend auf das Evakuieren und Trocknen von Anlagen mit FKW/HFCKW und FCKW-Kältemitteln behandelt. Obwohl die damit verbundenen Arbeiten zeitraubend und somit teuer sind, ist ihre Notwendigkeit unter Kältefachleuten unbestritten. Die Erfahrung hat gelehrt — und darüber gibt es ausreichend Schrifttum —, daß nur größte Sorgfalt spätere Betriebsstörungen und Schäden vermeiden kann. Zeiteinsparungen auf Kosten der Trocknung ist Sparen am falschen Platz.

Mit der Einführung von Polyol-Esterölen hat die Trocknung zusätzliche Bedeutung erhalten. Ester sind sehr empfindlich gegenüber Wasser. Säure- und Alkoholbildung sowie die Bildung von Partialestern sind möglich.

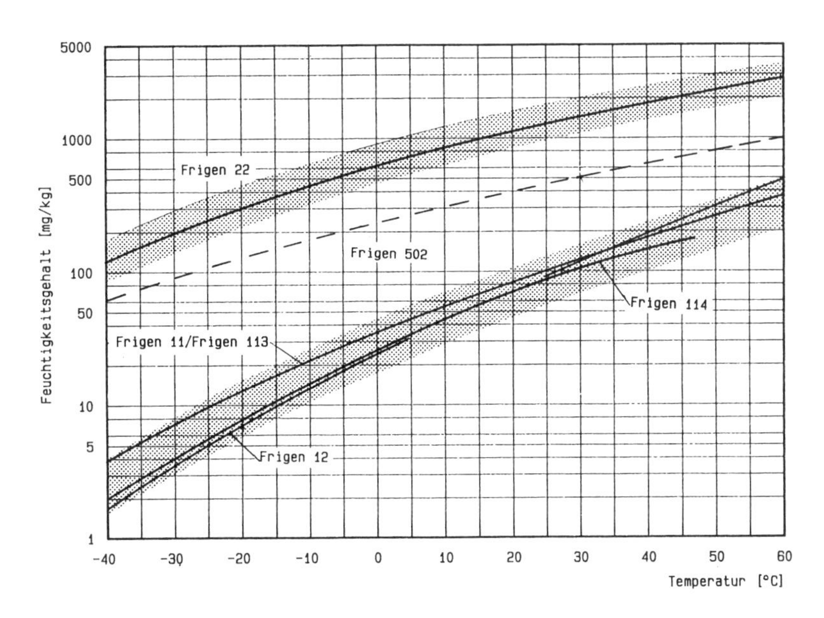

Bild 122 Maximaler Feuchtigkeitsgehalt verschiedener Frigen-Kältemittel im flüssigen Zustand *(Hoechst)*

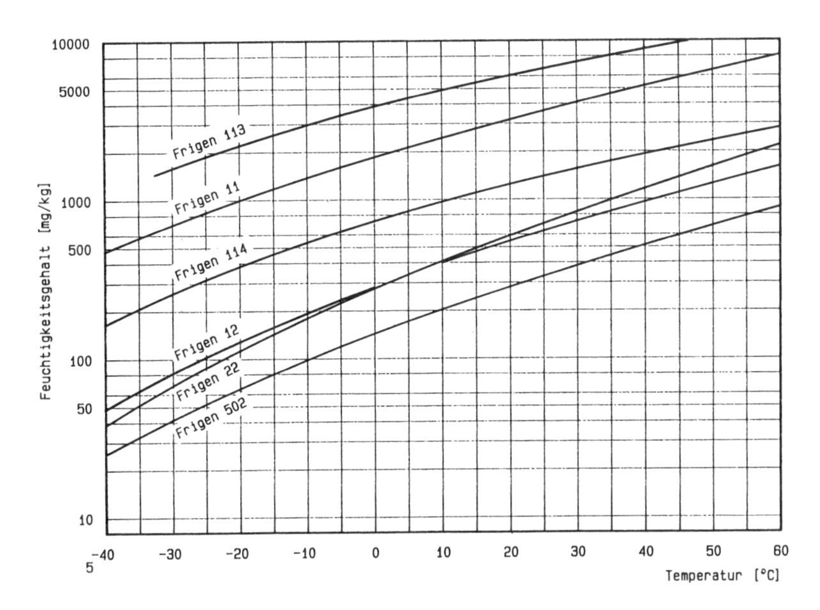

Bild 123 Feuchtigkeitsaufnahme dampfförmiger Frigen-Kältemittel *(Hoechst)*

Das Problem ist, daß FCKW-Kältemittel nur *sehr geringe* Mengen an Wasser lösen können und das außerdem noch in erheblichem Maße abhängig von der *Temperatur* und ihrem *Aggregatszustand.* Das Lösungsvermögen in Kältemittelflüssigkeit ist sehr abweichend von dem in der Dampfphase.

Aus den Grafiken ist zu ersehen, daß mit sinkender Temperatur (bei Flüssigkeit und Dampf) immer weniger Wasser gelöst werden kann.

In Zahlen bedeutet das etwa folgende Mengen in ppm:

	in Flüssigkeit		**in Dampf**	
	– 10 °C	**+ 30 °C**	**– 10 °C**	**+ 30 °C**
R12	**13**	**125**	**180**	**700**
R22	**420**	**1.480**	**170**	**720**
R502	**160**	**500**	**100**	**380**

Typisch ist, daß bei dem FCKW R12 in der Dampfphase mehr Wasser gelöst werden kann, bei R22 und R502 hingegen in der Flüssigkeitsphase (R12 ist ein vollhalogenierter Kohlenwasserstoff, während R22 noch ein Wasserstoffatom besitzt. R502 ist ein Gemisch, das R22 enthält).

Diese Einführung hört sich zwar etwas theoretisch an, für die Praxis haben diese Eigenschaften jedoch beträchtliche Bedeutung.

Beispielsweise kann R12 in der Flüssigkeitsphase bei – 10 °C nur noch 13 ppm Wasser lösen, bei – 20 °C nur noch 8,5 ppm. Dieser Wert liegt sehr niedrig und nahe dem Wert des Lieferzustandes. Geringfügige Mengen an zusätzlichem Wasser reichen aus, um Wasser, bei – 10 °C natürlich als Eis, freizusetzen.

Dieses Eis entsteht folgerichtig bei der Temperaturabsenkung, d. h. bei der Entspannung des Kältemittels, also im *TEV oder im Kapillardrosselrohr* und führt zu Verstopfungen und zu Betriebsstörungen.

Bei R22 ist diese Gefahr praktisch nicht gegeben. Das Lösungsvermögen des flüssigen R22 liegt weit entfernt vom Wassergehalt des Kältemittels im Lieferzustand (6—7 ppm).

Bei R22 sind aber eventuell Schwierigkeiten in Anlagen mit überfluteten Rohrbündelverdampfern oder ND-Abscheidern und Umpumpbetrieb zu erwarten, wenn Feuchtigkeit in die Anlage eindringt.

Da der abgesaugte R22-Dampf bei – 10 °C nur 2,5 mal *weniger* Feuchtigkeit lösen kann als die Flüssigkeit (und dieses Verhältnis ist ein Gleichgewichtszustand und gilt auch für nicht feuchtigkeitsgesättigtes R22), wird im Laufe der Zeit der Wasseranteil auf der ND-Seite ansteigen.

Tiefkühlanlagen, die bei geringem Unterdruck arbeiten, saugen im ND-Teil über Ventilstopfbuchsen u. ä. ständig mehr oder weniger Luft ein. Die Luft wird bei solchen Anlagen meistens automatisch, mit Hilfe von *Entlüftungseinrichtungen* wieder ausgeschleust, die Feuchte bleibt aber im Kältemittel. Es ist keineswegs ungewöhnlich, daß in solchen Kälteanlagen die Filter der Kältemittelpumpen durch Eis verstopfen. Ungewöhnlicher Luftanfall am Entlüftungsapparat ist hier ein Alarmzeichen.

Neben den physikalischen Effekten gibt es auch noch chemische Einflüsse durch zu hohen Wassergehalt.

Die Praxis hat gezeigt, daß mit einem Wassergehalt in FCKW-Kältemitteln von *25 bis 40 ppm* Kälteanlagen sicher betrieben werden können. Höhere Wasseranteile führen u. a. zu Hydrolyse und damit zu Säurebildung und Korrosion, die sich leider nicht ankündigt wie ein verstopftes TEV.

Die neuen chlorfreien FKW-Kältemittel können in der flüssigen Phase erheblich mehr (ca. 10fach) Wasser lösen als FCKW. Dadurch stellen sich zwischen den Trocknern und dem Kältemittel im Kreislauf auch andere Gleichgewichtszustände ein. Um FKW in ähnlichem Maße trocknen zu können wie FCKW, wurde Molekularsieb mit anderer Porengröße (3—4 A anstatt früher 7—8 A) eingeführt. Die Trockner, die derzeit im Handel sind, können für HFKW und FKW verwendet werden.

Bei den chlorfreien Kältemitteln werden maximale Feuchtigkeitsgehalte zwischen 30 und 70 ppm angestrebt.

Kälteanlagen mit halogenierten Kohlenwasserstoffen als Kältemittel sollten grundsätzlich mit Filtertrocknern und Feuchteindikatoren ausgerüstet sein.

4.2.2.2 Schaugläser mit Feuchtigkeits-Indikatoren

Es wurde bereits darauf hingewiesen, Kälteanlagen mit halogenierten Kohlenwasserstoffen als Kältemittel vor dem Füllen sorgfältig zu trocknen und das Eindringen von Feuchtigkeit in den Kreislauf, z. B. bei Wartungsarbeiten, unbedingt zu verhindern.

Für diese Kältemittel gibt es kritische Feuchtigkeitsgehalte, die nicht überschritten werden dürfen. Diese betragen für

R12	**etwa 20 ppm**
R22	**etwa 40 ppm**
R502	**etwa 30 ppm**
R134a, R404A, R407C	**etwa 80 ppm**

Werden diese Feuchtigkeitsgehalte dennoch überschritten, müssen Maßnahmen ergriffen werden. In der Regel werden die Trockner bzw. deren Einsätze (Kerne) erneuert und Ölwechsel, eventuell mehrere, durchgeführt.

Die einzige praktische Entscheidungshilfe hierfür, sowohl für den Betreiber als auch für den Monteur, ist der Feuchtigkeits-Indikator.

Feuchtigkeits-Indiaktoren sind in Schaugläser für flüssiges Kältemittel eingebaut. Je nach Hersteller werden unterschiedliche chemische Effekte für die Anzeige genutzt und somit gibt es auch unterschiedliche Farbwechsel, z. B.

von grün (trocken) auf gelb (feucht),
von blau (trocken) auf rosa (feucht) und
von schwarz bis violett (trocken),
von violett bis purpur (Vorsicht geboten),
von purpur bis hellrot (feucht).

Der zutreffende Farbwechsel ist auf dem Rand des Indikators ersichtlich.

Gemeinsam ist allen Indikatoren, daß der Farbumschlag temperaturabhängig ist. Bei steigender Temperatur gehört jeweils ein höherer Feuchtigkeitsanteil im Kältemittel zum Farbumschlag. In R22 bedeutet feucht beispielsweise bei

t = 25 °C	**etwa 45 ppm und**
t = 50 °C	**etwa 180 ppm**

Zur genauen Beurteilung müssen die Herstellerangaben herangezogen werden.

Die Praxis hat bestätigt, daß Feuchtigkeits-Indikatoren äußerst zuverlässige Hilfsmittel zur Ermittlung der Feuchtigkeitsgrenzwerte im Kältemittel sind.

Feuchtigkeits-Indikatoren können in jeder Lage in die Flüssigkeitsleitung — möglichst nach dem Trockner — eingebaut werden. Empfehlenswert ist die Anordnung in der Bypassleitung (Bild 124) über einem waagerechten Stück der Flüssigkeitsleitung. Bei dieser Einbaulage wird zusätzlich Blasenbildung im flüssigen Kältemittel sicher angezeigt. Der Einbau im Bypass verhindert zudem Erosionsverschleiß im Indikator.

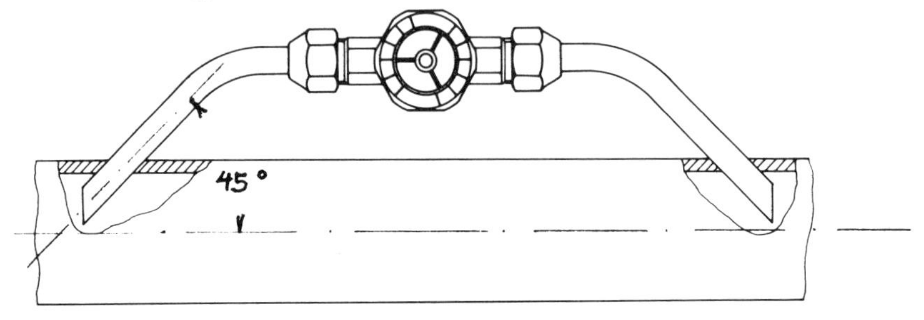

Bild 124 Feuchtigkeitsindikator

Beim Einlöten ist, wenn möglich, das Indikatorelement herzuschrauben, mindestens aber gegen die Lötflamme zu schützen.

Die bekannten Feuchtigkeits-Indikatoren zeigen nur die im Kältemittel gelöste Wassermenge an. Freies Wasser kann zur Schädigung führen. Nach einem Rohrbruch im Verflüssiger oder Verdampfer aber auch nach dem Wicklungsschaden eines Einbaumotors (Burnout), muß der Indikator ausgetauscht werden. Sonst ist die Anzahl der Farbumschläge unbegrenzt.

4.2.2.3 Filtertrockner

Wie kann Feuchtigkeit oder freies Wasser in den Kältemittelkreislauf gelangen?

Sehen wir einmal von dem vorher erwähnten Rohrbruch ab, der einen Austausch der gesamten Kältemittelfüllung zur Folge hätte, auf dreierlei Art:

- **Als Restfeuchtigkeit in der evakuierten Anlage,**
- **bei Wartungs- und Instandsetzungsarbeiten und**
- **mit der Umgebungsluft über Undichtigkeiten im Niederdruckteil der Kälteanlagen, deren Verdampfungsdruck unter dem Atmosphärendruck liegt.**

Sollen die in 4.2.2.2 genannten, maximalen Wasseranteile im Laufe der Zeit nicht überschritten werden, ist der Einbau von Filtertrocknern erforderlich.

Der eigentliche *Filtertrocknereinsatz* oder auch *Block* genannt, besteht aus einer Mischung von Substanzen (durch ein Bindemittel in die bekannte zylindrische Form gebracht), welche die physikalische Eigenschaft haben, Wasser und Säuren in gewissen Grenzen zu adsorbieren.

Früher waren die Trocknergehäuse mit losem Trockenmittel gefüllt (Silikagel, aktiver Tonerde — die übrigens auch heute noch Bestandteile der Blöcke sind —), wobei die Gefahr des Abriebes bestand mit daraus resultierenden Störungen und Schäden.

Mit der Entwicklung der Trocknerblöcke wurde dies verhindert und es ergab sich zusätzlich die äußerst bedeutsame *Filterwirkung.*

Wegen ihrer porösen Struktur filtern die Blöcke nicht nur wie ein Sieb an der Oberfläche, sondern es lagern sich die ausgefilterten Teilchen in der gesamten Tiefe des Blockes ab und bewirken so eine hohe Beladbarkeit bei sehr kleiner Porengröße (kleiner 10 μm).

Es ist deshalb naheliegend, Filtertrockner möglichst unmittelbar vor dem TEV zu montieren, um Schmutzteilchen aus der Anlage und der Flüssigkeitsleitung von dem TEV fernzuhalten. Die Einbaulage kann beliebig gewählt werden. Es sollte jedoch darauf geachtet werden, daß Raum für den Aus- und Einbau der Blöcke vorhanden ist.

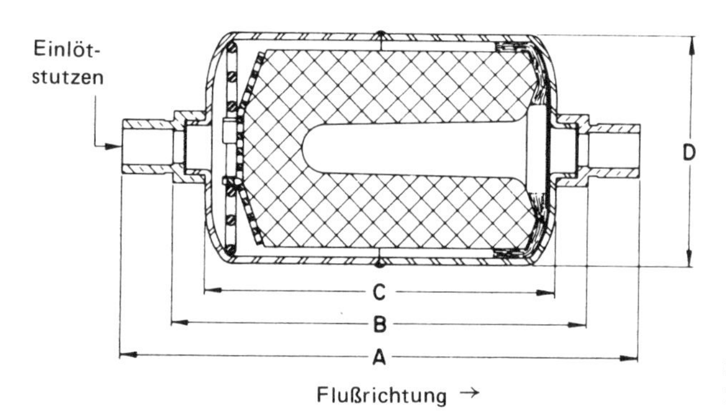

Bild 125
Filtertrockner

Einzuhalten ist die Durchflußrichtung. Der zylindrische Filtertrocknereinsatz soll *von außen nach innen* durchströmt werden, damit bei Verstopfung der Block nicht gesprengt werden kann.

Die Wasser- (und auch Säure-) aufnahmefähigkeit der Filtertrocknereinsätze hängt ab

— vom Filtertrockner selbst,
— von der Temperatur,
— vom Kältemittel und
— vom Wassergehalt des Kältemittels.

Höhere Temperaturen ergeben niedrigere Wasseraufnahmefähigkeit, Trockner sollten deshalb an Stellen mit niedriger Temperatur, z. B. im Kühlraum oder nach dem Unterkühler, eingebaut werden.

Für R22 gilt beispielsweise (um eine Vorstellung zu erhalten):
Bei t = 30 °C und einer Restfeuchtigkeit von 60 ppm kann ein Block von einem Liter Volumen etwa 35 g Wasser adsorbieren.

Eingelötete Einweg-Trockner sollten beim Wechsel nicht ausgelötet, sondern mit dem Rohrschneider herausgeschnitten werden, damit durch die Erwärmung des Blocks nicht ein Teil des adsorbierten Wassers wieder ausgetrieben wird und im Kreislauf verbleibt. Die diffusionsdicht verpackten Trocknereinsätze dürfen erst unmittelbar vor dem Einbau der Verpackung entnommen werden, damit sie nicht bereits Luftfeuchtigkeit adsorbieren.

Die Blöcke verursachen bei richtiger Auslegung durch ihre Struktur und geometrische Form nur einen geringen Druckabfall. Verstopfte Blöcke lassen sich demzufolge durch Temperaturgefälle zwischen Kältemittelein- und austritt und Blasen im Schauglas (Feuchtigkeits-Indikator) erkennen.

Wir sehen also, daß Filtertrockner und Feuchtigkeits-Indikator Teile der FCKW-Kälteanlage sind, deren Funktion unmittelbar zusammengehören.

Für die Adsorption von Säuren im Kältemittel, entstanden
- durch zu hohen Wassergehalt (Hydrolyse),
- chemische Reaktion zwischen Kältemittel und Öl (Verkokung) bei hohen Temperaturen sowie
- bei einem Wicklungsschaden (Burnout)

werden von einigen Herstellern speziell eingestellte Filtertrocknereinsätze für vorübergehende Verwendung angeboten.

Ohne Indikator kann vom Monteur nicht beurteilt werden, wann die Filtertrocknereinsätze mit Feuchtigkeit gesättigt sind und erneuert werden müssen. Zeigt andererseits ein Indikator feucht an, ist der Einbau eines Filtertrockners die einzigste Lösung, das eingedrungene Wasser zu entfernen, will man nicht die gesamte Kältemittelfüllung entsorgen.

4.2.2.4 Schutzmaßnahmen gegen Kältemittelverlust

Undichtigkeiten und damit verbundenes Entweichen der Kältemittelfüllung aus einer Ammoniakkälteanlage riecht man bereits bei geringen Verlustmengen (1.8.5). Ammoniak hat in dieser Hinsicht eine *selbstwarnende* Wirkung.

Anders verhält es sich mit halogenierten Kohlenwasserstoffen. FCKW, HFCKW und FKW sind praktisch geruchlos. Anlagen mit diesen Kältemitteln müssen deshalb bezüglich Kältemittelverluste überwacht und regelmäßig auf Undichtigkeiten überprüft werden (prEN 378-2, Abschnitt 9.4). Diese sind unmittelbar sorgfältig zu beseitigen.

Es bedarf keiner Frage, Kältemittelkreisläufe müssen unbedingt *dicht* sein, und zwar

- **aus Gründen der Funktionstüchtigkeit,**
- **zur Vermeidung von Umweltbelastungen,**
- **aus Sicherheitsgründen (Arbeitsschutz, bei Ammoniak außerdem zum Schutze von Material und Waren),**
- **aus Kostengründen.**

In erster Linie liegt es in der Hand des Herstellers, durch fachgerechte Konstruktion und Fertigung eine dichte Anlage zu bauen.

Vom Betreiber kann mit Hilfe einfacher Maßnahmen die Füllung überwacht werden. Schaugläser im Kreislauf bieten diese Möglichkeit schon durch *Sichtkontrollen.* Dazu wird der Füllstand im Kältemittelsammler markiert und regelmäßig kontrolliert. Das Absinken des Standes im Schauglas — bei jeweils gleicher Anlagenbelastung — signalisiert eine Undichtigkeit. Im Schauglas in der Kältemittelflüssigkeitsleitung soll bei konstanter Anlagenbelastung blasenfreier Durchfluß sichtbar sein. Blasen deuten auf Kältemittelmangel und damit auf Verluste hin.

Um die erforderliche Dichtheit des Kreislaufs zu erhalten, muß die Kälteanlage mit FCKW, HFCKW oder FKW regelmäßig gewartet werden. Unabhängig von etwa wöchentlichen Kontrollen der Füllstände im Kältemittelsammler, soll die Anlage zweimal jährlich mit Hilfe eines *Lecksuchgerätes* oder Schaummittels auf Undichtigkeiten abgesucht werden. Ggf. sind auch kürzere Intervalle zu wählen. Abhängig ist das vom Gefährdungspotential, z. B. der Schwingungsbelastung von Anlagenteilen.

Undichtigkeiten von Ammoniakanlagen werden mit angefeuchtetem *Phenolphalein-Papier* geortet.

Grundsätzlich weisen Ölflecken auf Undichtigkeiten hin.

Zur optischen Anzeige von Undichtigkeiten können halogenierten Kohlenwasserstoffen auch fluoreszierende Substanzen beigemischt werden, die dann mit Hilfe von Schwarzlicht (Infrarot-Licht) leuchten. Dieses Verfahren ist ausgesprochen wirkungsvoll. Da der Transport der Substanz durch den Kreislauf über das Öl läuft, entstehen extrem haftende Flecken bei ausgelaufenem Öl.

Gelegentlich werden Schwimmerschalter am Kältemittelsammler zur Überwachung der Füllung benutzt, besser wäre allerdings eine Trendüberwachung mit Hilfe von Sonden.

Für Großanlagen oder bei besonderer Notwendigkeit können festinstallierte *Warngeräte* eingesetzt werden, die ab einstellbarer Konzentration von Kältemittel in der Luft Alarm auslösen. Derartige Geräte sind für alle Kältemittel auf dem Markt.

An dieser Stelle sei auf das VDMA-Einheitsblatt 24243 verwiesen, das *Emissionsminderung von Kältemitteln aus Kälteanlagen* beinhaltet.

4.3 Das Öl im Kältemittelkreislauf

In verschiedenen vorherigen Abschnitten (siehe 2.1.6, 2.1.7, Verdichter und 2.4.2 Verdampfer) wurde bereits auf das Öl im Kältemittelkreislauf eingegangen.

Dabei wurde auch erwähnt, daß in Kälteanlagen speziell für die Kältetechnik hergestellte Schmieröle verwendet werden müssen. Wir sprechen deshalb von Kältemaschinenölen.

Die Mindestanforderungen an Kältemaschinenöle sind in der DIN 51 503 festgelegt.

Die DIN 51 503 unterscheidet zwischen Kältemaschinenölen für den Einsatz in Anlagen mit

Ammoniak	**— Gruppe KAA und KAB (nicht mischbar und mischbar)**
FCKW/HFCKW-Kältemittel	**— Gruppe KC**
FKW-Kältemittel	**— Gruppe KD**
Kohlenwasserstoffe	**— Gruppe KE**

Die Anforderungen beziehen sich auf:

— Viskosität,	**— Verseifungszahl,**
— Aussehen,	**— Aschegehalt,**
— Fließvermögen,	**— Wassergehalt,**
— Flammpunkt,	**— Kältemittel-Beständigkeit,**
— Neutralisationszahl,	**— Gehalt an R12-Unlöslichem**

Auch wenn für den Praktiker diese Begriffe zum Teil ungeläufig sind und im einzelnen mit Servicemitteln auch nicht nachprüfbar — außer z. B. die Neutralisationszahl —, sollen für den interessierten Leser einige schmiertechnische Begriffe erläutert werden:

4.3.1 Erläuterung schmiertechnischer Begriffe

Schmierfähigkeit

Schmierfähigkeit ist sicherlich die wichtigste Eigenschaft der Schmierstoffe; es muß indessen zugestanden werden, daß man diese Eigenschaft bis heute nicht einwandfrei und vor allem einfach definieren kann, da die Schmierfähigkeit eines Schmierstoffes nicht nur von Art und Zusammenhang desselben beeinflußt wird, sondern auch von der Art des zu schmierenden Werkstoffes und seinen speziellen Eigenschaften abhängt. Dieses trifft besonders bei Metallen zu. Auch die umgebende Atmosphäre, Art des Schmierverfahrens und Konstruktion der Schmierstelle beeinflussen den Faktor Schmiervermögen ganz erheblich. Bei reiner Flüssigkeitsreibung, wie sie bei hydrodynamischen Schmiervorgängen vorherrscht, ist die Definition der Schmierfähigkeit noch verhältnismäßig einfach. In diesem Falle ist die Viskosität des Schmierstoffes die eigentliche Kenngröße und Trägerin der Schmierfähigkeit, die unmittelbare Berührung von zwei gegeneinander gleitenden Flächen verläßlich verhindert. Bei anderen Schmiervorgängen, die in das Gebiet der Mischreibung fallen, ist ein Öl oder Fett nur schmierfähig, wenn es Bestandteile enthält, die den reibenden oder gleitenden Metallflächen besonders anhaften und deren Reibungskoeffizienten verringern.

Es ist unmöglich, die Schmierfähigkeit in einem Apparat zu messen, wie etwa die Zähflüssigkeit im Viskosimeter, die Dichte mit dem Aräometer oder den Flammpunkt mit dem Marcusson-Tiegel. Zur Beurteilung der Schmierfähigkeit dienen Messungen und Beobachtungen in Ölprüfmaschinen, die keineswegs immer mit den Betriebsverhältnissen der Praxis übereinstimmen, praktische Fahrversuche und anderes mehr. Einen einfachen Maßstab für den Betriff der Schmierfähigkeit hat man noch nicht gefunden.

Verschleiß und Reibung sind die Gegensätze der Schmierfähigkeit, aber die Meßwerte streuen hierbei so stark, daß sie eben nicht als Maßstab dienen können.

Viskosität (DIN 51461 u. 51562)

Die Viskosität ist die grundlegende physikalische Eigenschaft von Schmierölen, aus der sich die Tragfähigkeit des Ölfilmes in einem Lager bei flüssiger Reibung ergibt. Sie nimmt mit steigender Temperatur ab und fallender Temperatur zu. (Sogenannte Viskosität-Temperatur, kurz VT-Verhalten, worauf im folgenden noch eingegangen wird.)

Daher muß bei jedem Viskositätswert die Temperatur, auf die er sich bezieht, angegeben werden.

Im physikalischen Sinne ist die Viskosität der Widerstand, den benachbarte Schichten einer Flüssigkeit ihrer gegenseitigen Verschiebung entgegensetzen.

Bei Berechnungen (z. B. der Lagerreibung) benutzt man die dynamische Viskosität η (Ns/mm^2).

Im Gegensatz dazu wird mit einem Viskometer die kinematische Viskosität mit der SI-Einheit mm^2/s — vormals cSt — gemessen. Die langjährig verwendete Einheit „Englergrade“ war eine empirische Größe (nach DIN 51560), auf die hier nicht mehr eingegangen werden soll.

Im Jahre 1976 wurde die DIN 51519 herausgegeben, die eine Klassifizierung der Ölsorten nach Viskositätsklassen zum Ziele hat. International soll nun ein Öl durch die Kurzbezeichnung (ISO) VG2 . . . VG 1500 hinsichtlich seiner Viskosität bei 40 °C definiert sein. Der für die Kältetechnik interessante Bereich betrifft folgende Klassen:

Viskositätsklasse ISO	Mittelpunktviskosität bei 40 °C in mm^2/s	Grenzen in mm^2/s min.	max.
VG 15	15	13,5	16,5
VG 22	22	19,8	24,2
VG 32	32	28,8	35,2
VG 46	46	41,4	50,6
VG 68	68	61,2	74,8
VG 100	100	90,0	110

Die meisten Schmierölhersteller haben die Mittelpunktviskosität ihrer Öle in die Sortenbezeichnungen eingebaut.

Sagt die Schmiervorschrift aus, für einen bestimmten Verdichtertyp und Anwendungsfall kann ein Öl ISO VG68 verwendet werden, erübrigen sich Recherchen nach der Viskosität der einzelnen Ölsorten, wenn sie dieser Viskositätsklasse entsprechen.

Alterung

Als Alterung bezeichnet man die chemische Veränderung von Schmierölen durch den Einfluß von Luftsauerstoff, Wärme, Druck, Feuchtigkeit sowie metallischem Abrieb und sonstigem Schmutz. Diese Einflüsse machen sich durch Nachdunkeln und schließlich durch Verschlammung des Öles bemerkbar.

Aussehen

Eine Sichtkontrolle des Öles vor dem Einfüllen in den Verdichter ist die elementarste Prüfung. Das Öl soll klar aussehen, d. h. nicht gealtert (z. B. bei Wiederverwendung) und trocken sein (bei höherer Feuchte wird Öl milchig). Öle, die Schwebeteilchen enthalten, dürfen in diesem Zustand nicht verwendet werden.

Flammpunkt (DIN 51584)

Der Flammpunkt ist die niedrigste Temperatur, bezogen auf einen Druck von 1013 mbar, bei der sich aus dem zu prüfenden Öl unter festgelegten Bedingungen (Erhitzen im offenen Tiegel) Dämpfe in solcher Menge entwickeln, daß diese mit der über dem Flüssigkeitsspiegel stehenden Luft ein entflammbares Gemisch ergeben.

Es liegt auf der Hand, daß der Flammpunkt des Kältemaschinenöles in einem Verdichter nicht von gleicher Bedeutung ist wie der des Schmieröles eines Benzin- oder Dieselmotors. Für Kältemaschinenöle ist der Flammpunkt ein Maß für zu erwartende Eindikkung des Öles und die Ölabwanderung aus dem Verdichter.

Neutralisationszahl (DIN 51558)

Die Neutralisationszahl N_Z gibt die Anzahl mg Kaliumhydroxyd (KOH) an, die erforderlich ist, um die in 1 g des Öles enthaltenen freien Säuren zu neutralisieren.

Die N_Z dient dazu, den Gehalt eines Öles der Säuren zu bestimmen. Insbesondere den an wasserlöslichen Säuren, die den Werkstoff, mit dem das Öl in Berührung kommt, angreifen können. Besonders wichtig ist die N_Z zur Beurteilung des Öles in hermetischen und semihermetischen Motorverdichtern, deren Motorwicklungsisolierung durch Säure gefährdet ist.

Verseifungszahl (DIN 51559)

Die Verseifungszahl V_Z gibt die Anzahl mg Kaliumhydroxyd (KOH) an, die erforderlich ist, um die in 1 g des Öles enthaltenen freien Säuren zu neutralisieren und die vorhandenen Ester zu verseifen.

Die V_Z dient dazu, den Gehalt eines Öles an leicht verseifbaren Bestandteilen zu bestimmen. Ein Ansteigen der Verseifung im Gebrauch deutet Veränderungen des Öles an. Das Verhältnis N_Z/V_Z ist ein Maß für den Alterungszustand des Öles.

Asche (DIN 51575)

Der Aschengehalt ist der Rückstand nach dem völligen Verbrennen eines Öles. Da ein Mineralöl als reine organische Substanz restlos verbrennt und keine Asche hinterläßt, ist der Aschegehalt ein Maß für Verunreinigung.

Fließvermögen im U-Rohr (DIN 51568)

Die Prüfung nach der U-Rohr-Methode zeigt, bei welcher Temperatur ein Schmieröl (unter den Bedingungen der Norm) noch fließt. Ein Zusammenhang zwischen Stockpunkt und Fließvermögen besteht nicht.

Maßeinheit ist °C für eine Steiggeschwindigkeit von 10 mm/min.

Stockpunkt (DIN 51583)

Der Stockpunkt eines Mineralöles ist die Temperatur, bei der das Öl beim Abkühlen (unter Bedingungen der Norm) gerade aufhört zu fließen. Der Stockpunkt nach DIN liegt ca. 3 K tiefer als der in GB und USA übliche Pour Point bis zu dem das Öl noch wahrnehmbar fließen muß.

Wassergehalt (Prüfung nach DIN 51777)

Der Wassergehalt wird angegeben in mg/kg oder ppm (parts per million). Kältemaschinenöle nach DIN 51503 dürfen bei Anlieferung in Fässern kein abgesetztes Wasser, in Kleingebinden maximal 30 ppm Wasser enthalten.

Kältemittelbeständigkeit mit R12 (DIN 51593)

Unter Kältemittelbeständigkeit eines Öles ist die Zeitspanne zu verstehen, die unter Prüfbedingungen vergeht, bis erste Spaltprodukte aus den Kältemitteln erkennbar oder nachweisbar sind. Prüfbedingungen sind: unter Luftausschluß läßt man 96 Std. Kältemittel mit einem Druck entsprechend + 40 °C auf Öl von 250 °C einwirken.

Zweck dieser Prüfung ist, Kältemaschinenöle für Anlagen mit FCKW-Kältemitteln beurteilen zu können. In derartigen Anlagen können chemische Reaktionen zwischen Öl und Kältemittel eintreten, die zur Bildung saurer Reaktionsprodukte führen. Die entstandenen Säuren führen zu Korrosionen in den Kältemaschinen; durch die Veränderungen der Eigenschaften der Öle werden gleichzeitig deren Schmiereigenschaften verschlechtert. Die Reaktionen werden durch Ölharz und im Öl gelöste Verunreinigungen, wie z. B. Fettsäuren und Seifen usw. ausgelöst.

R12 — Unlösliches (DIN 51590)

Das R12-Unlösliche enthält alle Bestandteile eines Öles, die aus einer Lösung von Öl und R12 beim Abkühlen bis zum Siedepunkt des Gemisches von etwa − 29 °C ausgeschieden werden.

Das R12-Unlösliche setzt sich in erster Linie aus Paraffinen verschiedener Schmelzpunkte zusammen. Es enthält bei harzreichen Ölen auch kleinere Mengen von Ölharz (Ölharze sind dickölige bis harzigklebrige Bestandteile, die in allen Mineralölraffinaten, besonders aber Destillaten und Rückstandsölen, in beschränkter Menge auftreten. Sie sind mit natürlichen Harzen nicht wesensverwandt).

Die öllöslichen Kältemittel wirken beim Abkühlen als Fällungsmittel für Paraffin in Ölen. Das R12-Unlösliche führt in die Kälteanlagen z. B. zum Verstopfen der Kältemittelstromregler.

Mischungslücke

Die Mischungslücke (auch Lösungslücke) sagt aus, in welchem Bereich — abhängig von der Temperatur — sich zwei Flüssigkeiten nicht vollständig lösen oder mischen lassen. In diesem Bereich liegen dann zwei Mischungen unterschiedlicher Zusammensetzung vor, wovon die spezifisch leichtere oben schwimmt.

Im Abschnitt Verdichter wurde festgestellt, daß die Anforderungen an das Kältemaschinenöl zur Verdichterschmierung sehr ähnlich sind. Wenn aber trotzdem Kältemaschinenöle mit unterschiedlichen Eigenschaften vorhanden sind und auch benötigt werden, dann kann der Grund hierfür nur in Anforderungen aus dem Kältemittelkreislauf mit seinen anderen Bauteilen zu suchen sein.

Folgende physikalische Vorgänge im Kältemittelkreislauf, die das Öl betreffen, wollen wir behandeln:
— Den Einfluß der Kältemittel auf das Kältemaschinenöl und
— die Ölrückführung.

4.3.2 Einfluß des Kältemittels auf das Öl

Abgesehen von Trockenlaufverdichtern ist bei allen Verdichterarten ein Ölauswurf zu verzeichnen.

Dieses Öl befindet sich im wesentlichen in Tröpfchenform oder als Aerosol (d. h. flüssig) im verdichteten Kältemitteldampf, ein geringer Anteil auch als Öldampf. Dieser Öldampfanteil ist nicht nur vom Kältemittel abhängig, sondern vom Druck, der Temperatur und von der verwendeten Ölsorte selbst.

Mineralöle bestehen aus verschieden siedenden Fraktionen. Tendenziell kann man sich merken, daß ein Öl mit niedriger Viskosität und niedrigem Flammpunkt einen größeren Anteil an niedrigsiedenden Bestandteilen hat und daß bei gleichen Verdichtungstemperaturen bei diesem Öl ein größerer Anteil dampfförmig den Verdichter verläßt.

Es ist bestätigt, daß der Ölauswurf eines Verdichters, der mit einem Öl niedriger Viskosität betrieben wird, höher ist als mit einem Öl hoher Viskosität. Außerdem wurde gemessen, daß bei Anlagen ohne Ölrückführung (die meisten Ammoniakanlagen) das Öl im Kurbelgehäuse des Verdichters langsam eindickt.

Kältemittelverdichter sind heute auf einem technischen Stand, daß die mit dem verdichteten Kältemitteldampf ausgeworfene Ölmenge (bei Schraubenverdichtern natürlich nach dem Ölabscheider, bei Tauchkolbenverdichtern auch ohne Ölabscheider) im Verflüssiger von dem flüssigen Kältemittel gelöst wird. Das trifft auch für Ammoniak zu.

An dieser Stelle wird eine Erklärung zur Mischbarkeit von Kältemitteln und Kältemaschinenölen erforderlich.

Zwei Arten der Mischung kommen in einer Kälteanlage vor, nämlich Kältemaschinenöl gelöst in flüssigem Kältemittel und Kältemittel gelöst in Öl.

Die Mischung von Kältemittel in Öl ist von Druck und Temperatur abhängig.

Mit steigendem Druck kann mehr, mit steigender Temperatur weniger Kältemittel im Öl gelöst werden.

Die Löslichkeit von Öl in flüssigem Kältemittel ist nur von der Temperatur abhängig. Genauer gesagt, es ist temperaturabhängig, ob sich Öl und flüssiges Kältemittel in jedem Verhältnis mischen lassen oder nicht (siehe Mischungslücke).

Begleiten wir das Öl weiter auf dem Weg durch die Anlage, müssen wir jetzt nach dem Verflüssiger den Verdampfer betrachten.

Grundsätzlich unterschiedlich sind die Anforderungen an das Kältemaschinenöl in trockenen Verdampfern mit TEV oder EEV und überfluteten Verdampfern oder ND-Abscheidern in Umpumpanlagen.

Im trockenen Verdampfer ändert sich das Verhältnis zwischen Öl und Kältemittel ständig. Das Kältemittel tritt in den Verdampfer ein mit einem Ölanteil in der jetzt kalten flüssigen Phase von weniger als 1 Gew.% Öl. Dieser Anteil im flüssigen Kältemittel nimmt ständig zu, da immer mehr davon verdampft. Am Verdampferaustritt haben sich die Verhältnisse derart geändert, daß jetzt nur noch Öl vorhanden ist, das entsprechend Druck und Temperatur kältemittelgesättigt ist. Am Eintritt in den Verdampfer übernimmt noch das flüssige Kältemittel den Transport des Öles, am Verdampferaustritt muß hierzu eine ausreichende Dampfgeschwindigkeit vorhanden sein.

Grundsätzlich hängt jedoch der Öltransport durch einen trockenen Verdampfer nicht vom Lösungsvermögen des Öles im flüssigen Kältemittel ab, sondern von der Viskosität des mit Kältemittel gemischten Öles und der Geschwindigkeit des Kältemitteldampfes in den Verdampferrohren.

Den Zusammenhang zwischen Viskosität, Druck und Temperatur zeigt Bild 126.

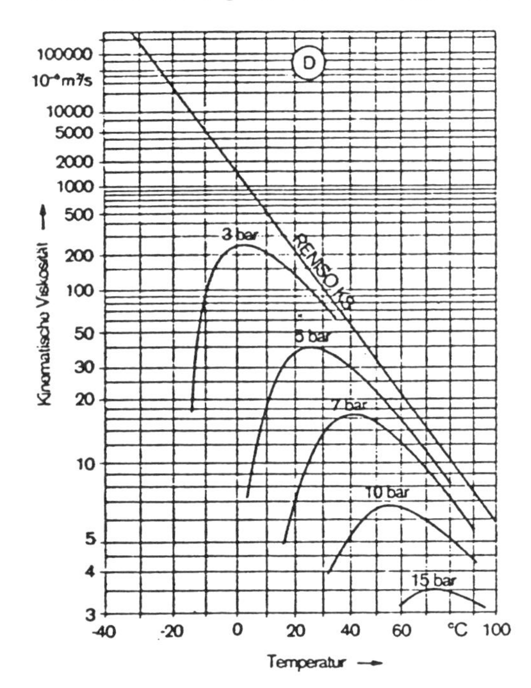

Bild 126

Darauf ist gut zu erkennen, daß der Viskositätsanstieg bei tieferen Temperaturen und gleichbleibendem Druck sehr steil verläuft.

Bei 3 bar z. B. beträgt die Verdampfungstemperatur von R22 – 15 °C. Die am TEV eingestellte Überhitzung bewirkt also (paradoxerweise), daß die Viskosität des Öles am Austritt des Verdampfers trotz steigender Temperatur sprunghaft ansteigt. Gemäß obigem Diagramm (Öl ISO-VG 46) steigt bei einem Temperaturanstieg von – 15 °C auf – 5 °C die Viskosität von 20 auf 200 mm^2/s! Die wegen der Charakteristik der TEV bei Teillast kleiner werdende Überhitzung kommt somit der Ölrückführung entgegen.

Überflutete Verdampfer benötigen Flüssigkeitsabscheider, in denen die Geschwindigkeit des Kältemitteldampfes stark herabgesetzt wird. Diese Verdampfer sind so konstruiert, daß bei ordnungsgemäßem Betrieb kein Öl in die Saugleitung gelangen kann.

Verdichter in Anlagen mit überfluteten Verdampfern sind grundsätzlich mit Ölabscheidern ausgerüstet, so daß mit dem Kältemittel wesentlich weniger Öl eingetragen wird als den Verdichter verläßt; max. etwa 0,02 Gew.%. Trotzdem würde die Kältemittelfüllung des Verdampfers verölen, wenn die gleiche Menge nicht wieder abgeführt wird.

Betrachten wir einmal einen Verdampfer mit HFCKW-Kältemittel. Um einen Gleichgewichtszustand herzustellen, muß ein Teil des ölhaltigen flüssigen Kältemittels aus dem Verdampfer entnommen werden. Soll dieser Anteil möglichst klein bleiben, muß der Ölanteil in der Verdampferfüllung möglichst groß sein. Bei diesem Bestreben stößt man rasch an Grenzen:

— Hoher Ölanteil verschlechtert den Wärmeübergang und führt zur Schaumbildung.
— Bei R22 kommt es zur Entmischung von Öl und Kältemittel. Es bildet sich eine ölreiche und eine ölarme Phase. Die spezifisch leichtere ölreiche Phase schwimmt auf der ölarmen und beeinträchtigt die Verdampfung und außerdem fehlt dieses Öl im Verdichter.

In flüssigem R12 sind Kältemaschinenöle in jedem Verhältnis löslich.

Die Entmischung wird durch die Mischungslücke verursacht.

Die Mischungslücke ist abhängig vom Kältemittel, der Ölsorte und der Temperatur.

Das Diagramm läßt erkennen, daß oberhalb des Kulminationspunktes der Kurve Kältemittel und Öl in jedem Verhältnis mischbar sind.

Betrachten wir die Kurve bei – 10 °C und stellen uns vor, der Ölanteil im Kältemittel würde langsam ansteigen, dann erreichen wir bei 8 Gew.% Öl die linke Grenzkurve. Bis 8 % liegt eine homogene Mischung vor. Jede weitere Ölmenge würde eine zweite Phase entstehen lassen, deren Zusammensetzung an der rechten Grenzkurve abzulesen ist. In unserem Fall sind das etwa 44 %.

Eine Mischung dieses Kältemaschinenöles und R22 bei – 10 °C zwischen 8 % und 44 % ist nicht möglich.

Um betriebssicher entölen zu können, werden Öle gesucht, deren Mischungslücke bei der geforderten Verdampfungstemperatur erst bei möglichst hohem Ölanteil (größer 3 Gew. %) beginnt (linke Grenzkurve).

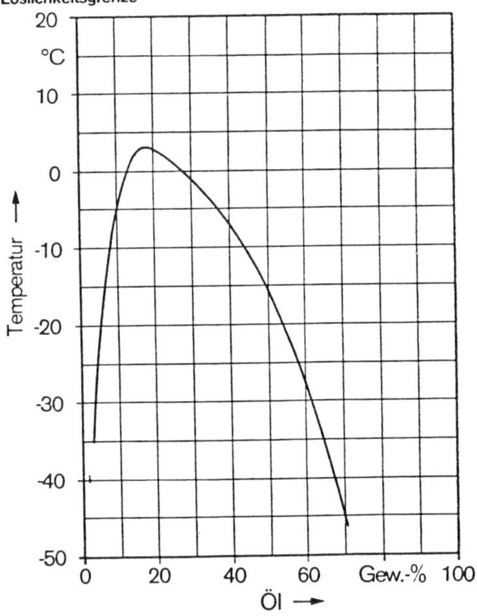

Bild 127
Verlauf der Löslichkeitsgrenze eines Mineralöles R22

Bei der gleichen Verdampferbauart mit dem Kältemittel Ammoniak sind die Verhältnisse anders.

Bei Temperaturen unterhalb 0 °C kann im flüssigen Ammoniak nahezu kein Öl mehr gelöst werden. Das Öl wird also nach der Entspannung im Kältemittelstromregler ausgeschieden.

Glücklicherweise ist das Kältemaschinenöl spezifisch schwerer (Dichte 0,9 kg/l) als flüssiges Ammoniak (Dichte 0,7 kg/l) bei üblichen Verdampfungstemperaturen.

Das Öl sinkt zu Boden und kann dort an geeigneter Stelle abgelassen werden. Dazu muß es allerdings noch fließfähig sein.

Fassen wir einmal zusammen, welche physikalischen Eigenschaften ein Kältemaschinenöl besitzen muß:
— Ausreichende Viskosität zur Verdichterschmierung bei etwa 40 bis 80 °C.
— Für Anlagen mit FKW, HFCKW-Kältemitteln:
  gute Mischbarkeit mit dem Kältemittel im Verdampfer, geringe Mischbarkeit im Verdichterkurbelgehäuse bzw. im Ölabscheider.
— Für Anlagen mit Ammoniak:
  Kältefließfähigkeit bei niedriger Temperatur und dabei hohe Viskosität bei 40 °C.

Von der Mineralölindustrie werden z. Z. fünf unterschiedliche Schmiermittel und Mischungen daraus als Kältemaschinenöle angeboten und in Kälteanlagen auch eingesetzt.

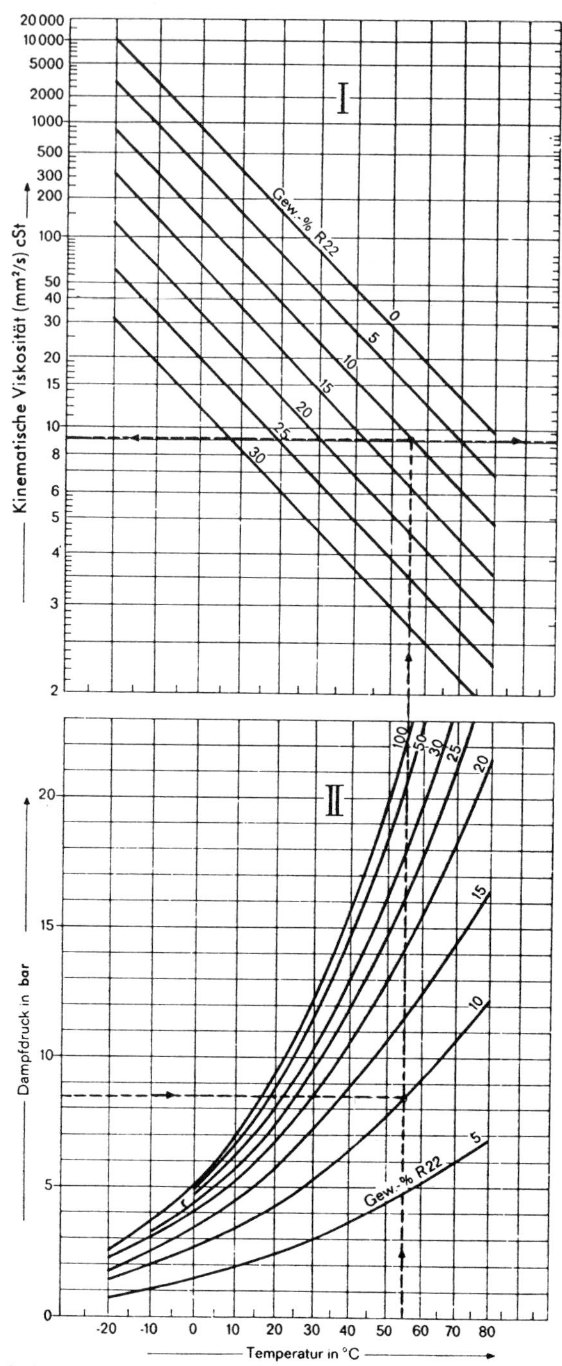

Bild 128
Der Einfluß von R22 auf die Viskosität eines Mineralöles

Basis	Temperaturgrenzen (°C)					
	Trockenexpansions-Verdampfer			überfluteter Verdampfer		
	FKW	HFKW	NH_3	FKW	HFKW	NH_3
Mineralöle	nicht einsetzbar	– 45 °C	– 40 °C	nicht einsetzbar	– 30 °C	– 40 °C
halbsynthetische Öle, Mineralöl/Alkylbenzol	nicht einsetzbar	– 50 °C	– 40 °C	nicht einsetzbar	– 50 °C	– 45 °C
vollsynthetische Öle, Alkylbenzol	nicht einsetzbar	– 50 °C	–	nicht einsetzbar	– 70 °C	– 45 °C
vollsynthetische Öle, Poly α-Olefine (SHC)*	nicht einsetzbar	– 50 °C	– 50 °C	nicht einsetzbar	–	– 50 °C
vollsynthetische Mischung SHC/Alkylbenzol	nicht einsetzbar	– 60 °C	– 44 °C	nicht einsetzbar	– 35 °C	– 30 °C
vollsynthetische Öle Polyol-Ester	– 70 °C	– 50 °C	–	– 45 °C	–	nicht einsetzbar
vollsynthetische Öle Polyalkylen Glykol (PAG)**	– 60 °C	–	– 60 °C	–	–	–

* **S**ynthesized **H**ydro **C**arbon
** ammoniaklösliches Öl

Diese Aufstellung zeigt, daß die angebotenen Kältemaschinenöle genau für den Einsatzfall ausgewählt werden müssen. Für die meisten Anwendungsfälle bis zu einer Verdampfungstemperatur von – 30 °C können Mineralöle eingesetzt werden. Ein nach diesen Gesichtspunkten ausgewähltes Kältemaschinenöl muß jedoch bezüglich seines Verhaltens im Verdichter überprüft werden.

Diese Überprüfung und letztlich die Auswahl des Öles wurde erheblich erleichtert durch die Einführung der Viskositätsklassen nach DIN 51 519 (siehe 4.3.1). Viele Mineralölhersteller haben diese Kennzeichnung (VG 32, 46, 68 usw.) in die Handelsbezeichnungen der Öle aufgenommen.

Diese Klassifizierung sagt natürlich nichts aus über die Verdünnung eines Öles durch gelöstes Kältemittel. Hierzu sind Diagramme der einzelnen Ölsorten erforderlich.

4.3.3 Ölrückführung

Benötigt wird das Schmieröl eigentlich nur im Verdichter. Der technische Aufwand wäre aber sehr groß, das Öl aus dem Kältemittelkreislauf fernzuhalten. Deshalb wurden Kältemaschinenöle geschaffen, die den Kreislauf durchwandern können, ohne ihn wesentlich zu beeinträchtigen.

Erwähnt sei an dieser Stelle, daß ein geringer Prozentsatz Öl im Kältemittel die Wärmeübertragung verbessert.

Das vom Verdichter ausgeworfene Schmieröl muß in gleicher Menge zurückgeführt werden, soll es nicht früher oder später zu Betriebsstörungen kommen.

Die unkomplizierteste Art der Ölrückführung findet in einer einfachen Kälteanlage statt: *Ein* Verdichter, *ein* Verflüssiger und *ein* Verdampfer mit TEV. Bei richtiger Ölauswahl und richtiger Dimensionierung der Rohrleitungen ist die Ölzirkulation durch den Kreislauf sichergestellt. Das Kältemaschinenöl wird vom umlaufenden Kältemittel transportiert. Der Ölwurf aus dem Verdichter gelangt mit dem Druckdampf in den Verflüssiger, von dort mit dem flüssigen Kältemittel über das TEV in den Verdampfer und mit dem Kältemitteldampf zurück in den Verdichter.

Eine erprobte Verdampferkonstruktion wurde hier vorausgesetzt.

Die richtige Dimensionierung der Rohrleitungen ist nicht die Aufgabe des Monteurs, bei deren Verlegung kann er aber Fehler vermeiden helfen. (siehe 3.1 und 3.5)

Bei Kälteanlagen mit mehreren, parallelarbeitenden Verdichtern d. h. Verbundkälteanlagen wird die Ölrückführung aufwendiger.

Die Gründe hierfür sind der mögliche Teillastbetrieb und damit unterschiedliche Dampfgeschwindigkeiten in den Rohrleitungen sowie die Verteilung des zurückgeführten Öles auf die Verdicher. Man muß sich vorstellen, daß das Öl an der Rohrinnenwand in Form wellenförmiger Schlieren vom Kältemitteldampf bewegt wird. Dazu gehört eine Mindestgeschwindigkeit des Kältemitteldampfes, die auch bei der kleinsten Teillaststufe nicht unterschritten werden darf.

Die Geschwindigkeit des Kältemitteldampfes ist ferner nicht über den gesamten Querschnitt der Rohrleitung gleich, sondern wegen der Reibung in Rohrwandnähe geringer. Dieser Effekt ist bei großen Nennweiten ausgeprägter und es werden höhere Dampfgeschwindigkeiten für den Öltransport erforderlich.

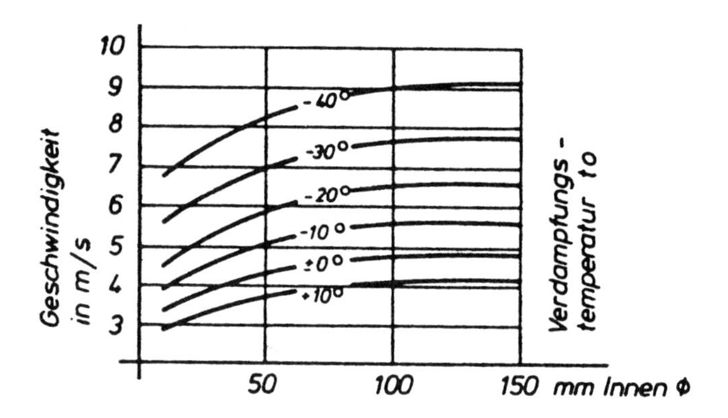

Bild 129 Mindestdampfgeschwindigkeit in steigenden Saugleitungen

Bei Teillast muß deshalb damit gerechnet werden, daß mehr Öl im Kreislauf verweilt. Der Ölfilm an den Rohrinnenwänden wird dicker, in waagerechten Rohrstücken bilden sich Rinnsale. Diese Ölmenge muß kompensiert werden können, ohne daß es zu Ölmangel in den Verdichtern kommt.

Entweder müssen hierzu die Kurbelgehäuse der Verdichter ausreichend groß sein — was häufig nicht der Fall ist — oder zusätzliche Ölbehälter auf der HD- oder ND-Seite des Kreislaufes gleichen diese unterschiedliche Ölmenge aus.

Bei Kälteanlagen mit mehreren Verdichtern muß das über die Saugleitung zurückkommende Öl gleichmäßig verteilt werden, um den Ölstand in allen Verdichtern gleich zu halten.

Symmetrische Aufteilung der Saugleitung zu den Verdichtern kommt dem entgegen.

In der Regel genügt das jedoch nicht für eine betriebssichere Ölverteilung. Die Kälteanlagenbauer gehen zur Lösung dieses Problems unterschiedliche Wege.

Drei unterschiedliche Systeme der Ölverteilung werden angewandt:

- **Statisches Ölverteilungssystem**
- **Dynamisches Ölverteilungssystem**
- **Mechanisches Ölverteilungssystem**

Das statische System isr das einfachste. Die Kurbelgehäuse der Verdichter werden in Höhe der Ölspiegel mittels Ölausgleichsleitungen untereinander verbunden. Voraussetzung für eine betriebssichere Funktion ist, daß in den Verdichtern das Kurbelgehäuse vom Ansaugraum bzw. Motorraum (bei halbhermetisches Verdichtern) getrennt ist. Anderenfalls entsteht eine permanente Strömung über die Ölausgleichsleitung, insbesondere über stehende Verdichter zu den laufenden. Die Folge sind Druckunterschiede zwischen den Kurbelgehäusen der Verdichter, die einen Ölausgleich behindern, und eine Anreicherung des Öles mit Kältemittel in den stehenden Verdichtern. Letzteres führt beim Anlaufen zu Schaumbildung und extremer Ölabwanderung.

Bei dem dynamischen Ölverteilungssystem werden Sammelbehälter in der Saugleitung unmittelbar vor den Verdichtern angeordnet, in denen ganz bewußt alles Öl zusammengeführt wird, das über die Saugleitung zurückkommt. Aus den Sammelbehältern wird mittels regulierbarer Einrichtungen das Öl den einzelnen Verdichtern zudosiert. Damit wird gleichzeitig unterschiedlicher Ölwurf der Verdichter ausgeglichen.

Dieses System hat sich besonders bei Verbundkältesätzen mit halbhermetischen Verdichtern bewährt. Der Ölwurf dieser Verdichter (ohne Ölabscheider) ist ausreichend groß, um eine verteilbare Ölmenge zu haben (dies ist bei vollhermetischen Verdichtern — Hubkolben- oder Scroll-Verdichtern — nicht gegeben). Ferner steigt der Ölwurf halbhermetischer Verdichter mit dem Ölstand im Kurbelgehäuse. Dieser Effekt bewirkt eine gewisse Selbstregulierung bei der Ölverteilung.

Das mechanische System setzt einen Ölabscheider in der gemeinsamen Druckleitung voraus. Die abgeschiedene Ölmenge, d. h. 60 bis 70 % des Ölwurfs, wird in einen Sammelbehälter geleitet, der unter einem Zwischendruck (ca. 0,5 bis 1,5 bar über Saugdruck) steht. Mit Hilfe sogenannter Ölspiegelregulatoren (mechanische Schwimmerventile) an jedem Verdichter wird nach Bedarf das Öl auf die Verdichter verteilt.

Es werden inzwischen auch Ölspiegelregulatoren angeboten, die aus einem Schwimmerschalter mit nachgeschalteter Elektronik und integriertem Magnetventil bestehen. Diese Geräte können auch direkt aus dem Ölabscheider versorgt werden (Sammelbehälter nicht unbedingt erforderlich) und haben sich als sehr betriebssicher erwiesen.

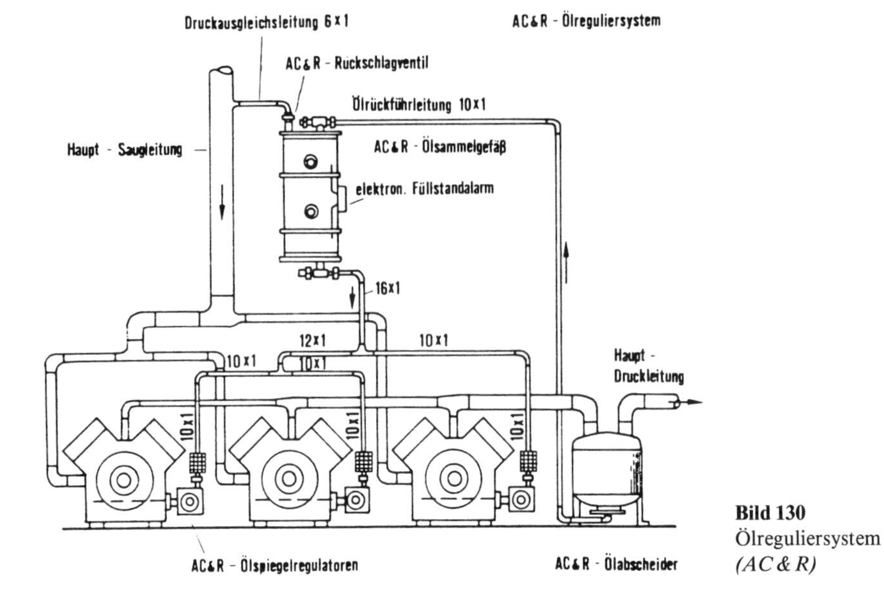

Bild 130
Ölreguliersystem
(AC&R)

Im Abschnitt 2.4.2 haben wir festgestellt, daß überflutete Verdampfer und ND-Abscheider von Umpumpanlagen grundsätzlich entölt werden müssen. Wegen der Flüssigkeitsabscheider, ob nachgeschaltet oder integriert, kann nicht alles Öl mit dem Kältemitteldampf in die Saugleitung gelangen.

HFCKW/FKW-Kälteanlagen mit überfluteten Verdampfern müssen deshalb mit einem Ölaustreiber ausgerüstet sein.

Das Prinzip ist bei den unterschiedlichen Bauarten gleich: Mit dem flüssigen Kältemittel gelangen etwa 100 ppm oder 0,01 % Ölanteil in den Verdampfer. In der Verdampferfüllung kann man etwa 3,0 % Ölanteil zulassen, d. h. 300mal mehr. Wird also der 300ste Teil der eingespritzten Kältemittelmenge flüssig mit 3,0 % Ölanteil dem Verdampfer entnommen und zum Verdichter zurückgeführt, dann ist der Ölhaushalt ausgeglichen. Diese Ölmenge muß bei der ersten Befüllung der Anlage berücksichtigt werden!

Da wir, außer bei Schraubenverdichtern, kein flüssiges Kältemittel im Verdichter akzeptieren können, muß das flüssige Kältemittel vorher verdampft werden. Das geschieht im *Ölaustreiber.*

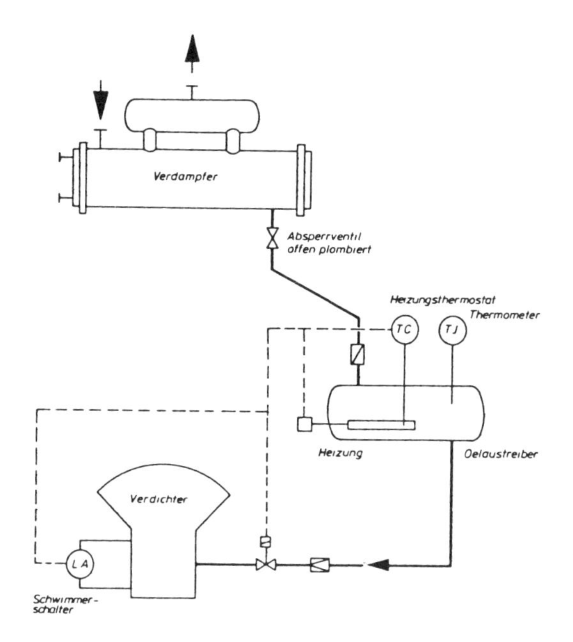

Bild 131
Ölrückführung aus überflutetem Verdampfer

Unser Bild zeigt einen elektrisch beheizten Ölaustreiber. Das ölhaltige Kältemittel gelangt durch eine Bohrung in dem Rückschlagventil vor dem Ölaustreiber in diesen hinein, der entstandene Kältemitteldampf strömt periodisch in den Verdampfer zurück.

Daneben sind auch kältemittelflüssigkeits- oder druckdampfbeheizte Austreiber üblich. Hierfür werden besonders konstruierte Wärmetauscher verwendet.

Aus Ammoniakverdampfern könnte das Öl auf ähnliche Art zurückgeführt werden, was bei Anlagen mit Schraubenverdichtern zunehmend gemacht wird.

In Hubkolbenverdichtern für Ammoniak liegen wegen dessen Stoffwerten die Verdichtungstemperaturen höher als bei halogenierten Kohlenwasserstoffen und damit wird das Schmieröl thermisch auch höher belastet.

Besonders in Kälteanlagen, deren Verdampfungstemperatur unter dem Atmosphärendruck liegt und in die praktisch immer etwas Luft eindringt, ist die Bildung von Ölkohle nicht völlig zu verhindern.

Hinzu kommt, daß in der Füllung des Ammoniakverdampfers ein Wasseranteil von 1 bis 2 % zu erwarten ist. In dieser stark alkalischen Umgebung in Verbindung mit Feuchtigkeit neigen Öle zum Verseifen.

Die Wiederverwendung von Kältemaschinenölen aus Ammoniakanlagen erfolgt meist so, daß das manuell abgelassene Öl in einem Regenerator erhitzt und feinstfiltriert wird, bevor es wieder in den Verdichter gefüllt wird.

4.3.4 Kupferplattierung

Unsere Betrachtungen über das Öl im Kältemittelkreislauf wären unvollständig, ohne zumindest kurz auf das Phänomen *Kupferplattierung* einzugehen, das viele Monteure aus eigener Praxis kennen.

Unter Kupferplattierung versteht man das Abscheiden von Kupfer auf Stahl- und Gußteilen, speziell im Verdichter. Diese Abscheidungen finden vornehmlich auf den bewegten Teilen, den Lagerzapfen, Arbeitsventilen und der Gleitringdichtung statt.

Lagerspiele können durch Kupferplattierung so eng werden, daß es zur metallischen Berührung der Gleitflächen und schließlich zum Ausfall der Lager kommt. Ebenfalls sind Ausfälle von Gleitringdichtungen und Wälzlagern durch Kupferplattierung ausreichend bekannt.

Die häufig vertretene Meinung, allein erhöhte Feuchtigkeit im Kältemittelkreislauf sei für die Auslösung von Kupferplattierung verantwortlich, ist nicht richtig. Obwohl durch erhöhte Feuchtigkeit und dadurch eintretende Hydrolyse des FCKW/FKW-Kältemittels die Kupferlöslichkeit im Öl zunimmt — das ist die Voraussetzung — und dadurch häufig Kupferplattierungen entstehen, führen auch im Öl angereicherte Schadstoffe zu dieser Reaktion.

Die Mechanismen der Kupferplattierung laufen über das Öl, nicht über das Kältemittel, im Öl muß gelöstes Kupfer vorhanden sein, damit Kupferplattierung entstehen kann.

Gelegentlich werden Kupferablagerungen, besonders auf den Flächen der Gleitringdichtungen, fälschlich für Kupferplattierung gehalten — die Beurteilung ist mitunter schwierig — und dann falsche Maßnahmen ergriffen.

Sicherheit bringt hier die *chemische Analyse des Öles,* die jedoch nur im Labor durchgeführt werden kann.

Bei der Probeentnahme nur einwandfrei trockene Flaschen verwenden!

Als Gegenmaßnahme zur Kupferplattierung müssen häufig wiederholte Ölwechsel, verbunden mit dem Austausch der Filtertrockner, vorgenommen werden.

Die Filtertrockner sind auch dann zu tauschen, wenn Feuchtigkeit nicht Ursache der Kupferplattierung war. Neben der Feuchtigkeit werden von den Filtertrocknern auch Säuren und Ölharze adsorbiert und so zur Regeneration des Kreislaufes beigetragen.

In Ammoniakanlagen kann schon deshalb keine Kupferplattierung auftreten, weil keine Kupferteile eingesetzt werden können.

4.4 Luft im Kältemittelkreislauf

Wenn im Folgenden einfach von *Entlüften* bzw. von *Luft im Kreislauf* die Rede ist, dann ist damit nicht nur Luft gemeint, sondern sämtliche nichtkondensierbare Gase. Das können in der Praxis auch Stickstoff (von einer Druckprobe) oder Kohlenwasserstoffe sein.

Luft kann auf verschiedene Weise in den Kreislauf gelangen:

- **Bei der Inbetriebnahme durch unvollständiges Evakuieren,**
- **bei Instandsetzungs- und Wartungsarbeiten,**
- **bei Kälteanlagen, deren Niederdruckseite unter Atmosphärendruck betrieben wird, durch Undichtigkeiten an Ventilstopfbuchsen, Flanschen u. ä.**

Die Fachliteratur erwähnt außerdem die Entstehung nichtkondensierbarer Gase durch Kältemittelzersetzung und Öldämpfe, das sei der Vollständigkeit halber erwähnt.

4.4.1 Die Folgen eingedrungener Luft

Eingedrungene Luft wird vom Verdichter mit angesaugt und in den Verflüssiger gefördert.

Mit Hilfe des Kältemittelstromreglers ist der Kreislauf jedoch so abgestimmt, daß bei ordnungsgemäßem Betrieb nur flüssiges Kältemittel den Verflüssiger verläßt. Die Luft wird also im Verflüssiger und im Sammler zurückgehalten. Bei ständigem Nachdringen von Luft in den Kreislauf durch Undichtigkeiten steigt die Luftkonzentration dort auch ständig an.

Rufen wir uns noch einmal das *Dalton'sche Gesetz* (Abschn. 1.6.3.1) ins Gedächtnis zurück. Das Gesetz besagt, daß bei Gasgemischen der Gesamtdruck gleich der Summe der Teildrücke ist. Dieses Gesetz gilt (in etwa) auch im Kältemittelkreislauf.

$p_{ges} = p_1 + p_2$
p_1 = Druck des Kältemittels
p_2 = Druck der Luft

Hieraus kann abgeleitet werden, daß eingedrungene Luft entsprechend ihres Anteils einen Teildruck besitzt, der den Gesamtdruck im Verflüssiger (der am Manometer abgelesen werden kann) erhöht.

Die Folgen davon sind:

- **Anstieg des Energiebedarfs der Verdichter.**
  Im Verdichter muß nicht nur der Verflüssigungsdruck des Kältemittels überwunden werden, sondern auch der zusätzliche Teildruck der Luft, d. h. der Gesamtdruck.
- **Rückgang der Kälteleistung.**
  Durch den erhöhten Verdichtungsdruck wird der Liefergrad des Verdichters ungünstiger (Abschn. 1.9.4) und damit die umlaufende Kältemittelmasse sowie auch die Kälteleistung geringer.
- **Anstieg der Verdichtungstemperatur.**
  Verdichter und Kältemittel können über die Anwendungsgrenze hinaus belastet werden. Das Kältemaschinenöl wird unnötigerweise thermisch beansprucht.
- **Verschlechterung des Wärmeübergangs im Verflüssiger.**
  Durch die Bildung von Luftpolstern, besonders in toten Zonen bei Rohrbündelverflüssigern, wird die Austauschfläche praktisch reduziert.

Diese aufgezeigten Einflüsse machen deutlich, daß die Luft aus dem Verflüssiger entfernt werden muß.

4.4.2 Erkennen von Luft im Kreislauf

Wie läßt sich Luft im Kreislauf erkennen?

Ein grober Hinweis ist der Vergleich zwischen der auf dem *Manometer ablesbaren Sättigungstemperatur* (Verflüssigungstemperatur) *auf der Hochdruckseite* und der *Temperatur* des Kühlwassers bzw. der Luft *am Eintritt in den Verflüssiger.* Der Druck sollte möglichst am Verflüssiger direkt gemessen werden, um eine Fehleinschätzung durch Druckverlust in der Druckleitung zu vermeiden.

Diese beiden Werte werden mit den Auslegungswerten der Anlage verglichen (z. B. ca. 7 K bei Kühlwasser und 12 K bei Luft). Bei verdächtig großer Abweichung muß genauer untersucht werden.

Eine große Temperaturdifferenz zwischen der Kühlwasser- oder der Lufttemperatur und der Verflüssigungstemperatur kann ja auch andere Gründe haben, z. B.
— verschmutzte Austauschflächen oder
— zu geringe Kühlwasser- oder Luftmenge.

Zwei Methoden zum Erkennen von Luft im Kreislauf sollen hier beschrieben werden:

— Die *Verdichter werden abgeschaltet* und die Absperrventile vor dem Verflüssiger und nach dem Sammler geschlossen. Das Kühlwasser bzw. der Luftstrom bleiben in Betrieb.

Ein Manometer am Verflüssiger muß auf der entsprechenden Kältemittelskala die gleiche Temperatur anzeigen wie das Thermometer im Kühlwasser oder in der Luft. Zeigt das Manometer mehr an (> 2 K), kann auf Luft im Verflüssiger geschlossen werden.

— *Bei laufender Anlage* muß die Sättigungstemperatur auf dem Manometer der Hochdruckseite (möglichst auf dem Verflüssiger) und die Temperatur der Kältemittelflüssigkeit am Austritt des Verflüssigers oder des Sammlers nahezu gleich sein. Echte Unterkühlung von 2 bis 3 K können erwartet werden. Beträgt diese Temperaturdifferenz mehr, kann ebenfalls auf Luft im Verflüssiger geschlossen werden.

Letztere Methode ist bei luftgekühlten Verflüssigern nur bedingt anwendbar. Diese Verflüssiger stehen häufig weit von den Verdichtern entfernt und wegen des Öltransports und der Pulsationsdämpfung in der Druckleitung muß ein Druckverlust entsprechend etwa 2 K hingenommen werden. Aber auch aus Gründen der konstruktiven Gestaltung und des Teillastverhaltens stellt sich im luftgekühlten Verflüssiger eine größere Unterkühlung des verflüssigten Kältemittels ein als im wassergekühlten Rohrbündelverflüssiger. Solche Einflüsse sind mit zu bewerten.

4.4.3 Entlüften

Die vorstehenden Erläuterungen machen deutlich, daß die Luft nur auf der Hochdruckseite des Kältemittelkreislaufes entfernt, d. h. ausgeschleust werden kann.

Der Kältemitteldampf strömt vermischt mit einem geringen Luftanteil in den Verflüssiger ein. Mit fortschreitender Verflüssigung nimmt dieser Luftanteil zu. Das bedeutet, daß am Austritt des Verflüssigers und im Kältemittelsammler der Luftanteil am größten ist.

Kälteanlagen, deren Niederdruckteil bei Unterdruck betrieben werden muß (bei R 22 $t_o < -41$ °C, bei NH_3 $t_o < -34$ °C), werden meist mit *Entlüftungseinrichtungen* ausgerüstet.

Die geeignete Stelle zum Anschluß der Entlüftungseinrichtung muß bei der Planung der Anlage festgelegt werden.

Bei Rohrbündelverflüssigern liegt diese Stelle möglichst weit vom Eintritt des überhitzten Kältemitteldampfes entfernt, meist direkt über dem Flüssigkeitsablauf oder am Kältemittelsammler.

Bei luftgekühlten Verflüssigern und bei Verdunstungsverflüssigern erfolgt der Anschluß auf dem Flüssigkeitssammelrohr oder ebenfalls auf dem Kältemittelsammler.

Unter einer Entlüftungseinrichtung versteht man einen Wärmeaustauscher mit erforderlichen Armaturen, in dem das Kältemittel-Luftgemisch bei *Verflüssigerdruck* möglichst tief abgekühlt wird, um den Teildruck des Kältemittels abzusenken und um so den Kältemittelverlust beim Entlüften zu verringern.

Da Entlüftungseinrichtungen nur bei Tiefkühlanlagen erforderlich sind, nutzt man den ohnehin vorhandenen niedrigen Verdampfungsdruck zum Kühlen.

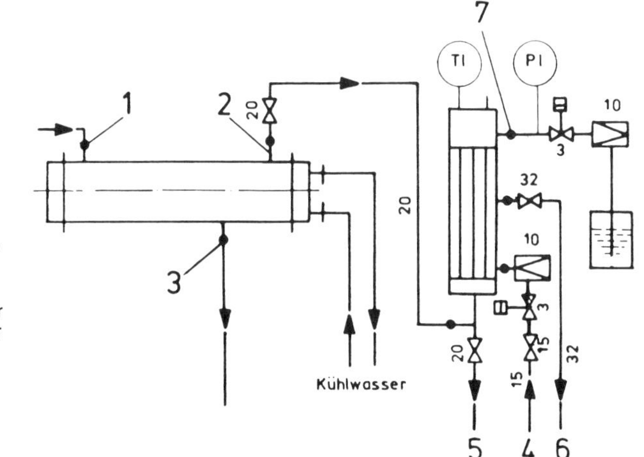

1 Eintritt Kältemitteldampf
2 Entlüftungsstutzen
3 Kältemittel-Austritt
4 Flüssigkeit zum Entlüfter
5 Flüssigk.-Austr. Entlüfter
6 Dampfaustritt Entlüfter
7 Luftaustritt

Bild 132
Entlüftungseinrichtung

Bild 132 zeigt eine solche Einrichtung. In diesem Fall wurde als Kühler ein stehender Rohrbündelwärmeaustauscher eingesetzt, in dessen Mantelraum Kältemittel unter dem Verdampfungsdruck der Anlage verdampft. Der Rohrraum ist mit dem Verflüssiger verbunden und steht somit unter Verflüssigungsdruck. Durch die Kühlung strömt das Kältemittel-Luftgemisch in den Kühler. Das Kältemittel wird zum großen Teil verflüssigt und fließt in den Sammler ab. Die kältemittelarme, kalte Luft wird über ein Regelventil abgelassen.

Ähnlich wirkende, automatische Entlüftungseinrichtungen sind anschlußfertig erhältlich. Sind Verflüssiger und Sammler räumlich weit entfernt von den Verdichtern aufgestellt, können kompakte Entlüftungseinrichtungen mit eigenem kleinen Kältesatz verwendet werden.

Gelangt Luft in den Kreislauf von Kälteanlagen, die keine Entlüftungseinrichtung besitzen, muß diese bei *abgeschalteten Verdichtern* an der höchsten Stelle des Verflüssigers abgelassen werden. Dazu muß der Verflüssiger gekühlt werden, Kühlwasser- oder Luftstrom bleiben in Betrieb.

Diese Art der Entlüftung ist mit Kältemittelemission in die Atmosphäre verbunden. Auch ein Absaugegerät kann hier *keine* Reduzierung der Kältemittelemission bringen, da auch darin das Kältemittel nicht bei der erforderlich niedrigen Temperatur verflüssigt werden kann.

4.4.4 Beispiel

Der Unterschied des Entlüftens mit und ohne Entlüftungseinrichtung soll anhand eines *vereinfachten* Beispiels aufgezeigt werden.

In einen Kältemittelkreislauf ist Luft eingedrungen. Der Druck im Rohrbündelverflüssiger (mantelseitiger Inhalt 100 l) wird mit 14,3 bar am Manometer gemessen, auf der Temperaturskala wird die *scheinbare* Verflüssigungstemperatur $t_c = 40\ °C$ angezeigt.

Die Temperatur des flüssigen R 22 in der Kondensatleitung beträgt nur $t_u = 35\ °C$, der *wirkliche Verflüssigungsdruck* gemäß Dampftafel $p_c = 13{,}5$ bar.

Der Teildruck der Luft im Verflüssiger errechnet sich

$$p_L = p_{Verfl.} - p_c = (14{,}3 + 1{,}0) - 13{,}5 = 1{,}8 \text{ bar}$$

Legen wir für unser Beispiel die Umgebungsbedingungen fest:

Luftdruck: $p_1 = 1{,}013$ bar
Temperatur: $T_1 = 273 + 20 = 293$ K

In den Kreislauf sind danach (s. Abschn. 1.3.3, *allgemeine Zustandsgleichung*)

$$v_2 = v_1 \times \frac{p_1 \times T_2}{p_2 \times T_1} = 100 \times \frac{1{,}8 \times 293}{1{,}013\,(273 + 35)} = 169\,\text{l Luft}$$

eingedrungen.

Zum Entlüften ohne Entlüftungseinrichtung müßte der Verflüssiger allseitig abgesperrt, drucklos gemacht und dann evakuiert werden.

Der wirkliche Verflüssigungsdruck bei $t = 35\ °C$ beträgt $p_c = 13{,}5$ bar,
das spezifische Volumen des Dampfes bei diesem Druck $v'' = 17{,}3$ l/kg.

Bei 100 l Inhalt befinden sich demnach

$$\frac{100}{17{,}3} = 5{,}78 \text{ kg R22}$$

in dem Verflüssiger. Diese Kältemittelmenge geht beim Entlüften in die Atmosphäre verloren.

In einer *Entlüftungseinrichtung* könnte bei einer angenommenen Verdampfungstemperatur von t_o – 40 °C das Kältemittel-Luftgemisch auf t – 30 °C abgekühlt werden.

Stellen wir uns jetzt vor, dieses Luftvolumen hat sich in einer Entlüftungseinrichtung angesammelt.

Darin beträgt der Druck ebenfalls $p_{Verfl.} = 15,3$ bar.

Bei t = – 30 °C (T = 243 K) kann der Dampftafel der Sättigungsdruck und das spezifische Volumen für R22-Dampf entnommen werden.

$p_s = 1,64$ bar
$v'' = 135,9$ l/kg

Der Teildruck der Luft in der Entlüftungseinrichtung errechnet sich wie vorstehend

$p_L = 15,3 - 1,64 = 13,66$ bar

Wiederum nach der *allgemeinen Zustandsgleichung* ergibt sich aus 169 l eingedrungener Luft in der Entlüftungseinrichtung ein Luftvolumen von

$$v_2 = 169 \frac{1,013 \times 243}{13,66 \times 293} = 10,4 \text{ l}$$

Das gleiche Volumen nimmt nach dem Dalton'schen Gesetz auch der R22-Dampf ein.

Beim Ablassen des R22-Luftgemisches gehen hierbei nur

$$\frac{10,4}{135,9} = 0,076 \text{ kg R22 verloren.}$$

Die Kältemittelmission beim Entlüften kann, wie das Beispiel zeigt, mit Hilfe einer Entlüftungseinrichtung erheblich reduziert werden.

5. Verbundkälteanlagen

5.1 Erläuterung des Begriffes und Einsatzgebiet

Unter einer *Verbundkälteanlage* versteht man eine Kälteanlage, die nicht mit nur einem Verdichter ausgerüstet ist, sondern mit mehreren parallelgeschalteten Verdichtern. In der Regel werden statt eines großen Verdichters mehrere kleinere eingesetzt.

Diese Verdichter werden fabrikmäßig zu einem Kältesatz, einem sogenannten *Verbundkältesatz,* zusammengebaut (nicht zu verwechseln mit einem Verbundverdichter = Hubkolbenverdichter, in dem das Kältemittel zweistufig in einem oder mehreren Zylindern verdichtet wird).

Die Entwicklung zum Verbundkältesatz hatte mehrere Ursachen:

- **Wirtschaftliche, fabrikmäßige Fertigung,**
- **gute Regelbarkeit durch Zu- und Abschalten kleiner Leistungsstufen bei gleichbleibend günstigsten Energiebedarf,**
- **Einsatzmöglichkeit von Verdichtern aus Großserien,**
- **auch für große Kälteleistungen können semihermetische und hermetische Verdichter eingesetzt werden,**
- **große Betriebssicherheit durch den Einsatz mehrerer Verdichtereinheiten und dadurch hohe Verfügbarkeit im Störfall, sowohl verglichen mit Großverdichtern als auch mit Einzelanlagen, z. B. in Supermärkten,**
- **Reduzierung des Rohrleitungsnetzes in Supermärkten.**

Der Einsatz von Verbundkältesätzen in Deutschland begann Anfang der 60iger Jahre. Ein exponierter Anwendungsfall war die Schiffskältetechnik. Besonders Kälteanlagen für Containerschiffe wurden als Verbundanlagen gebaut.

Derzeit ist das mit Abstand bedeutendste Anwendungsgebiet der *Supermarkt.* Wegen der Vielzahl der Kühlstellen bietet sich diese Technik an.

Aber auch im Kühlhausbau und im Sonderanlagenbau ist der Verbundkältesatz im Vormarsch.

Als Verdichter werden neben Hubkolbenverdichtern mehr und mehr auch ungeregelte Schraubenverdichter (halbhermetische und offene Bauart) eingesetzt.

Verbundkältesätze werden gelegentlich auch bereits fabrikmäßig als Verflüssigungssätze ausgeführt bzw. können Wärmetauscher zur Wärmerückgewinnung oder Flüssigkeitsunterkühler vormontiert sein.

Solche Montagevorteile können jedoch nur dann voll zur Geltung kommen, wenn entsprechend große Einbringöffnungen vorhanden sind oder geschaffen werden können.

5.2 Beschreibung des Kreislaufes der Verbundanlagen

Der Kältemittelkreislauf einer Verbundkälteanlage unterscheidet sich thermodynamisch nicht von dem einer Kälteanlage mit Einzelverdichtern oder parallelgeschalteten Großverdichtern.

Der wesentliche Unterschied ist, daß der Verbundsatz als ein automatisch geregeltes Aggregat konzipiert wird, in das während des Betriebes keine Eingriffe durch Maschinenpersonal nötig sind. Weder zum Zu- und Abschalten der Verdichter, noch um deren Ölstände manuell auszugleichen.

Unabhänigig von der Anzahl der Kühlstellen einer Verbundanlage werden generell sämtliche Saugleitungen der Verdampfer vor Eintritt in den Verbundkältesatz zu einer *Sammelsaugleitung* zusammengefaßt. Das erfolgt manchmal durch Schaffung einer Ringleitung, in anderen Fällen werden die Einzelsaugleitungen auch erst kurz vor dem Verbundkältesatz in die Sammelsaugleitung eingeführt.

Speziell in Supermärkten werden häufig zwei Verdampfungstemperaturniveaus erforderlich. Einmal bei einer Verdampfungstemperatur von etwa $t_o = -35$ °C für die Tief-

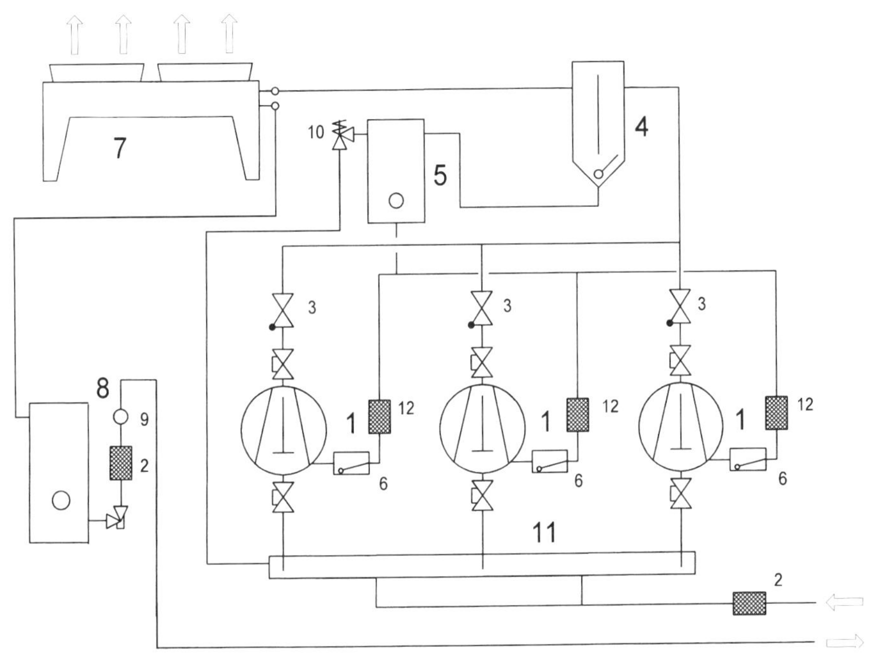

1 Motorverdichter
2 Trocknerfilter
3 Rückschlagventil
4 Ölabscheider
5 Ölsammler
6 Ölspiegelregulator
7 Verflüssiger
8 Sammler
9 Schauglas mit Indikator
10 Druckregelventil
11 Saugsammlerrohr
12 Sieb

Bild 133 Leitungsschema einer Verbundanlage

kühlmöbel und zum anderen bei etwa $t_0 = -10$ °C für die Kühlmöbel im Plusbereich. Solche Anlagen haben dann einen Minusverbund und einen Plusverbund, d. h. zwei völlig getrennte Verbundanlagen mit eventuell unterschiedlichen Kältemitteln und selbstverständlich zwei Sammelsaugleitungen.

Alle parallelgeschalteten Verdichter des Verbundkältesatzes fördern in eine gemeinsame Druckleitung, unabhängig davon, ob ein oder mehrere Verflüssiger zur Verbundanlage gehören.

Bild 133 zeigt das Rohrleitungsschema eines Verbundkältesatzes mit wassergekühltem Rohrbündelverflüssiger, Kältemittelsammler und einer Einrichtung zum Ölspiegelausgleich der Verdichter (siehe auch Abschnitt 4.3.3).

Dieser bei jedem Verbundkältesatz mit Hubkolbenverdichtern unbedingt erforderliche Ölspiegelausgleich wird bei den einzelnen Herstellern unteschiedlich bewerkstelligt. Ein Vorteil der Verbundkältesätze mit Schraubenverdichtern ist, daß kein Ölspiegelausgleich nötig wird. Das gesamte Schmieröl befindet sich im gemeinsamen Ölabscheider des Verbundes und wird von den Schraubenverdichtern immer wieder dorthin gefördert.

Der sich in den einzelnen Verdampfern der Verbundkälteanlage entwickelnde Kältemitteldampf wird von den Verdichtern entweder über Einzelsaugleitungen oder über eine Ringleitung und die Sammelsaugleitung abgesaugt. Dabei verteilt sich der Kältemitteldampf aus der Sammelsaugleitung annähernd gleichmäßig auf die in Betrieb befindlichen Verdichter. In die Saugleitungen zwischen der Sammelleitung und den Verdichtern sind Absperrventile und Filter eingebaut. Das vom Kältemitteldampfstrom mitgeführte Öl verteilt sich etwa in gleichem Maße. Eine absolut gleichmäßige Verteilung des Öles ist nicht zu erzielen. Da außerdem der Ölwurf der Verdichter nicht gleich ist, müssen weitere Maßnahmen zur Ölverteilung vorgenommen werden.

Jeder Verdichter fördert den von ihm angesaugten Kältemitteldampf nach der Verdichtung durch Einzeldruckleitungen mit Absperr- und ggf. Rückschlagventil in die Sammeldruckleitung und in unserem Falle weiter über einen Ölabscheider in den Verflüssiger.

Das im Ölabscheider aus dem Kältemittelstrom abgeschiedene Öl wird einem Ölsammler zugeführt. Der Druck in dem Ölsammler wird etwa 1,5 bar über dem Druck in der Saugleitung gehalten und das Öl nach Bedarf mittels der Ölspiegelregulatoren den Verdichtern wieder zugeleitet.

Die einzelnen Kühlstellen sind flüssigkeits- und saugseitig absperrbar. Damit sind Arbeiten an einer Kühlstelle möglich, ohne die gesamte Verbundkälteanlage zeitweilig stillsetzen zu müssen. Zwischen Verdampferaustritt und Absperrventil wird ein Schraderventil angeordnet. Hierüber kann sowohl der Druck zum Einregulieren gemessen als auch Kältemittel abgesaugt werden.

Zumindest bei luftgekühlten Verflüssigern, die häufig entfernt auf dem Dach aufgestellt sind, empfiehlt sich unbedingt ein Absperrventil zwischen Verflüssiger und Kältemittelsammler zur Erleichterung von Servicearbeiten.

Verbundkälteanlagen für Verdampfungstemperaturen $t_0 = -35$ °C bis -45 °C und luftgekühlten Verflüssigern werden mit den Kältemittel R404A, R507, R407A/B u. a. m. betrieben. Hierfür können einstufige Hubkolbenverdichter eingesetzt werden.

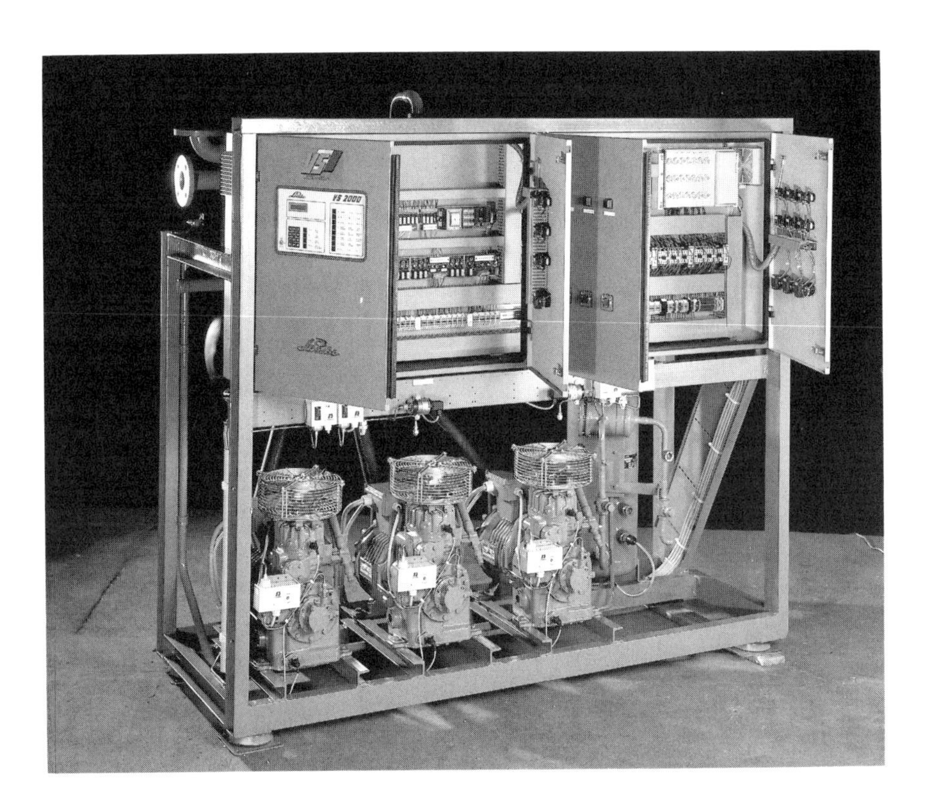

Bild 134 Verbundkältesatz *(Linde AG)*

Daneben wird für diesen Temperaturbereich noch eine Anzahl R22-Anlagen (ab 1. 1. 2000 im EU-Gebiet für Neuanlagen nicht mehr zulässig) in Betrieb.

Einstufige Verdichtung von R22 in Hubkolbenverdichtern von t_0 = −35 °C/−45 °C auf t_c = +45 °C/+50 °C ergibt einerseits unwirtschaftlich schlechte Liefergrade (s. 1.9.4), zum anderen würde die maximal zulässige Verdichtungsendtemperatur von t_h = 140 °C für R22 überschritten. Dennoch werden für kleinere Verdichter Kältemittel-Einspritzeinrichtungen zur Senkung von t_h angeboten.

Für diese Einsatzbedingungen werden deshalb *zweistufige Verdichter* eingesetzt, auch im Verbundkältesatz.

Zweistufige Verdichter verfügen über Niederdruck (ND)-Zylinder und Hochdruck (HD)-Zylinder in einem Gehäuse. Das Zylinderverhältnis kann nicht ideal (siehe Abschn. 1.9.4) gewählt werden, sondern je nach Zylinderzahl des Verdichters 2:1 (4 ND- und 2 HD-Zylinder) oder 3:1 (3 ND- und 1 HD-Zylinder bzw. 6 ND- und 2 HD-Zylinder).

Bild 135 zeigt das Schema eines zweistufigen Verbundkältesatzes.

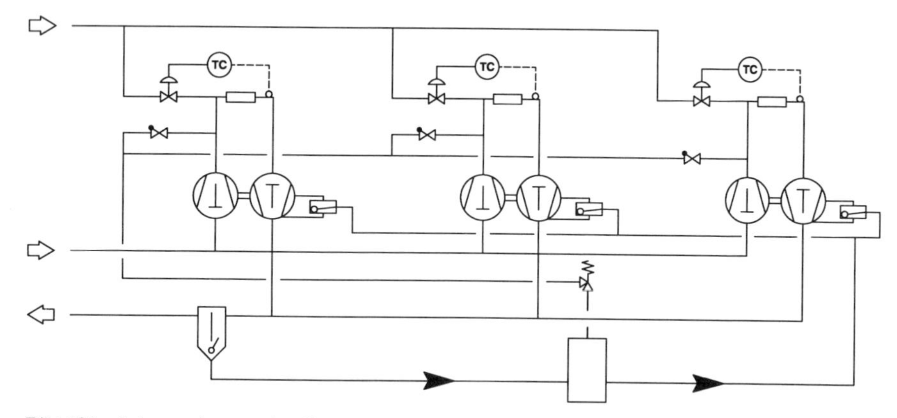

Bild 135 Schema einer zweistufigen Verbundkälteanlage

Die ND-Zylinder verdichten den Kältemitteldampf aus der Sammelsaugleitung auf Mitteldruck (MD) und fördern über das Mischrohr zur Saugseite der HD-Zylinder, in denen die Verdichtung auf Verflüssigungsdruck erfolgt.

In die HD-Druckleitungen sind Ölabscheider eingebaut. Bei zweistufigen Verbundkältesätzen sind Ölabscheider erforderlich, da die Kurbelgehäuse der Verdichter unter Mitteldruck stehen. Das über die Saugleitungen der Verdampfer zurückkommende Öl kann also nicht unmittelbar in das Kurbelgehäuse gelangen. Das abgeschiedene Öl wird einer Einrichtung zum Ölspiegelausgleich in den Verdichtern zugeführt, ähnlich wie in Abschnitt 4.3.3, Bild 130, dargestellt.

Unter einem Mischrohr versteht man ein Rohrstück, in das über ein spezielles TEV flüssiges Kältemittel zur Kühlung des überhitzten Kältemitteldampfes aus den ND-Zylindern eingespritzt wird. Das Mischrohr enthält Einbauten, die den Wärmeaustausch verbessern.

Häufig ist noch ein Unterkühler für die Kältemittelflüssigkeit vorgesehen. In diesem Wärmetauscher, vielfach ein Koaxialverdampfer, verdampft Kältemittel unter *Mitteldruck* und kühlt HD-Flüssigkeit aus dem Kältemittelsammler, bevor diese den TEV der Kühlstellen zugeleitet wird. Der dabei entstehende Kältemitteldampf wird ebenfalls in das Mischrohr eingeführt. Ein *einziges* TEV versorgt dann Unterkühler und Mischrohr. Durch den Unterkühler wird die Kälteleistung des zweistufigen Kreislaufes erhöht und der Energiebedarf vermindert.

Bei der Auswahl des Kältemaschinenöles ist zu berücksichtigen, daß das Öl im Verdichter unter Mitteldruck steht.

5.3 Regelung von Verbundkälteanlagen

5.3.1 Regelung der Verdichter

Die Regelung der Verdichter, d. h. die Anpassung deren Kälteleistung an den Bedarf der Kühlstellen (Verdampfer) erfolgt über die Regelung des Druckes in der Sammelsaugleitung.

Z. B. wird der Saug- oder Niederdruck eines Plusverbundes mit dem Kältemittel R22 auf $p_o = 2{,}55$ bar Überdruck entsprechend $t_o = -10$ °C geregelt.

Dazu wird ein Saugdruckschalter, der ein Kontaktsystem mit neutraler Zone besitzt, an die Saugleitung angeschlossen. Unter dem genannten Kontaktsystem versteht man einen potentialfreien Umschalter mit Mittelstellung.

Über diese Kontakte wird ein *Stufenschaltwerk* mit erforderlicher Stufenanzahl angesteuert, und zwar entweder auf Hochlauf, Rücklauf oder Beharrungszustand.

Die *Stufenzahl* des Schaltwerkes ist im einfachsten Falle gleich der *Anzahl* der Verdichter des Verbundkältesatzes. Vielfach werden leistungsgeregelte Verdichter eingesetzt und so die Anzahl der Leistungsstufen verdoppelt oder verdreifacht.

Die Funktion dieser Regelung ist einfach: Mit steigendem Saugdruck schließt ein Kontakt im Saugdruckschalter und das Schaltwerk läuft verzögert hoch in Richtung MAX, d. h. eine bzw. eine weitere Leistungsstufe wird zugeschaltet. Ist mit dieser Zuschaltung das Gleichgewicht zwischen Kälteleistung der Verdichter und Bedarf der Kühlstellen (Beharrungszustand) hergestellt, also der gewünschte Saugdruck erreicht, bewegt sich das Kontaktsystem in die Mittelstellung, die *neutrale Zone.* Das Stufenschaltwerk verharrt in seiner Stellung.

Sinkt der Saugdruck, das Angebot an Kälteleistung der Verdichter ist jetzt größer als der Bedarf der Kühlstellen, schließt der Kontakt in der anderen Lage und steuert, wiederum verzögert, das Stufenschaltwerk auf Rücklauf in Richtung MIN. Eine Leistungsstufe wird abgeschaltet.

Die *Verzögerungszeiten* sind erforderlich, um ständiges Zu- und Abschalten der Verdichter zu vermeiden. Vielfach sind diese Zeiten individuell für jede Stufe und Schaltrichtung einstellbar.

Die Qualität der Regelung ist nicht nur von den eingesetzten Geräten und der verfügbaren Stufenzahl, sondern auch von dem Niveau der zu regelnden Verdampfungstemperatur abhängig.

Das liegt an den Dampfdruckkurven der Kältemittel. Mit sinkender Temperatur werden die Druckunterschiede von Grad zu Grad geringer.

Bei einem Sollwert R22 von $t_o = -10$ °C und einer Schaltdifferenz des Saugdruckschalters von beispielsweise $\Delta p = \pm 0{,}1$ bar, beträgt $t_{o\,min} = -10{,}8$ °C und $t_{o\,max} = -9{,}2$ °C.

Bei einem Sollwert von $t_o = -35$ °C und einer Schaltdifferenz von ebenfalls $\Delta p = \pm 0{,}1$ bar, wird sich dagegen $t_{o\,min} = -36{,}6$ °C und $t_{o\,max} = -33{,}3$ °C einstellen.

Wenn von der Leistung her Verdichter und Kühlstellen nicht gut harmonieren und sich dadurch entweder eine zu große Differenz zwischen $p_{o\,min}$ und $p_{o\,max}$ bzw. $t_{o\,min}$ und $t_{o\,max}$ oder eine zu große Schalthäufigkeit ergibt, kann das Regelverhalten mit Hilfe eines modulierend arbeitenden *Saugdruckreglers* verbessert werden. Beim Unterschreiten eines eingestellten Saugdruckes wird Druckdampf in die Saugleitung umgeblasen und so das Gleichgewicht zwischen Verdichterleistung und Kältemitteldampfangebot aus der Anlage hergestellt.

Die Verdichter moderner Verbundkältesätze werden heute vielfach durch elektronische Systeme geregelt, gesteuert und überwacht. Hierzu werden sowohl freiprogrammierbare Steuerungen als auch Mikroprozessoren eingesetzt. Neben dem Zu- und Abschalten der Verdichter bzw. deren Leistungsstufen übernehmen diese zusätzliche Funktionen, die insbesondere der Betriebssicherheit sowie der Senkung der Energie- und Servicekosten dienen.

Zu erwähnen sind:

- **Grundlastumschaltung zur Erreichung gleicher Betriebsstunden, Wartungserleichterung.**
- **Überwachung wichtiger Betriebszustände und deren Grenzwerte einschließlich der Störmeldung und Speicherung von Störungen und Meßwerten.**
- **Steuerung von Ventilatoren der Verdichter und Verflüssiger.**
- **Anhebung der Verdampfungstemperatur außerhalb der Öffnungszeiten von Supermärkten zur Energieeinsparung.**
- **Steuerung der Wärmerückgewinnungseinrichtungen.**
- **Steuerung von Lastabwurf zu den mit Energieversorgungsunternehmen vereinbarten Spitzenzeiten.**

5.3.2 Regelung der Kühlstellen

Zur Verbundkälteanlage gehören, von Sonderanlagen abgesehen, stets mehrere Kühlstellen mit trockener Verdampfung und TEV oder EEV. Meistens handelt es sich um Kühlstellen in Kühlmöbeln oder Kühlräumen.

In der Regel hat jede Kühlstelle einen eigenen *Thermostaten,* über den das Magnetventil vor dem TEV angesteuert wird, bei Kühlräumen außerdem die Ventilatoren der Verdampfer. Bei steigender Temperatur wird das Magnetventil geöffnet, flüssiges Kältemittel strömt in den Verdampfer und die Kühlung setzt ein. Ist die Luft auf den eingestellten Wert abgekühlt, wird das Magnetventil geschlossen, in Kühlräumen auch die Ventilatoren abgeschaltet und die Kühlung unterbrochen.

Das Zu- und Abschalten von Kühlstellen verändert den Druck in der Sammelsaugleitung, was eventuell das Zu- und Abschalten von Verdichterstufen zur Folge hat.

Beide Regelungen der Verbundkälteanlage, nämlich die druckabhängige Regelung der Verdichter und die temperaturabhängige Regelung der Kühlstellen wirken aufeinander. Die Existenz dieser beiden Regelkreise und deren Zusammenwirken sind typisch für Verbundkälteanlagen.

Der Druck in der Sammelsaugleitung muß so eingestellt sein, daß die Verdampfungstemperatur für die Kühlstelle mit der niedrigsten Lufttemperatur ausreichend tief ist. Diese Kühlstelle bestimmt den Saugdruck des Verbundes.

Aber auch hier hat moderne Steuerungstechnik Einzug gehalten.

Verschiedene Hersteller haben mit *Mikroprozessoren* arbeitende Steuerungen entwikkelt, welche zwar die Funktion des Thermostaten als Hauptfunktion ausführen, darüber hinaus jedoch weitere Funktionen, z. B. das *Abtauen* der Verdampfer und die *Überwachung* der Kühlstellen, übernehmen.

Es gibt auch Systeme, bei denen die Temperatur der Kühlstelle nicht thermostatisch als Zweipunktregelung erfolgt, sondern mit Hilfe elektronischer Verdampferdruckregler.

5.3.3 Regelung der Verflüssiger

Überwiegend werden Verbundkälteanlagen mit luftgekühlten Verflüssigern ausgerüstet.

Die Anordnung der Verflüssiger kann im Maschinenraum erfolgen oder im Freien. Häufig werden die Verflüssiger auf dem Dach aufgestellt.

Bei Anordnung im Maschinenraum werden die Verflüssiger gelegentlich direkt auf dem Verbundkältesatz montiert. Das hat den Vorteil der weitergehenden Werksmontage, erfordert aber große Einbringöffnungen. Im Betrieb ist der Verflüssiger dann den Vibrationen ausgesetzt, die vom Verbundkältesatz ausgehen.

Über die verschiedenen Verflüssigungsdruckregelungen wurde bereits im Abschnitt 2.2.1.1 berichtet.

Auch bei Verbundkälteanlagen kommen die beschriebenen Regelungsarten zum Einsatz, und zwar:

- **Regelung durch Änderung der den Verflüssiger durchströmenden Luftmenge. Das geschieht durch Zu- und Abschalten von Ventilatoren oder den Einsatz polumschaltbarer sowie drehzahlgeregelter Ventilatormotore.**
- **Anstauen von Kältemittelflüssigkeit im Verflüssiger zur Reduzierung der wirksamen Wärmeaustauschfläche mit Hilfe modulierend arbeitender Druck- und Differenzdruckregler. Diese Art der Regelung wird bei Einsatz eines zweiten Wärmetauschers in der Druckleitung zur Wärmerückgewinnung, meist Rohrbündelapparate (Enthitzer oder Teilverflüssiger), erforderlich.**
- **Regelung der Zulufttemperatur zum Verflüssiger durch Mischen von Umluft und Außenluft. Das erfolgt durch thermostatisches Steuern von Luftklappen.**

Schon im Abschnitt 2.2.1.1 wurde auf die zu erwartenden Schwierigkeiten beim Einschalten des ersten Verdichters wegen zu geringen Verflüssigungsdruck hingewiesen, die durch die Temperaturunterschiede der Außenluft zwischen Sommer und Winter eintreten können. Trotzdem kommen Verbundkälteanlagen *ohne Wärmerückgewinnung* und *mit mehreren Kühlstellen,* z. B. in Supermärkten, vielfach auch ohne Anstauregelung für die Verflüssiger aus.

Bild 137 Ausgeführte Verbundanlage *(Linde AG)*

Steht der Verflüssiger auf dem Dach, trägt die Kältemittelflüssigkeitssäule bis zu den Kühlstellen dazu bei, daß vor den TEV schnell ein Vordruck ansteht.

Das Ansteuern der Verflüssigerventilatoren wird nur noch selten mittels Einzeldruckschalter vorgenommen. *Elektronische Kompaktsteuerungen* schalten und überwachen die Ventilatoren.

Sind die Verflüssiger mit Reglern zum Anstauen von Kältemittelflüssigkeit ausgerüstet, muß dies bei der Bemessung der Kältemittelfüllung berücksichtigt werden. Für den Winterbetrieb muß diese zusätzliche Kältemittelmenge zur Verfügung stehen. Der Kältemittelsammler muß entsprechend groß ausgelegt sein.

Verbundkälteanlagen mit wassergekühlten Verflüssigern sind beim Anfahren weniger problematisch, da die Temperatur des Umwälzwassers niemals auf so niedrige Werte wie die Außenluft absinkt. Zur Aufrechterhaltung eines erforderlichen Verflüssigungsdruckes genügt meist die Temperaturregelung des Kühlturms. Für besondere Fälle werden druckgesteuerte Regelventile in der Kühlwasserleitung eingesetzt.

6. Wärmepumpen

6.1 Erläuterung des Begriffes

Unter der Bezeichnung *Wärmepumpe* wird eine Kältemaschine verstanden, die zur Nutzung des bei höherer Temperatur abgegebenen Wärmestromes betrieben wird [17].

Sie ist also nichts anderes als eine Kältemaschine, bei der jedoch nicht die Kälteleistung, d. h. der Wärmeentzug aus einem abzukühlenden Medium im Verdampfer genutzt wird, sondern in erster Linie die im Verflüssiger abzuführende Wärmemenge.

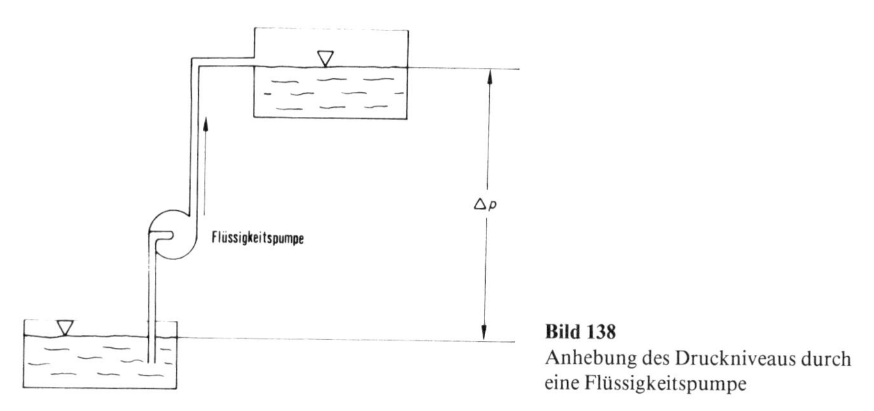

Bild 138
Anhebung des Druckniveaus durch eine Flüssigkeitspumpe

Wie beispielsweise Wasser mit Hilfe einer Pumpe von einem niedrigen auf ein höheres Niveau gefördert werden kann, so fördert die Wärmepumpe die Wärme von einem *niedrigen* auf ein *höheres* Temperaturniveau. Da Wärme nach dem *2. Hauptsatz der Thermodynamik* (1.5.2) nicht von selbst von einem niedrigen auf ein höheres Temperaturniveau übergeht, ist auch hier eine Pumpe, nämlich der *Verdichter* einer Kälteanlage, erforderlich. Der Verdampfungs-, Verdichtungs- und Verflüssigungsprozeß kann wie ein Kältemittelkreislauf im lg p,h-Diagramm dargestellt werden (1.9.2).

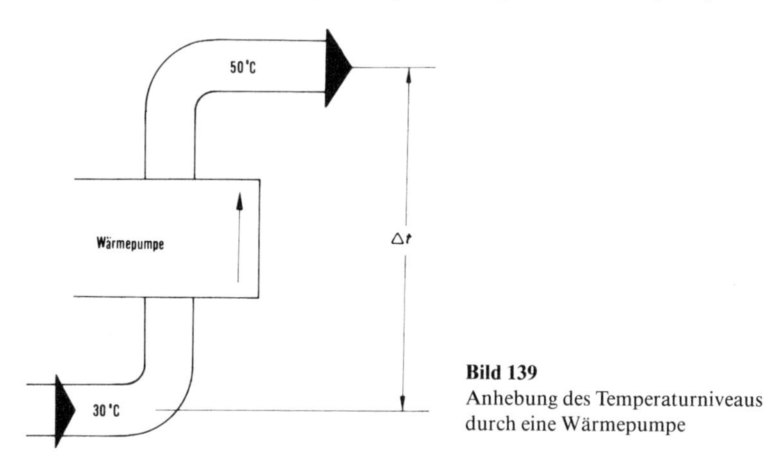

Bild 139
Anhebung des Temperaturniveaus durch eine Wärmepumpe

Anders als bei einer Kälteanlage bewegt sich üblicherweise der Verflüssigungs- und auch der Verdampfungsdruck auf *höherem* Niveau. Der Verflüssiger wird von Heizungswasser oder Brauchwasser, gelegentlich auch von Heizluft, durchströmt. Hierfür werden meist Temperaturen benötigt, die erheblich über den üblichen Kühlwasser- oder Lufttemperaturen von Kälteanlagen liegen. Beträgt die Temperatur in Kühlwasserkreisläufen am Eintritt in den Verflüssiger in der Regel maximal 27 °C, sind in Heizwasserkreisläufen Rücklauftemperaturen, also ebenfalls Eintrittstemperaturen in den Verflüssiger, von 55 °C gebräuchlich.

Heizungssysteme für Kesselbetrieb wurden vielfach für Heizwassertemperaturen 90 °C Vorlauf und 70 °C Rücklauf konzipiert. Die Einbindung einer Wärmepumpe in ein solches Heizungssystem ist mit vertretbarem Aufwand nicht möglich. Für Wärmepumpen werden vorzugsweise die Kältemittel R12, R22 und R114 eingesetzt, gelegentlich auch R500 oder bei Absorptionswärmepumpen sogar Ammoniak, R717. Gemäß FCKW-Halon-Verbotsverordnung dürfen für Neuanlagen R12, R114 und R500 nicht mehr eingesetzt werden. Als Ersatzkältemittel werden die H-FKW 134a und 227 untersucht.

Bei einer Verflüssigungstemperatur t_c = 70 °C bedeutet das folgende Überdrücke:

R12	**p_c = 17,9 bar**	**R114**	**p_c = 6,4 bar**
R134a	**p_c = 21,2 bar**	**R227**	**p_c = 14,8 bar**
R22	**p_c = 28,8 bar**	**R500**	**p_c = 21,4 bar**
R717	**p_c = 32,1 bar**		

Diese Aufstellung zeigt, daß Verflüssigungstemperaturen von 70 °C und mehr mit den Kältemitteln R12 und R114 erreicht werden konnten. Heute wäre dies bei überschaubarem Aufwand nur mit R227 möglich.

In Wärmepumpen werden derzeit nur *einstufige* Verdichter eingesetzt, eine Ausnahme hiervon bilden Turboverdichter. Somit ist neben dem Verflüssigungsdruck eine weitere Einsatzgrenze das Druckverhältnis p_c/p_0 und die davon abhängige Verdichtungstemperatur. Der Grenzwert liegt je nach Kältemittel bei 120 °C bis 140 °C.

Bei Schraubenverdichtern beträgt die maximale Verdichtungstemperatur nur etwa 100 °C. Hier wird die maximale Temperatur jedoch nicht vom Kältemittel bestimmt, sondern vom Verdichter selbst. Die engen Spiele der Rotoren im Arbeitsraum lassen keine höheren Temperaturen zu. Da die Verdichtung des Kältemittels jedoch unter Wärmeabfuhr durch Öleinspritzung stattfindet, sind trotzdem höhere Druckverhältnisse möglich als bei Hubkolbenverdichtern.

Die Verdampfungstemperatur ergibt sich durch die Temperatur der genutzten Wärmequelle. Dient Umgebungsluft als Wärmequelle, ergeben sich jahreszeitlich und wetterbedingte Temperaturschwankungen, die erheblich sein können.

Genau wie bei einer Kälteanlage (siehe Abschnitt 1.9.3) ändern sich bei gleichem Verdichter die Kälteleistung sowie der Energiebedarf des Verdichters und damit die Verflüssigungsleistung bei unterschiedlicher Verdampfungstemperatur. Mit sinkender Temperatur der Außenluft, d. h. auch sinkender Verdampfungstemperatur, sinkt die Heizleistung der Wärmepumpe. Andere Wärmequellen, z. B. Brunnenwasser oder Erdreich, liefern konstantere Temperaturen.

6.2 Leistungszahl und Heizzahl

Nachstehendes Bild 140 zeigt beispielhaft die Ströme der Wärmeenergie einer Wärmepumpe zur Schwimmbadheizung.

Deutlich ist zu erkennen, daß an Antriebsenergie (Primärenergie oder elektrischer Energie) weitaus weniger aufgewendet werden muß als zur Wasserbeheizung dann zur Verfügung steht.

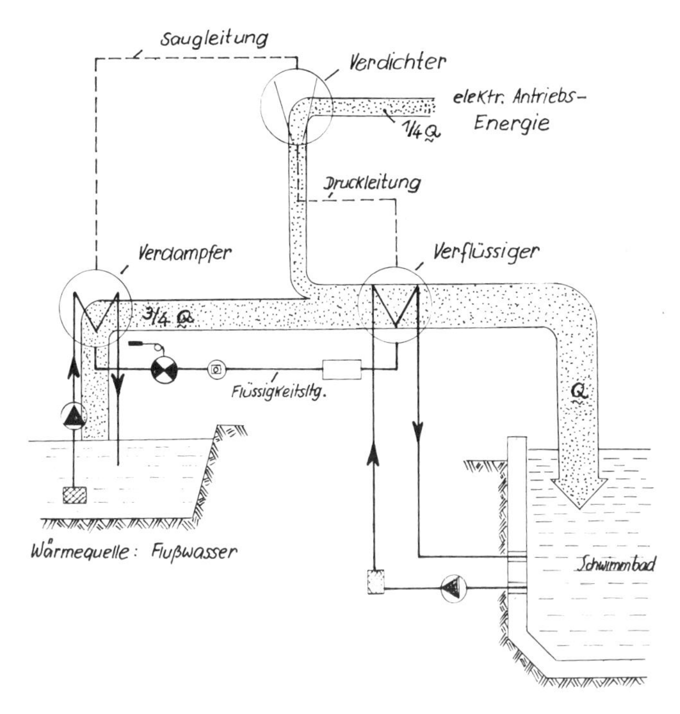

Bild 140 Schematische Darstellung der Wärmepumpenheizung eines Schwimmbades (*Sankey*-Diagramm)

Im lg p,h-Diagramm (Bild 45 und 46, Abschnitt 1.9.2) entspricht die Strecke h_2—h_1 der Energiezufuhr im Verdichter. Die Wärmeabgabe im Verflüssiger stellt die Strecke h_2—h_3 dar.

Hieraus ergibt sich die *Leistungszahl* ε einer Wärmepumpe, mit der eine Bewertung und ein Vergleich möglich ist. Die Leistungszahl ist definiert als (vereinfacht)

$$\varepsilon = \frac{h_2 - h_3}{h_2 - h_1} = \frac{\text{abgegebene Wärmemenge}}{\text{aufgewandte Energie}}$$

Neben der Antriebsenergie für den Verdichter h_2—h_1 muß ggf. auch die Antriebsenergie von Wasserpumpen und Ventilatoren berücksichtigt werden.

Die Leistungszahl ε hängt vom *Temperaturgefälle* zwischen Verflüssigungs- und Verdampfungstemperatur ab. Sie nimmt bei steigender Verdampfungstemperatur zu und wird bei sinkender schlechter. Da bei gleichbleibendem Verflüssigungs- und sinkendem Verdampfungsdruck der Energiebedarf des Verdichters größer wird, wächst der Wert $h_2—h_1$, also der Nenner. Die Leistungszahl wird kleiner.

Die Diagramme (Bild 141 und 142) zeigen Leistungszahlen verschiedener FCKW-Kältemittel in Abhängigkeit von Verdampfungs- und Verflüssigungstemperaturen. Es handelt sich um theoretische Werte, die mit ausgeführten Wärmepumpen nicht zu erreichen sind.

Man erkennt aber aus den Linienzügen, daß die Leistungszahl günstiger wird, wenn t_c und t_o näher beieinander liegen.

Auf dem Diagramm Bild 142 können wir für R22 bei t_o = 10 °C und t_c = 50 °C eine Leistungszahl von etwa 6,4 ablesen.

Nach der Definition der Leistungszahl hieße das also, daß man in diesem Fall 6,4mal mehr Wärme herausholen kann, als Energie hineingesteckt wurde.

Man könnte meinen, es mit einem Perpetuum Mobile zu tun zu haben, wenn aus einer Anlage 3,4 oder 5 mal soviel Wärmeenergie gewonnen wird als aufgewandt wurde.

Der Gewinn an nutzbarer Wärmeenergie ist zweifellos entstanden, die aufgewandte *Antriebsenergie für den Verdichter* läßt sich damit jedoch nicht zurückgewinnen.

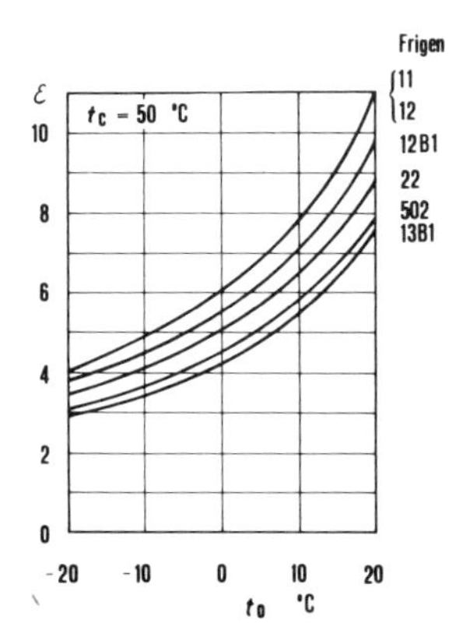

Bild 141
Leistungszahlen einiger FCKW-Kältemittel in Abhängigkeit von t_o bei t_c = const.

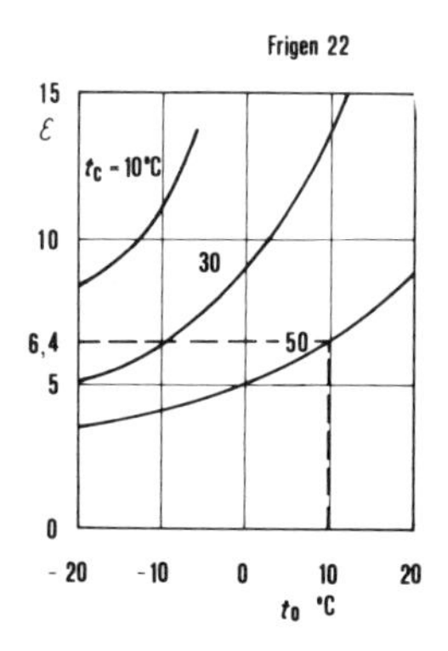

Bild 142
Leistungszahlen von R22 in Abhängigkeit von t_o und t_c

Die Leistungszahl wird in erster Linie zur Beurteilung von Wärmepumpen herangezogen, deren Verdichter von *Elektromotoren* angetrieben werden.

Beim Einsatz von Verbrennungsmotoren wird auch noch Abwärme der Motore zurückgewonnen, die dem Heizkreislauf zugeführt wird. Hier benutzt man zur Bewertung vorrangig die *Heizzahl*.

$$\text{Heizzahl} = \frac{\text{abgegebene Wärmemenge}}{\text{zugeführte Primärenergiemenge}}$$

Die Primärenergiemenge, Heizöl- oder Gasmenge, läßt sich durch Verbrauchsmessung und Umrechnung einfach ermitteln.

Heizwerte, H_u (unterer Heizwert)

Heizöl, leicht	11,6 kWh/kg
Erdgas H	11,0 kWh/m³n

6.3 Wärmepumpensysteme

Wärmepumpen werden unterschieden:

- **Nach der Antriebsart der Verdichter, z. B. durch Elektromotor oder Verbrennungsmotor und**
- **nach Wärmequelle und Heizmittel, z. B. Luft/Wasser, Wasser/Wasser usw. (DIN 8900)**

Wärmepumpen werden gerne an Heizkesseln gemessen, und zwar in mehrerer Hinsicht:

- **Im Bedarf an Primärenergie (Öl, Gas),**
- **bei den Betriebskosten, einschließlich der Wartung und**
- **bezüglich der Betriebssicherheit.**

Da bei der Erzeugung von elektrischer Energie die eingesetzte Primärenergie nur zu etwa 35 % genutzt werden kann, ist in dieser Hinsicht die *Elektro-Wärmepumpe* erst ab einer Leistungszahl >2,5 dem Heizkessel überlegen.

Der Betriebskostenvergleich hängt in erster Linie von dem jeweiligen Preis für elektrische Energie und dem Heizöl- oder Gaspreis ab. Die Wartungskosten der Wärmepumpe werden in den meisten Fällen über denen einer Kesselanlage liegen.

Die Betriebssicherheit moderner Heizkesselanlagen ist hoch. Andererseits sind auch die Kälteanlagenkomponenten ausgereifte, betriebssichere Konstruktionen. Die Wärmepumpe ist wegen der komplizierten Bauteile und der erforderlichen Kältemittelfüllung nur bei *regelmäßiger, sorgfältiger Wartung* vergleichbar betriebssicher.

Eine mit *Verbrennungsmotor angetriebenen Wärmepumpe* nutzt nicht nur die im Verflüssiger des Kältemittelkreislaufes abzuführende Wärmemenge, sondern ganz oder teilweise auch die Verlustwärmemengen des Verbrennungsmotors: Kühlwasser-, Öl- und Abgaswärme. Diese Wärmemengen müssen vorteilhaft bei hohem Temperaturniveau abgeführt werden (Kühlwassertemperatur 80—120 °C, Abgastemperatur bis etwa 600 °C).

Der Verbrauch an Primärenergie bei Wärmepumpen mit Verbrennungsmotoren ist praktisch immer geringer als bei einem Heizkessel gleicher Leistung. Selbst bei Wärmequelle Luft und Außentemperatur − 15 °C beträgt die Heizzahl noch etwa 1,0.

Verbrennungsmotore bedürfen regelmäßiger Wartung. Die Ölwechselintervalle sind verhältnismäßig kurz, etwa alle 250—300 Betriebsstunden bei Dieselmotoren und

600—1000 Betriebsstunden bei Gasmotoren. Gleichzeitig müssen Ventilspiele und bei Gasmotoren die Zündung kontrolliert und nachgestellt werden.

Nach etwa 10000 Betriebsstunden müssen die Zylinderköpfe überholt werden und nach etwa 20000 Betriebsstunden wird eine Grundüberholung fällig.

Diese Wartungsarbeiten und die Wartung des kältetechnischen sowie des MSR-Teils belasten Wärmepumpen von 200 bis 1000 kW derzeit mit etwa DM 5,00 bis DM 8,00 je Betriebsstunde.

Wärmepumpen mit Heizleistungen über 1000 kW müssen die TA Luft erfüllen, benötigen deshalb Abgasreinigungseinrichtungen, deren Wartungskosten hinzukommen.

Ob eine Wärmepumpe mit Verbrennungsmotor betriebswirtschaftlich vertretbar ist, muß im Einzelfall entschieden werden.

Mehr noch als für die Wärmepumpe mit Elektromotor gilt für die mit Verbrennungsmotor, daß sie zwar die Funktion einer Heizkesselanlage übernimmt, aber hinsichtlich der erforderlichen Überwachung und auch des Wartungsbedürfnisses keine ist. Eine Wärmepumpe mit Verbrennungsmotor kann man nicht in einen Keller stellen und vergessen. Vielmehr sind regelmäßige Kontrollen und etwas Sachverstand beim Bedienungspersonal erforderlich, um einen störungsfreien Betrieb zu erreichen. Der interessierte Autofahrer prüft auch den Ölstand des Motors, den Kühlwasserstand u. ä. seines Fahrzeuges und achtet auf die Überwachungsgeräte. Gleiches gilt auch für diese Wärmepumpe.

Wärmepumpen werden am vorteilhaftesten dort eingesetzt, wo das Temperaturniveau des Heizmittels nicht sehr hoch liegen muß, d. h. im Vorlauf möglichst unter 60 °C. Das trifft zu für die Heizungen von:

- **Freibädern und Hallenbädern,**
- **Gärtnereien,**
- **Gebäudeheizungen mit Niedertemperaturanlagen, besonders Fußbodenheizungen,**
- **Industriebauten.**

Günstige Anwendungen ergeben sich gelegentlich durch die Kombination von Kälteerzeugung und Wärmebedarf.

Als *Wärmequellen* werden benutzt:

Luft

Der Verdampfer wird entweder mit Außenluft oder mit Raumluft betrieben, z. B. aus Klimaanlagen, Abluft aus Hallenbädern u. ä. Außenverdampfer werden häufig in Freibädern eingesetzt. Während der Betriebszeit beträgt die Lufttemperatur mindestens +10 °C, so daß hier keine Abtaueinrichtungen benötigt werden. Bei einigen Einsatzfällen müssen jedoch auch Außenverdampfer abgetaut werden, das geschieht wie in 2.4.1.4 beschrieben. Wegen nicht vorherbestimmbaren Wettereinflüssen kann das Abtauen *nicht nach einem Zeitprogramm* durchgeführt werden, sondern muß *nach Bedarf* erfolgen. Erwähnenswert als typische Luft/Luft-Wärmepumpen sind die besonders in den USA [26] verbreiteten Fenster- oder Kompaktklimageräte mit Wärmepumpeneffekt.

Wasser

Grundwasser, Brunnenwasser, Seen und Flüsse dienen als Wärmequelle — in der Regel genehmigungspflichtig —, indem diese Wasser mit Hilfe von Pumpen Rohrbündel- oder Plattenverdampfern zugeführt werden. In einigen Fällen werden die Plattenverdampfer direkt in den Gewässern installiert.

Thermodynamisch besonders vorteilhaft lassen sich wegen der Temperatur von über 20 °C Industrieabwässer nutzen.

Erdreich

Dabei wird durch ein im Erdreich verlegtes Rohrsystem ein Wärmeträger, meist eine Kühlsole, gepumpt und die dabei aufgenommene Wärme zum Verdampfer der Wärmepumpe transportiert.

6.4 Entwicklung und Aussichten

In der Bundesrepublik sind die ersten Wärmepumpen für die Beheizung von Freibädern eingesetzt worden und dabei wurde entweder Grundwasser oder Luft als Wärmequelle genutzt. In der Schweiz erkannte man schon während des zweiten Weltkrieges, als es Schwierigkeiten bei der Versorgung mit fossilen Brennstoffen gab, die Vorteile der Wärmepumpe zur Beheizung von Gebäuden. In unserem Lande sind wir erst durch die Ölkrise und die danach diskutierten und öffentlich geförderten Maßnahmen zur Energieeinsparung wieder auf die Wärmepumpe aufmerksam geworden.

Der Einsatz von Wärmepumpen im privaten, öffentlichen und industriellen Bereich erlebte in der ersten Hälfte der 80iger Jahre wegen hoher Energiepreise und die Förderung durch Bund und Länder einen Aufschwung, der jedoch in der zweiten Hälfte wegen genau gegenläufiger Entwicklung wieder abgeklungen ist.

Im wesentlichen stehen dem Neubau von Wärmepumpenanlagen derzeit zwei Fakten entgegen, nämlich

- **der Preisverfall für Primärenergie und**
- **die Problematik mit den FCKW-Kältemitteln.**

Auf Energiepreise soll hier nicht eingegangen werden, das wäre reine Spekulation.

Mit Sicherheit gibt es auch bei dem heutigen Preisniveau Einsatzfälle, für die sich eine Wärmepumpe wirtschaftlich rechnet.

Nach dem derzeitigen technischen Stande werden für Heizmitteltemperaturen über 50 °C Wärmepumpen mit den Kältemitteln R12 und R114 benötigt. Beides FCKW, die in absehbarer Zeit nicht mehr verfügbar sein werden, Diese Entwicklung wird zwangsweise Einfluß auf die künftige Verbreitung von Wärmepumpen haben.

Abschließend sei auf die Normen für Wärmepumpen DIN 8900, Teil 1—3 und DIN 8901 hingewiesen. DIN 8900 gilt für anschlußfertige Wärmepumpen mit elektrisch angetriebenen Verdichtern. Teil 1 behandelt *Begriffe,* Teil 2 *Prüfbedingungen, Prüfumfang und Kennzeichnung* und Teil 3 *Prüfung von Wasser/Wasser- und Sole/Wasser-Wärmepumpen.* DIN 8901 befaßt sich mit dem *Schutz von Erdreich, Grund- und Oberflächenwasser bei Wärmepumpen mit FCKW-Kältemitteln.*

Bild 143
Verbrennungsmotor-Wärmepumpe *(Linde AG)*

6.5 Service an Wärmepumpen

Servicearbeiten an Wärmepumpen unterscheiden sich grundsätzlich nicht von denen an Kälteanlagen.

Wir haben es mit den gleichen Komponenten zu tun und mit den gleichen Kältemitteln.

Da Wärmepumpen Heizzwecken dienen, werden sie häufig auch in Heizungsräumen gemeinsam mit Heizkesseln aufgestellt. In Abschnitt 1.8.4 — Umgang mit FCKW-Kältemitteln — wurde bereits darauf hingewiesen, daß diese Kältemittel sich unter Einwirkung offener Flammen (Zigarettenglut, Löt- oder Schweißflammen) zersetzen. Die Zersetzungsprodukte sind nicht nur giftig, in Verbindung mit Feuchtigkeit oder Wasser bilden sich äußerst korrosive Säuren (Salzsäure, Flußsäure). Gelangt FCKW-Kältemittel in einen Heizungsraum, aus dem Verbrennungsluft angesaugt wird, sind Korrosionen in den Heizkesseln zu erwarten.

Kesselraum und Wärmepumpenraum sollten voneinander getrennt sein, und sei es durch entsprechende Belüftung.

Ist dies nicht der Fall, sind bei Servicearbeiten (Ölwechsel, Austausch der Arbeitsventile), bei denen Kältemittel in den Raum gelangen kann, die Kessel abzuschalten und anschließend zu belüften.

Ähnliche Vorsichtsmaßnahmen sind zu treffen, wenn der Verdichter der Wärmepumpe durch einen Verbrennungsmotor angetrieben wird. Es ist unbedingt zu vermeiden, daß FCKW-Kältemittel in die Ansaugluft gelangen. Auch hier wären Korrosionen im Motor die Folge. Tritt dieser Umstand doch einmal ein und die Kontrolle der Zylinderräume des Motors zeigt keine Schäden, muß unbedingt Ölwechsel durchgeführt werden. Saure Bestandteile der Abgase kommen auch mit dem Schmieröl in Berührung und werden von diesem adsorbiert.

Wärmepumpen werden häufig saisonal stillgesetzt. Reine Heizanlagen im Sommer oder Wärmepumpen der Freibäder im Winter. Hierzu sind spezielle Maßnahmen erforderlich.

Der Kältemittelkreislauf wird sorgfältig auf Dichtheit geprüft. Wenn es möglich ist, wird der Verdampfer abgesaugt und das Kältemittel im Flüssigkeitssammler eingesperrt. Der Füllstand wird zur Kontrolle markiert. Vorsicht bei Wärmequelle Wasser! Rohrbündelverdampfer nicht einfrieren.

Bei offenen Verdichtern werden Saug- und Druckabsperrventile geschlossen, damit über die Wellenabdichtung kein Kältemittel entweichen kann.

Kappen der Absperrventile fest anziehen.

Wasserführende Apparate — Verdampfer, Verflüssiger, Ölkühler, Kühlwasser- und Abgaswärmetauscher — sind bei Frostgefahr zu entleeren.

Besteht diese Gefahr nicht, muß jedoch verhindert werden, daß geringe Mengen Luft in den Wasserkreislauf eindringen können und Fäulnisbildung eintritt. Das ist besonders bei Verdampfern zu befürchten, die mit Brunnen oder Oberflächenwasser betrieben werden und organische Schwebestoffe enthalten. Durch Fäulnis entsteht u. a. Ammoniak und Schwefelwasserstoff, die besonders bei Kupferrohren zu Lochfraß führen.

Als Gegenmaßnahme ist das Wasser abzulassen und der Apparat gut zu belüften. Entweder bleibt der Apparat dann geöffnet stehen oder unter leichtem Stickstoffüberdruck.

Die Lagerstellen der Verbrennungsmotoren werden von den Motorherstellern mittels spezieller Konservierungsöle, die Zylinderräume durch Verschließen der Ansaugluft- und Abgasleitung geschützt.

Elektromotore die im Freien (Lüftermotore der Verdampfer) oder in unbeheizten Kellerräumen installiert sind, was häufig bei Freibädern der Fall ist, müssen mit Stillstandsheizungen ausgerüstet sein. Hierzu werden bei kleinen Motoren die Wicklungen mit Niederspannung beaufschlagt.

7. Instandhaltung

Es wurde bereits an verschiedenen Stellen dieses Buches darauf hingewiesen, daß einzelne Bauteile der Kälteanlage pflegebedürftig sind, d.h. regelmäßiger Wartung bedürfen.

Ferner haben wir festgestellt, daß z. B. Verdichter, Ventilatoren, Pumpen und deren Antriebsmaschinen ständigem Verschleiß unterliegen und darüber hinaus Erreger von Schwingungen und Vibrationen sind, die wiederum andere Anlagenteile dynamisch belasten und beschädigen können. Rohrleitungen können dadurch verspröden und brechen oder durchgescheuert werden. Dauerbrüche sind nicht ungewöhnlich.

Andere Teile wiederum korrodieren oder verschmutzen durch Verunreinigungen der Luft und des Wassers oder durch ständig wechselnde Temperatureinflüsse.

Kleine Montagefehler, z. B. beim Aufbringen von Schutzanstrichen oder Isolierungen, machen sich irgendwann bemerkbar.

Elektrische Schaltgeräte fallen aus, entweder durch äußere Einflüsse oder durch Erreichen der maximalen Schaltspiele, Spannungsspitzen o. ä. m.

Zusammenfassend kann gesagt werden, daß auch die perfekteste Kälteanlage gewartet werden muß und Reparaturen — *Instandsetzungsarbeiten* — in irgendeinem Umfang nötig werden. Eine Ausnahme macht hier allenfalls die Haushaltskühlung.

Alle Servicearbeiten dienen der *Instandhaltung*. Die Norm *Instandhaltung* DIN 31051 definiert allgemein die hierfür erforderlichen Begriffe und Maßnahmen.

Die wesentlichen, den Kältemonteur interessierenden Maßnahmen sind:

- **Wartung**
  Maßnahme zur Bewahrung des Sollzustandes
- **Inspektion**
  Maßnahmen zur Feststellung und Beurteilung des Istzustandes
- **Instandsetzung**
  Maßnahmen zur Wiederherstellung des Sollzustandes

Zur Durchführung von Instandhaltungsarbeiten an Kälteanlagen bedarf es einer Qualifikation. *Fachbetriebe* (mit Eignung gemäß *Wasserhaushaltsgesetz* WHG § 19 I) sind verpflichtet, nur Mitarbeiter mit ausreichender Qualifikation mit Instandhaltungsarbeiten an Kälteanlagen zu beauftragen und geeignetes Werkzeug, Meßgeräte und Hilfsmittel vorzuhalten. Die Qualifikation muß durch Schulungen und Weiterbildung ständig aktualisiert werden.

Für die Durchführung der Arbeiten wird auf folgende Gesetze, Verordnungen und Vorschriften besonders hingewiesen:

Wasserhaushaltsgesetz, WHG

- Kältemittel, Ammoniak, halogenierte Kohlenwasserstoffe (HFKW, FKW, FCKW)
- Kältemaschinenöle
- Kälteträger, Wärmeträger

Definiert den Fachbetrieb
Definiert die Pflichten des Betreibers

Gerätesicherheitsgesetz
Verordnung über Druckbehälter, Druckgasbehälter, Füllanlagen Rohrleitungen (Druckbehälterverordnung, DruckbehV) sowie Technische Regeln

- TRB für Druckbehälter
- TRR für Rohrleitungen

Regelt Prüfung, Abnahme und den Betrieb von Druckbehältern, Füllanlagen (hierzu gehören auch Absauggeräte) und Rohrleitungen.

Normen
DIN 8975, prEN 378

Unfallverhütungsverordnung (UVV) Kälteanlagen, Wärmepumpen und Kühleinrichtungen VBG 20.
Die UVV VBG 20 regelt Prüfung und Betrieb der gesamten Kälteanlage.

Bundes-Immissionsschutzgesetz
Regelt Einflüsse auf die Umwelt durch Verordnungen, z. B.

- 4. BImSchV, Genehmigungspflichtige Anlagen
- 12. BImSchV, Störfallverordnung

In erster Linie für die Planung relevant.

Chemikaliengesetz

- FCKW-Halon-Verbotsverordnung

Regelt den Umgang mit ozonschichtabbauenden FCKW und Bekanntgabe von Ersatzkältemitteln.

Kreislaufwirtschafts- und Abfallgesetz
Regelt den Umgang und die Nachweispflicht für besonders überwachungsbedürftiger Abfälle (Kältemittel, Kältemaschinenöle).

Gefahrgutverordnung Straße (GGVS)
Regelt den Transport von Gefahrgütern in Fahrzeugen, z. B. Kältemitteln im KD-Fahrzeug.

7.1 Meßgeräte und Werkzeuge

Das Angebot an speziellen Meßgeräten und Werkzeugen für die Kälte- und Klimatechnik ist derart umfangreich und vielfältig, daß hier nur auf eine Grundausstattung eingegangen werden kann und das vorrangig für den Service.

Druckmeßgeräte
Kälteanlagen mit einem Füllgewicht von weniger als 100 kg Kältemittel der Gruppe 1 und weniger als 25 kg Kältemittel der Gruppe 2 (siehe VBG 20, Gruppe 1 umfaßt sämt-

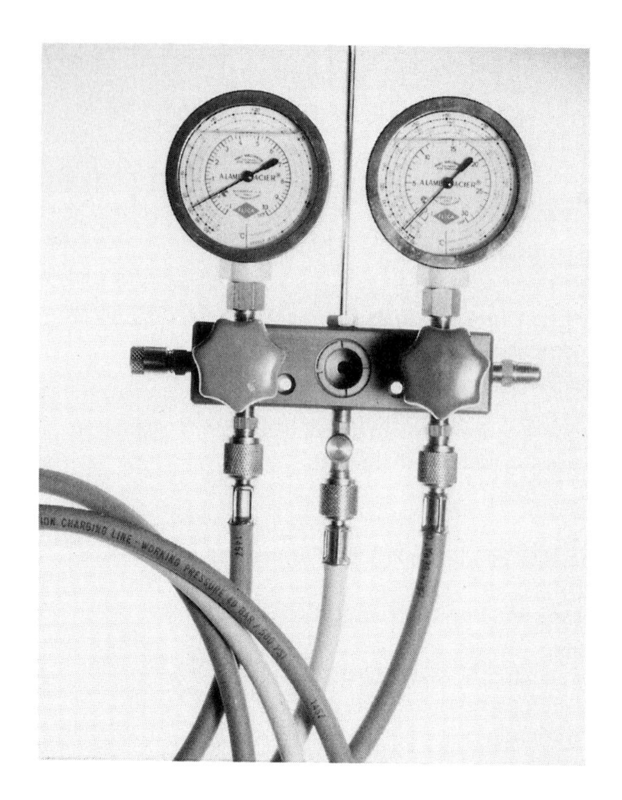

Bild 144
Monteurhilfe

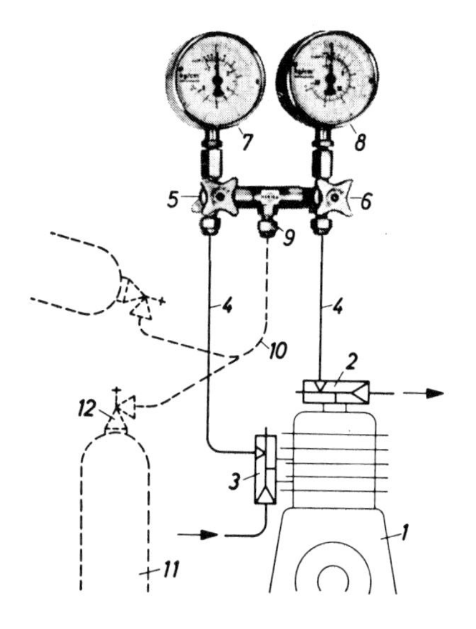

1 Verdichter
2 Druck-Absperrventil
3 Saug-Absperrventil
4 Manometer-Anschlußrohre
5 Absperrventil
6 Absperrventil
7 Saug-Manometer
8 Druckmanometer
9 Anschluß für Kältemittel-Einziehrohr
10 Kältemittel-Einziehrohr
11 Kältemittelflasche
12 Flaschenventil

Bild 145
Monteurhilfe,
schematisch angeschlossen

liche FKW und FCKW, Gruppe 2 u. a. Ammoniak) müssen *nicht* mit festinstallierten Manometern an jeder Druckstufe ausgerüstet sein, wohl aber mit Manometeranschlüssen.

Besonders für diese Kälteanlagen, hierzu gehören ein großer Teil der Gewerbeanlagen, ist bei Servicearbeiten die sogenannte Monteurhilfe unverzichtbar.

Die Monteurhilfe (Bild 144) ist eine Prüfeinrichtung mit zwei Manometern und Anschlüssen zum Füllen, Evakuieren und Entsorgen der Anlage. Am Füllanschluß ist zusätzlich ein Schauglas angeordnet.

Der Anschluß der Monteurhilfe an den Verdichter erfolgt vorwiegend über druckfeste Schläuche hinter dem Rücksitz der Absperrventile. Vorsicht, die Absperrventile müssen vollständig geöffnet sein, wenn die Anschlußkappe abgeschraubt wird!

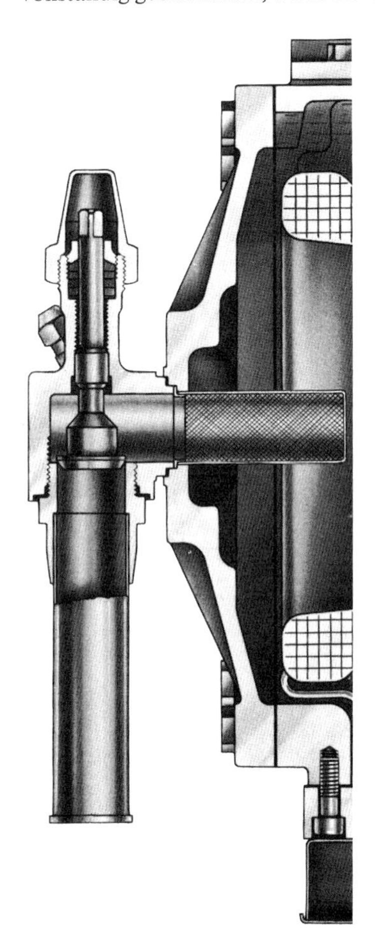

Bild 146 Saugseitiges Absperrventil mit Manometeranschluß

Um den Anlagendruck über ein Schraderventil zu messen, z. B. im Verdampfer, ist ein Einzelmanometer oft handlicher.

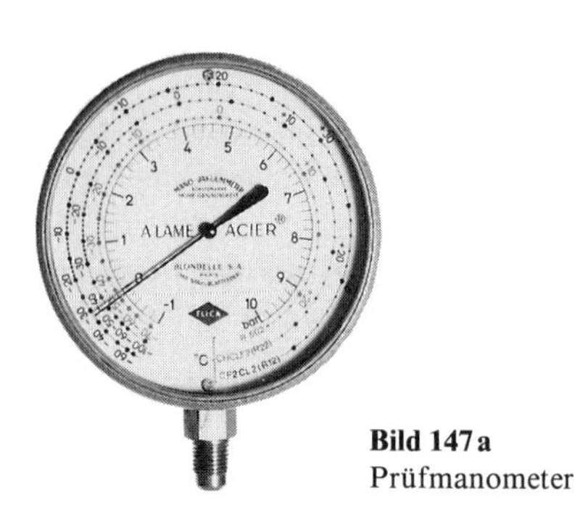

Bild 147a
Prüfmanometer

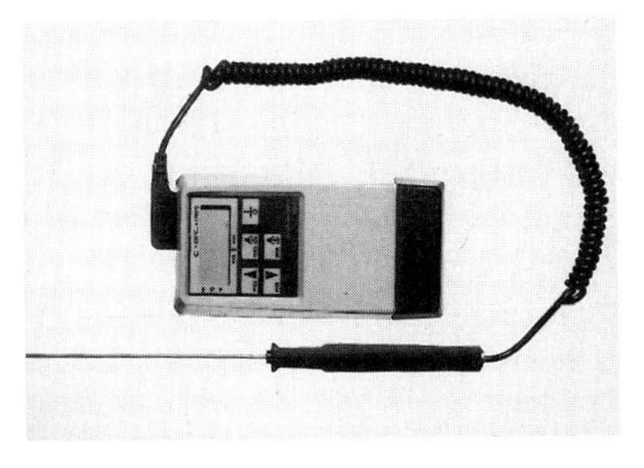

Bild 147b
Oberflächenthermometer *(Technotherm)*

Für genauere Messungen werden Feinmeßmanometer (d. h. mindestens Klasse 1,0) mit 0,1 bar-Teilung verwendet (siehe Bild 12).

Unbedingt zu beachten ist, daß Manometer in einer bestimmten Lage, entweder liegend oder senkrecht, geeicht sind. In dieser Lage ist auch abzulesen.

Anlagen mit größeren Kältemittelfüllmengen müssen mit Druckanzeigern an jeder Stufe ausgerüstet sein. Sind diese direkt am Verdichter oder Kältesatz montiert und ständigen Vibrationen ausgesetzt, leidet eventuell die Anzeigegenauigkeit. Im Servicefall ist deshalb Skepsis angebracht, man sollte deshalb parallel zum Betriebsmanometer ein Prüfmanometer anschließen.

Temperaturmeßgeräte

Nicht sämtliche zur Beurteilung des Kältemittelkreislaufes oder anderer Anlagenteile wichtige Punkte sind mit Temperaturmeßstelen versehen. Eine schnelle Möglichkeit der Temperaturmessung bietet das elektrische Thermometer.

Hinweise zum Messen und auf mögliche Meßfehler wurden in Abschnitt 1.1.5 behandelt.

Lecksuchgeräte

Auf die Notwendigkeit der ständigen Dichtheitskontrollen wurde in verschiedenen Abschnitten dieses Buches bereits ausführlich hingewiesen.

Bei der Lecksuche ist das Kältemittel zu berücksichtigen. Undichtigkeiten bei einer Ammoniakanlage kann man riechen. Das eigentliche Leck wird dann mit Phenolphtaleinpapier geortet.

Sämtliche FCKW-Kältemittel enthalten — wie der Name schon besagt — Halogene (zum Beispiel Chlor, Fluor, Brom).

Mit Hilfe elektronischer Lecksuchgeräte lassen sich Halogene in sehr geringen Mengen nachweisen.

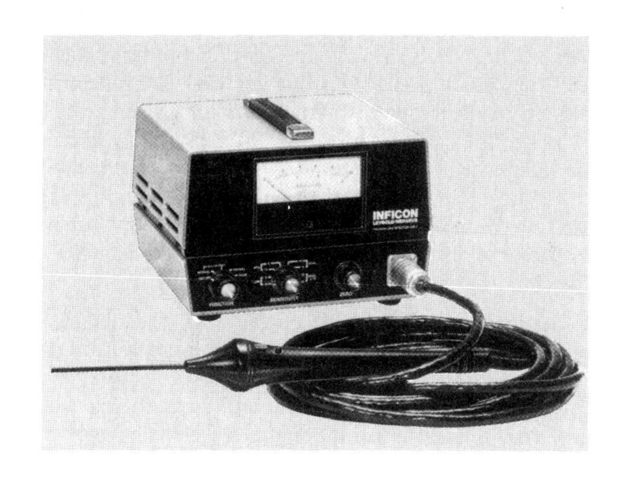

Bild 148
Elektronisches Halogen-Lecksuchgerät

Vorsicht in explosionsgefährdeten Anlagen. Diese Geräte sind nur bei ausdrücklicher Kennzeichnung Ex-geschützt.

Handlich, einfach zu bedienen und nicht zu ansprechempfindlich sind butan- oder propanbetriebene Suchlampen. Chlor verfärbt die Flamme grünlich. Künftige, chlorfreie Kältemittel werden mit der Suchlampe nicht mehr nachweisbar sein.

Vakuumpumpe, Vakuummanometer
Das Fördervolumen der Vakuumpumpe und damit deren Größe sollte dem Inhalt der Anlage oder des zu evakuierenden Anlagenteils angepaßt sein. Große Pumpen, Förderleistung größer als 4 m^3/h, mit 6 mm Kupferrohr oder Schlauch anzuschließen, ist wenig sinnvoll.

Die Vakuumpumpen müssen in der Lage sein, ein Vakuum von mindestens 0,1 mbar zu erreichen, um außer der Trocknung auch eine ordnungsgemäße Vakuumprüfung zu er-

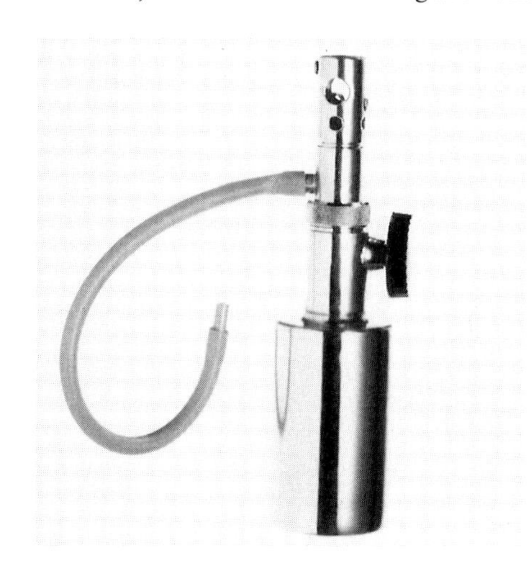

Bild 149
Suchlampe
(Seit 1. 1. 1997 unzulässig)

möglichen. Dazu sind am besten zweistufige Hochvakuumpumpen mit Gasballast geeignet. Diese Drehschieberpumpen zeichnen sich durch hohe Wasserdampfverträglichkeit, gutes Saugvermögen, tiefes Endvakuum und Robustheit aus. Der Gasballast ist eine Luftmenge, die vor Beginn des eigentlichen Verdichtungstaktes in die Pumpe eingelassen wird. Er verhindert ein zu großes Druckverhältnis im Ausschubtakt, so daß der in der Luft enthaltene Wasserdampf nicht über seinen Sättigungspunkt verdichtet und daher nicht verflüssigt wird. Bei Beginn eines Evakuierungsvorgangs und über die längste Zeit des Betriebes sollen Gasballast- Vakuumpumpen mit geöffnetem Gasballastventil laufen. Das verhindert eine Emulgierung des Pumpenöls durch Kondenswasser und damit verbundene Verschlechterung der Schmiereigenschaften.

Die den Pumpen mitgegebenen Betriebsanleitungen sind sorgfältig zu beachten, Ölwechsel sind rechtzeitig durchzuführen. Die Hersteller brauchten meist zur Reparatur eingeschickte Pumpen nur zu spülen und mit neuem Öl zu füllen. Es ist zu empfehlen, nach jedem Evakuierungsvorgang Ölwechsel durchzuführen, und zwar solange die Pumpe noch warm ist. Unbedingt sind ausschließlich die von den Herstellern vorgegchriebenen Spezialöle einzufüllen, die den besonderen Beanspruchungen in einer Vakuumpumpe gerecht werden (Emulgieren).

Ein Absperrventil zwischen Vakuumpumpe und Kreislauf ermöglicht ein Abtrennen der Pumpe zum Ölwechsel, es dient aber auch zur Kontrolle der Pumpe, wobei nach dem Schließen des Ventils das mit der Pumpe erzielbare Vakuum geprüft werden kann.

Die Betriebsmanometer der Kälteanlagen werden häufig beim Absaugen zur Anzeige des Vakuums benutzt. Der Bereich des Unterdruck von 0 bis —1 bar ist bei diesen jedoch zu grob und für exaktere Vakuummessungen nicht geeignet. Hierzu eignen sich besser Membranvakuummeter z. B. Diavac, deren Skalen im entscheidenden Meßbereich von 100 bis 1 mbar weit auseinandergezogen und daher für die Ablesung einer Druckänderung gut geeignet.

Ein Vakuskop, ein gläsernes, für zwei Meßbereiche drehbares Meßinstrument mit Quecksilberfüllung und einem Meßbereich von 35 bis 0,01 mbar ist zwar diffizil, bietet aber eine sehr gute Anzeige des erreichten Vakuums.

Thermoelement- Vakuummeter haben im Bereich von 1 bis 10^{-3} mbar eine sehr hohe Meßgenauigkeit. Es muß darauf geachtet werden, daß kein Öl in das Gerät eindringt. Wird der heiße Draht in dem Vakuummeter- Meßrohrfühler mit Öl benetzt, so bildet sich ein Überzug, der keine korrekte Messung mehr zuläßt. Es ist deshalb ein Absperrventil in der Meßleitung vorzusehen, damit nach dem Abstellen der Vakuumpumpe kein Öl in das Meßgerät hineingezogen werden kann.

Absauggeräte

Das Entweichen von Kältemittel in die Atmosphäre bei Servicearbeiten läßt sich nur mit Absauggeräten wirkungsvoll reduzieren.

Absauggeräte sind Verflüssigungssätze, mit denen Kältemittel dampfförmig aus der Anlage oder aus Anlagenteilen abgesaugt und verflüssigt wird. An den Sammler des Absauggerätes kann über einen geeigneten Kältemittelschlauch direkt eine Kältemittel-*Recyclingflasche* (gekennzeichnet mit einem großen, gut sichbar aufgemaltem *R*) angeschlossen werden.

Bild 150 Mini-Vakuumpumpe

Bild 151 Vakuummanometer

Um eine Wiederaufbereitung zu ermöglichen, dürfen entsorgte Kältemittel nicht vermischt werden.

Viele Absauggeräte sind geeignet, auch direkt flüssiges Kältemittel aus der Anlage zu entnehmen. Dies erfolgt entweder mit Hilfe einer eingebauten Pumpe oder durch Ein-

Bild 152 Absauggerät mit angeschlossener Recyclingflasche *(Schiessl)*

Bild 153
Absauggerät *(Schiessl)*

Bild 154
Absauggerät *(Schiessl)*
◄

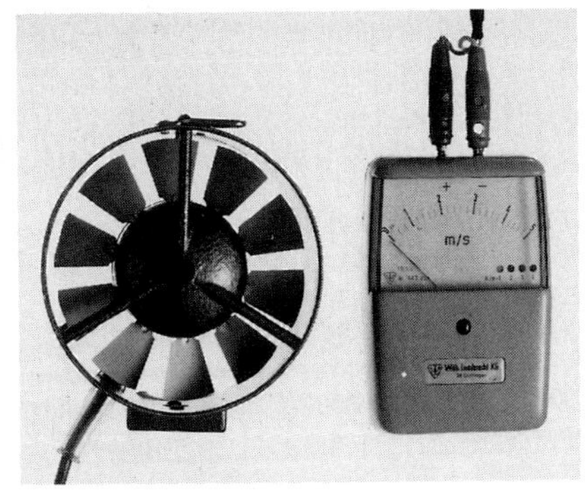

Bild 155
Anemometer

richtungen, Anlagen mit Druckdampf zu beaufschlagen. Hierdurch sind erhebliche Zeiteinsparungen möglich.

Absauggeräte sind mittlerweile in verschiedensten Größen verfügbar, von Geräten zum Absaugen der Kältemittelfüllung von Großanlagen bis zum Kühlschrank.

Bei der Anschaffung ist darauf zu achten, daß bei den eingebauten Verdichtern Ölwechsel einfach und schnell durchführbar ist. Nach dem Absaugen feuchter oder versäuerter Kältemittel ist stets ein Ölwechsel vorzunehmen.

Äußerste Vorsicht ist geboten, damit die Recyclingflaschen nicht überfüllt werden. Mit Hilfe einer Waage, die an manchen Geräten bereits montiert ist, kann das Füllgewicht ständig kontrolliert werden. Das maximale Füllgewicht ist auf der Flasche eingeschlagen (siehe 7.3.2). Notfalls kann zum Füllen auch eine Personenwaage benutzt werden.

Meßgeräte für Luftmenge- und feuchte
Diese Geräte werden zu Messungen an Luftkühlern, luftgekühlten Verflüssigern, Verdunstungsverflüssigern und Kühltürmen sowie Kühlmöbeln und klimatechnischen Anlagen benötigt.

Luftmengenmessungen an Luftkühlern und Verflüssigern werden mit dem *Flügelrad-Anemometer* oder mit einem Prandtl'schen Staurohr durchgeführt.

Hierzu ist stets eine mittlere Luftgeschwindigkeit zu messen. Exakte Messungen an runden Querschnitten setzen theoretische Kenntnisse voraus, die über den Rahmen dieses Buches hinausgehen.

Ein rechteckiger Querschnitt wird in möglichst viele gleichmäßige Abschnitte unterteilt und dann wird der Mittelwert aus den gemessenen Geschwindigkeiten errechnet.

$V_{Luft} = 3600 \cdot A \cdot w_{mittel}$ [m³/h]

Querschnitt A [m²]

mittlere Geschwindigkeit w_{mittel} [m/s]

Der Klimatechniker benutzt zur Messung der Luftgeschwindigkeit Mini-Anemometer, die in der Spitze einer zylindrischen Meßsonde untergebracht sind, mit lediglich 25—12 mm ∅. Derartige Sonden werden mit digitalanzeigenden, elektronischen Meßgeräten verbunden.

Äußerlich ähnliche Geräte stehen dem Service auch zur Messung der Luftfeuchte zur Verfügung, so daß schwieriger zu handhabende Aspirations-Psychrometer nur bei kritischen Messungen eingesetzt werden brauchen.

Obwohl dieses Buch bewußt keine Themen der Elektrotechnik behandelt, werden der Vollständigkeit halber diejenigen elektrischen Meßgeräte erwähnt, die unbedingt zur Grundausrüstung des Service-Monteurs gehören:

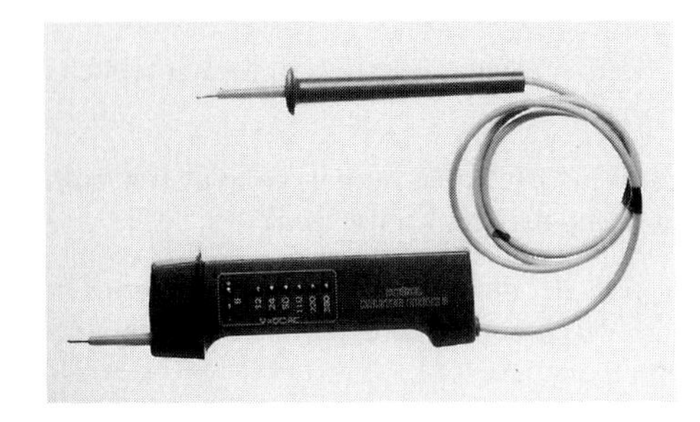

Bild 155 a Spannungsprüfer für verschiedene Meßbereiche

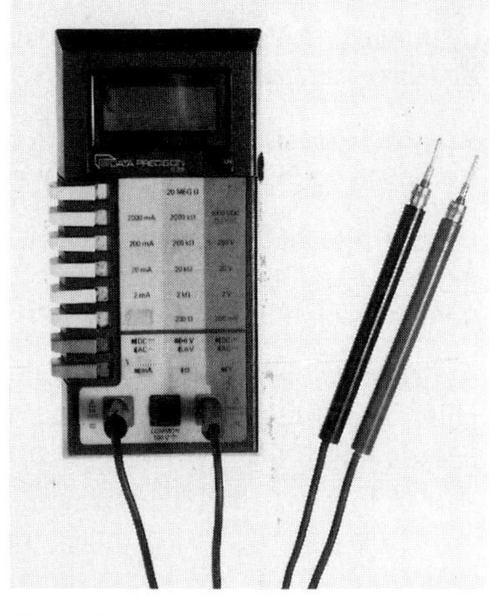

Bild 155 c Multimeter

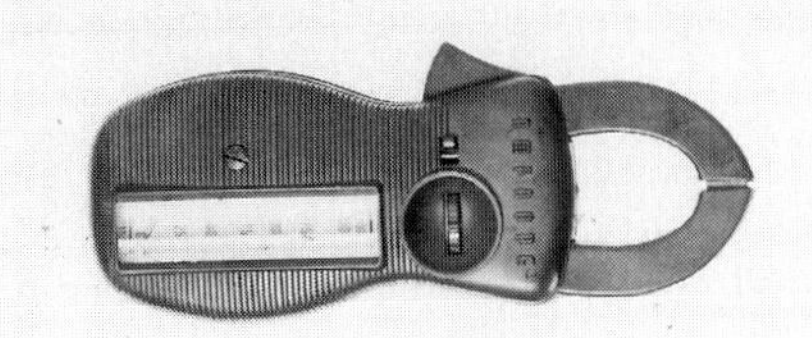

◀ **Bild 155 b** Zangen-Amperémeter

Bild 156 Rohrbördelgerät

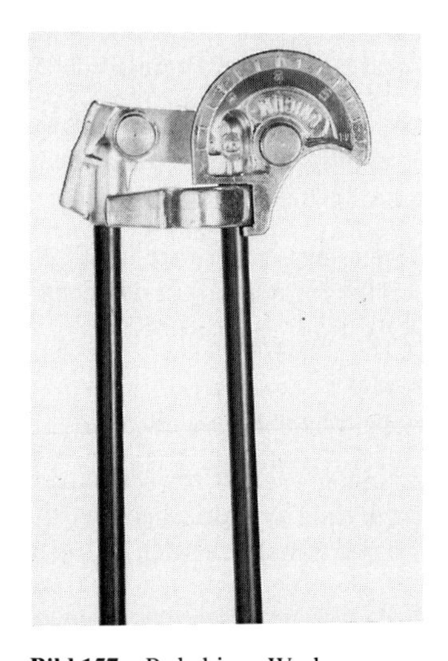

Bild 157 Rohrbiege-Werkzeuge

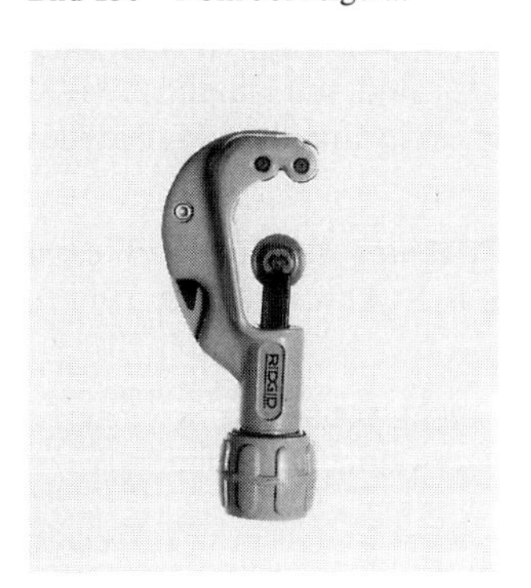

Bild 158 Rohrschneider

Bezüglich der Handhabung dieser Geräte und der Beachtung der erforderlichen Sicherheitsvorkehrungen wird auf die VDE-Vorschriften und die einschlägige Fachliteratur verwiesen.

Rohrschneide- und Rohrbiegewerkzeuge
Kupferrohre werden immer mit dem Rohrschneider geschnitten — nicht mit einer Säge —, da dabei Sägespäne ins Innere der Rohre gelangen können. Das Schneidrad muß rechtzeitig gewechselt werden, da unscharfe Schneidräder keinen sauberen Schnitt ergeben, sondern das Rohr in der Schnittfuge eindrücken. Ein sich beim Schneiden evtl. bildender feiner Grad wird mit dem am Rohrschneider vorhandenen Schaber entfernt, wobei das Rohr immer mit der Schnittkante nach unten gehalten wird. Beim Bördeln ist nicht zu vergessen, die Überwurfmutter vorher überzustreifen. Ist der Bördel zu groß geraten, so daß die Überwurfmutter nicht darüber geht, so ist es besser, einen neuen Bördel zu fertigen, als den zu großen abzufeilen (1. Material am Bördel zu dünn, 2. Späne-Gefahr).

7.2 Inspektion, Wartung

Inspektion und Wartung sind zum Unterschied von Instandsetzung (Reparatur) Tätigkeiten, die *nicht spontan* als Folge eines Schadens nötig werden, sondern nach einem vorher festgelegten Zeitplan.

Zweck von Inspektion und Wartung ist die Sicherstellung des Betriebes sowie die Erhaltung und Wirtschaftlichkeit einer Anlage.

Die wesentlichen Wartungsarbeiten an einer Kälteanlage sind:

- **Prüfung und Korrektur der Anzeige- und Sicherheitsgeräte**
- **Dichtheitsprüfungen**
- **Ölwechsel der Verdichter**
- **Wartung der Arbeitsventile der Verdichter**
- **Reinigung von Verdampfern und Verflüssigern**
- **Schmierung der Lager der Elektromotore**
- **Reinigen und Überprüfen der elektrischen Schaltschränke**

Inspektionen und Wartungen werden nach Programmen, sogenannten Leistungsprogrammen, durchgeführt, in denen die einzelnen Tätigkeiten und der Zeitplan dazu festgelegt sind.

Zur Erstellung dieser Leistungsprogramme haben sich die Empfehlungen des VDMA, niedergelegt in den *Einheitsblättern* VDMA 24 186, gut eingeführt.

	Tätigkeiten an Baugruppen- und -elementen	Ausfü-rung	
1	**Verdichter**		
1 1	**Kolben-, Schrauben- und Turbo-verdichter**		
1 1 1	Äußerlich auf Verschmutzung, Beschädigung und Korrosion prüfen	x	
1 1 2	Auf Befestigung und Laufgeräusch prüfen	x	
1 1 3	Saugdruck messen	x	
1 1 4	Sauggastemperatur vor dem Verdichter messen	x	
1 1 5	Verdichtungsenddruck messen	x	
1 1 6	Verdichtungstemperatur am Druckstutzen messen	x	
1 1 7	Ölstand am Schauglas prüfen	x	
1 1 8	Öl auf Säuregehalt prüfen (Säuretest)	x	
1 1 9	Öl auswechseln		x
1 1 10	Öldruck messen	x	
1 1 11	Öldruck nachstellen		x
1 1 12	Öltemperatur vor und nach dem Ölkühler messen	x	
1 1 13	Wassertemperatur vor und nach dem Ölkühler messen	x	
1 1 14	Ölabscheider auf Funktion prüfen	x	
1 1 15	Stromaufnahme messen	x	
1 1 16	Antriebselemente[1] siehe Nr. 7		
1 1 17	Kurbelwannenheizung auf Funktion prüfen	x	
1 1 18	Anlaufentlastung auf Funktion prüfen	x	
1 1 19	Leistungsregelung auf Funktion prüfen	x	
1 1 20	Wellenabdichtung auf Dichtheit prüfen	x	
1 1 21	Arbeitsventile prüfen	x	
1 1 22	Lagertemperaturen bei Turbo-verdichter prüfen	x	
1 1 23	Funktionserhaltendes Reinigen		x
1 1 24	Auf Dichtheit prüfen	x	
2	**Wärmeaustauscher**		
2 1	**Wassergekühlter Verflüssiger**		
2 1 1	Äußerlich auf Verschmutzung, Beschädigung und Korrosion prüfen	x	

	Tätigkeiten an Baugruppen- und -elementen	Ausfü-rung	
2 1 2	Verflüssigungstemperatur messen	x	
2 1 3	Kühlwassertemperatur am Eintritt und Austritt messen	x	
2 1 4	Kühlwasserregler auf Funktion prüfen	x	
2 1 5	Kühlwasserregler nachstellen		x
2 1 6	Pumpe siehe Nr. 8.1		
2 1 7	Funktionserhaltendes Reinigen[2]		x
2 1 8	Auf Dichtheit prüfen	x	
2 2	**Luftgekühlter Verflüssiger**		
2 2 1	Äußerlich auf Verschmutzung, Beschädigung und Korrossion prüfen	x	
2 2 2	Ventilator siehe Nr. 5.1		
2 2 3	Klappenregelung auf Funktion prüfen[3]	x	
2 2 4	Verflüssigungstemperatur messen	x	
2 2 5	Lufteintrittstemperatur messen	x	
2 2 6	Lamellen reinigen		x
2 2 7	Auf Dichtheit prüfen	x	
2 3	**Verdampfer (Flüssigkeit/Kältemittel)**		
2 3 1	Äußerlich auf Verschmutzung, Beschädigung und Korrosion prüfen	x	
2 3 2	Kältemittelstand prüfen (bei überfluteten Verdampfern)	x	
2 3 3	Verdampfungstemperatur am Kältemittelaustritt messen	x	
2 3 4	Kältemittelüberhitzungs-temperatur messen	x	
2 3 5	Flüssigkeitstemperatur am Eintritt und Austritt messen	x	
2 3 6	Pumpe siehe Nr. 8.1		
2 3 7	Funktionserhaltendes Reinigen[2]		x
2 3 8	Auf Dichtheit prüfen	x	
2 4	**Verdampfer (Luft/Kältemittel)**		
2 4 1	Äußerlich auf Verschmutzung, Beschädigung und Korrosion prüfen	x	
2 4 2	Ventilator siehe Nr. 5.1		
2 4 3	Klappenregelung auf Funktion prüfen[3]	x	
2 4 4	Verdampfungstemperatur am Kältemittelaustritt messen	x	

1 Die Wartung der Gas- und Dieselmotoren ist nicht Bestandteil dieses VDMA-Einheitsblattes. Für diese Antriebsmaschinen sind die Wartungsvorschriften des Herstellers zu beachten.
2 Bei Abschluß eines Wartungsvertrages muß diese Position besonders vereinbart werden.
3 siehe auch VDMA 24 186 Teil 4

Bild 159 Das Einheitsblatt VDMA 24 186 umfaßt die Teile 0—5 und behandelt

Nachstehend als Beispiel Seite 2 von VDMA 24 186, Teil 3 — *kältetechnische Anlagen* —. Die anderen Teile des Einheitsblattes sind analog aufgebaut.

- **Raumlufttechnik**
- **Heiztechnik**
- **Kältetechnik**
- **MSR-Technik und Gebäudeautomation**
- **Elektrotechnik**

Da die Betriebsführung technischer Anlagen allgemein immer schneller in Richtung zentraler Leittechnik geht, nimmt die Überwachung durch Maschinenpersonal ab, in gleichem Maße auch die Schadensbegrenzung durch Früherkennung. Dieser Entwicklungsprozeß setzt konsequent durchgeführte Wartung und Inspektion voraus.

7.3 Um- und Abfüllen von Kältemittel

7.3.1 Verlagern der Füllung

Bevor irgend ein Teil aus dem Kältemittelkreislauf einer Anlage ausgebaut wird — sei es zur Reparatur oder zum Ersatz —, ist es notwendig, diesen Teil drucklos zu machen und das darin befindliche Kältemittel zu verlagern. Absperrventile ermöglichen es, fast alle Teile des Kreislaufs, mit Ausnahme des Verflüssigers und des Sammlers, mit *dem Verdichter der Anlage* abzusaugen. Das Kältemittel wird in den Verflüssiger und Sammler gefördert und darin gelagert.

Wie das im einzelnen vor sich geht, wollen wir am Beispiel eines Kältesatzes besprechen.

- **Als erstes wird die Monteurhilfe mit den Manometern für die Saug- und Druckseite montiert.**
- **Wenn möglich, läßt man den Verdichter so lange laufen, bis das Kurbelgehäuse des Verdichters die normale Betriebstemperatur aufweist.**
- **Jetzt wird das Absperrventil am Austritt des Sammlers bzw. an anderer Stelle in der Flüssigkeitsleitung geschlossen.**
- **Der Verdichter bleibt solange in Betrieb, bis das Saugmanometer nahezu −1,0 bar anzeigt. (Da die üblichen Rohrfedermanometer nur Über- oder Unterdruck messen können, wird Unterdruck mit Minuszeichen gekennzeichnet.) Sobald dieses erste Absaugen beendet ist, wird das Druckabsperrventil am Verdichter geschlossen. Man beobachtet nun das Saugmanometer und stellt ein Ansteigen des Saugdruckes fest. Nachdem der Druck merklich über 0 bar angestiegen ist, wird das Druckmanometer wieder geöffnet und der Verdichter erneut in Betrieb gesetzt.**

Sofern der Öldruck bei dieser Absaugaktion ausreichend bleibt, läßt man den Verdichter weiterlaufen, bis das Saugmanometer erneut nahezu −1,0 bar anzeigt. Dieses Verfahren wird sooft wiederholt, bis das Saugmanometer nach dem Stillstand des Verdichters nicht mehr über 0 bar, gleich dem Atmosphärendruck, ansteigt. Auch das Druckmanometer muß ständig beobachtet werden, da in dem immer voller werdenden Verflüssiger und dem inzwischen schon gefüllten Sammler — dessen Flüssigkeitsabsperrventil ja geschlossen ist — der Druck ansteigt.

Falls sich in der Anlage ein Saugdruckbegrenzer befindet, muß dieser für die beschriebene Aktion elektrisch überbrückt bzw. abgeklemmt werden.

Nachdem das Kältemittel in den Verflüssiger bzw. den Sammler verlagert worden ist, kann die beabsichtigte Reparatur am drucklosen Teil des Kreislaufes durchgeführt werden. Man sollte das Anlagenteil aber keinesfalls öffnen, wenn das Saugmanometer Unterdruck anzeigt. Ggf. öffnet man das Flüssigkeitsventil ein klein wenig und läßt etwas Kältemittel einströmen, um den Druck wieder auf 0 bar anzuheben. Dadurch wird das Eindringen von Luft verhindert, wodurch immer Schadstoffe — Feuchtigkeit und Staub — eingetragen werden können. Wurde der Kreislauf nur für eine geringfügige Reparatur geöffnet, so ist es nicht erforderlich, den betroffenen Teil vor der Wiederinbetriebnahme zu evakuieren. Natürlich muß in diesem Fall vor dem Verschließen des Kreislaufes entlüftet werden, indem mit Kältemittel aus der Anlage spült wird. Der hierbei unvermeidliche Kältemittelverlust ist so gering wie möglich zu halten.

Kann eine Reparatur aus irgendwelchen Gründen nicht sofort beendet werden, so dürfen geöffnete Rohrleitungen keinesfalls in geöffnetem Zustand belassen werden, sondern sind mit geeigneten Mitteln zu verschließen. Dazu können Plastikstopfen oder Permagum verwendet werden.

Nach ausgeführter Reparatur ist der entsprechende Teil der Anlage dann stets zu evakuieren.

Abschließend darf nicht vergessen werden, den außer Funktion gesetzten Saugdruckbegrenzer wieder zu aktivieren.

Besser ist es zweifellos, zum Entleeren auch von Anlagenteilen ein *Absauggerät* zu benutzen. Hierzu wird, wie vorstehend beschrieben, die Kältemittelfüllung vorrangig innerhalb der Anlage verlagert. Das ist in den meisten Fällen möglich, da auf der Hochdruckseite der Anlage — im Verflüssiger und Sammler — kaum reparaturanfällige bzw. wartungsbedürftige Bauteile vorhanden sind.

Der betroffene Anlagenteil wird danach mit dem Absauggerät so weit wie möglich abgesaugt. Das Vakuum kann mit trockenem Stickstoff (Druckminderer verwenden!) gebrochen werden. Nach Reparaturende wird der Anlagenteil evakuiert.

Ist es aber notwendig, eine Reparatur am Verflüssiger oder Sammler vorzunehmen, so wird man meist nicht die gesamte Füllung der Anlage in den kaltgefahrenen Verdampfer hinüberströmen lassen können, sondern es verbleibt eine gewisse Menge im Sammler.

Dieser Rest wird entweder mittels Absauggerät oder direkt in vorher gewogene *Recycling*-Kältemittelflaschen umgefüllt. Die zu füllenden Flaschen lassen sich leichter füllen, wenn sie vor Beginn und während des Füllens abgekkühlt werden. Zur Kontrolle müssen die Flaschen auch während des Füllens gewogen werden. Ist der Verflüssiger oder Sammler repariert und wieder eingebaut, ist er zu evakuieren.

Beim Wiederanfahren einer Anlage, deren Verdampfer auf diese Weise vollgefüllt war, ist Vorsicht geboten, damit der Verdichter kein flüssiges Kältemittel ansaugt.

Das Saugabsperrventil am Verdichter ist unter Beobachtung des Manometers so weit zu drosseln, daß nur Dampf in den Verdichter gelangt. Nach und nach kann das Saugabsperrventil weiter geöffnet werden, bis die Anlage wieder zum Normalbetrieb kommt.

7.3.2 Das Füllen von Montageflaschen

Die nachstehenden Ausführungen beziehen sich auf *FCKW-Kältemittel.* Das Füllen anderer Kältemittel, z. B. Ammoniak, würde sinngemäß gleich vorzunehmen sein. Jedoch wird Ammoniak derzeit nicht in Kleingebinden benötigt.

Durch die Einhaltung international festgelegter Reinheitswerte für die einzelnen FCKW-Typen werden die wichtigsten Voraussetzungen für ein störungsfreies Arbeiten in den Kälteanlagen erzielt. Der Gebrauch dieser Kältemittel kann insbesondere im Reparaturgeschäft sachgemäß nur geschehen, wenn geeignete Behälter und Zubehör zur Verfügung stehen.

Nur Behälter, deren Innenraum vor der Befüllung sauber sind, gewährleisten die garantierten Produkteigenschaften.

Die in Verkehr gebrachten Behälter müssen einem bestimmten, amtlich vorgeschriebenen Prüfdruck standhalten. Sie dürfen nur mit der durch Einprägung festgelegten Kältemittelsorte und -menge befüllt werden. Die Füllmenge ist das Produkt aus Fassungsvermögens des Behälters multipliziert mit dem amtlich festgelegten Füllfaktor.

Für den Kältemonteur ist von größerer Wichtigkeit der weitaus kleinere Füllfaktor für Recycling-Behälter.

Recyclingbehälter	**Prüfüberdruck des Behälters bar**	**Füllfaktor höchstens kg/l**
R 12, kältemaschinenölhaltig (Recyclingware)	18	0,75
R 22, kältemaschinenölhaltig (Recyclingware)	29	0,75
R 502, kältemaschinenölhaltig (Recyclingware)	31	0,75
R134a, kältemaschinenölhaltig (Recyclingware)	20	0,75
R404A, kältemaschinenölhaltig (Recyclingware)	29	0,75
R717 (NH_3)	32	0,4

Die Stahlflaschen sind alle 10 Jahre der Zulassungsbehörde zur Druckprüfung vorzustellen; die Prüffrist für Recyclingbehälter beträgt hingegen voraussichtlich nur 5 Jahre.

Oberstes Gebot beim Umfüllen von Kältemitteln ist äußerste Sorgfalt und Sauberkeit, damit die in den Normen festgelegten Reinheitswerte weitgehend erhalten bleiben. Es ist also sehr wichtig, alle Kältemittel bzw. Montageflaschen stets sauber, ölfrei und trocken zu halten. Zum Erreichen dieser Forderung dient insbesondere das Evakuieren der Flaschen unmittelbar vor der Befüllung.

Anforderungen an den Füllbetrieb

Das Betreiben einer Anlage (Vorrichtung) zum Befüllungen von Druckgasflaschen jeglicher Art, Form und Größe setzt eine entsprechende Genehmigung durch die nach Landesrecht zuständige Behörde voraus. Als landesrechtlich zuständige Institutionen können in Deutschland in Erscheinung treten: Arbeitsministerium, Gewerbeaufsichtsamt, Technischer Überwachungsverein bzw. Technisches Überwachungsamt, Bauaufsichtsbehörde, Berufsgenossenschaft, Feuerwehr und andere. Die Zustimmung wird nur erteilt, wenn die Bestimmungen und Forderungen erlassener Gesetze, Verordnungen, Richtlinien, Durchführungsbestimmungen, Merkblätter etc. erfüllt sind. Dazu gehören beispielsweise: Verordnung über Druckbehälter, Druckgasbehälter und Füllanlagen (Druckbehälter-Verordnung), Technische Regeln Gase (hier im wesentlichen TRG 400, TRG 401 und TRG 402), Unfallverhütungsvorschriften der Berufsgenossenschaft der chemischen Industrie (Abschnitt 16: Druckbehälter; Abschnitt 20: Kälteanlagen; Abschnitt 29: Gase).

Wegen der großen Bedeutung sei aus der TRG 402, Abs. 5.4, wörtlich wiedergegeben: „Die Behälter sind während der Füllung zu wiegen und zur Feststellung einer etwaigen Überfüllung einer nachfolgenden Kontrollwägung auf einer besonderen Waage zu unterziehen. Waagen für die Kontrollwägung müssen geeicht sein."

Ergänzend sei auf TRG 270 verwiesen, wonach die Behälter unter anderem mit der Art des Füllgutes (Bezeichnung des Druckgases), dem Tara- und dem Netto-Gewicht (Füllgewicht) gekennzeichnet sein müssen.

Die TRG 280 regelt die allgemeinen Anforderungen an das Betreiben von Druckgasbehältern.

Anforderungen an die Anlage

Das Befüllen eines Gefäßes aus einem anderen kann nur funktionieren, wenn zwischen beiden ein Druckunterschied vorhanden ist. Dieser kann unmittelbar vorhanden sein oder sich indirekt ergeben, z. B. in Form von Höhenunterschieden und/oder Temperaturdifferenzen. Es muß also erreicht werden, daß in der zu füllenden Flasche ein geringerer Druck herrscht als im Vorratsgebinde.

Die im äußersten Falle erlaubten Druckunterschiede sind durch das verwendete Material (maximal zulässiger Betriebsdruck) ebenso gegeben wie die erlaubten maximalen Temperaturdifferenzen. *Allerdings ist zu beachten, daß die Grenztemperaturen bei −20 °C bzw. + 50 °C liegen, d. h. Behälterabkühlungen auf unter −20 °C bzw. -erwärmungen über + 50 °C sind untersagt* (TRG 310 Flaschen, TRG 330 Fässer).

Umfüllen durch Höhendifferenz

Die Grundidee besteht darin, den notwendigen Druckunterschied durch Aufstellen der beiden Behälter in unterschiedliche Höhenebenen herzustellen (Schaffung einer geodätischen Höhe). Die Kältemittel abgebende Flasche wird **hoch** gestellt, während die zu füllende *tief* steht. Hinzu kommt, daß die hochstehende gefüllte Flasche mit dem Ventil nach unten plaziert wird. Dieses ist für ein 9-mm-Ventil Normallage, während beim Doppelventil nunmehr das rote Handrad (gasförmig oder vapor) geöffnet werden muß.

Je größer der Höhenunterschied, um so schneller der Umfüllvorgang. Je besser die Montageflasche evakuiert wurde, um so schneller läuft der Umfüllvorgang ab. Der Umfüllvorgang kann noch beschleunigt werden, wenn die üblicherweise in einem geschlossenen Raum vorhandene Temperaturdifferenz zwischen der Decken- und der Bodenluft (zwangsläufig) genutzt wird.

Diese Primitiv-Umfüllanlage erfordert geringe Materialkosten, aber im Verhältnis dazu hohe Personalkosten, solange die Bedienungsperson gezwungen ist, während des gesamten Füllvorgangs die Füllwaage zu beobachten. Es erscheint daher sinnvoll, in die Fülleitung ein Magnetventil zu setzen, welches über einen simplen Kontaktgeber an der Füllwaage gesteuert wird. Sobald das vorgeschriebene Füllgewicht erreicht ist, wird der Füllvorgang unterbrochen.

Kältemittelverdichtermethode

Zweckmäßigerweise wird die volle Flasche höher aufgestellt als die zu füllende. Die Entnahme erfolgt aus der flüssigen Phase in die evakuierte Montageflasche. Stellt sich heraus, daß der Niveau-Unterschied für eine vernünftige Umfüllung zu gering ist, kann der notwendige und beschleunigende Druckunterschied erhöht werden, indem mit einem Verdichter eine kleine Menge Kältemittel gasförmig aus der zu füllenden Flasche abgesaugt, in einem zwischengeschalteten Verflüssiger (Entsorgungsgerät) kondensiert und in eine Sammelflasche (Recycling-Flasche) eingebracht wird. Dieser *Verlust* an Gasphase muß aus der Flüssigphase durch Verdampfen nachgeliefert werden. Die dazu erforderliche Energie (Wärme) stammt aus dem Füllgut der Montageflasche, welches kälter wird; die Folge ist eine Druckerniedrigung. Erfolgt zu diesem Zeitpunkt das Umschalten auf das Vorratsgefäß, strömt erneut Kältemittel nach.

Da üblicherweise die Flasche sowohl an den Depotbehälter als auch an den Verdichter angeschlossen sein sollte, kann nicht kontrolliert werden, ob das Ventil in der Fülleitung unmittelbar vor dem Flaschenventil während der Absaugung dicht schließt. Es sollten deshalb für diesen Arbeitsgang alle füllseitigen Absperrvorrichtungen geschlossen werden.

Der mögliche Nachteil dieses Verfahrens liegt darin, daß das abgesaugte Kältemittel im Verdichter Öl aufnehmen kann. Durch eine gute Ölabscheidung läßt sich der Ölanteil zwar begrenzen, jedoch nicht völlig beseitigen. Das ölhaltige Kältemittel in der Sammelflasche ist unter Umständen nicht mehr als Kältemittel zu verwenden. Alternativ kann ein (wesentlich teurerer) Membranverdichter eingesetzt werden, der Ölverschmutzungen unmöglich macht.

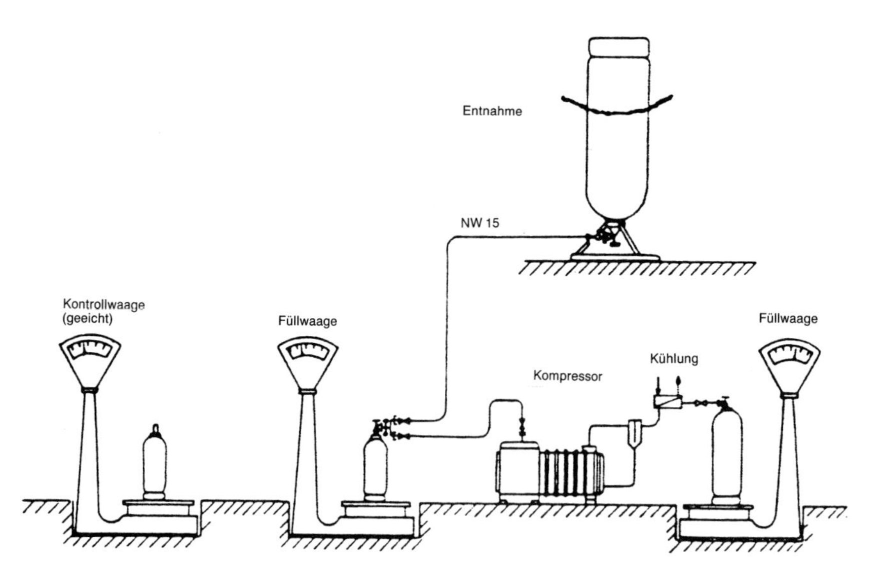

Bild 160 Umfüllen mit Kältemittelverdichter

Um die Folgen möglicher Bedienungsfehler auf ein akzeptierbares Maß zu reduzieren, sollte in die Fülleitung ein Magnetventil gesetzt werden, welches über einen Endabschalter an der Waage bei Erreichen der höchstzulässigen Füllmenge den Füllvorgang beendet.

Füllverfahren mit Pumpe

Was auf natürliche Weise nicht möglich ist, wird mit technischen Mitteln machbar.

Reichen die durch örtliche Gegebenheiten entstehenden Fülldruckdifferenzen für ein rationelles Umfüllen nicht aus, werden Pumpen dafür sorgen. Da das Medium Kältemittel als siedende Flüssigkeit mit (temperaturabhängigem) Sättigungsdampfdruck vorliegt — und außerdem gute Lösemitteleigenschaften besitzt — kommen nur sehr wenige Pumpentypen in Frage. Am besten eignen sich langsam laufende Verdrängerpumpen, da diese am wenigsten saugend arbeiten. Damit ist für ein ordnungsgemäßes Arbeiten der Pumpe(n) schon ausgedrückt, daß das zu fördernde Kältemittel in diese hineinlaufen muß; die Pumpe muß also tiefer (und kälter) stehen als der Vorratsbehälter. Dieses Anliegen ist durch die Verwendung einer möglichst kurzen, aber sehr großzügig dimensionierten Zuleitung noch zu unterstützen.

Mit verschiedenen Zahnradpumpen konnten beste Erfolge erzielt werden, aber auch mit Kolbenpumpen. Die Pumpenwahl wird von mehreren Faktoren bestimmt, unter anderem auch von der Anzahl der Behälteranschlüsse (Entnahmemöglichkeiten); die handelsüblichen Stahlflaschen haben nur einen. An diese Anschlußmöglichkeit muß die Saugseite angeschlossen werden; eine (Teil)-Rückführung der Druckseite (Förderleitung) in den Behälter muß zwangsläufig entfallen. Am überzeugendsten läßt sich dieses Verfahren durchführen mit einer Kolbenpumpe, die pneumatisch angetrieben wird. Sobald das Füllgewicht erreicht und das Montageflaschenventil geschlossen ist, bleibt die Pumpe stehen, da kein Fördermedium mehr abgenommen wird (ohne daß die treibende Preßluft abgestellt werden muß).

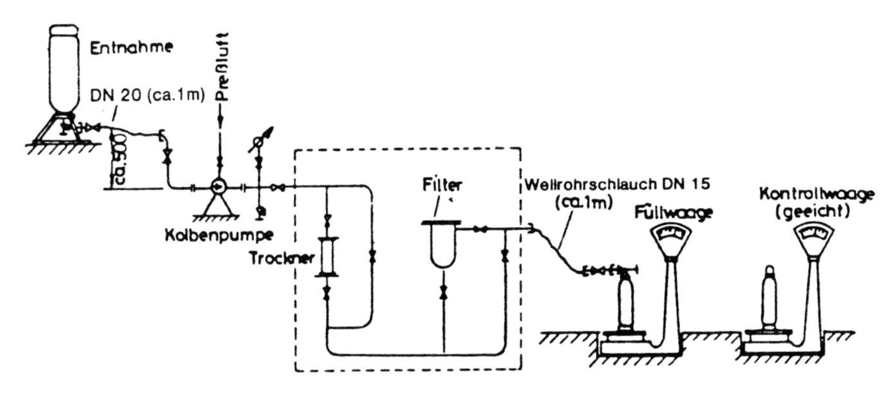

Bild 161 Umfüllen mit Pumpe

Diese Methode gleichartig unter Benutzung einer elektrisch angetriebenen Zahnradpumpe angewandt, scheitert. Aus verfahrenstechnischen Gründen (Antrieb mit E-Motor, der nicht ständig ab- und angeschaltet wird), müßte bei durchlaufender Pumpe eine Rückführleitung in den Vorratsbehälter vorhanden sein. Das Anschließen einer Rückführleitung in den Vorlauf (Saugseite) kann nicht empfohlen werden, da das zwangsläufig entstehende Fördern im Kreis zur Temperatur- und damit zur Druckerhöhung führt. Damit entsteht in der Pumpe ein höherer Druck als in der Abgabeflasche, womit der Zulauf in die Pumpe unterbunden wird. So sind für den Einsatz einer elektrisch angetriebenen Verdrängerpumpe mit Überstromventil (Druckhalteventil) zwei Behälteranschlüsse Vorraussetzung. Diese sind im allgemeinen nur an größeren Gebinden vorhanden.

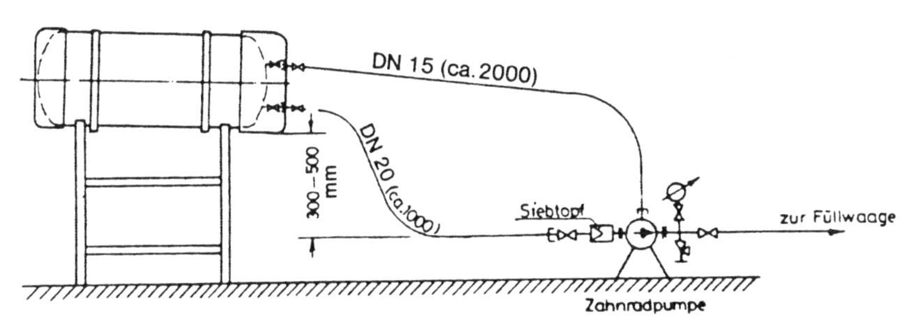

Bild 162 Umfüllen aus Großgebinde

Mit der Verwendung von Pumpen können hohe Druckdifferenzen gefahren werden. Damit wird es möglich, zwischen Pumpe und Montageflasche *„Widerstände"* in Form von Filtern und/oder Trocknern einzubauen, die der Qualität der umgefüllten Kältemittel zugute kommen. Allerdings ist genau darauf zu achten, daß der Trockner nicht durchschlägt und zum „Nässer" wird.

Restlose Entleerung

Die Kraft, mit der ein eingeschlossenes Gas auf die Behälterwandung drückt (Druck = Kraft pro Flächeneinheit) ist proportional der Anzahl der Moleküle (und der Temperatur) im Gasraum. Besteht die Füllung des Behälters neben dem Gas auch noch aus dem Gaskondensat, d. h. dem (unter Druck) verflüssigtem Gas, dann besteht ein temperaturabhängiges Verhältnis zwischen der Menge der Moleküle im Gasraum und in der Flüssigkeit. Mit steigender Temperatur *verkocht* Flüssigkeit, d. h. der Dampfdruck muß sich erhöhen. Ein erhöhter Dampfdruck als Entleerungshilfe stets willkommen, bedeutet viel gasförmigen Anteil über der Flüssigkeit im Kopfraum des Behälters. Verläßt in diesem Zustand der letzte Tropfen Flüssiggas das Gefäß, verbleibt eine größere Menge im Behälter als bei niedrigerer Temperatur. Es ist mithin ein Trugschluß zu glauben, einen Druckgasbehälter durch (unerlaubtes) Erwärmen *besser,* d. h. mit geringerer Restmenge entleeren zu können. Es ist folgerichtig durchaus sinnvoll, den mit höherer Temperatur entleerten Behälter anschließend in der Absicht abzukühlen, ihm noch etwas kondensiertes Gas (verflüssigtes Gas) entnehmen zu wollen.

Zum Beispiel enthält eine handelsübliche Stahlflasche von 61 Liter Rauminhalt, die mit FCKW 12 gefüllt ist, bei 15 °C gleich 61 Liter (Behältervolumen) dividiert durch 35,6 Liter/kg (spezifisches Volumen des Dampfes) = 1,71 kg Kältemittel; bei 40 °C sind es 61:18,26 = 3,34 kg. Einer bei 15 °C entleerten 61-Liter-Flasche sind 1,63 kg mehr Ware in flüssiger Form zu entnehmen.

Restlos entleert ist die Flasche nach dem Evakuieren auf 0 bar. [22]

Literaturverzeichnis

[1] Lüftungstechnische Anlagen (VDI-Lüftungsregeln), DIN 1946, Beuth-Vertrieb GmbH

[2] *Sexauer, Th.:* Die neuen gesetzlichen Einheiten 1973, Verlag C. F. Müller, Karlsruhe

[3] VDE/VDI 3511, Technische Temperaturmessungen

[4] — — —

[5] *Loewer, H.:* Pascal, Bar, Newton, Joule, Watt — Einheitenumstellung ohne Probleme

[6] *Schink, H.:* Fibel der Verfahrensmeßtechnik, Verlag R. Oldenbourg, München und Berlin

[7] *Pohlmann, W.:* Taschenbuch der Kältetechnik, Verlag C. F. Müller, Karlsruhe

[8] *Arbeitskreis der Dozenten für Klimatechnik:* Handbuch der Klimatechnik, Band 2. Verlag C. F. Müller, Karlsruhe

[9] *Rötscher, H.:* Delbag-Sonderdruck, Werkstattblatt 491, Klimatechnik 111, Carl Hanser Verlag, München

[10] *Kalischer, P.:* Wärmerückgewinnung im technischen Ausbau — energiesparende Maßnahmen bei Heiz- und Lüftungssystemen, Wärme-, Klima- und Sanitärtechnik

[11] Unfallverhütungsvorschrift Kälteanlagen, Wärmepumpen und Kühleinrichtungen, VBG 20, Carl Heymann Verlag, 1987

[11a] Hoechst AG, AFK 1559-2D

[12] *Plank, R.:* Handbuch der Kältetechnik, Band 4, Springer-Verlag Berlin, Göttingen, Heidelberg

[13] *v. Cube, H. L.:* Lehrbuch der Kältetechnik, Band 2, Verlag C. F. Müller, Karlsruhe

[14] *Rinder, L.:* Schraubenverdichter, Springer-Verlag, Wien, New York 1979

[15] *Hege, H.-R.:* Der Winterbetrieb luftgekühlter Kondensatoren, scine Probleme und deren Beherrschung. Sonderdruck Die Kälte, Heft 12/70

[16] *Recknagel-Sprenger:* Grundlagen der Heizungs- und Klimatechnik, Verlag R. Oldenbourg, München und Berlin

[17] *Scharmann, R.:* Wasserbehandlung in Rückkühlwerken, Schilling-Chemie, Freiberg am Neckar

[18] *Plank, R.:* Handbuch der Kältetechnik, Band 6, Springer-Verlag, Berlin, Göttingen, Heidelberg

[19] Wissenswertes über thermostatische Expansionsventile, Emmerson Electric Waiblingen

[20] *v. Cube, H. L.:* Lehrbuch der Kältetechnik, Band 1, Verlag C. F. Müller, Karlsruhe

[22] Hoechst Chemikalien, KT 03/89

[23] Hoechst Chemikalien, AFK 2322 d/035, Hoechst AG, Frankfurt/Main 1990

Register

Abbau der Ozonschicht 67
Abfüllen von Kältemitteln 255
Abkühlung 51, 120 f
Absauggerät 70 f, 248 ff, 256 f
Abschlämmen 122
Absoluter Nullpunkt 12
Abtauen 154 ff
Adsorptionsfüllung (TEV) 136
Aggregatszustände 28 ff, 198
Altanlagen 68
Alterung (Schmiermittel) 205
Ammoniak 74 ff
Anemometer 250
Arbeit 34 ff
Aschegehalt 206
Assmannsches Aspirations-Psychrometer 44
Atmosphäre (Kältemittel) 66 ff
Aufzeichnungen 68
Ausdehnung 23 ff
Aussehen (Schmiermittel) 206
Azeotropische Kältemittelgemische 63

Barometer 38 f
Bimetallthermometer 15
Boyle, R. 27

Celsius 11
Clausius 36
COP, Kälteleistungszahl 58

Dämpfe 25 f
Dampftafeln 60
Daltonsches Gesetz 43
Dichtigkeitsprüfung 69, 176 ff
Diffusor 102
Drosseldampf 80
Druck-Volumen-Diagramm 91 f
Druckausgleich 133 ff
Druckbehälterverordnung 175, 243
Druckleitung 167 f
Druckmeßgeräte 20 ff, 243
Druckprüfung 175

Einbauhinweise (TEV) 139
Eingebautes Volumenverhältnis 99
Einspritzleitung 171
Einstellung von TEV 143
Eispunkt 11
Elektro-Wärmepumpe 237
Elektronische Expansionsventile (EEV) 144 ff
Elektronische Kompaktsteuerungen 232
Energie 34 ff
Enthalpie 28 f, 60 ff, 82 f
Entleerung 262
Entlüften 218, 220
Entlüftungseinrichtungen 198, 221
Ersatzkältemittel 72
Erwärmung 50
Evakuieren 178 ff
Expansionsventil 78

Fachbetriebe 189, 242
Fahrenheit 11 f
FCKW-Kältemittel 65 ff, 257
FCKW-Halon-Verbots-Verordnung 67, 243
Federthermometer 14
Feinmeßmanometer 22, 246
Fensterklimageräte 131
Feuchtigkeit im Kältemittel 196
Feuchtigkeits-Indikator 199 ff
Filtertrockner 200 f
Flammpunkt 206
Fließvermögen 206
Flüssigkeitsdruckmesser 21
Flüssigkeitskühlung 161 ff
Flüssigkeitsleitung 170
Flüssigkeitsthermometer 14
Füllzylinder 194

Gase 25 ff
Gay-Lussac 26
Geräusche 127
Glasthermometer 13
Gleichstromverdichter 94 f

Gleitringdichtungen 104 f
Grundwertreihen der Thermopaare 16

Heizzahl 235 f
Heißgasabtauung 157 ff
Hubkolbenverdichter 94 f
Hunting 143
Hygrometer 43

Ideale Gase 26
Indizierter Wirkungsgrad 82
Inspektion 242, 253 f
Instandhaltung 242

Joule 29, 35

Kälteleistungszahl 58
Kältemaschinenregeln 60
Kältemittel 57 ff
Kältemittelbeständigkeit 207
Kältemittelfüllung 189 ff
Kältemittelstromregler 128
Kältemittelverlust 202
Kapillardrosselrohr 128 ff, 198
Kelvin 12
Kompaktkühler 120
Komponenten (der Kälteanlage) 79
Kondensatleitung 168 f
Konvektion (Wärme) 37
Konvention zum Schutze der
Ozonschicht 67
Korrosion 126 f
Kreisprozeß 77 ff
Kreislaufwirtschafts- und Abfall-
gesetz 243
Kritischer Punkt 82
Kühlflächentemperatur 50 ff, 53 ff
Kühlgrenzabstand 121 f
Kühlgrenztemperatur 121
Kühltürme 119
Kühlzonenbreite 121
Kupferplattierung 218

Lamellenverdampfer 137, 150 f
Lamellenverflüssiger 111
Latente Wärme 30
Laufrad 102 f
Lecksuchgeräte 193, 203, 247
Leitung (Wärme) 37
Leistungsaufnahme des Verdichters
81 ff
Leistungsbedarf 81
Leistungszahl 235 f
lg p,h-Diagramm 82 ff
Lineare Ausdehnungskoeffizienten 23 f
Luft im Kältemittelkreislauf 218 ff
Luftdruck 38 ff
Luftfeuchte 42 f
Luftgekühlte Verflüssiger 111
Luftkühler 150 ff
Luftmischung 54

Magnetventil 146
MAK-Wert 74
Manometer 21, 245 f
Mariotte 27
Mayer 35
Mechanisches Wärmeäquivalent 35
Mehrkreislaufverflüssiger 112
Meßgeräte 243 ff
Mischrohr 228
Mischung Kältemittel/Öl 208
Mischungslücke 207
Mollier h, x-Diagramm 47
Montageflaschen (Kältemittel) 257
Monteurhilfe 21, 143, 193, 194, 245
Montrealer Abkommen 67
MOP-Füllungen 136
MOP-Ventil (TEV) 136
Motorverdichter 97 f, 187

Natürliche Kältemittel 65
ND-Abscheider 198
Neutralisationszahl 206
Newton 20
Normtemperaturen 93

Ölabscheider 108, 110, 215 f
Ölaustreiber 217
Ölfilter 110
Ölrückführung 213 ff
Ölspiegelregulatoren 215 f

Ölwechsel 110, 253
Ozonschicht 67 ff
Ozon-Gefährdungspotential 70

PAG-Öl 76, 213
Pascal 20, 40
Phenolphtalein 203
Photochemisches Ozonerzeugungs-
potential 71
Plattenventile 96
Plattenverflüssiger 111
Polymeter 43
Polyol-Esteröl 196
Proportionalregler 144
Prüfmanometer 246
Psychrometer 44 f, 56

R12-Unlösliches 207
R22 79 f
Radiallüfter 120 f
Radialverdichter 102
Raumausdehnungszahl 24
Recycling-Behälter/Flasche 248, 257 f
Regelung von Verbundkälteanlagen 229
Regelventil 78
Relative Feuchte der Luft 42 f
Rohrbündelverdampfer 161 f, 193, 198
Rohrfeder-Meßwerk 22
Rohrschneide- und -biegewerk-
zeuge 253
Rückexpansion 91

Saugdruckregler 230
Saugleitung 171 ff
Schmelzenthalpie 30
Schmelzpunkt 29
Schmierfähigkeit 204
Schmierung 107 ff
Schraderventil 143
Schraubenverdichter 98 ff
Schwadenbildung 126
Schwerkraftabscheider 109
Schwimmerventile 147
Service-Kältemittel (drop-in) 72
SI-Einheiten 12, 20
Sicherheitskältemittel 66
Sichtkontrollen 203
Siedepunkt 11, 31
Silikagel 201
Sperrflüssigkeit 21
Spezifische Wärmekapazität 28 f
Spezifisches Volumen 34
Startregler 136
Staudüsenverteiler 138
Steuerfüllungen (TEV) 135
Stockpunkt (Schmieröl) 207
Strahlung 37
Stufenschaltwerk 229
Sublimation 33
Suchlampe 247

Tauchkolbenverdichter 94
Taupunkt 46
Temperaturgefälle 236
Temperaturgleit 73
Temperaturmeßgeräte 13, 246
Temperaturskalen 11
TEWI 71
Thermische Stabilität (Kältemittel) 89
Thermodynamik, 1. und 2. Haupt-
satz 35 f
Thermoelemente 15
Thermograph 19
Thermokopf (TEV) 135
Thermometer 13 ff
Thermospannung 15
Thermostat 230
Thermostatische Expansionsventile
(TEV) 113 f, 131 ff
Torr (Torricelli) 20, 39
Treibhauseffekt 70
Trocknung 178, 184
Turboverdichter 102 ff

U-Rohrmethode 21
Überwachung der Kältemittel-
füllung 196 ff
Umfüllen von Kältemittel 255
Unfallverhütungsvorschrift 189, 243
Universalfüllung (TEV) 136
Unterkühlung Kältemittel 111, 118

Vakuummeter 182, 249
Vakuumpumpe 182, 249
Venturi-Verteiler 138
Verbrennungsmotor-Wärmepumpe 237
Verbundkälteanlagen 224 ff
Verdampfer 150 ff
Verdampfungsenthalpie 32 f, 61
Verdichter 94 ff
Verdrängerprinzip 94, 98
Verdunstung 33
Verdunstungsverflüssiger 116
Verflüssiger 111 ff
Verflüssigungsdruckregelung 113 ff
Verhaltenskodex 69
Verseifungszahl 206
Viskosität 205
Volumetrische Kälteleistung 58

Wärme 34
Wärmepumpen 233 ff
Wärmerückgewinnung 224
Wärmeübertragung 37
Wartung 127, 242, 253
Wasseraufbereitung 124 ff
Wasserbeschaffenheit 124 f
Wassergefährdungsklasse 189
Wassergehalt (Schmieröl) 207
Wassergekühlte Verflüssiger 115
Wasserhaushaltsgesetz 189, 243
Wasserhärte 124
Wechselstromverdichter 96
Werkzeuge 243 ff
Widerstandsthermometer 17
Wirkungsgrad 82

Zeotropische Kältemittelgemische 63
Zungenventile 96
Zusatzwassermenge 123
Zustandsgrößen 25
Zweistufige Verdichter 91, 227 f
Zyklonabscheider 109